U0288789

普通高等教育"十一五"国家级规划教材

基础化学实验（Ⅱ）

——有机化学实验

（第二版）

山东大学、山东师范大学、中国海洋大学、中国石油大学（华东）、曲阜师范大学、聊城大学、烟台大学、青岛农业大学、济南大学、青岛大学、山东理工大学、潍坊学院、山东科技大学、临沂师范学院、山东教育学院　合编

李吉海　刘金庭　主编

化学工业出版社

·北京·

内容简介

本书为普通高等教育"十一五"国家级规划教材。

全书分为基本实验、综合与应用实验和设计实验三大部分。基本实验加强了有机化合物的现代分离、分析技术和方法的实验内容，压缩了验证实验；其中的合成实验则以典型有机反应为基础，融入了一些应用及影响面广、内容较新的反应及化合物类型；强化了小量和半微量实验的教学内容；在每类化合物前介绍了该类化合物的一般制备方法、工业合成路线及近期的发展；单独列出的非常规条件下的有机合成方法部分，选择了一些近代实验内容。综合与应用实验突出了综合训练和应用性，同时兼顾医药、农药、精细化学品、生命科学等专业的教学需要。设计实验仅给出合成要点或思路。每个实验均有化合物的物理常数及化学性质一项，附录中给出了多数实验产物的红外和核磁谱图及简单的图谱分析，供读者参考。新版引入环保概念，在合成实验中从"三废"排放、成本角度介绍了实验室方法与工业合成方法的不同，并增加了启发性的思考题。

本书可供高等学校化学及相关专业有机化学实验课程使用，还可供化学、化工、轻工、食品等行业的有关技术及管理工作者参考。

图书在版编目（CIP）数据

基础化学实验（Ⅱ）——有机化学实验/李吉海，刘金庭主编.—2版.—北京：化学工业出版社，2007.7（2025.2重印）

普通高等教育"十一五"国家级规划教材

ISBN 978-7-122-00487-1

Ⅰ.基… Ⅱ.①李…②刘… Ⅲ.①化学实验-高等学校-教材②有机化学-化学实验-高等学校-教材 Ⅳ.O6-3

中国版本图书馆 CIP 数据核字（2007）第 075168 号

责任编辑：宋林青 何曙霓 文字编辑：张 婷
责任校对：宋 玮 装帧设计：张 辉

出版发行：化学工业出版社（北京市东城区青年湖南街 13 号 邮政编码 100011）
印 装：三河市双峰印刷装订有限公司
787mm×1092mm 1/16 印张 17¼ 字数 418 千字 2025 年 2 月北京第 2 版第 18 次印刷

购书咨询：010-64518888 售后服务：010-64518899
网 址：http://www.cip.com.cn
凡购买本书，如有缺损质量问题，本社销售中心负责调换。

定 价：35.00 元

第二版编写说明

高等学校化学实验新体系立体化系列教材，是由文本教材、以文本教材为主线的网络教材和CAI课件三部分构成的，是在大学化学实验课程体系、课程内容和教学模式系统改革的基础上编写出版的。该套系列教材包括《基础化学实验（I）》、《基础化学实验（II）》、《基础化学实验（III）》、《仪器分析实验》和《综合化学实验》五部，全部列入普通高等教育"十一五"国家级规划教材。

按照以学生为本的教育理念和以综合能力培养为核心的教育观念，在化学一级学科层面上，从基本操作——二级学科层面的多层次综合——跨两个以上二级学科的与科研衔接、内容交叉、技术综合的大综合，内容由浅入深、循序渐进、逐步提高地分层次进行，实现了实验教学内容的连贯一致。这样的编排体系，符合大学生实验技能和创新能力的形成规律，同时又将科学研究渗透到实验教学的各个环节，体现了教学促进科研，科研带动教学的辨证关系。

在主线的文本教材中较好地做到了"夯实基础、注重综合、强化设计、旨在创新"的编写要求。对实验内容的选择，做到既优选、强化原有大学化学实验教材中经典、优秀的实验项目，又大量吸收了当代教学、科研的新成果，同时在注重强化学生实验技能训练的基础上，按照绿色化学的思维方式，尽量从源头上消除污染。使教材既满足实验教学对基础知识、基本技能的要求，又实现了实验内容的趣味性、先进性和环境友好性，整套教材完整协调、内容丰富充实、新颖有趣，适应人才培养总体目标的要求，推动了各使用高校化学实验教学的改革。

与之配套的辅助教材将各种相互联系的媒体和资源有机地整合，形成立体化教材，实现了化学实验教学模式的多元化和教学内容的创新。为高等学校的教师和学生提供规范、优化、共享的教学资源，为学习者提供个性化学习条件，以提高大学化学实验的教学质量。

该套教材通过多所高校几年来在使用中不断地修改完善，集中了各高校之所长，逐步构建成化学实验教学资源优化共享的"化学实验教学资源库"。它必将为培养更多的富有时代气息的复合型创新人才发挥作用！

南京大学孙尔康教授对本立体化系列教材颇为肯定，并为本系列教材作序，在此表示衷心感谢！

高等学校化学实验新体系立体化系列教材编写指导委员会
2007 年 3 月

第二版序言

山东大学等十五所高等学校长期从事化学实验教学的教师共同编写了化学实验立体化系列教材。该教材打破了传统的按无机化学实验、有机化学实验、化学分析及仪器分析实验、物理化学实验四大块的编写形式，在长期化学实验教学改革和实践的基础上按化学一级学科建立独立的化学实验教学新体系，形成了基础化学实验、仪器分析实验和综合化学实验三个彼此联系，逐层递进的平台，编写了文本教材《基础化学实验（Ⅰ）》、《基础化学实验（Ⅱ）》、《基础化学实验（Ⅲ）》、《仪器分析实验》和《综合化学实验》五部，均列入普通高等教育"十一五"国家级规划教材。同时配套辅助教学课件、网络教材、基本操作录像等，形成立体化的化学实验教材。该教材的出版充分反映了山东大学等高校在化学实验教学体系、教学内容改革以及教学方法现代化、教学实验开放等诸方面取得的丰硕成果。

该教材有如下特色：

1. 建立了独立的新化学实验教学体系：一体化三层次，即在化学一级学科层面上建立了基础化学实验——综合化学实验——设计型、研究型、创新型化学实验，符合学生的认知规律，由浅入深、由简单到综合、由综合到设计、由设计到创新。

2. 实验内容：及时引入教学实验改革成果，不断更新实验教学内容和提高实验教学的效果，对基础实验进行了综合化和设计性改革，体现了基础实验与现代化大型仪器实验的结合；经典实验与学科前沿实验的结合。

3. 仪器设备的选型：充分考虑常规仪器与近代大型仪器的结合，可操作性强，可视性仪器与智能化仪器相结合。

4. 教学方法：学生通过课件、网络教材和基本操作录像等，自主学习与实验课堂教学相结合，课内必做实验与课外开放实验相结合。

5. 实验项目的选择：既考虑到趣味性、先进性，又考虑减少对环境的污染，树立绿色化学实验的理念。

6. 实验项目和仪器设备的选型：充分体现实验教学促科研，科研提升教学内容，实现优质资源共享，形成良好互动。

该立体化教材的编写思路清晰，编写方式新颖，内容丰富，始终贯彻以人为本即以学生实验为主体，教师为主导，以培养学生综合实验能力和创新能力为核心的教学理念。

该系列教材的出版，有利于学生的自主实验，有利于学生个性的发展，有利于学生综合能力和创新能力的培养。

该系列教材既可作为化学专业和应用化学专业的教学用书，又可作为化学相关专业和从事化学工作者的参考书。

该系列教材的出版，为今后有关化学实验教材的编写提供了有益的借鉴。

孙尔康

2007.5.8于南京大学

第二版前言

本教材是在第一版的基础上，根据 21 世纪我国高等教育的培养目标要求，按照教育部对普通高等教育"十一五"国家级规划教材的编写指导思想，结合各高校的使用意见和近年来我们承担的教学研究项目成果修订而成的。

按照"夯实基础、注重综合、强化设计、旨在创新"的编写要求，本次修订的原则是厚基础，宽专业，适应性广，突出综合性，强化绿色化学理念，体现学科发展的实验新技术和新方法。在修订过程中，我们增删了部分实验，力图使实验内容具有代表性，覆盖面广，以满足更多专业的需求。在加强基本知识、基本操作和实验技能训练的基础上，增加了从化合物的合成反应跟踪、分离提纯、结构分析到性质测试一体化的综合性实验。同时适当介绍化学学科研究和生产领域的新发展，拓宽学生的视野。使学生在接受完有机化学实验的训练后，得到的是对有机化学一个较为完整的认识（实验室和工业合成知识、分离和结构鉴定知识、环境意识），具备科研人才或工程师的基本素质。

全书强化绿色化理念，实验中注意引入环境友好试剂、溶剂，减少试剂用量，降低消耗。突出了"小量-半微量实验"。采用启发式的思考题、附注等形式，给学生以绿色化学、清洁工艺的初步概念。

本次修订过程中，使用本教材的兄弟院校提出了许多宝贵的修订意见和教学体会，化学工业出版社对本书做了细致全面的加工和编辑，对此我们表示深切的谢意。

限于编者水平，疏漏及不当之处难免，敬请读者批评指正。

编者
2007 年 3 月

第一版编写说明

化学是一门以实验为基础的中心学科，在化学教学中，实验教学占有相当重要的地位。但多年来在我国的大学化学教学中，实验教学大都是依附于课堂教学而开设的。由于传统的大学化学课堂教学是按无机化学、分析化学、有机化学和物理化学的条块分割进行的，所以实验教学的系统性和连贯性在一定程度上受到了破坏。这给学生综合素质和能力的培养以及实验教学课程的实施带来许多不利影响。随着教育改革的深入，"高等教育需要从以单纯的知识传授为中心，转向以创新能力培养为中心"，因此，在进行化学教育培养观念转变的同时，对实验课程体系、教学内容和教学模式的改革也势在必行。高等学校化学实验新体系立体化系列教材（以下简称"系列教材"）就是这一改革的产物。

"系列教材"由系列文本教材以及与之配套的教学课件、网络教程三大部分构成，由高等学校化学实验新体系立体化系列教材编写指导委员会组织山东大学、山东师范大学、中国海洋大学、中国石油大学（华东）、曲阜师范大学、聊城大学、烟台大学、青岛农业大学、济南大学、青岛大学、山东理工大学、山东科技大学、潍坊学院、山东教育学院、临沂师范学院等高校多年从事化学实验教学的教师，结合各高校多年积累的化学实验教学经验，参考国内外化学实验教材及相关论著共同编写的。

系列文本教材是根据教育部"高等学校基础课实验教学示范中心建设标准"和"厚基础、宽专业、大综合"教育理念的要求编写而成的。系列文本教材着眼于化学一级学科层面，以建立独立的化学实验教学新体系为宗旨，形成了基础化学实验、仪器分析实验和综合化学实验三个彼此联系、逐层递进的实验教学新平台。各平台既采用了原有大学化学实验教材中的经典和优秀实验项目，又吸收了当代教学、科研中成熟的代表性成果，从总体上反映了当代化学教育所必需的基础实验和先进的时代性教育内容。系列文本教材由《基础化学实验（Ⅰ）——无机及分析化学实验》、《基础化学实验（Ⅱ）——有机化学实验》、《基础化学实验（Ⅲ）——物理化学实验》、《仪器分析实验》和《综合化学实验》五部教材构成。其中，基础化学实验的教学目的是向学生传授化学实验基本知识，训练学生进行独立规范操作的基本技能，使学生初步掌握从事化学研究的方法和规律；仪器分析实验的教学目的是使学生熟悉现代分析仪器的操作和使用，掌握化学物质的现代分析手段，深刻理解物质组成、结构和性能的内在关系；综合化学实验属于开放型设计实验，其目的在于培养学生的创新意识及分析问题、解决问题的综合素质和能力。该套系列文本教材的实验内容安排由浅入深，由简单到综合，由理论到应用，由综合到设计，由设计到创新。使用该套教材进行实验教学，符合学生的认识规律和实际水平，兼顾到课堂教学与实验教学的协调一致，而且具有较强的可操作性。此外，在教材中引入了微型化学实验和绿色化学实验，旨在培养学生的环保意识，建立从事绿色化学研究的理念。

新教材是实验教学内容与时俱进的产物，它具有以下特点：

1. 独立性，实验教学是化学教学中一门独立的课程，课程设置与教学进度不依赖于理论课而独立进行，同时各部实验教材也有其相对独立性；

2. 系统性和连贯性，将化学实验分成基础化学实验（Ⅰ）、基础化学实验（Ⅱ）、基础化学实验（Ⅲ）、仪器分析实验和综合化学实验，构成一个彼此相连、逐层提高的完整的实验课教学新体系；

3．经典性和现代性，教材精选了历年来化学教学中若干典型的实验内容，并构成了教学内容的基础，选取了一些成熟的、有代表性的现代教学科研成果，使教材的知识既经典又新颖；

4．适应性，本教材既可作为化学及相关专业的教学用书，又可以作为从事化学及其他相关专业工作者的参考书。

五部系列文本教材将从 2003 年 8 月至 2004 年底陆续出版，与之配套的教学课件和网络教程也将接踵相继制作完成。

清华大学宋心琦教授欣然为本系列教材作序，我们对宋先生的支持和帮助表示诚挚的谢意！

化学工业出版社为系列文本教材的出版做了大量细致的工作，在此表示衷心的感谢！

高等学校化学实验新体系立体化系列教材编写指导委员会

2003 年 8 月

第一版序言

在人类历史上，20世纪是科学技术和社会发展最迅速的时期。近50年来，新的科学发现和技术发明的出现，更是令人眼花缭乱、目不暇接。与此同时，科学技术和社会的发展，对人才的基本素质提出了新的更高的要求，因而高等教育和中等教育的改革，也日益得到社会各界的重视。处于中心学科地位的化学，其教育改革的迫切性在所有学科中最为明显。我们只要把20世纪70~80年代的化学教材（包括化学实验）的主要内容和思维方式与近20年来高等学校化学研究室或分析中心所承担的课题以及所用的手段做一番对比，不难发现其中的差距竟然是如此之大，化学教育的基本内容和人才培养模式的改革都已迫在眉睫！

我国的化学教育改革已经有了较长时间的实践，在培养目标、培养计划和课程体系等方面都有过许多很有见地的设想，先后进行过多种不同的试验。在此基础上，最近出版了多种颇有新意的化学教材，和经过挑选的国外教材一起进入了我国大学的课堂。这些措施为化学教育内容的现代化起了很好的作用。

但是应当看到，对于像化学这样一门典型的实验科学的改革来说，仅仅依靠教材的更新是远远不够的。必须着力于化学实验教学的改革。可是由于资源、传统观念、投入研究力量不足等原因，化学实验改革的严重滞后是一个带有普遍性的问题。由于改革的成败直接影响到新世纪化学人才的基本素质，而且改革过程中将要经受的阻力又是如此的繁复，所以这是高等化学教育改革中最富有挑战性的任务之一。

山东省集中山东大学等高校长期从事化学实验教学和改革的教师组成高等学校化学实验新体系立体化学系列教材编写指导委员会，以便集中力量完成化学实验改革目标的做法，应当认为是迎接这一挑战的有效方式之一。这些以百倍的热情投身于实验改革的所有教授和其他教辅人员，都应当得到社会和学校领导的尊重和支持，更应当得到整个化学界的支持和帮助。这也是我敢于以化学界普通一员的身份同意为该教材作序的重要原因。

这套教材是根据教育部"高等学校基础课实验教学示范中心建设标准"和"厚基础、宽专业、大综合"的教育理念进行组织编写的，因而使得新的化学实验课既有相对的独立性，又能够做到与化学课堂教学过程适当配合。在实验内容的组合上，删除了一部分"过分经典"同时教育价值不大的传统实验，增加了有利于培养学生综合能力的实验课题。应当认为，这套教材的编写指导思想是符合时代要求的。

化学教育改革，尤其是化学实验改革是一项十分艰巨的任务，不可能要求一蹴而就，为此对于新教材和新的教学方法，应当允许有一个逐步成长、逐步完善的过程。

根据编写计划，这套教材和与之配套的教学课件和网络教程，将在2003年至2004年间陆续出版。它的问世将为兄弟院校的化学实验教学改革提供新的教学资源和经验，进一步推动高等化学教育的发展。

由于人类已经进入信息社会，互联网技术得到普及与应用，相对于原来的查找化学信息的方式而言，已有化学信息的获得与利用方式已经发生了革命性的变化，这是我们在研究化学教育改革方案时必须认真考虑的一个方面。其次，由于物理方法与技术已经成为现代化学实验的基础，因此化学实验在体现学科交叉方面更有自己的特色，在考虑教育改革的方案时，如何强化这个特点，而不仅仅局限于使用现成的"先进仪器"，也是一个值得重视的问题。

　　和广大的化学系师生一样，我迫切地期望着高等学校化学实验新体系立体化学系列教材的早日问世。

2003 年 6 月于清华园

第一版前言

本书是根据教育部化学和应用化学基本教学内容、国家化学基础课实验教学中心及山东省高校基础课实验教学中心关于有机化学实验课内容的基本要求编写的。

有机化学实验课是化学、应用化学、化学工程、生命科学、环境科学、高分子化学与材料、医药、农药、有机中间体化学等多学科学生必修课程之一。

本书编写的基本着眼点在于，首先把基础化学实验看作一个有机的整体，避免过去因过分强调各自学科的系统性而产生的某些内容重复，将那些相近的和较新的实验内容放到整个基础化学实验课的范围去整合、安排；在此基础上考虑有机化学实验自身的系统性和其他课程之间的衔接；在强调基础的同时，适当融入了较新的有机合成方法和内容。

按照由浅入深，由简单到复杂，由一步反应到多步反应的顺序排列，本书由四大部分组成。

第一篇，有机化学实验的一般知识。

第二篇，基本实验，包括：

① 基本操作训练，其中对近代有机化合物的分离、分析、鉴定手段做了较详细的介绍；

② 化合物性质验证实验，这部分做了较大的压缩；

③ 基本合成实验，这是本书的骨干部分，在内容选择上，以典型有机反应为基础，融入一些应用及影响面广、内容较新的反应及化合物类型，在某些实验中还平行列出了半微量实验操作步骤；在内容编排上，以化合物类型为基本顺序，并在这部分的前面，概括地介绍了这类化合物的一般制备方法（包括实验室及工业合成）、用途以及最新的进展；

④ 非常规条件的有机合成方法，简单介绍了近代实验技术的发展，给出几个基本的实验供选用；

⑤ 天然化合物的提取。

第三篇，综合及应用实验，这部分在取材上，突出了综合训练和应用性，兼顾医药、农药、精细化工、生命科学等专业的教学需要；对多步反应实验，有些是作为独立的实验给出，便于选做。

第四篇，设计实验（又称为文献实验），给出了不同层次的若干题目，一般给出合成要点或思路，并附上相关文献，让同学们自己设计、拟定具体实验步骤，经与老师讨论后，进行实验；希望通过这些设计实验，使学生得到初步的科研能力的培养，这些设计实验也可供开放实验使用。

在所有合成实验的内容中，增加了"物理常数及化学性质"一项，在这里给出了有关反应物、中间产物和最后产物的某些物理常数及化学性质，以帮助学生观察、理解实验现象和分离纯化步骤中的操作。

我们力求将参编的十几所院校及其他院校同仁的多年教学经验，在实验内容、实验后的附注及其他适当地方体现出来。

本书选编的内容，远超过现在的教学时数，在使用时各学校可根据自己的专业特点、教学时数，选择不同层次的内容。

本书的附录部分，列出了与有机化学实验相关的必要资料、数据、常数等。

本书除适用于上述专业的学生使用外，还可供有机化学、化工、技术及管理工作者参考。

　　本书由高等学校化学实验新体系立体化系列教材编写指导委员会组织山东省部分高校教师编写。对山东大学、山东师范大学及其他院校从事有机化学实验教学的前辈、同事给本书提供的支持和宝贵意见表示诚挚的谢意！

　　由于编者水平有限，恳请读者对本书中的疏漏、不当甚或错误之处批评指正。

编者

2003 年 8 月

目　　录

附　录

第一篇　有机化学实验的一般知识

一、有机化学实验课的培养目标

1. 学生通过基本实验的严格训练，能够规范地掌握有机化学实验的安全常识、基本技术、基本操作和基本技能。掌握典型有机合成方法、相关定性鉴定、天然有机物的提取和分离。

2. 通过综合实验，培养学生对典型合成方法和"三基"的综合运用能力。应用实验则与科研和应用直接对接，拓宽学生视野，培养对实验的兴趣。

3. 在设计实验中，通过启发性教学，使学生从课题入手，查阅文献资料、设计实验方案、实施实验及分析结果，得到解决有机化学问题和科研能力的初步锻炼和培养。

4. 培养学生勤奋学习、求真、求实的优良品德和科学精神。

二、有机化学实验的学习方法

有机化学实验是一门理论联系实际的综合性较强的课程。对培养学生的独立工作能力具有重要作用。实验前的预习、实验操作和实验报告是安全、高效地完成有机化学实验的三个重要环节。

1. 实验预习

实验预习是做好实验的第一步，首先应认真阅读实验教材及相关参考资料，做到实验目的明确、实验原理清楚、熟悉实验内容和实验方法、牢记实验条件和实验中有关的注意事项。在此基础上，简明、扼要地写出预习笔记。预习笔记包括以下内容：

(1) 目的、要求；

(2) 反应原理，可用反应式写出主反应及主要副反应，并简述反应机理；

(3) 查阅并列出主要试剂和产物的物化常数及性质，试剂的规格、用量；

(4) 画出主要反应装置图，简述实验步骤及操作原理；

(5) 做合成实验时，应写出粗产物纯化的流程图；

(6) 针对实验中可能出现的问题，特别是安全问题，要写出防范措施和解决办法。

2. 实验操作及注意事项

实验是培养独立工作和思维能力的重要环节，必须认真、独立地完成。

(1) 按时进入实验室，认真听取指导教师讲解实验、回答问题。疑难问题要及时提出，并在教师指导下做好实验准备工作。

(2) 实验仪器和装置装配完毕，须经指导教师检查同意后方可接通电源进行实验。实验操作及仪器的使用要严格按照操作规程进行。

(3) 实验过程中要精力集中，仔细观察实验现象，实事求是地记录实验数据，积极思考，发现异常现象应仔细查明原因，或请教指导教师帮助分析处理。实验记录是科学研究的第一手资料，实验记录的好坏直接影响对实验结果的分析。因此，必须对实验的全过程进行仔细观察和记录，特别对如下内容要及时并如实记录：①加入原料的量、顺序、颜色；②随温度的升高，反应液颜色的变化、有无沉淀或气体出现；③产品的量、颜色、熔点、沸点和折射率等数据。记录时，要与操作一一对应，内容要简明准确，书写清楚。

（4）实验中应保持良好的秩序。不迟到、早退，不大声喧哗、打闹，不随便走动，不乱拿仪器药品，爱护公共财物，保持实验室的卫生。实验记录和实验结果必须经教师审查并同意后方可离开实验室。

3. 实验报告

学生应独立完成实验报告，并按规定时间送指导教师批阅。实验报告的内容包括实验目的、简明原理（反应式）、实验装置简图（有时可用方块图表示）、简单操作步骤、数据处理和结果讨论。数据处理应有原始数据记录表和计算结果表示表（有时两者可合二为一），计算产率必须列出反应方程式和算式，使写出的报告更加清晰、明了、逻辑性强，便于批阅和留做以后参考。结果讨论应包括对实验现象的分析解释、查阅文献的情况、对实验结果进行定性分析或定量计算、对实验的改进意见和做实验的心得体会等。这是锻炼学生分析问题的重要一环，是使直观的感性认识上升到理性思维的必要步骤，务必认真对待。

附：　实验报告的格式　　　**实 验 名 称**

1. 目的与要求
2. 反应式
3. 主要试剂及产物的物理常数（列表）
4. 主要试剂及用量
5. 仪器装置图
6. 实验步骤（预习部分）及现象记录（要与实验步骤一一对应）
7. 粗产物的纯化过程及原理
8. 产量、产率
9. 问题讨论

实验报告范例　　　**环己酮的制备**

1. 目的与要求
了解由环己醇氧化制备环己酮的原理和方法。

2. 反应式

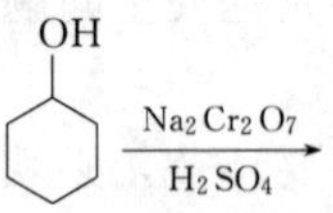

3. 主要试剂及产物的物理常数

名　称	分子量	性　状	折射率 n_D^{20}	相对密度 d_4^{20}	熔点/℃	沸点/℃	溶解度/(g/100 mL 水)
环己醇	100.16	无色液体	1.4648	0.9493	22～25	161.5	5.67
环己酮	98.14	无色液体	1.4507	0.9478	—	155.65	2.4

4. 主要试剂及用量

浓硫酸	化学纯	10mL	环己醇	化学纯	10.0g
重铬酸钠	化学纯	10.5g	草酸	化学纯	0.5g
食盐	化学纯	10.0g	无水碳酸钾	化学纯	约1g

5．仪器装置图（略）

6．实验步骤及现象记录

步 骤	现 象	现象解释
1)在250mL圆底烧瓶中加入60mL冷水,慢慢加入10mL浓H_2SO_4,摇动	成均一溶液,温度上升	硫酸溶于水放热
2)加入10.0g环己醇,混合均匀,溶液中插一支温度计,冷却	开始分层,摇动后成溶液,温度降至25℃	非均相
3)将10.5g$Na_2Cr_2O_7 \cdot 2H_2O$溶于6mL水中	成红棕色溶液	
4)将约$\frac{1}{5}$$Na_2Cr_2O_7 \cdot 2H_2O$溶液加入圆底烧瓶中,摇动,冷水冷却	溶液迅速变热为58℃,冷却后为53℃,溶液由红棕色变为草绿色	氧化剂中的Cr由+6价还原为+3价
5)将剩余的$Na_2Cr_2O_7 \cdot 2H_2O$溶液分四次加入到圆底烧瓶中	现象与第一次加入相似,最后红棕色不全消失,温度降为33℃	$Na_2Cr_2O_7$过量
6)将0.5g草酸加入圆底烧瓶中	溶液变成墨绿色	+6价Cr还原为+3价
7)加50mL水于圆底烧瓶中,加沸石,蒸馏	95℃时开始有馏分,呈混浊状	环己酮与水形成共沸物
8)将约50mL馏出液置于分液漏斗中,加10g食盐,使溶液饱和、振摇、分层、分液	上层为有机层,下层为水层	利用盐析原理,使溶于水中的产品析出
9)有机层用无水K_2CO_3干燥	开始混浊,后为澄清透明溶液	环己酮不溶于水
10)过滤,蒸馏	150℃前馏分极少,接收155~156℃馏分	
11)观察产品外观	无色透明液体	
12)称重	瓶重22.4g,共重28.4g,产物重6.0g	
13)测折射率	n_D^{20} 1.4505	

7．粗产物的提纯过程及原理

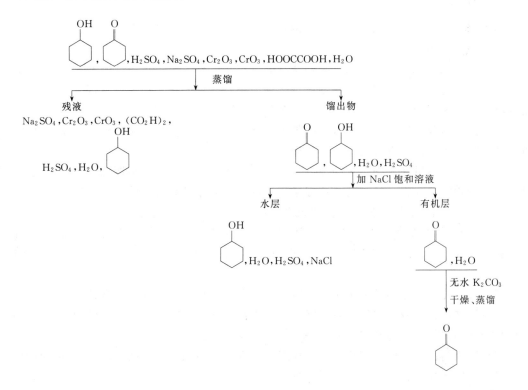

8. 产量 6.0g；

产率　根据反应式：

$$
\underset{\substack{100.16\\10.0}}{\overset{\text{OH}}{\bigcirc}}\quad\xrightarrow[\text{H}_2\text{SO}_4]{\text{Na}_2\text{Cr}_2\text{O}_7}\quad\underset{\substack{98.14\\x}}{\overset{\text{O}}{\bigcirc}}
$$

$$理论产量\ x=\frac{10.0}{100.16}\times98.14=9.8\text{g}$$

$$产率=\frac{实际产量}{理论产量}=\frac{6.0}{9.8}\times100\%=61.2\%$$

9. 问题讨论（略）

三、有机化学实验的安全知识

在实验中，经常使用有机试剂和溶剂，这些物质大多数都易燃、易爆，而且具有一定的毒性。如乙醇、乙醚、丙酮、苯及石油醚等易燃溶剂，氢气、乙炔及苦味酸等易爆的气体和药品，氰化物、硝基苯、有机磷化物及有机卤化物等有毒试剂，苛性钠、苛性钾、溴及浓硫酸、浓硝酸、浓盐酸、苯酚等腐蚀性药品。如使用不当，则可能发生着火、爆炸、中毒、烧伤等事故。而且，有机实验所用仪器多为玻璃制品，如不注意，不但会损坏仪器，还会造成割伤。因此，进行有机化学实验，必须十分注意安全。

事故的发生，往往是不熟悉药品和仪器性能、违反操作规程和麻痹大意所致。只要做好实验预习，严格操作规程，坚守岗位，集中精力，事故是完全可以避免的。

1. 有机化学实验室规则

为了保证有机化学实验课的教学质量，确保每堂课都能安全、有效、正常地进行，学生必须遵守以下规则。

（1）在进入有机实验室之前，必须认真阅读本章内容，了解进入实验室后应注意的事项及有关规定。每次做实验前，认真预习该实验内容，明确实验目的及要掌握的操作技能。了解实验步骤、所用药品的性能及相关的安全问题。写出实验预习报告。

（2）实验课开始后，先认真听指导教师讲解实验，然后严格按照操作规程安装好实验装置，经老师检查合格后方可进行下一步操作。

（3）药品的称量在老师指定的地方（一般在通风橱内）进行，称取完毕后，要及时将试剂瓶的盖子盖好，并将台秤和药品台擦净。不许将药品瓶拿到自己的实验台称取。

（4）实验过程中要仔细观察实验现象，认真及时地作好记录，同学间可就实验现象进行研讨，但不许谈论与实验无关的问题。不经老师许可，不能离岗。不能听随身听、开呼机及手机。严禁吸烟、吃东西。固液体废弃物分别放在指定的垃圾盒中，不许扔倒在水池中。

（5）实验完后，把实验记录交老师审阅，由老师登记实验结果。同学将产品回收到指定瓶中。然后洗净自己所用的仪器并锁好。公用仪器放在指定的位置。把自己的卫生区清理干净后，经老师许可方可离开实验室。

（6）每天的值日生负责实验室的整体卫生（水池、通风橱、台面、地面）、废液的处理、水电安全。经老师检查合格后，方可离去。

2. 防火常识

有机实验中所用的溶剂大多是易燃的，故着火是最可能发生的事故之一。引起着火的原因很多，如用敞口容器加热低沸点的溶剂，加热方法不正确等。为了防止着火，实验中必须注意以下几点：

（1）不能用敞口容器加热和放置易燃、易挥发的化学试剂。应根据实验要求和物质的特性选择正确的加热方法，如对沸点低于 80℃ 的液体，在蒸馏时，应采用间接加热法，而不能直接加热；

（2）尽量防止或减少易燃物气体的外逸。处理和使用易燃物时，应远离明火，注意室内通风，及时将蒸气排出；

（3）易燃、易挥发的废物，不得倒入废液缸和垃圾桶中，应专门回收处理；

（4）实验室不得存放大量易燃、易挥发性物质。

3. 灭火常识

一旦发生着火，应及时采取正确的措施，控制事故的扩大。首先，立即切断电源，移走易燃物。然后根据易燃物的性质和火势，采取适当的方法扑救。

火情及灭火方法简介如下：

第一种　烧瓶内反应物着火时，用石棉布盖住瓶口，火即熄；

第二种　地面或桌面着火时，若火势不大，可用淋湿的抹布或砂子灭火；

第三种　衣服着火，应就近卧倒，用石棉布把着火部位包起来，或在地上滚动以灭火焰，切忌在实验室内乱跑；

第四种　火势较大，应采用灭火器灭火。二氧化碳灭火器是有机实验室最常用的灭火器。灭火器内存放着压缩的二氧化碳气体，使用时，一手提灭火器，一手应握在喷二氧化碳喇叭筒的把手上（不能手握喇叭筒！以免冻伤），打开开关，二氧化碳即可喷出。这种灭火器，灭火后的危害小，特别适用于油脂、电器及其他较贵重的仪器着火时灭火。

常用灭火器的性能及特点列于表 1-1。

表 1-1　常用灭火器的性能及特点

灭火器类型	药液成分	适用范围及特点
二氧化碳灭火器	液态 CO_2	适用于扑灭电器设备、小范围的油类及忌水的化学药品的着火
泡沫灭火器	$Al_2(SO_4)_3$ 和 $NaHCO_3$	适用于油类着火，但污染严重，后处理麻烦
四氯化碳灭火器	液态 CCl_4	适用于扑灭电器设备，小范围的汽油、丙酮等着火。不能用于扑灭活泼金属钾、钠的着火，因 CCl_4 会强烈分解，甚至爆炸，在高温下还会产生剧毒的光气
干粉灭火器	主要成分是碳酸氢钠等盐类物质与适量的润滑剂和防潮剂	适用于扑灭油类、可燃性气体、电器设备、精密仪器、图书文件等物品的初期火灾
酸碱灭火器	H_2SO_4 和 $NaHCO_3$	适用于扑灭非油类和电器着火的初期火灾

不管用哪一种灭火器，都是从火的周围向中心扑灭。

需要注意的是，水在大多数场合下不能用来扑灭有机物的着火。因为一般有机物都比水轻，泼水后，火不但不熄，反而漂浮在水面燃烧，火随水流促其蔓延，将会造成更大的火灾事故。

第五种　如火势不易控制，应立即拨打火警电话119！

4. 防爆

在有机化学实验室中，发生爆炸事故一般有以下三种情况。

第一种　易燃有机溶剂（特别是低沸点易燃溶剂）在室温时就具有较大的蒸气压。空气中混杂易燃有机溶剂的蒸气压达到某一极限时，遇到明火即发生燃烧爆炸。而且，有机溶剂蒸气都较空气的相对密度大，会沿着桌面或地面漂移至较远处，或沉积在低洼处。因此，切勿将易燃溶剂倒入废物缸内，更不能用敞口容器盛放易燃溶剂。倾倒易燃溶剂应远离火源，最好在通风橱中进行。常用易燃溶剂的蒸气爆炸极限见表 1-2。

表 1-2　常用易燃溶剂的蒸气爆炸极限

名称	沸点/℃	闪燃点/℃	爆炸范围(体积分数)/%	名称	沸点/℃	闪燃点/℃	爆炸范围(体积分数)/%
甲醇	64.96	11	6.72～36.50	丙酮	56.2	−17.5	2.55～12.80
乙醇	78.5	12	3.28～18.95	苯	80.1	−11	1.41～7.10
乙醚	34.51	−45	1.85～36.5				

第二种　某些化合物容易发生爆炸，如过氧化物、芳香族多硝基化合物等，在受热或受到碰撞时均会发生爆炸。含过氧化物的乙醚在蒸馏时也有爆炸的危险。乙醇和浓硝酸混合在一起，会引起极强烈的爆炸。

第三种　仪器安装不正确或操作不当时，也可引起爆炸。如蒸馏或反应时实验装置被堵塞，减压蒸馏时使用不耐压的仪器等。

为了防止爆炸事故的发生，应注意以下几点：

(1) 使用易燃易爆物品时，应严格按照操作规程操作，要特别小心；

(2) 反应过于剧烈时，应适当控制加料速度和反应温度，必要时采取冷却措施；

(3) 在用玻璃仪器组装实验装置之前，要先检查玻璃仪器是否有破损；

(4) 常压操作时，不能在密闭体系内进行加热或反应，要经常检查实验装置是否被堵塞，如发现堵塞应停止加热或反应，将堵塞排除后再继续加热或反应；

(5) 减压蒸馏时，不能用平底烧瓶、锥形瓶、薄壁试管等不耐压容器作为接收瓶或反应瓶；

(6) 无论是常压蒸馏还是减压蒸馏，均不能将液体蒸干，以免局部过热或产生过氧化物而发生爆炸。

5. 中毒的预防及处理

大多数化学药品都具有一定的毒性。中毒主要是通过呼吸道和皮肤接触有毒物品而对人体造成危害。因此，预防中毒应做到以下几点。

(1) 实验前要了解药品性能，称量时应使用工具、戴乳胶手套，尽量在通风橱中进行。特别注意的是勿使有毒药品触及五官和伤口处。

(2) 反应过程中可能生成有毒气体的实验应加气体吸收装置，并将尾气导至室外。

(3) 用完有毒药品或实验完毕要用肥皂将手洗净。

假如已发生中毒，应按如下方法处理。

(1) 溅入口中尚未咽下者　应立即吐出，用大量水冲洗口腔；如已吞下，应根据毒物的性质给以解毒剂，并立即送医院救治。

(2) 腐蚀性毒物中毒　对于强酸，先饮大量水，然后服用氢氧化铝膏、鸡蛋清；对于强碱，也应先饮大量水，然后服用醋、酸果汁、鸡蛋清。不论酸或碱中毒皆再给以牛奶灌注，不要吃呕吐剂。

(3) 刺激剂及神经性毒物中毒　先给牛奶或鸡蛋白使之立即冲淡和缓和，再用一大匙硫酸镁（约30g）溶于一杯水中催吐。有时也可用手指伸入喉部促使呕吐，然后立即送医院救治。

（4）吸入气体中毒者 将中毒者移至室外，解开衣领及纽扣。吸入少量氯气或溴者，可用碳酸氢钠溶液漱口。

6. 灼伤的预防及处理

皮肤接触了高温、低温或腐蚀性物质后均可能被灼伤。为避免灼伤，在接触这些物质时，应戴好防护手套和眼镜。发生灼伤时应按下列要求处理：

（1）被碱灼伤时 先用大量水冲洗，再用1%～2%的乙酸或硼酸溶液冲洗，然后再用水冲洗，最后涂上烫伤膏；

（2）被酸灼伤时 先用大量水冲洗，然后用1%～2%的碳酸氢钠溶液冲洗，最后涂上烫伤膏；

（3）被溴灼伤时 应立即用大量水冲洗，再用酒精擦洗或用2%的硫代硫酸钠溶液洗至灼伤处呈白色，然后涂上甘油或鱼肝油软膏加以按摩；

（4）被热水烫伤时 一般在患处涂上红花油，然后擦烫伤膏；

（5）被金属钠灼伤时 可见的小块用镊子移走，再用乙醇擦洗，然后用水冲洗，最后涂上烫伤膏；

（6）以上这些物质一旦溅入眼睛中（金属钠除外），应立即用大量水冲洗，并及时去医院治疗。

7. 割伤的预防及处理

有机实验中主要使用玻璃仪器。使用时，最基本的原则是不能对玻璃仪器的任何部位施加过度的压力。具体操作要注意以下两点。

（1）需要用玻璃管和塞子连接装置时，用力处不要离塞子太远，如图1-1中（a）和（c）所示。图1-1中（b）和（d）的操作是错误的。尤其是插入温度计时，要特别小心。

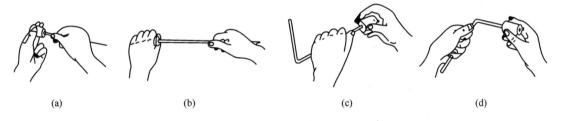

(a)   (b)   (c)   (d)

图 1-1 玻璃管与塞子连接时的操作方法

（2）新割断的玻璃管断口处特别锋利，使用时，要将断口处用火烧至熔化，或用小锉刀使其成圆滑状。

发生割伤后，应先将伤口处的玻璃碎片取出，再用生理盐水将伤口洗净，轻伤可用"创可贴"，伤口较大时，用纱布包好伤口送医院。若割破静（动）脉血管，流血不止时，应先止血。具体方法是：在伤口上方5～10cm处用绷带扎紧或用双手掐住，尽快送医院救治。

8. 水电安全

同学进入实验室后，应首先了解灭火器、石棉布、水电开关及总闸的位置在何处，而且要掌握它们的使用方法。如实验开始时，应先缓缓接通冷凝水（水量要小），再接通电源打开电热包。但决不能用湿手或手握湿物去插（或拔）插头。使用电器前，应检查线路连接是否正确，电器内外要保持干燥，不能有水或其他溶剂。实验做完后，应先关掉电源，再去拔插头，而后关冷凝水。

值日生在做完值日后，要关掉所有的水闸及总电闸。

9. 废物的处理

（1）废液的处理　　废液要回收到指定的回收瓶或废液缸中集中处理。

（2）废弃固体物的处理　　对于任何废弃固体物（如沸石、棉花、镁屑等）都不能倒入水池中，而要倒入老师指定的固体垃圾盒中，最后由值日生在老师的指导下统一处理。

（3）对易燃、易爆的废弃物（如金属钠）　应由教师处理，学生切不可自主处理。

四、有机化学实验常用玻璃仪器及设备

在进行有机化学实验时，所用的仪器有玻璃仪器、金属用具、电学仪器及其他一些仪器设备。

了解实验所用仪器及设备的性能、正确的使用方法和如何保养，是对每一个实验者的最起码的要求。下面将分类进行介绍。

1. 常用的常量玻璃仪器（表 1-3）

表 1-3　常用的常量玻璃仪器

序号	仪 器 图 示	规　格	用　途	备　注
1	 圆底烧瓶　茄形烧瓶	25mL(19#) 50mL(19#) 100mL(19#) 250mL(19#) 500mL(19#)	25mL、50mL 的一般用作接收瓶。100～500mL的用作反应、回流	
2	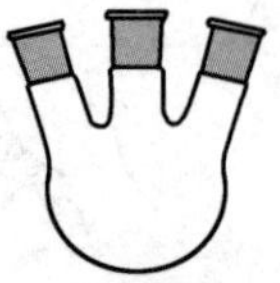 三口烧瓶	100mL(19#×3) 250mL(19#×3)	用作反应瓶，三口可分别安装搅拌器、冷凝管、温度计等	
3	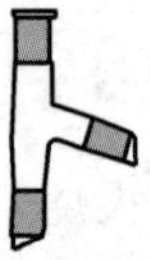 蒸馏头	14#，19#×2	与圆底烧瓶、冷凝管等连接成蒸馏装置	每次用完一定要拆开洗净
4	 Y形管	19#×3	上两口可同时连接回流冷凝器和滴液漏斗	每次用完一定要拆开洗净
5	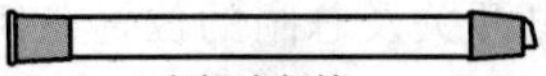 空气冷凝管	19#×2	产物沸点温度高于 140℃时蒸馏用	

序号	仪器图示	规　格	用　途	备　注
6	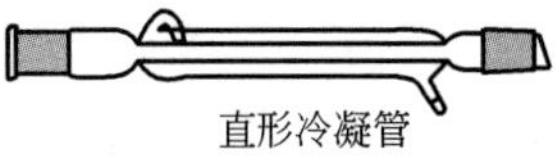 直形冷凝管	19#×2	一般产物沸点低于140℃的蒸馏冷凝	
7	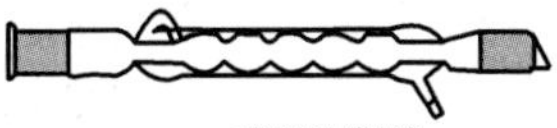 球形冷凝管	19#×2	回流时用	
8	 牛角管	普通	与冷凝管连接,接收产品用	
9	 真空接引管	19#×2	与冷凝管连接,接收产品用	
10	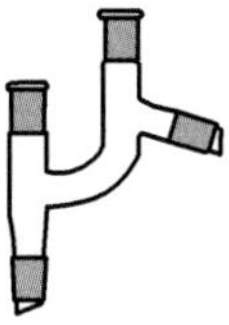 克氏蒸馏头	14#×3,19# 14#×2,19#×2	减压蒸馏时用	每次用完一定要拆开洗净
11	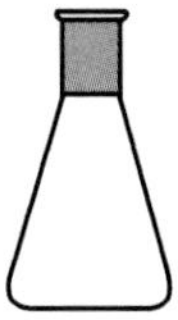 锥形瓶	100mL(19#) 200mL(19#) 300mL(普通)	多用于接收和盛装产物	不可做反应瓶,不可直接加热,不可用于减压系统
12	 温度计	100℃ 200℃ 300℃	用于反应液温度或沸点的测定	用完后不可马上用冷水冲洗
13	 b形管		测熔点和沸点用	

序号	仪器图示	规格	用途	备注
14	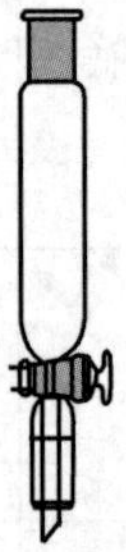 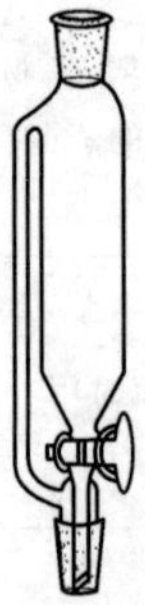 筒形滴液漏斗　恒压滴液漏斗	60mL 125mL(19#×2)	用于连续反应时的液体滴加	烘干时塞子要拿出,使用时塞子要涂凡士林,用完在塞子与磨口接触处放纸片
15	 球形滴液漏斗	60mL 100mL	用于连续反应时的液体滴加,并且可直接把液体滴加到反应液中	烘干时塞子要拿出,使用时塞子要涂凡士林,用完后在塞子与磨口接触处放纸片
16	 分液漏斗	125mL(19#) 250mL(19#)	用于溶液的萃取及分离	烘干时塞子要取出,使用时塞子要涂凡士林,用完后在塞子与磨口接触处放纸片
17	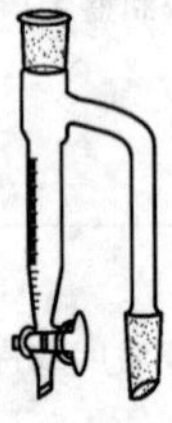 分水器	19#×2	用于共沸蒸馏	用完后立即洗净,在塞子与磨口放纸片
18	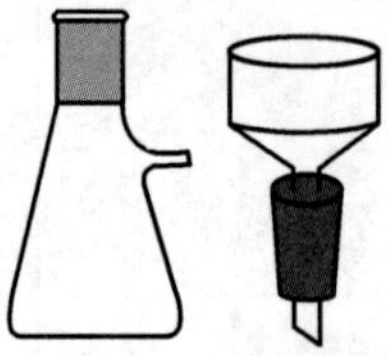 吸滤瓶及布氏漏斗	500mL、100mL 按直径大小分	用于减压过滤	不能直接加热

2. 玻璃仪器的有关知识

玻璃仪器一般是由软质玻璃和硬质玻璃制作而成的。软质玻璃耐温、耐腐蚀性较差，但是价格便宜。一般用它制作的仪器均不耐温，如普通漏斗、量筒、吸滤瓶、干燥器等。硬质玻璃具有较好的耐温和耐腐蚀性，制成的仪器可在温度变化较大的情况下使用，如烧瓶、烧杯、冷凝器等。

玻璃仪器一般又分为普通口和标准磨口两种。实验室常用的普通玻璃仪器有非磨口锥形瓶、烧杯、普通漏斗、分液漏斗等。常用的标准磨口仪器有圆底烧瓶、三口瓶、蒸馏头、冷凝器、接收管等。

标准磨口仪器根据磨口口径分为 10，14，19，24，29，34，40，50 等号。相同编号的子口和母口可以连接。当用不同编号的子口和母口连接时，中间可以用一个大小口接头。当使用 14/30 这种编号时，表明仪器的口径是 14mm，磨口长度是 30mm。学生使用的常量仪器一般是 14、19 号和 24 号的磨口仪器，微型实验中采用 10 号磨口仪器。

3. 使用玻璃仪器时注意事项

（1）使用时，应轻拿轻放。

（2）不能用明火直接加热玻璃仪器，用电炉加热时应垫石棉网。

（3）不能用高温加热不耐温的玻璃仪器，如普通漏斗、量筒、吸滤瓶等。

（4）玻璃仪器使用完后，应及时清洗干净，特别是标准磨口仪器放置时间太久，容易黏结在一起，很难拆开。如果发生此情况，可用热水煮黏结处或用热风吹磨口处，使其膨胀而脱落，还可用木槌轻轻敲打黏结处。玻璃仪器最好自然晾干。

（5）带旋塞或具塞的仪器清洗后，应在塞子和磨口接触处夹放纸片或涂抹凡士林，以防黏结。

（6）标准磨口仪器处要干净，不能粘有固体物质。清洗时，应避免用去污粉擦洗磨口。否则，会使磨口连接不紧密，甚至会损坏磨口。

（7）安装仪器时，应做到横平竖直，磨口连接处不应受到歪斜的应力，以免仪器破裂。

（8）一般使用时，磨口处无需涂润滑剂，以免粘有反应物或产物。但是反应中使用强碱时，则要涂润滑剂，以免磨口连接处因碱腐蚀而黏结在一起，无法拆开。当减压蒸馏时，应在磨口连接处涂润滑剂（真空脂），保证装置密封性好。

（9）用温度计时应注意不要用冷水洗热的温度计，以免炸裂，尤其是水银球部位，应冷却至室温后再冲洗。不能用温度计搅拌液体或固体物质，以免损坏。

（10）温度计打碎后，要把硫黄粉洒在水银球上，然后汇集在一起处理。不能将水银球冲到下水道中。

4. 仪器的选择

有机化学实验的各种反应装置都是一件件玻璃仪器组装而成的，实验中应根据要求选择合适的仪器。一般选择仪器的原则如下。

（1）烧瓶的选择　根据液体的体积而定，一般液体的体积应占容器体积的 $1/3 \sim 2/3$，进行减压蒸馏和水蒸气蒸馏时液体体积不应超过烧瓶容积的 $1/2$。

（2）冷凝管的选择　一般情况下，回流用球形冷凝管，蒸馏用直形冷凝管。当蒸馏温度超过 140℃时，可改用空气冷凝管，以防温差较大时，直形冷凝管受热不均匀而炸裂。

（3）温度计的选择　实验室一般备有 100℃、200℃、300℃三种温度计，根据所测温度可选用不同的温度计。一般选用的温度计要比被测温度高 10～20℃。

5. 常用的常量反应装置

在有机实验中，安装好实验装置是做好实验的基本保证。反应装置一般根据实验要求组合。常用的反应装置介绍如下。

（1）回流装置　在实验中，有些反应和重结晶样品的溶解往往需要煮沸一段时间。为了不使反应物和溶剂的蒸气逸出，常在烧瓶口垂直装上球型冷凝管，冷却水自下而上流动，这就是一般的回流装置。回流操作时应注意两点，第一，加热前不要忘记加沸石，第二，蒸气上升应控制在不超过第二个球为宜。图 1-2 介绍了 5 种回流装置。

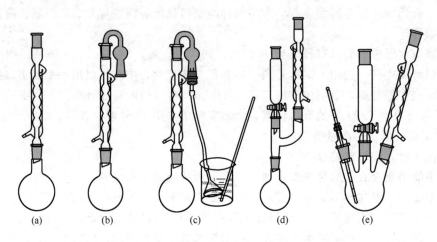

图 1-2　回流装置

（a）普通回流装置；（b）防潮回流装置；（c）气体吸收回流装置；
（d）滴加液体的回流装置；（e）需控温的滴加回流装置

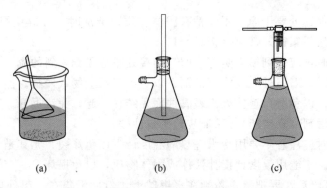

图 1-3　气体吸收装置

（2）气体吸收装置　图 1-3 为气体吸收装置。在这些装置中都是采用水吸收的办法，因此，被吸收的有刺激性气体必须具有水溶性（如氯化氢、二氧化硫等）。对于酸性物质，有的需用稀碱液吸收。图 1-3 中的（a）、（b）只能用来吸收少量气体。（a）中的三角漏斗口不要全浸入吸收液中，否则，体系内的气体被吸收或一旦反应瓶冷却时会形成负压，水就会倒吸。如果气体排出量较大或速度快时，可用图 1-3 中的（c）。

（3）搅拌装置　有些反应是在均相溶液中进行，一般不用搅拌。但是，很多反应是在非均相溶液中进行，或反应物之一是逐渐滴加的，这种情况需要搅拌。图 1-4 是三个常用的搅拌装置，其中（a）是可测量反应温度的回流搅拌装置；（b）是可以同时进行搅拌、回流和滴加液体的装置；（c）是集测温、滴加、回流于一体的搅拌装置。

6. 仪器的装配与拆卸

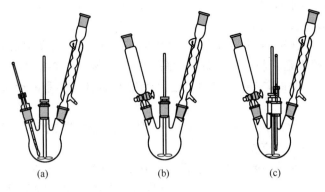

图 1-4　搅拌装置

　　安装仪器时，应选择好仪器的位置，要先下后上，先左后右，逐个将仪器固定组装。所有的仪器要横平竖直，所有的铁架、铁夹、烧瓶夹都要在玻璃仪器的后面。拆卸的方式则和组装的方向相反。拆卸前，应先停止加热，移走热源，待稍冷却后，先取下产物，然后再逐个拆掉。拆冷凝管时要注意不要将水洒在电热套上。

　　7. 电器设备

　　（1）电子天平　电子天平是实验室常用的称量设备，在微型实验中是必备的称量设备。

　　Scout Ⅱ电子天平是一种感应敏锐的精密的称量仪器，它采用前面板控制，具有简单易懂的菜单，可自动关机。学生在使用前请仔细阅读使用说明或认真听取指导教师讲解。

　　（2）电热套　有机实验中常用的间接加热设备，分不可调和可调两种。用玻璃纤维丝与电热丝编织成半圆形的内套，外边加上金属外壳，中间填上保温材料，根据内套直径的大小分为50mL、250mL、500mL等规格。最大可到3000mL。此设备使用较安全。用完后放在干燥处。

　　（3）电动搅拌机　电动搅拌机一般用于常量的非均相反应时搅拌液体反应物。使用时要注意以下几点：

　　① 应先将搅拌棒与电动搅拌器连接好；

　　② 再将搅拌棒用套管或塞子与反应瓶固定好；

　　③ 在开动搅拌机前，应用手先空试搅拌机转动是否灵活，如不灵活，应找出摩擦点，进行调整，直至转动灵活；

　　④ 如电机长期不用，应向电机的加油孔中加一些机油，以保证电机正常运转。

　　（4）磁力加热搅拌器　磁力加热搅拌器可同时进行加热和搅拌，特别适合微型实验。搅拌的产生是通过转动的磁铁来带动容器中搅拌磁子的转动，转速可通过调速器调节。

　　（5）烘箱　实验室一般使用的是恒温鼓风干燥箱，它主要用于干燥玻璃仪器或无腐蚀性、热稳定性好的药品。使用时首先打开加热开关（一般开到1，需急速烘干时可开到2），然后设定好温度（烘玻璃仪器一般控制在100～110℃）。刚洗好的仪器，应将水控干后再放入烘箱中，要先放上层，后放下层，以防湿仪器上的水滴到热仪器上造成炸裂。热仪器取出后，不要马上碰冷的物体如冷水、金属用具等。带旋塞或具塞的仪器，应取下塞子后再放入烘箱中烘干。

　　（6）循环水多用真空泵　循环水多用真空泵是以循环水作为流体，利用射流产生负压的原理而设计的，广泛用于蒸发、蒸馏、结晶、过滤、减压、升华等操作中。由于水可以循环使用，避免了直排水的现象，节水效果明显。因此，是实验室理想的减压设备，一般用于对真空度要求不高的减压体系中。

使用时应注意以下几点。

① 真空泵抽气口最好接一个缓冲瓶，以免停泵时水被倒吸入反应瓶中，使反应失败。

② 开泵前，应检查是否与体系接好，然后，打开缓冲瓶上的旋塞。开泵后，用旋塞调至所需要的真空度。关泵时，先打开缓冲瓶上的旋塞，拆掉与体系的接口，再关泵。切忌相反操作。

③ 有机溶剂对水泵的塑料外壳有溶解作用，所以，应经常更换（或倒干）水泵中的水，以保持水泵的清洁完好和真空度。

（7）油泵　油泵是实验室常用的减压设备。它多用于对真空度要求较高的反应中。其效能取决于泵的结构及油的好坏（油的蒸气压越低越好），好的油泵能抽到 $10\sim100Pa$ 的真空度。在用油泵进行减压蒸馏时，溶剂、水和酸性气体会造成对油的污染，使油的蒸气压增加，降低真空度，同时，这些气体可以腐蚀泵体。为了保护泵和油，使用时应注意做到：① 定期换油；② 干燥塔中的氢氧化钠、无水氯化钙如已结成块状应及时更换。

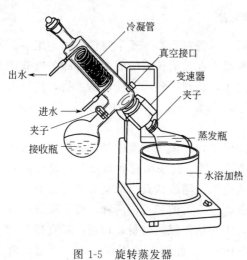

图 1-5　旋转蒸发器

（8）旋转蒸发器　旋转蒸发器可用于快速浓缩或其他回收、蒸发有机溶剂的场合。由于它使用方便，在有机实验室中被广泛使用。如图 1-5 所示。此装置可在常压或减压下使用，可一次进料，也可分批进料。由于蒸发器在不断旋转，可免加沸石而不会暴沸。同时，液体附于壁上形成了一层液膜，加大了蒸发面积，使蒸发速度加快。

五、有机化学实验的实施方法

1. 加热方法

有机实验中最常用的是间接加热的方法（如电热套），而直接用火焰加热玻璃器皿很少被采用，因为剧烈的温度变化和不均匀的加热会造成玻璃仪器破损，引起燃烧甚至爆炸事故的发生。另外，由于局部过热，还可能引起部分有机化合物的分解。为了避免直接加热带来的问题，加热时可根据液体的沸点、有机化合物的特征和反应要求选用适当的加热方法。下面介绍几种间接加热的方法。

（1）空气浴　空气浴就是让热源把局部空气加热，空气再把热能传导给反应容器。

电热套加热是简便的空气浴加热，能从室温加热到 300℃ 左右，是有机实验中最常用的加热方法。安装电热套时，要使反应瓶的外壁与电热套内壁保持 1cm 左右的距离，以便利用热空气传热和防止局部过热等。

（2）水浴　当所需加热温度在 80℃ 以下时，可将容器浸入水浴中，热浴液面应略高于容器中的液面，勿使容器底部触及水浴锅底。

若长时间加热，水浴中的水会汽化蒸发，可采用电热恒温水浴。还可在水面上加几片石蜡，石蜡受热熔化后覆盖在水面上，可减少水的蒸发。

（3）油浴　加热温度在 80～250℃时可用油浴，也常用电热套加热。

油浴所能达到的最高温度取决于油的种类。若在植物油中加入 1%的对苯二酚，可增加油在受热时的稳定性。甘油和邻苯二甲酸二丁酯的混合液适合于加热到 140～180℃，温度过高则分解。甘油吸水性强，放置过久的甘油，使用前应先蒸去其吸收的水分，然后再用于油浴。液体石蜡可加热到 220℃以上，温度稍高，虽不易分解，但易燃烧。固体石蜡也可加热到 220℃以上，其优点是室温时为固体，便于保存。硅油和真空泵油在 250℃以上时较稳定，但由于价格贵，一般实验室较少使用。

用油浴加热时，要在油浴中装置温度计（温度计的水银球不要放到油浴锅底），以便随时观察和调节温度。

油浴所用的油不能有水溅入，否则加热时会产生泡沫或爆溅。使用油浴时，要特别注意防止油蒸气污染环境和引起火灾。为此可用一块中间有圆孔的石棉板盖住油浴锅。

除了以上介绍的几种方法外，还有其他的加热方法（如电热法等），无论用何种方法加热，都要求加热均匀而稳定，尽量减少热损失，以适于实验的需要。

2. 冷却方法

有机合成反应中，有时会产生大量的热，使得反应温度迅速升高，如果控制不当，可能引起副反应或使反应物蒸发，甚至会发生冲料和爆炸事故。要把温度控制在一定范围内，就要进行适当的冷却。有时为了降低溶质在溶剂中的溶解度或加速结晶析出，也要采用冷却的方法。

（1）冰水冷却　可用冷水在容器的外壁流动，或把容器浸在冷水中，交换走热量。也可用水和碎冰的混合物作冷却剂，其冷却效果比单用冰块好。如果水不影响反应进行，也可把碎冰直接投入反应器中，以便更有效地保持低温。

（2）冰盐冷却　反应要在 0℃以下进行操作时，常用按不同比例混合的碎冰和无机盐作为冷却剂。可把盐研细，把冰砸成小碎块，使盐均匀包在冰块上。在使用过程中应随时搅动冰块。

（3）干冰或干冰与有机溶剂混合冷却　干冰（固体的二氧化碳）和乙醇、异丙醇、丙酮、乙醚或氯仿混合，可冷却到 −78～−50℃。应将这种冷却剂放在杜瓦瓶（广口保温瓶）中或其他绝热效果好的容器中，以保持其冷却效果。

（4）低温浴槽　低温浴槽是一个小冰箱，冰室口向上，蒸发面用筒状不锈钢槽代替，内装酒精，外设压缩机循环氟里昂制冷。压缩机产生的热量可用水冷或风冷散去。可装外循环泵，使冷酒精与冷凝器连接循环。还可装温度计等指示器。反应瓶浸在酒精液体中。适于 −30～30℃范围的反应使用。

以上制冷方法供选用。注意温度低于 −38℃时，由于水银会凝固，因此不能用水银温度计。对于较低的温度，应采用添加少许颜料的有机溶剂（乙醇、甲苯、正戊烷）低温温度计。

3. 干燥方法

干燥是常用的除去固体、液体或气体中少量水分或少量有机溶剂的方法。如在进行有机物波谱分析、定性或定量分析以及测物理常数时，往往要求预先干燥，否则测定结果便不准确。液体有机物在蒸馏前也要干燥，否则沸点前馏分较多，产物损失，甚至沸点也不准。此外，许多有机反应需要在无水条件下进行，因此，溶剂、原料和仪器等均要干燥。可见，在有机化学实验中，试剂和产品的干燥具有重要的意义。

（1）基本原理　干燥方法从原理上可分为物理方法和化学方法两类。

① 物理方法　物理方法中有烘干、晾干、吸附、分馏、共沸蒸馏和冷冻等。近年来，还常用离子交换树脂和分子筛等方法来进行干燥。

离子交换树脂是一种不溶于水、酸、碱和有机溶剂的高分子聚合物。分子筛是含水硅铝酸盐的晶体。它们都可逆地吸附水分，加热解吸除水活化后可重复使用。

② 化学方法　化学方法采用干燥剂来除水。根据除水作用原理又可分为两种：

第一种　能与水可逆的结合，生成水合物，例如：

$$CaCl_2 + nH_2O \rightleftharpoons CaCl_2 \cdot nH_2O$$

第二种　与水发生不可逆的化学反应，生成新的化合物，例如：

$$2Na + 2H_2O \longrightarrow 2NaOH + H_2\uparrow$$

使用干燥剂时要注意以下几点。

第一，干燥剂与水的反应为可逆反应时，反应达到平衡需要一定时间。因此，加入干燥剂后，一般最少要 2h 或更长时间后才能收到较好的干燥效果。因是可逆反应，不能将水完全除尽，故干燥剂的加入量要适当，一般为溶液体积的 5% 左右。当温度升高时，这种可逆反应的平衡向干燥剂脱水方向移动，所以在蒸馏前，必须将干燥剂滤除。

第二，干燥剂与水的反应为不可逆反应时，蒸馏前不必滤除。

第三，干燥剂只适用于干燥少量水分。若水的含量大，干燥效果不好。为此，萃取时应尽量将水层分净，这样干燥效果好，且产物损失少。

(2) 固体有机化合物的干燥　干燥固体有机化合物，主要是为了除去残留在固体中的少量低沸点溶剂，如水、乙醚、乙醇、丙酮、苯等。由于固体有机物的挥发性比溶剂小，所以可采取蒸发和吸附的方法来达到干燥的目的，常用干燥法如下：

① 晾干；

② 烘干

a. 用恒温烘箱烘干或用恒温真空干燥箱烘干，b. 用红外灯烘干；

③ 冻干；

④ 干燥器干燥

a. 普通干燥器，b. 真空干燥器。

(3) 液体有机化合物的干燥

① 干燥剂的选择　干燥剂应与被干燥的液体有机化合物不发生化学反应，包括溶解、络合、缔合和催化等作用。例如酸性化合物不能用碱性干燥剂等。

② 干燥剂的吸水容量和干燥效能　干燥剂的吸水容量是指单位质量干燥剂所吸收水的量。干燥效能是指达到平衡时液体被干燥的程度，对于形成水合物的无机盐干燥剂，常用吸水后结晶水的蒸气压来表示其干燥效能。如硫酸钠形成 10 个结晶水的水合物，其吸水容量为 1.25，在 25℃时水蒸气压为 260Pa；氯化钙最多能形成 6 个水的水合物，其吸水容量为 0.97，在 25℃ 时水蒸气压为 39Pa。可以看出，硫酸钠的吸水容量较大，但干燥效能弱；而氯化钙吸水容量较小，但干燥效能强。在干燥含水量较大而又不易干燥的化合物时，常先用吸水量较大的干燥剂除去大部分水分，再用干燥效能强的干燥剂进行干燥。

③ 干燥剂的用量　根据水在液体中溶解度和干燥剂的吸水量，可算出干燥剂的最低用量。但是，干燥剂的实际用量是大大超过计算量的。实际操作中，主要是通过现场观察判断。

a. 观察被干燥液体。不溶于水的有机溶液在含水时常处于混浊状态，加入适当的干燥剂进行干燥，当干燥剂吸水之后，混浊液会呈清澈透明状。这时即表明干燥合格。否则，应补加适量干燥剂继续干燥。

b. 观察干燥剂。有些有机溶剂溶于水，因此含水的溶液也呈清澈、透明状（如乙醚），这种情况下要判断干燥剂用量是否合适，则应看干燥剂的状态。加入干燥剂后，因其吸水后会粘在器壁上，摇动容器也不易旋转，表明干燥剂用量不够，应适量补加，直到新的干燥剂不结块、不粘壁且棱角分明，摇动时旋转并悬浮（尤其是 $MgSO_4$ 等小晶粒干燥剂），表示所加干燥剂用量合适。

由于干燥剂还能吸收一部分有机液体，影响产品收率，故干燥剂用量要适中。应先加入少量干燥剂后静置一段时间，观察用量不足时再补加。一般每 10mL 样品约需 0.5～1.0g 干燥剂。

④ 干燥时的温度　对于生成水合物的干燥剂，加热虽可加快干燥速度，但远远不如水合物放出水的速度快，因此，干燥通常在室温下进行。

⑤ 操作步骤与要点

a. 首先把被干燥液中的水分尽可能除净，不应有任何可见的水层或悬浮水珠。

b. 把待干燥的液体放入锥形瓶中，取颗粒大小合适（如无水氯化钙，应为黄豆粒大小的并不夹带粉末）的干燥剂放入液体中，用塞子盖住瓶口，轻轻振摇、观察，判断干燥剂是否足量，静置（0.5h 以上，最好过夜）。

c. 把干燥好的液体滤入适当容器中密封保存或者过滤后进行蒸馏。

⑥ 各类有机物常用干燥剂及其性能见表 1-4、表 1-5。

表 1-4　各类有机物常用的干燥剂

化合物类型	干　燥　剂	化合物类型	干　燥　剂
烃	$CaCl_2$,Na,P_2O_5	酮	K_2CO_3,$CaCl_2$,$MgSO_4$,Na_2SO_4
卤代烃	$CaCl_2$,$MgSO_4$,Na_2SO_4,P_2O_5	酸、酚	$MgSO_4$,Na_2SO_4
醇	K_2CO_3,$MgSO_4$,CaO,Na_2SO_4	酯	$MgSO_4$,Na_2SO_4,K_2CO_3
醚	$CaCl_2$,Na,P_2O_5	胺	KOH,$NaOH$,K_2CO_3,CaO
醛	$MgSO_4$,Na_2SO_4	硝基化合物	$CaCl_2$,$MgSO_4$,Na_2SO_4

表 1-5　各类有机物常用干燥剂的性能

干燥剂	吸水作用	吸水容量	干燥效能	干燥速度	适用范围	不适用范围	备　注
氯化钙	$CaCl_2 \cdot nH_2O$ $n=1,2,4,6$	0.97,按 $CaCl_2 \cdot 6H_2O$ 计	中等	较快,但吸水后易在其表面覆盖液体,应放置较长时间	烷烃、烯烃、卤代烃、丙酮、醚、硝基化合物	与醇、氨、胺、酚、氨基酸、酰胺、酮及某些醛和酯结合,不能用	①价廉；②工业品中含 $Ca(OH)_2$ 或 CaO,故不能干燥酸类；③$CaCl_2 \cdot 6H_2O$ 在 30℃ 以上易失水；④$CaCl_2 \cdot 4H_2O$ 在 45℃ 以上易失水
硫酸镁	$MgSO_4 \cdot nH_2O$ $n=1,2,4,5,6,7$	1.05,按 $MgSO_4 \cdot 7H_2O$ 计	较弱	较快	中性,应用范围广,可代替 $CaCl_2$ 并可用以干燥酯、醛、酮、腈、酰胺等,并用于不能用 $CaCl_2$ 干燥的化合物		$MgSO_4 \cdot 7H_2O$ 在 49℃ 以上失水；$MgSO_4 \cdot 6H_2O$ 在 38℃ 以上失水
硫酸钠	$Na_2SO_4 \cdot 10H_2O$	1.25	弱	缓慢	中性,一般用于有机液体的初步干燥		$Na_2SO_4 \cdot 10H_2O$ 在 38℃ 以上失水

续表

干燥剂	吸水作用	吸水容量	干燥效能	干燥速度	适用范围	不适用范围	备注
硫酸钙	$2CaSO_4 \cdot H_2O$	0.06	强	快	中性硫酸钙经常与硫酸钠配合,作最后干燥之用		$CaSO_4 \cdot H_2O$ 在80℃以上失水
氢氧化钠(钾)	溶于水		中等	快	强碱性,用于干燥胺、杂环等碱性化合物(氨、胺、醚、烃)	醇、酯、醛、酮、酸和酚等	吸湿性强
碳酸钾	$K_2CO_3 \cdot \frac{1}{2}H_2O$	0.2	较弱	慢	弱碱性,用于干燥醇、酮、酯、胺及杂环等碱性化合物,可代替 KOH 干燥胺类	酸、酚及其他酸性化合物	有吸湿性
金属钠	$Na+H_2O \longrightarrow \frac{1}{2}H_2+NaOH$		强	快	限于干燥醚、烃、叔胺中痕量水分	与氯代烃相遇有爆炸危险! 不用于醇及其他能与反应之物,不能用于干燥器中	忌水 遇水会燃烧并爆炸
氧化钙(碱石灰,BaO 类同)	$CaO+H_2O \longrightarrow Ca(OH)_2$		强	较快	中性及碱性气体、胺、醇、乙醚(低级的醇)	酸类和酯类	对热很稳定,不挥发,干燥后可直接蒸馏
五氧化二磷	$P_2O_5+3H_2O \longrightarrow 2H_3PO_4$		强	快,但吸水后表面被黏浆液覆盖,操作不便	适于干燥烃、卤代烃、腈等中的痕量水分,适于干燥中性或酸性气体,如乙炔、二硫化碳、烃、卤代烃	醇、醚、酸、胺、酮、HCl、HF	吸湿性很强,用于干燥气体时需与载体相混
硫酸					中性及酸性气体(用于干燥器和洗气瓶中)	不饱和化合物、醇、酮、碱性物质、H_2S、HI	不适用于高温下的真空干燥
高氯酸镁			强		包括氯在内的气体(用于干燥器中)	易氧化的有机液体,因产生过氯酸易爆炸	适合于分析用
硅胶					用于干燥器中	HF	吸收残余溶剂
分子筛(硅酸钠铝和硅酸钙铝)	物理吸附	约 0.25	强	快	流动气体(温度可高于 100℃)、有机溶剂等(用于干燥器中)、各类有机化合物	不饱和烃	

(4)气体的干燥 在有机实验中常用的气体有 N_2、O_2、H_2、Cl_2、NH_3、CO_2,有时要求气体中含很少或基本不含 CO_2、H_2O 等,因此就需要对上述气体进行干燥。

干燥气体时常用的仪器有干燥管、干燥塔、U 形管、各种洗气瓶(用来盛液体干燥剂)等。干燥气体常用的干燥剂列于表 1-6 中。

表 1-6 用于气体干燥的常用干燥剂

干 燥 剂	可 干 燥 的 气 体
CaO、碱石灰、NaOH、KOH	NH_3 及胺类
无水 $CaCl_2$	H_2、HCl、CO_2、CO、SO_2、N_2、O_2、低级烷烃、醚、烯烃、卤代烃
P_2O_5	H_2、O_2、CO_2、SO_2、N_2、烷烃、乙烯
浓 H_2SO_4	H_2、N_2、CO_2、Cl_2、HCl、烷烃
$CaBr_2$、$ZnBr_2$	HBr

六、重要专业文献简介

化学文献是化学领域中科学研究、生产实践等的记录和总结。通过文献的查阅可以了解某个课题的历史情况及目前国内外水平和发展动向，这些丰富的资料能提供大量的信息。学会查阅化学文献，对提高学生分析问题和解决问题的能力，更好地完成有机化学实验这门课程是十分重要的。现对常用的有机化学文献简介如下。

1. 工具书

(1) 王箴. 化工辞典：第 4 版. 北京：化学工业出版社，2000.

这是一本综合性化工工具书，共收集化学化工名词 16000 余条，列出了无机和有机化合物的分子式、结构式、基本物理化学性质（如密度、熔点、沸点、冰点等）及有关数据，并附有简要制法及主要用途。

(2) D R Lide. Handbook of Chemistry and Physics. CRC Press.

本手册是由美国化学橡胶公司（Chemical Rubber Co.，CRC）出版的一部化学和物理工具书。初版于 1913 年，每隔一两年更新增补，再版一次，2006 年出版了第 87 版。手册不仅提供了元素和化合物的化学和物理方面最新的重要数据，而且还提供了大量的科学研究和实验室工作所需要的知识。正文由十六部分组成，第三部分收录了 1.5 万多条有机化合物的物理常数，同时给出了在 Beilstein 中的相关数据。编排是按照有机化合物的英文名字母顺序排列，其分子式索引（Formula Index of Organic Compounds）按碳、氢、氧的数目排列。

(3) J Buckingham. Dictionary of Organic Compounds：6th ed. London：Chapman & Hall. 1996.

本辞典由 I. Heilbron 在 1934～1937 年主编出版了第 1 版。J. Buckingham 主编了第 5、6 版。1983 年起，每年出版一卷补编。第 6 版一共有 9 卷。1～6 卷是有机化合物的数据，包括有机化合物的组成、分子式、结构式、来源、性状、物理常数、化学性质及衍生物等，并列出了制备该化合物的主要文献。各化合物按英文字母排列。第 7 卷为交叉参考的物质名称索引，第 8 卷和第 9 卷分别是分子式索引和化学文摘（CAS）登录号索引。

(4) Maryadele J O'Neil. The Merck Index：an Encyclopedia of Chemicals，Drugs，and Biologicals：13th ed. Whitehouse Station. NJ：Merck. 2001.

本书是由美国 Merck 公司出版的一部化学制品、药物和生物制品的百科全书。初版于 1889 年，2001 年出至第 13 版。共收集了 1 万余种化合物的性质、制法和用途，还有 4500 多个结构式和 4.4 万条化学产品。化合物按字母的顺序排列，附有简明的摘要、物理和生物性质，并附文献和参考书。内容按化合物名称、同义字和商品名称的字母顺序排列，索引中还包括交叉索引和一些化学文摘登录号的索引。在 Organic Name Reactions 部分中，介绍了 400 多个人名反应，列出了反应条件及最初发表论文的作者和出处，并同时列出了有关反应的综述性文献资料的出处，便于进一步查阅。卷末有分子式和主题索引。

(5) Beilstein's Handbuch der Organischen Chemie. Springer-Verlag.

这套贝尔斯登有机化学大全最早由 Freiderich Konrad Beilstein 在 1862 年编纂，至 1906 年出版了 3 版。1918 年以后，由德国化学会组织编写第 4 版，计有一个正编和五个补编。正编（H）和一～四补编（E I ～E IV）以德文出版。1960 年起第五补编（E V）以英文出版。Beilstein 第 4 版各编出版情况如下：

编　号	代　号	卷　数	收录年限	文　种
正编	H	1～27	1779～1910	德
第一补编	E I	1～27	1910～1919	德
第二补编	E II	1～27	1920～1929	德
第三补编	E III	1～16	1930～1949	德
第三、四补编	E III/IV	17～27	1930～1959	德
第四补编	E IV	1～16	1950～1959	德
第五补编	E V	17～27	1960～1979	英

Beilstein 收录了原始文献中已报道的有机化合物的结构、制备、性质等数据和信息，内容准确、引文全面、信息量大，是有机化学权威性的工具书。目前，已收录了 100 多万个有机化合物，均按化合物官能团的种类排列，一个化合物在各编中卷号位置不变，利于检索。1991 年出版了英文的百年累积索引，对所有化合物提供了物质名称和分子式索引。

（6）J G Grasselli. Atlas of Spectral Data and Physical Constants for Organic Compounds：2nd ed. CRC Press. 1975.

本书由美国化学橡胶公司（CRC）在 1973 年出第 1 版，收录了 8000 个有机化合物的物理常数和红外、紫外、核磁共振及质谱的数据。本版 1975 年出版，共 6 卷，给出 2.1 万种有机化合物的上述数据。

（7）Aldrich Handbook of Fine Chemicals.

本目录由美国 Aldrich 化学公司组织编写出版，每年出一新版。2003～2004 版收集了 2 万余种化合物。一种化合物作为一个条目，内容包括相对分子质量、分子式、沸点、折射率、熔点等数据。较复杂的化合物给出了结构式，并给出了化合物的核磁共振和红外光谱图的出处。每种化合物还给出了不同等级、不同包装的价格，可以据此订购试剂。目录后附有化合物的分子式索引，查找方便。读者若需要，可向该公司免费索取。

（8）Lange's Handbook of Chemistry（兰氏化学手册）.

本书于 1934 年出第 1 版，1999 年出第 15 版。由 J. A. Dean 主编，Mc Graw-Hill 公司出版。第 1 版至第 10 版由 N. A. Lange 主编，第 11 版至第 15 版由 J. A. Dean 主编。本书为综合性化学手册，包括了综合数据与换算表、化学各学科、光谱学和热力学性质，共十一部分。第一部分是 4300 多有机化合物条目，内容包括命名、分子质量、结构式、沸点、闪点、折射率、熔点、在水中和常见溶剂中的溶解性等数据及 Beilstein 等文献。较复杂的化合物给出了结构式，并注出化合物的核磁共振和红外光谱图的出处。

（9）C J Pouchert. The Aldrich Library of NMR Spectra：2nd ed. Aldrich. 1983 和 C J Pouchert，J Behnke. The Aldrich Library of ^{13}C and ^{1}H FT-NMR Spectra. Aldrich. 1992.

Aldrich NMR 谱图集共两卷，收集了约 3.7 万张谱图；Aldrich ^{13}C 和 ^{1}H NMR 谱图集共 3 卷，收集了 1.2 万张高分辨 ^{13}C（75 MHz）谱图和 ^{1}H FT-NMR（300 MHz）谱图。

（10）The Sadtler Standard Spectra（Sadtler 标准光谱）.

本书是由美国宾夕法尼亚州 Sadtler 研究实验室编辑的一套光谱资料，收集了大量光谱图。至 1996 年已经收入了标准棱镜红外光谱 9.1 万张（V.1～123）、光栅红外光谱图 9.1 万张（V.1～123）、紫外光谱 4.814 万张（V.1～170）、^{1}HNMR6.4 万张（V.1～118）、300 Hz 高分辨 ^{1}HNMR 1.2 万张（V.1～24）、^{13}CNMR（4.2 万张）及荧光光谱等数据，其中的 ^{1}HNMR 和 ^{13}CNMR 谱图集对共振信号给予归属指认，是一部相当完备的光谱文献。

（11）C J Pouchert. The Aldrich Library of Infrared Spectra：3rd Ed. Aldrich. 1981 和

The Aldrich Library of FT-IR Spectra. 2nd ed. Aldrich. 1997.

由 Aldrich 化学公司 1981 年出版的 Aldrich 红外光谱集第 3 版共 2 卷，收集了约 1.2 万张红外光谱图。1997 年出版的傅里叶红外光谱谱图集第 2 版分三册，收录谱图 1.8 万余幅。

2. 期刊

发表在专业学术期刊上的原始研究论文是最重要的第一手信息来源，一般以全文、研究简报、短文和研究快报形式发表。全文一般刊登重要发现的进展和历史概况、合成新化合物的实验细节和结论。研究简报和研究快报一般刊登一些新颖简要的阶段性结果。下面列出一些主要的有机化学领域的期刊。

（1）《中国科学》（Science in China）

本刊由中国科学院主办，1950 年创刊，最初为季刊，1974 年改为双月刊，1979 年改为月刊，有中、英文版。1982 年起中、英文版同时分 A 和 B 两辑出版，化学在 B 辑中刊出。从 1997 年起，《中国科学》分成 6 个专辑，化学专辑主要反映我国化学学科各领域重要的基础理论方面的创造性研究成果。

（2）《化学学报》（Acta Chimica Sinica）

由中国化学会主办，1933 年创刊，原名《中国化学会会志》（Journal of the Chinese Chemical Society），是我国创刊最早的化学学术期刊。1952 年更名为《化学学报》，并从外文版改成中文版。刊载化学各学科领域基础研究和应用基础研究的原始性、首创性成果。栏目有研究专题、通讯、论文和简报。2004 年改为半月刊。

（3）《高等学校化学学报》（Chemical Journal of Chinese Universities）

本刊是中国教育部主办的化学学科综合学术性刊物，1964 年创刊，两年后停刊，1980 年复刊。有机化学方面的论文由南开大学分编辑部负责审理，其他学科的论文由吉林大学负责审理。该刊物主要刊登中国高校化学学科各领域创造性的研究论文的全文、研究简报和研究快报。

（4）《有机化学》（Chinese Journal of Organic Chemistry）

本刊由中国化学会主办，1981 年创刊。编辑部设在中国科学院上海有机化学研究所。主要刊登中国有机化学领域的创造性的研究综述、论文、研究简报和研究快报。

（5）Angewandte Chemie（应用化学）

该刊 1887 年创刊（德文），由德国化学会主办。从 1962 年起出版英文国际版 Angewandte Chemie International Edition in English，缩写为 *Angew. Chem. Int. Ed*。主要刊登覆盖整个化学学科研究领域的高水平研究论文和综述文章。

（6）Journal of the American Chemical Society（美国化学会会志）

本刊 1879 年创刊，由美国化学会主办，缩写为 *J. Am. Chem. Soc.* 发表所有化学学科领域高水平的研究论文和简报，目前每年刊登化学各方面的研究论文 2000 多篇，是世界上最有影响的综合性化学期刊之一。

（7）Journal of the Chemical Society（化学会志）

1848 年创刊，由英国皇家化学会主办，缩写为 *J. Chem. Soc.*，为综合性化学期刊。1972 年起分 6 辑出版。其中 Chemical Communications（化学通讯）缩写为 *Chem. Commun.*，发表研究简报；Perkin Transactions Ⅰ和Ⅱ分别刊登有机化学、生物有机化学和物理有机化学方面的全文，2003 年更名为 Organic & Biomolecular Chemistry，缩写为 *Org. Biomol. Chem.*，刊登 Communications，Articles，Perspectives 和 Perspectives 等。

（8）Journal of Organic Chemistry（有机化学杂志）

1936 年创刊，由美国化学会主办，缩写为 *J. Org. Chem.* 初期为月刊，1971 年改为双周刊。主要刊登涉及整个有机化学学科领域高水平的研究论文的全文、短文和简报。全文中有比较详细的合成步骤和实验结果。2000 年起，不再刊发研究简报（Communications），而由新创刊的 Organic Letters 专发。

（9）Tetrahedron（四面体）

本刊由英国牛津 Pergamon 出版，1957 年创刊，初期不定期出版，1968 年改为半月刊。是迅速发表有机化学方面权威评论与原始研究通讯的国际性杂志，主要刊登有机化学各方面的最新实验与研究论文。多数以英文发表，也有部分文章以德文或法文刊出。

（10）Tetrahedron Letters（四面体快报）

本刊由英国牛津 Pergamon 出版，是迅速发表有机化学领域研究通讯的国际性刊物，1959 年创刊，初期不定期出版，1964 年起改为周刊。文章主要以英文、德文或法文发表，一般每期仅 2～4 页篇幅。主要刊登有机化学家感兴趣的通讯报道，包括新概念、新技术、新结构、新试剂和新方法的简要快报。

（11）Synthetic Communications（合成通讯）

本刊由美国 Dekker 出版，为一本国际有机合成快报刊物，缩写为 *Syn. Commun.*，1971 年创刊，原名为 Organic Preparations and Procedures，双月刊。1972 年起改为现名，每年出版 18 期。主要刊登有关合成有机化学的新方法、新试剂制备与使用方面的研究简报。

（12）Synthesis（合成）

本刊由德国斯图加特 Thieme 出版社出版，为一有机合成方法学研究方面的国际性刊物，1969 年创刊，月刊。主要刊登有机合成化学方面的评述文章、通讯和文摘。

有机化学领域重要的杂志尚有：

《有机合成》；

Chinese Journal of Chemistry（《中国化学》）；

European Journal of Organic Chemistry；

Organometallics；

Journal of Organometallic Chemistry；

Tetrahedron：Asymmetry；

Journal of Heterocyclic Chemistry；

Journal of Medicinal Chemistry 等。

3. 文摘

文摘提供了发表在杂志、期刊、综述、专利和著作中原始论文的简明摘要。虽然文摘是检索化学信息的快速工具，但它们终究是不完全的，有时还容易引起误导，因此，不能将化学文摘的信息作为最终的结论，全面的文献检索一定要参考原始文献。以下主要介绍 Chemical Abstracts（美国化学文摘）。

Chemical Abstracts（美国化学文摘）简称为 CA，是检索原始论文最重要的参考来源。它创刊于 1907 年。每年发表 50 多万条引自 9000 多种期刊、综述、专利、会议和著作中原始论文的摘要。化学文摘每周出版一期，每 6 个月的月末汇集成一卷。1940 年以来，其索引有作者索引、一般主题索引、化学物质索引、专利号索引、环系索引和分子式索引。1956 年以前，每 10 年还出版一套 10 年累积索引；目前，每 5 年出版一套 5 年累积索引。

要有效地使用 CA，特别是其化学物质索引，需要了解化学物质的系统命名法。如今的 CA 命名方法已总结在 1987 年和 1991 年出版的索引指南中，该指南也介绍了索引规律和目前 CA 的使用步骤。例如在 CA 中对每一个文献中提到的物质都给予一个惟一的登录号，这些登录号已在各类化学文献中广泛使用。描述一种特定化合物的制备和反应的文献可以方便地通过查阅该化合物的登录号来找到原始文献的出处。当然，也可通过分子式索引搞清楚某化合物在 CA 中的命名，然后通过化学物质索引查到该物质中所需要的条目，从而找到关于该物质的文摘。

在 CA 的文摘中一般包括以下几个内容：①文题；②作者姓名；③作者单位和通讯地址；④原始文献的来源（期刊、杂志、著作、专利和会议等）；⑤文摘内容；⑥文摘摘录人姓名。

还可以利用光盘来检索 CA，只要键入作者姓名、关键词、文章题目、登录号、特定物质的分子式或化学结构式，就能迅速检索到包含上述项目的文摘。在 CA 的光盘版文摘中，除了包含有文摘的卷号、顺序号和与印刷版相同的内容外，还包括了一些与所查项目相关的文摘。可见，计算机信息检索的逐步应用将使读者有可能更迅速、更广泛、更全面地了解国际上化学学科的发展状况。

4. 参考书

在有机化学实验中要设计和选定适合某一有机化合物的合成路线和方法，其中包括试剂的处理方法、反应条件和后处理步骤，因而查阅一些有机合成参考书和制备手册是必需的。常见的有机合成参考书如下。

（1）Annual Reports in Organic Synthesis. New York：Academic Press.

1970 年出版至今，每年报道有用的合成反应评述。

（2）Compendium of Organic Synthetic Methods，John Wiley & Sons.

1971 年至 2006 年出版了 1～12 卷。该书扼要介绍有机化合物主要官能团间可能的相互转化，并给出原始文献的出处。

（3）Organic Reactions，John Wiley & Sons.

1942 年出版至今，至 2006 年已出版了 67 卷，每卷有 5～12 章不等，详细介绍了有机反应的广泛应用。给出了典型的实验操作细节和附表。此外还有作者索引和主题索引。

（4）Organic Synthesis，John Wiley & Sons.

1921 年出版至今，至 2006 年已出版了 84 卷。1～59 卷，每 10 卷汇编成册（Ⅰ～Ⅶ），从第Ⅷ卷起每 5 年汇编成 1 册，已汇编了 60～74 卷。详细描述了总数超过 1000 种化合物的有机反应。在出版前，所有反应的实验步骤都要被复核至彻底无误。因而书中的许多方法都有普遍性，可供合成类似物时参考。每册累积汇编中都有分子式、化学物质名称、作者名称和反应类型等索引。书中还有反应试剂和溶剂的纯化步骤，特殊的反应装置。第Ⅰ卷至第Ⅷ卷的累积索引已于 1995 年出版。此外在第Ⅰ卷至第Ⅶ卷中所提供的所有反应的反应索引指南也已出版。Organic Syntheses Website and Database 提供至 84 卷的数据库，通过站点：http：//www. orgsyn. org/可以多种方式（包括结构式）检索查询。

（5）W Theilheimer，A F Finch. Synthetic Methods of Organic Chemistry. Interscience。1948 年出版，至 2006 年，已出版 70 卷，本书着重描述用于构造碳-碳键和碳-杂原子键的化学反应和一般反应功能基之间的相互转化。反应按照系统排列的符号进行分类。书中还附有累积索引。

（6）廖清江 . 有机化学实验 . 南京：江苏人民出版社，1958.

这是一本国内出版较早的介绍有机化学实验的图书，书中通过代表性化合物的合成，讨论了各类有机化合物的合成方法。书中对实验现象的解释和讨论较为详细，许多方面仍有一定的参考价值。

（7）兰州大学，复旦大学化学系有机化学教研组．有机化学实验．北京：高等教育出版社，1994.

本书偏重于合成实验，共收集 50 余个合成实验，对有机化学实验的基本知识和基本操作也有较详细的介绍，在实验内容上有所更新。

（8）韩广甸等．有机制备化学手册，北京：石油化学工业出版社．1977.

全书分总论和专论等 43 章，分上、中、下三册。书中包括有机化合物制备的基本操作及理论基础、安全技术及有机合成的典型反应等。

（9）Brian S Furniss. Vogel's Textbook of Practical Organic Chemistry：5th ed. rev. London：Longman Scientfic & Technical. 1989.

这是一本较完备的实验教科书。内容主要分三个方面：实验操作技术、基本原理及实验步骤、有机分析。很多常见有机化合物的制备方法都可在书中找到，实验步骤较成熟。

第二篇 基本实验

第一部分 基本操作训练

一、有机化合物物理常数测定

熔点、沸点、折射率以及比旋光度是有机化合物的重要物理常数，是鉴定有机化合物的必要数据，也是化合物纯度的标志。

实验一 熔点测定及温度计校正
Melting point determination and thermometer calibration

【目的要求】

1. 了解熔点测定的基本原理及应用。
2. 掌握熔点的测定方法和温度计的校正方法。

【基本原理】

熔点是指在一个大气压下[注1]固体化合物固相与液相平衡时的温度。这时固相和液相的蒸气压相等。纯净的固体有机化合物一般都有一个固定的熔点。图 2-1 表示一个纯粹化合物相组分、总供热量和温度之间的关系。当以恒定速率供给热量时，在一段时间内温度上升，固体不熔。当固体开始熔化时，有少量液体出现，固-液两相之间达到平衡，继续供给热量使固相不断转变为液相，两相间维持平衡，温度不会上升，直至所有固体都转变为液体，温度才上升。反过来，当冷却一种纯化合物液体时，在一段时间内温度下降，液体未固化。当开始有固体出现时，温度不会下降，直至液体全部固化后，温度才会再下降。所以纯粹化合物的熔点和凝固点是一致的。

因此，要得到正确的熔点，就需要足够量的样品、恒定的加热速率和足够的平衡时间，以建立真正的固液之间的平衡。但实际上

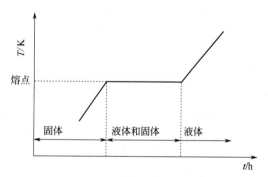

图 2-1 化合物的相随时间和温度的变化

有机化学工作者一般情况下不可能获得这样大量的样品，而微量法仅需极少量的样品，操作又方便，故广泛采用微量法。但是微量法不可能达到真正的两相平衡，所以不管是毛细管法，还是各种显微电热法的结果都是一个近似值。在微量法中应该观测到初熔和全熔两个温度，这一温度范围称为熔程。物质温度与蒸气压的关系如图 2-2 所示，曲线 AB 代表固相的蒸气压随温度的变化，BC 是液体蒸气压随温度变化的曲线，两曲线相交于 B 点。在这特定的温度和压力下，固液两相并存，这时的温度 T_0 即为该物质的熔点。当温度高于 T_0 时，

固相全部转变为液相；低于 T_0 值时，液相全转变为固相。只有固液相并存时，固相和液相的蒸气压是一致的。一旦温度超过 T_0（甚至只有几分之一度时），只要有足够的时间，固体就可以全部转变为液体，这就是纯粹的有机化合物有敏锐熔点的原因。因此，在测定熔点过程中，当温度接近熔点时，加热速度一定要慢。一般每分钟升温不能超过 $1\sim2℃$。只有这样，才能使熔化过程近似于相平衡条件，精确测得熔点。纯物质熔点敏锐，微量法测得的熔程一般不超过 $0.5\sim1℃$。

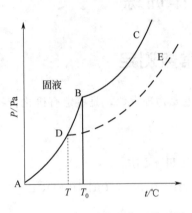

图 2-2　物质的温度与蒸气压关系图

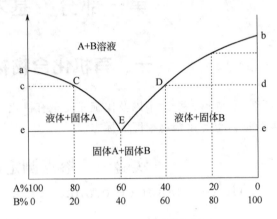

图 2-3　AB 二元组分相图

　　根据 Raoult 定律，当含有非挥发性杂质时，液相的蒸气压将降低。此时的液相蒸气压随温度变化的曲线 DE 在纯化合物之下，固-液相在 D 点达平衡，熔点降低，杂质越多，化合物熔点越低（图 2-2）。一般有机化合物的混合物显示这种性质。图 2-3 是二元混合物的相图。a 代表化合物 A 的熔点，b 代表化合物 B 的熔点。如果加热含 80% A 和 20% B 的固体混合物，当温度达到 e 时，A 和 B 将以恒定的比例（60% A 和 40% B 共熔组分）共同熔化，温度也保持不变。可是当化合物 B 全部熔化，只有固体 A 与熔化的共熔组分保持平衡。随着 A 的继续熔化，溶液中 A 的比例升高，其蒸气压增大，固体 A 与溶液维持平衡的温度也将升高，平衡温度与熔融溶液组分之间的关系可用曲线 EC 来描述。当温度升至 c 时，A 就全部熔化。即 B 的存在使 A 的熔点降低，并有较宽的熔程（e～c）。反过来，A 作为杂质可使化合物 B 的熔程变长（e～d），熔点降低。但应注意样品组成恰巧和最低共熔点组分相同时，会像纯粹化合物那样显示敏锐的熔点，但这种情况是极少见的。

　　利用化合物中混有杂质时，不但熔点降低、且熔程变长的性质可进行化合物的鉴定，这种方法称做混合熔点法。当测得一未知物的熔点同已知某物质的熔点相同或相近时，可将该已知物与未知物混合，测量混合物的熔点，至少要按 1∶9、1∶1、9∶1 这三种比例混合。若它们是相同化合物，则熔点值不降低；若是不同的化合物，则熔点降低，且熔程变长。

　　【测定熔点的方法】

　　1. 毛细管法

　　毛细管法是最常用的熔点测定法，装置如图 2-4 所示，操作步骤如下。

　　第一步　取少许（约 0.1g）干燥的粉末状样品放在表面皿上研细后堆成小堆，将熔点管（专门用于测熔点的 1mm×100mm 毛细管）的开口端插入样品中，装取少量粉末。然后把熔点管竖立起来，在桌面上蹾几下，使样品掉入管底。这样重复取样品几次，装入 2～3mm 高样品。最后使熔点管从一根长约 50～60cm 高的玻璃管中掉到表面皿上，多重复几次，使样品粉末装填紧密，否则，装入样品如有空隙则传热不均匀，影响测定结果。

第二步 把提勒（Thiele）管（又称 b 形管）中装入载热体（可根据所测物质的熔点选择。一般用甘油、液体石蜡、硫酸、硅油等）。

第三步 用乳胶圈把毛细管捆在温度计上，毛细管中的样品应位于水银球的中部，用有缺口的木塞或橡皮塞作支撑套入温度计放到提勒管中，并使水银球处在提勒管的两叉口中部。

第四步 在图 2-4 所示位置加热。载热体被加热后在管内呈对流循环，使温度变化比较均匀。

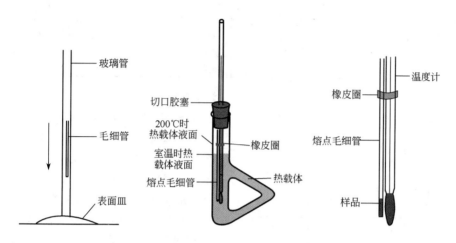

图 2-4 毛细管测定熔点的装置

在测定已知熔点的样品时，可先以较快速度加热，在距离熔点 10℃时，应以每分钟1～2℃的速度加热，愈接近熔点，加热速度愈慢，直到测出熔程。在测定未知熔点的样品时，应先粗测熔点范围，再如上述方法细测。测定时，应观察和记录样品开始塌落并有液相产生时（初熔）和固体完全消失时（全熔）的温度读数，所得数据即为该物质的熔程。还要观察和记录在加热过程中是否有萎缩、变色、发泡、升华及炭化等现象，以供分析参考。

熔点测定至少要有两次重复数据，每次要用新毛细管重新装入样品[注2][注3]。

2. 显微熔点仪测定熔点

这类仪器型号较多，但共同特点是使用样品量少（2～3 颗小结晶），能测量室温至300℃的样品熔点，可观察晶体在加热过程中的变化情况，如结晶的失水、多晶的变化及分解。其具体操作如下。

在干净且干燥的载玻片上放微量晶粒并盖一片载玻片，放在加热台上。调节反光镜、物镜和目镜，使显微镜焦点对准样品，开启加热器，先快速后慢速加热，温度快升至熔点时，控制温度上升的速度为每分钟 1～2℃。当样品开始有液滴出现时，表示熔化已开始，记录初熔温度。样品逐渐熔化直至完全变成液体，记录全熔温度。

在使用这类仪器前必须认真听取教师讲解或仔细阅读使用指南，严格按操作规程进行操作。

3. 温度计校正

为了进行准确测量，一般从市场购来的温度计，在使用前需对其进行校正。校正温度计的方法有如下几种。

（1）比较法 选一只标准温度计与要进行校正的温度计在同一条件下测定温度。比较其所指示的温度值。

（2）定点法　选择数种已知准确熔点的标准样品（见表 2-1），测定它们的熔点，以观察到的熔点（t_2）为纵坐标，以此熔点（t_2）与准确熔点（t_1）之差（Δt）作横坐标，如图 2-5 所示，从图中求得校正后的正确温度误差值，例如测得的温度为 100℃，则校正后应为 101.3℃。

表 2-1　部分有机化合物的熔点

样品名称	熔点/℃	样品名称	熔点/℃
水-冰	0	尿素	132.7
对二氯苯	53.1	水杨酸	159
对二硝基苯	174	D-甘露醇	168
邻苯二酚	105	对苯二酚	173～174
苯甲酸	122.4	马尿酸	188～189
二苯胺	53	对羟基苯甲酸	214.5～215.5
萘	80.6	蒽	216.2～216.4
乙酰苯胺	114.3	酚酞	262～263

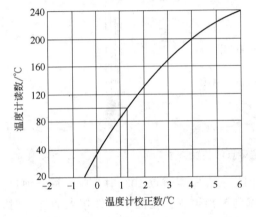

图 2-5　定点法温度计校正示意图

【实验内容】

1. 测定下列化合物的熔点

（1）二苯胺（A.R.）　54～55℃

（2）萘（A.R.）　80.6℃

（3）苯甲酸（A.R.）　122.4℃

（4）水杨酸（A.R.）　159℃

（5）对苯二酚（A.R.）　173～174℃

2. 记录测得的数据，做出温度计校正曲线

3. 测定熔点

先测定指导教师提供的未知物熔点，再测定未知物与尿素的混合物（约 1∶1）的熔点，确定该化合物是尿素（135℃）还是肉桂酸（135～136℃）。

【附注】

[1] 1 个大气压＝101.325kPa。

[2] 不能将已测过熔点的熔点管冷却，使其中的样品固化后再作第二次测定。这是因为有些物质在测定熔点时可能发生了部分分解或变成了具有不同熔点的其他结晶形式。

[3] 测定易升华物质的熔点时，应将熔点管的开口端烧熔封闭，以免升华。

思　考　题

1. 纯物质熔距短，熔距短的是否一定是纯物质？为什么？

2. 测熔点时，如遇下列情况，将产生什么后果？（1）加热太快；（2）样品研得不细或装得不紧；（3）样品管粘贴在提勒管壁上。

实验二　沸点测定
Boiling point determination

【目的与要求】

1. 了解沸点测定的基本原理。

2. 掌握沸点的测定方法。

【基本原理】

由于分子运动，液体分子有从表面逸出的倾向。这种倾向常随温度的升高而增大。即液体在一定温度下具有一定的蒸气压，液体的蒸气压随温度的升高而增大，与体系中存在的液体及蒸气的绝对量无关。

从图 2-6 中可以看出，将液体加热时，其蒸气压随温度升高而不断增大。当液体的蒸气压增大至与外界施加给液体的总压力（通常是大气压力）相等时，就有大量气泡不断从液体内部溢出，即液体沸腾，这时的温度称为液体的沸点。显然液体的沸点与外界压力有关，外界压力不同，同一液体的沸点会发生变化。通常所说的沸点是指外界压力为一个大气压时的液体沸腾温度。

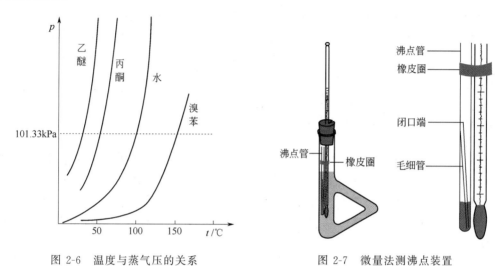

图 2-6 温度与蒸气压的关系   图 2-7 微量法测沸点装置

在一定压力下，纯的液体有机物具有固定的沸点。但当液体不纯时，则沸点有一个温度稳定范围，常称为沸程。

【测定方法与装置】

测定沸点的方法一般有两种。

(1) 常量法 用蒸馏法来测定液体的沸点（在本篇实验七中讲述）。

(2) 微量法 利用沸点测定管来测定液体的沸点。沸点测定管由内管（长 7～8cm，内径 1mm）和外管（长 6～7cm，内径 4～5mm）两部分组成。内管可用测熔点毛细管，外管是特制的沸点管。内外管均为一端封闭的耐热玻璃管，如图 2-7 所示。

【操作步骤】

(1) 装样 向外管中加入 2～3 滴被测样品，把内管开口朝下插入液体中并用橡皮圈将其固定在温度计上，把温度计及所附的管子一起放入提勒管中，用带有缺口的橡皮塞加以固定，橡皮圈应在热载体液面以上（见图 2-7）。

(2) 升温 以每分钟 4～5℃的速度加热升温，随着温度升高，内管内的气体分子动能增大，表现出蒸气压的增大。随着不断加热，液体分子的汽化增快，可以看到内管中有小气泡冒出。

(3) 读数 当温度达到比沸点稍高时就有一连串的气泡从内管快速逸出，此时停止加热，使浴温自行下降。随着温度的下降，气泡逸出的速度渐渐减慢。在气泡不再冒出而液体刚刚要进入内管的瞬间（此时毛细管内蒸气压与外界相等）记下该温度，此温度即为该液体的沸点。测定时加热要慢，外管中的液体量要足够多。重复操作几次，误差应小于1℃。

【实验内容】 以甘油为热载体，用微量法测定乙醇的沸点。

思 考 题

1. 何谓沸点？液体的沸点与蒸气压有什么关系？
2. 纯物质的沸点恒定吗？沸点恒定的液体是纯物质吗？为什么？

实验三 折射率的测定
Determination of refractive index

折射率同熔点、沸点等物理常数一样，是有机化合物的重要数据。测定所合成有机化合物的折射率与文献值对照，可以判断有机化合物纯度。将合成出来的化合物，通过结构及化学分析论证后，测得的折射率可作为一个物理常数记载。

【目的与要求】

1. 掌握折射率的概念及表示方法。
2. 熟悉阿贝折射仪的原理和使用方法。

【基本原理】

光在两种不同介质中的传播速度是不同的。光线从一种介质进入另一种介质，当它的传播方向与两种介质的界面不垂直时，则在界面处的传播方向发生改变。这种现象称为折射。

根据折射定律，波长一定的单色光在确定的外界条件下（温度、压力等），从一种介质 A 进入另一种介质 B 时，入射角 α 和折射角 β 的正弦之比与两种介质的折射率 N 与 n 之比成反比：

$$\sin\alpha/\sin\beta = n/N \tag{2-1}$$

当介质 A 为真空时，$N=1$，n 为介质 B 的绝对折射率，则有

$$n = \sin\alpha/\sin\beta \tag{2-2}$$

如果介质 A 为空气，$N_{空气}=1.00027$（空气的绝对折射率），则

$$\sin\alpha/\sin\beta = n/N_{空气} = n/1.00027 = n' \tag{2-3}$$

n' 为介质 B 的相对折射率。n 与 n' 数值相差很小，常以 n 代替 n'。但进行精密测定时，应加以校正。

n 与物质结构、光线的波长、温度及压力等因素有关。通常大气压的变化影响不明显，只是在精密工作时才考虑。使用单色光要比白光时测得的 n 值更为精确，因此，常用钠光（D）（$\lambda=28.9nm$）作光源。测定温度可用仪器使之维持恒定值，如可在恒温水浴槽与折射仪间循环恒温水来维持恒定温度。一般温度升高（或降低）1℃时，液体有机化合物的折射率就减少（或增加）$3.5\times10^{-4} \sim 5.5\times10^{-4}$。为了简化计算，常采用 4×10^{-4} 为温度变化常数[注1]。折射率表示为 n_D^{20}，即以钠光灯为光源，20℃时所测定的 n 值。

【阿贝（Abbe）折射仪】

1. 仪器工作原理

折射仪的基本原理即为折射定律：

$$n_1\sin\alpha = n_2\sin\beta$$

式中，n_1、n_2 为交界面两侧的两种介质的折射率（见图 2-8）。

若光线从折射率较小的介质射入折射率大的介质（$n_1 < n_2$）时，入射角一定大于折射角

（$\alpha > \beta$）。当入射角增大时，折射角也增大，设当入射角 $\alpha = 90°$ 时，折射角为 β_0，此折射角被称为临界角。因此，当在两种介质的界面上以不同角度射入光线时（入射角 α 从 $0° \sim 90°$），光线经过折射率大的介质后，其折射角 $\beta \leqslant \beta_0$，其结果是大于临界角的不会有光，成为黑暗部分，小于临界角的有光，成为明亮部分，如图 2-8 所示。

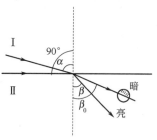

图 2-8 光的折射

根据式（2-1）可得：

$$n_1 = \frac{\sin\beta_0}{\sin\alpha} n_2 = n_2 \sin\beta_0 \qquad (2\text{-}4)$$

因此，在固定一种介质后，临界角 β_0 的大小与被测物质的折射率成简单的函数关系，可以方便地求出另一种物质的折射率。

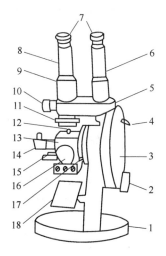

图 2-9 双目阿贝折射仪结构

1—底座；2—棱镜转动手轮；3—圆盘组（内有刻度板）；4—小反光镜；5—支架；6—读数镜筒；7—目镜；8—望远镜筒；9—示值调节螺钉；10—阿米西棱镜手轮；11—色散值刻度圈；12—棱镜锁紧扳手；13—棱镜组；14—温度计座；15—恒温器接头；16—保护罩；17—主轴；18—反光镜

2. 阿贝折射仪的结构

阿贝折射仪的结构见图 2-9，其主要组成部分是两块直角棱镜，上面一块是光滑的，下面一块的表面是磨砂的，可以开启。左面是一个镜筒和刻度盘，刻有 1.3000～1.7000 的刻度格子。右面也有一个镜筒，是测量望远镜，用来观察折射情况，筒内装有消色散镜。光线由反射镜反射入下面的棱镜，发生漫反射，以不同入射角射入两个棱镜之间的液层，然后再投射到上面棱镜光滑的表面上，由于它的折射率很高，一部分光线可以再经折射进入空气达到测量镜，另一部分光线则发生全反射。调节转动手轮 2 可使测量镜中的视野达到要求。从读数镜中读出折射率。

3. 阿贝折射仪的使用方法

（1）仪器安装 将阿贝折射仪安放在明亮处，但应避免阳光的直接照射，以免液体试样受热迅速蒸发。用橡皮管将超级恒温槽与阿贝折射仪串联起来，使超级恒温槽中的恒温水通入棱镜夹套内，检查插入棱镜夹套中的温度计的读数是否符合要求［一般选用（20.0±0.1）℃或（25.0±0.1）℃］。

（2）加样 松开棱镜锁紧扳手 12，开启辅助棱镜，使其磨砂的斜面处于水平位置，用滴管加入少量丙酮清洗镜面，并用擦镜纸将镜面擦干净。待镜面洗净干燥后，滴加数滴试样于辅助棱镜的磨砂镜面上，迅速闭合辅助棱镜，旋紧棱镜锁紧扳手。若挥发性很大的样品，则可在合上辅助棱镜后再由棱镜的加液槽滴入试样，然后闭合二棱镜，锁紧棱镜锁紧扳手。

（3）对光 转动手轮 2，使刻度盘标尺上的示值为最小，调节反射镜，使入射光进入棱镜组。同时，从测量望远镜中观察，使视场最亮。调节目镜，使十字线清晰明亮。

（4）粗调 转动手轮，使刻度盘标尺上的示值逐渐增大，直至观察到视场中出现彩色光带或黑白分界线为止。

（5）消色散 转动消色散手轮，使视场内出现一清晰的明暗分界线。

（6）精调 再仔细转动手轮，使分界线正好处于十字线交点上，三线相交。

（7）读数 从读数望远镜中读出刻度盘上的折射率数值。常用的阿贝折射仪可读至小数点后的第四位。为了使读数准确，一般应将试样重复测量三次，每次相差不得大于 0.0002，然后取平均值。

（8）测量完毕　打开棱镜，并用擦镜纸擦净镜面。

4. 阿贝折射仪使用注意事项

阿贝折射仪是一种精密的光学仪器，使用时应注意以下几点。

（1）阿贝折射仪最关键的地方是一对棱镜，使用时应注意保护棱镜，擦镜面时只能用擦镜纸而不可用滤纸等。加试样时切勿将管口触及镜面。滴管口要烧光滑，以免不小心碰到镜面造成刻痕。对于酸碱等腐蚀性液体不得使用阿贝折射仪。

（2）试样不宜加得太多，一般只需滴入 2～3 滴即可铺满一薄层。

（3）要保持仪器清洁，注意保护刻度盘。每次实验完毕，要用柔软的擦镜纸擦净，干燥后放入箱中，镜上不准有灰尘。

（4）读数时，有时在目镜中看不到半明半暗界线而是畸形的，这是由于棱镜间未曾充满液体；若出现弧形光环，则可能是有光线未经过棱镜而直接照射在聚光透镜上。

（5）若液体折射率不在 1.3～1.7 范围内，则阿贝折射仪不能测定，也看不到明暗界线。

（6）长期使用，刻度盘的标尺零点可能会移动，须加以校正。校正的方法是，用一已知折射率的液体，一般是用纯水，按上述方法进行测定，其标准值与测定值之差即为校正值。亦可使用专用调节器直接调节目镜前面凹槽中的调节螺丝。只要先将刻度盘读数与标准液体的折射率对准，再转动调节螺丝，直至临界线与十字线三线相交一点，仪器就校正完毕。

【实验内容】

用阿贝折射仪测水、乙醚、乙酸乙酯的折射率。按阿贝折射仪的使用方法，重复两次测得纯水的平均折射率，并与纯水标准值对照，可求得折射仪的校正值。然后以同样的方法测定乙醚和乙酸乙酯的折射率。本实验约需 1.5h。

纯水标准值：$n_{\mathrm{D}}^{20}1.33299$　　　　　　纯乙酸乙酯标准值：$n_{\mathrm{D}}^{20}1.3723$。

纯乙醚标准值：$n_{\mathrm{D}}^{20}1.3526$

【附注】

［1］近似公式为：

$$n^{20}{}_{\mathrm{D}}=n_{\mathrm{D}}^{t}+0.00045\times(t-20℃)$$

即把 t℃时测得的折射率校正到 20℃时的折射率。

思　考　题

1. 有哪些因素影响物质的折射率？
2. 使用阿贝折射仪有哪些注意事项？

实验四　旋光度的测定
Determination of optical rotation

【目的与要求】

1. 掌握比旋光度的概念及表示方法。
2. 熟悉旋光仪的原理和使用方法。

【基本原理】

具有手性的物质，能使偏振光振动平面旋转。即当一束单一的平面偏振光通过手性物质时，偏振光的振动方向会发生改变，此时光的振动面旋转一定的角度。这种现象称为物质的旋光现象。物质的这种使偏振光的振动面旋转的性质叫做旋光性。凡是具有旋光性的物质叫做旋光性物质或旋光物质。由于旋光物质使偏振光振动面旋转时可以右旋（顺时针方向，记做"＋"），也可以左旋（逆时针方向，记做"－"），所以旋光物质又可分为右旋物质和左旋物质。

物质使偏振光振动面旋转的角度和方向称为旋光度，常以 α 表示。旋光度是旋光物质的一种物理性质，它的大小除了取决于被测分子的立体结构外，还受到测定溶液的浓度、偏振光通过溶液的厚度（样品管的长度）以及温度、偏振光的波长等因素的影响。物质的旋光性一般用比旋光度表示，符号为 $[\alpha]_\lambda^t$。与旋光度的关系如下：

$$纯液体的比旋光度 = [\alpha]_\lambda^t = \alpha/(L \cdot d) \tag{2-5}$$

$$溶液的比旋光度 = [\alpha]_\lambda^t = \alpha/(L \cdot c) \tag{2-6}$$

式中 $[\alpha]_\lambda^t$——旋光性物质在温度为 t，光源的波长为 λ 时的旋光度，一般用钠光（λ 为
           589.3 nm），用 $[\alpha]_D^t$ 表示；

    t——测定时的温度；

    d——密度，g/mL；

    λ——光源的光波长；

    α——标尺盘转动角度的读数（即旋光度）；

    L——旋光管的长度，dm；

    c——质量浓度（1mL 溶液中所含的样品克数）。

【旋光仪】

比旋光度是物质特性常数之一，测定比旋光度可以检定旋光性物质的纯度和含量。目前，测定旋光度一般用自动指示旋光仪。WZZ 型自动指示旋光仪是一种比较新的测定物质旋光度的仪器。其基本结构如图 2-10 所示。

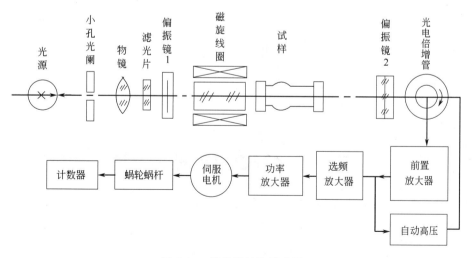

图 2-10 旋光仪结构示意图

1. 工作原理

该机采用 20W 钠光灯为光源，光线通过聚光镜、小孔光阑和物镜后即形成一束平行光，平行光通过起偏镜后产生平行偏振光，这束偏振光经过一个法拉第效应的磁线圈时，其振动平面产生 50Hz 的 β 角往复摆动，光线通过检偏镜投射到光电倍增管上，就产生交变的光电

信号。当检偏镜的透光面与偏振光的振动面正交时，为仪器的光学零点，此时出现平衡指示。而当偏振光通过一定旋光度的样品时，偏振光的振动面转过一个角度 α，此时光电讯号即能驱动工作频率为 50Hz 的伺服电机，并通过蜗轮蜗杆带动检偏镜转动 α 角而使仪器回到光学零点，此时读数盘的示值即为所测物质的旋光度。WZZ 型自动指示旋光仪由于应用了光电检测器和晶体管自动示数装置。因此灵敏度较高，读数方便，且可避免人为的读数误差。

2. 旋光仪的使用方法

(1) 开机　将仪器电源接入 220V 交流电源，打开电源开关，这时钠光灯应启亮，需经 5min 钠光灯预热，使之发光稳定。打开光源开关，若光源开关关上后，钠光灯熄灭，则再将光源开关上下重复扳动一两次，使钠光灯在直流下点亮为正常。打开测量开关，这时数码管应有数字显示。

(2) 零点的校正　将装有蒸馏水或其他空白溶剂的样品管放入样品室，盖上箱盖，待示数稳定后，按清零按钮。样品管中若有气泡，应先让气泡浮在凸颈处。通光面两端的雾状水滴，应用软布揩干。试管螺帽不宜旋得过紧，以免产生应力，影响读数。样品管安放时应注意标记的位置和方向。按下复测开关，使读数盘仍回到零处。重复操作三次。

(3) 测定旋光度　将样品管取出，倒掉空白溶剂，用待测溶液冲洗 2～3 次，将待测样品注入样品管，按相同的位置和方向放入样品室内，盖好箱盖。仪器数显窗将显示出该样品的旋光度。逐次按下复测按钮，重复读几次数，取平均值作为样品的测定结果。

(4) 关机　仪器使用完毕后，应依次关闭测量、光源、电源开关。

【实验内容】　糖的旋光度的测定

(1) 溶液样品的配制　准确称取样品糖 10g，放入 100mL 容量瓶中，加入蒸馏水至刻度。配制的溶液应透明无机械杂质，否则应过滤（糖的溶液应放置一天后再测）。

(2) 旋光仪零点的校正　按旋光仪使用方法，用蒸馏水做空白清零。

(3) 旋光度的测定　将样品装入旋光管测定旋光度，记下样品管的长度及溶液的浓度，然后按公式计算其比旋光度。

本实验约需 3～5h。

思　考　题

1. 有哪些因素影响物质的比旋光度？

2. 测定旋光度应注意哪些事项？

3. 糖的溶液为何要放置一天后再测旋光度？

二、固体有机物的提纯方法

从有机反应中分离出的固体有机化合物往往是不纯的，其中常夹杂一些反应副产物和未作用的原料及催化剂等。重结晶和升华是实验室常用的固体有机化合物的提纯方法。

实验五　重　结　晶
Recrystallization

【目的要求】
掌握重结晶的原理和实验方法。

【基本原理】

固体有机物在溶剂中的溶解度与温度有密切关系。一般是温度升高溶解度增大。若把固体溶解在热的溶剂中达到饱和，冷却时即由于溶解度降低，溶液变成过饱和而析出结晶。利用溶剂对被提纯物质及杂质的溶解度不同，可以使被提纯物质从过饱和溶液中析出，而让杂质全部或大部分仍留在溶液中（或被过滤除去）从而达到提纯目的。

假设一固体混合物由 9.5g 被提纯物质 A 和 0.5g 杂质 B 所组成，选择一溶剂进行重结晶，室温时 A、B 在此溶剂中的溶解度分别为 S_A 和 S_B，通常存在着下列情况：

1. 杂质较易溶解（$S_B > S_A$）

设室温下 $S_B = 2.5g/100mL$，$S_A = 0.5g/100mL$。如果 A 在此沸腾溶剂中的溶解度为 9.5g/100mL，则使用 100mL 溶剂即可使混合物在沸腾时全溶。将此滤液冷却至室温时可析出 A 9g（不考虑操作上的损失），而 B 仍留在母液中，产物回收率可达 94%。如果 A 在沸腾溶剂中的溶解度更大，例如是 47.5g/100mL，则只要使用 20mL 溶剂即可使混合物在沸腾时全溶，这时滤液可以析出 A 9.4g，A 损失很少，B 仍可留在母液中，产物回收率可高达 99%。由此可见，如果杂质在冷时的溶解度大而产物在冷时的溶解度小，或溶剂对产物的溶解性能随温度的变化大，这两方面都有利于提高回收率。

2. 杂质较难溶解（$S_B < S_A$）

设室温下 $S_B = 0.5g/100mL$，$S_A = 2.5g/100mL$，A 在沸腾溶液中的溶解度仍为 9.5g/100mL，则使用 100mL 溶剂重结晶后的母液中含有 2.5gA 和 0.5gB（即全部），析出的结晶 A7g，产物回收率为 74%。但这时，即使 A 在沸腾溶剂中的溶解度更大，使用的溶剂也不能再少了，否则杂质 B 也会部分析出，就需再次重结晶。因而如果混合物中的杂质含量很多，则重结晶的溶剂量就要增加，或者重结晶的次数要增加，致使操作过程冗长，回收率极大地降低。

3. 两者的溶解度相等（$S_B = S_A$）

设在室温下皆为 2.5g/100mL。若也用 100mL 溶剂重结晶，仍可得到纯 A 7g。但如果这时杂质含量很多，则用重结晶法分离产物就比较困难。即在 A 和 B 含量相等时，重结晶法就不能用来分离产物了。

从上述讨论中可以看出，在任何情况下，杂质的含量过多都是不利的（杂质太多还可能影响结晶速度，甚至妨碍结晶的生成）。重结晶是提纯固体化合物的一种重要方法，它适用于产品与杂质性质差别较大，产品中杂质含量小于 5% 的体系。所以从反应粗产物直接重结晶是不适宜的，必须先采用其他方法进行初步提纯，例如萃取、水蒸气蒸馏、减压蒸馏等，然后再用重结晶提纯。

【溶剂的选择】

在进行重结晶时，选择理想的溶剂是一个关键，理想的溶剂必须具备下列条件：

（1）不与被提纯物质起化学反应；

（2）在较高温度时能溶解多量的被提纯物质，而在室温或更低的温度时只能溶解很少量；

（3）对杂质的溶解度非常大或非常小（前一种情况是使杂质留在母液中不随提纯物晶体一同析出，后一种情况是使杂质在热过滤时被滤去）；

（4）容易挥发（溶剂的沸点较低），易与结晶分离除去；

（5）能给出较好的结晶。

常用的单一溶剂见表 2-2。

表 2-2　重结晶常用单一溶剂的物理常数

溶剂名称	沸点/℃	密度/(g/cm³)	溶剂名称	沸点/℃	密度/(g/cm³)
水	100.0	1.00	乙酸乙酯	77.1	0.90
甲醇	64.7	0.79	二氧六环	101.3	1.03
乙醇	78.0	0.79	二氯甲烷	40.8	1.34
丙酮	56.1	0.79	二氯乙烷	83.8	1.24
乙醚	34.6	0.71	三氯甲烷	61.2	1.49
石油醚	30～60	0.68～0.72	四氯化碳	76.8	1.58
	60～90		硝基甲烷	120.0	1.14
环己烷	80.8	0.78	丁酮	79.6	0.81
苯	80.1	0.88	乙腈	81.6	0.78
甲苯	110.6	0.87			

在几种溶剂同样都合适时，则应根据结晶的回收率，操作的难易，溶剂的毒性、易燃性和价格等来选择。

如果在文献中找不到合适的溶剂，应通过实验选择溶剂。其方法是：取 0.1g 的产物放入一支试管中，滴入 1mL 溶剂，振荡下观察产物是否溶解，若不加热很快溶解，说明产物在此溶剂中的溶解度太大，不适合作为此产物重结晶的溶剂；若加热至沸腾还不溶解，可补加溶剂，当溶剂用量超过 4mL 产物仍不溶解时，说明此溶剂也不适宜。如所选择的溶剂能在 1～4mL 溶剂沸腾的情况下使产物全部溶解，并在冷却后能析出较多的晶体，说明此溶剂适合作为此产物重结晶的溶剂。实验中应同时选用几种溶剂进行比较。有时很难选择到一种较为理想的单一溶剂，这时应考虑选用混合溶剂。所谓混合溶剂，就是把对此物质溶解度很大的和溶解度很小的而又能互溶的两种溶剂（例如水和乙醇）混合起来，这样常可获得新的良好的溶解性能。用混合溶剂重结晶时，可先将待纯化物质在接近良溶剂的沸点时溶于良溶剂中（在此溶剂中极易溶解）。若有不溶物，趁热滤去；若有色，则用活性炭煮沸脱色后趁热过滤。于此热溶液中小心地加入热的不良溶剂（物质在此溶剂中溶解度很小），直至所呈现的混浊不再消失为止。再加入少量良溶剂或稍热使恰好透明。然后将混合物冷至室温，使结晶自溶液中析出。有时也可将两种溶剂先行混合，如 1:1 的乙醇和水，则其操作和使用单一溶剂时相同。常用的混合溶剂如表 2-3 所示。

表 2-3　重结晶常用的混合溶剂

水-乙醇	甲醇-水	石油醚-苯	乙醚-丙酮	氯仿-乙醇	苯-无水乙醇[注1]
水-丙酮	甲醇-乙醚	石油醚-丙酮	乙醇-乙醚-乙酸乙酯		
水-乙酸	甲醇-二氯乙烷	氯仿-石油醚			

【重结晶的操作步骤】

1. 制备提纯物的饱和液

这是重结晶操作过程中的关键步骤。其目的是用溶剂充分分散产物和杂质，以利于分离提纯。一般用锥形瓶或圆底烧瓶来溶解固体。若溶剂易燃或有毒时，应装回流冷凝器。加入沸石和已称量好的粗产品，先加少量溶剂，然后加热使溶液沸腾或接近沸腾，边滴加溶剂边观察固体溶解情况，使固体刚好全部溶解，停止滴加溶剂，记录溶剂用量。再加入 20% 左右的过量溶剂，主要是为了避免溶剂挥发和热过滤时因温度降低，使晶体过早地在滤纸上析出造成产品损失。溶剂用量不宜太多，否则会造成结晶析出太少或根本不析出，此时，应将多余的溶剂蒸发掉，再冷却结晶。有时，总有少量固体不能溶解，应将热溶液倒出或过滤，在剩余物中再加入溶剂，观察是否能溶解，如加热后慢慢溶解，说明此产品需要加热较长时间才能全部溶解。如仍不溶解，则视为杂质去除。

2. 脱色

粗产品中常有一些有色杂质不能被溶剂去除，因此，需要用脱色剂来脱色。最常用的脱色剂是活性炭，它是一种多孔物质，可以吸附色素和树脂状杂质，但同时它也可以吸附产品，因此加入量不宜太多，一般为粗产品质量的 5%。具体方法：待上述热的饱和溶液稍冷却后，加入适量的活性炭摇动，使其均匀分布在溶液中。加热煮沸 5~10min 即可。注意！千万不能在沸腾的溶液中加入活性炭，否则会引起暴沸，使溶液冲出容器造成产品损失。

图 2-11 常压
热过滤装置

3. 热过滤

其目的是去除不溶性杂质。为了尽量减少过滤过程中晶体的损失，操作时应做到：仪器热（将所用仪器用烘箱或气流烘干器烘热待用）、溶液热、动作快。热过滤有两种方法，即常压过滤（重力过滤）和减压过滤（抽滤）。常压热过滤的装置如图 2-11 所示。

热过滤时要使用折叠好的滤纸，滤纸的折叠方法如图 2-12 所示。

将滤纸对折，然后再对折成四份；将 2 与 3 对折成 4，1 与 3 对折成 5，如图 (a)；2 与 5 对折成 6，1 与 4 对折成 7，如图 (b)；2 与 4 对折成 8，1 与 5 对折成 9，如图 (c)。这时，折好的滤纸边全部向外，角全部向里，如图 (d)；再将滤纸反方向折叠，相邻的两条边对折即可得到图 (e) 的形状；然后将图 (e) 中的 1 和 2 向相反的方向折叠一次，可以得到一个完好的折叠滤纸，如图 (f)。在折叠过程中应注意：所有折叠方向要一致，滤纸中央圆心部位不要用力折，以免破裂。

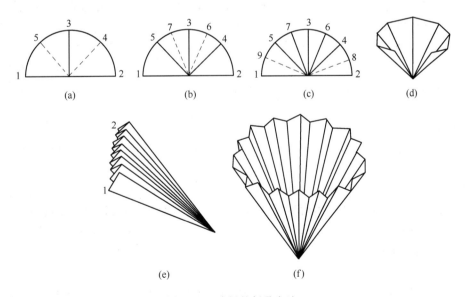

图 2-12 滤纸的折叠方法

热过滤时动作要快，以免液体或仪器冷却后，晶体过早地在漏斗中析出，如发生此现象，应用少量热溶剂洗涤，使晶体溶解进入到滤液中。如果晶体在漏斗中析出太多，应重新加热溶解再进行热过滤。

减压热过滤的优点是过滤快，缺点是当用沸点低的溶剂时，因减压会使热溶剂蒸发或沸腾，导致溶液浓度变大，晶体过早析出。减压热过滤装置如图 2-13 所示。

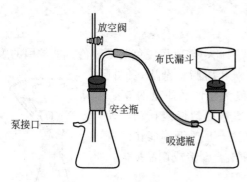

图 2-13 减压热过滤装置

抽滤时，滤纸的大小应与布氏漏斗底部恰好一样，先用热溶剂将滤纸润湿，抽真空使滤纸与漏斗底部贴紧。然后迅速将热溶液倒入布氏漏斗中，真空度不宜太高，以防溶剂损失过多。

4. 冷却结晶

冷却结晶是使产物重新形成晶体的过程。其目的是进一步与溶解在溶剂中的杂质分离。将上述热的饱和溶液冷却后，晶体可以析出。当冷却条件不同时，晶体析出的情况也不同。为了得到形状好，纯度高的晶体，在结晶析出的过程中应注意以下几点。

（1）应在室温下慢慢冷却至有固体出现时，再用冷水或冰进行冷却，这样可以保证晶体形状好，颗粒大小均匀，晶体内不含有杂质和溶剂。否则，当冷却太快时会使晶体颗粒太小，晶体表面易从液体中吸附更多的杂质，加大洗涤的困难。当冷却太慢时，晶体颗粒有时太大（超过 2mm），会将溶液夹带在里边，给干燥带来一定的困难。因此，控制好冷却速度是晶体析出的关键。

（2）在冷却结晶过程中，不宜剧烈摇动或搅拌，这样也会造成晶体颗粒太小。当晶体颗粒超过 2mm 时，可稍微摇动或搅拌几下，使晶体颗粒大小趋于平均。

（3）有时滤液已冷却，但晶体还未出现，可用玻璃棒摩擦瓶壁促使晶体形成，或取少量溶液，使溶剂挥发得到晶体，再将该晶体作为晶种加入到原溶液中，液体中一旦有了晶种或晶核，晶体将会逐渐析出。晶种的加入量不宜过多，而且加入后不要搅动，以免晶体析出太快，影响产品的纯度。

（4）有时从溶液中析出的是油状物，此时，更深一步的冷却可以使油状物成为晶体析出，但含杂质较多。应重新加热溶解，然后慢慢冷却，当油状物析出时，剧烈搅拌可使油状物在均匀分散的条件下固化，如还是不能固化，则需要更换溶剂或改变溶剂用量，再进行结晶。

5. 抽滤-真空过滤

抽滤的目的是将留在溶剂（母液）中的可溶性杂质与晶体（产品）彻底分离。其优点是：过滤和洗涤速度快，固体与液体分离得比较完全，固体容易干燥。

抽滤装置采用减压过滤装置。具体操作与减压热过滤大致相同，所不同的是仪器和液体都应该是冷的，所收集的是固体而不是液体。在晶体抽滤过程中应注意以下几点。

（1）转移瓶中的残留晶体时，应用母液转移，不能用新的溶剂转移，以防溶剂将晶体溶解造成产品损失。用母液转移的次数和每次母液的用量都不宜太多，一般 2～3 次即可。

（2）晶体全部转移至漏斗中后，为了将固体中的母液尽量抽干，可用玻璃钉或瓶塞挤压晶体。当母液抽干后，将安全瓶上的放空阀打开，用玻璃棒或不锈钢小勺将晶体松动，滴入几滴冷的溶剂进行洗涤，然后将放空阀关闭，再将溶剂抽干同时进行挤压。这样反复 2～3 次，将晶体吸附的杂质洗干净。晶体抽滤洗涤后，将其倒入表面皿或培养皿中进行干燥。

6. 晶体的干燥

为了保证产品的纯度，需要将晶体进行干燥，把溶剂彻底去除。当使用的溶剂沸点比较低时，可在室温下使溶剂自然挥发达到干燥的目的。当使用的溶剂沸点比较高（如水）而产品又不易分解和升华时，可用红外灯烘干。当产品易吸水或吸水后易发生分解时，应用真空干燥器进行干燥。干燥后测熔点，如发现纯度不符合要求，可重复上述操作直至熔点不再改变为止。

【实验内容】

1. 用水重结晶乙酰苯胺

称取 3.00g 粗乙酰苯胺[注2]，放入 200mL 烧杯中，以 60mL 水为溶剂，搅拌加热至沸，若不完全溶解，再加入少量水，直至完全溶解后，再多加 20～30mL 水，稍冷，加入少许活性炭，继续加热煮沸 5～10min，进行减压热过滤，滤液置于烧杯中，令其冷却析出结晶。结晶析出完全以后，用布氏漏斗抽气过滤，以 2～3mL 水在漏斗上洗涤之，压紧抽干，把产品放在表面皿上，在空气中或红外灯下干燥，称重并测其熔点。乙酰苯胺 m.p. 114℃。

2. 用 70% 乙醇重结晶萘

在装有回流冷凝管的 100mL 三角瓶中，放入 3g 粗萘[注3]，用 20mL 70% 乙醇[注4]作溶剂，活性炭为脱色剂进行重结晶。结晶置于表面皿上，在空气中或红外灯下干燥。然后测其熔点，称重，计算回收率。

本实验约需 4～6h。萘的熔点为 80.6℃。

【附注】

[1] 当使用苯-无水乙醇混合溶剂时，乙醇必须是无水的，因为苯与含水乙醇不能任意混溶，在冷却时会引起溶剂分层。

[2] 乙酰苯胺在水中的溶解度

$t/℃$	20	25	50	80	100
溶解度/(g/L)	4.6	5.6	8.4	34.5	55

[3] 萘在乙醇中的溶解度

$t/℃$	10	20	25	30	40	50	60	70
溶解度/(g/L)	7.06	9.26	10.39	11.28	15.21	27.01	44.45	83.33

[4] 萘的熔点较 70% 乙醇的沸点低，若加入不足量的 70% 乙醇，加热至沸后，萘呈熔融状态而并非溶解，这时应继续添加溶剂直至完全溶解为止。

思 考 题

1. 重结晶加热溶解样品时，为什么先加入比计算量略少的溶剂，而后再逐渐加至恰好溶解，最后再多加入少量溶剂？

2. 为什么活性炭要在固体物质全部溶解后加入？

3. 用有机溶剂和以水为溶剂进行重结晶时，在仪器装置和操作上有什么不同？

4. 如何选择溶剂？在什么情况下使用混合溶剂？

实验六　升　华
Sublimation

升华是固体化合物提纯的又一种方法。由于不是所有的固体都有升华的性质，因此，它只适用于以下情况：①被提纯的固体化合物具有较高的蒸气压，在低于熔点时，就可以产生足够的蒸气，使固体不经过熔融状态直接变为气体，从而达到分离的目的；②固体化合物中杂质的蒸气压较低，有利于分离。

升华的操作比重结晶简便，纯化后产品的纯度较高。但是产品损失较大。时间较长，一般不适合大量产品的提纯。

【目的与要求】

掌握升华的原理与操作技术。

【基本原理】

升华是利用固体混合物的蒸气压或挥发度不同，将不纯净的固体化合物在熔点温度以下加热，利用产物蒸气压高，杂质蒸气压低的特点，使产物不经液体过程而直接汽化，遇冷后固化（杂质则不能）来达到分离固体混合物的目的。

一般来说，具有对称结构的非极性化合物，其电子云的密度分布比较均匀，偶极距较小，晶体内部静电引力小，因此这类固体都具有蒸气压高的性质。与液体化合物的沸点相似，当固体化合物的蒸气压与外界施加给固体化合物表面的压力相等时，该固体化合物开始升华，此时的温度为该固体的升华点。在常压下不易升华的物质，可利用减压进行升华。

【升华操作】

1. 常压升华

常用的常压升华装置如图 2-14 所示。

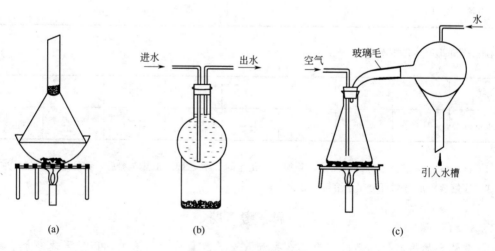

(a)　　　　　　　(b)　　　　　　　(c)

图 2-14　常压升华装置

图 2-14（a）是实验室常用的常压升华装置。将被升华的固体化合物烘干，放入蒸发皿中，铺匀。取一大小合适的锥形漏斗，将颈口处用少量棉花堵住，以免蒸气外逸，造成产品损失。选一张略大于漏斗底口的滤纸，在滤纸上扎一些小孔后盖在蒸发皿上，用漏斗盖住。

将蒸发皿放在砂浴上，用电炉、煤气灯或电热套加热，在加热过程中应注意控制温度在熔点以下，慢慢升华。当蒸气开始通过滤纸上升至漏斗中时，可以看到滤纸和漏斗壁上有晶体析出。如晶体不能及时析出，可在漏斗外面用湿布冷却。当升华量较大时，可换用装置（b）分批进行升华，通水进行冷却以使晶体析出。当需要通入空气或惰性气体进行升华时，可换用装置（c）。

2. 减压升华

减压升华装置如图 2-15 所示。将样品放入吸滤管（a）或瓶（b）中，在吸滤管中放入"指形冷凝器"（又称冷凝指），接通冷凝水，抽气口与水泵连接好，打开水泵，关闭安全瓶上的放气阀，进行抽气。将此装置放入电热套或水浴中加热，使固体在一定压力下升华。冷凝后的固体将凝聚在"指形冷凝器"的底部。

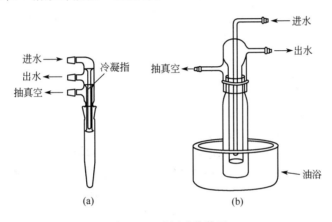

图 2-15　减压升华装置

【注意事项】

（1）升华温度一定要控制在固体化合物熔点以下。

（2）被升华的固体化合物一定要干燥，如有溶剂将会影响升华后固体的凝结。

（3）滤纸上的孔应尽量大一些，以便蒸气上升时顺利通过滤纸，在滤纸的上面和漏斗中结晶，否则将会影响晶体的析出。

（4）减压升华时，停止抽滤一定要先打开安全瓶上的放空阀，再关泵。否则循环泵内的水会倒吸入吸滤管中，造成实验失败。

【实验内容】　萘的升华

1. 萘的常压升华

称取 0.5g 粗萘，用常压升华装置［图 2-14(a)］进行升华。缓慢加热控温在 80℃以下，数分钟后，可轻轻地取下漏斗，小心翻起滤纸。如发现下面已挂满了萘，则可将其移入干燥的样品瓶中，并立即重复上述操作，直到萘升华完毕为止，使杂质留在蒸发皿底部。

2. 萘的减压升华

称取 0.5g 粗萘，置于直径 2.5cm 的抽滤管中（有支管的试管），且使萘尽量摊匀，然后照图 2-15(a) 装一直径为 1.5cm 的"冷凝指"，"冷凝指"内通冷凝水，利用水泵或油泵对抽滤管进行减压。将吸滤管置于 80℃以下水浴中加热，使萘升华，待"冷凝指"底部挂足升华的萘时，即可慢慢停止减压，小心取下"冷凝指"，将萘收集到干燥的表面皿中。反复进行上述操作，直到萘升华完毕为止。纯萘熔点 80.6℃。

本实验约需 4～6h。

思　考　题

升华操作时，为什么要缓缓加热？

三、理想溶液的分离与提纯

　　理想溶液是指液体中不同组分的分子间作用力和相同组分分子间作用力完全相等的溶液。因此，理想溶液中各组分的挥发度不受其他组分存在的影响。如大部分烃类、苯-甲苯以及甲醇-乙醇等可视为理想溶液。理想溶液严格服从拉乌尔（Raoult）定律，即：在一定的温度下，溶液上方蒸气中任意组分的分压等于纯组分在该温度下的饱和蒸气压乘以它在溶液中的摩尔分数，设有 A、B 两组分组成的混合物，且为理想溶液。则

$$\frac{y_A}{y_B}=\frac{p_A}{p_B}=\frac{p_A^\circ x_A}{p_B^\circ x_B} \tag{2-7}$$

式中　p_A，p_B——溶液上方组分 A、B 的平衡分压；

　　　　p_A°，p_B°——纯组分 A、B 的饱和蒸气压；

　　　　x_A，x_B——溶液中组分 A、B 的摩尔分数；

　　　　y_A，y_B——气相中组分 A、B 的摩尔分数。

　　由此可以看出，气相中的摩尔分数 y_A、y_B 受液相组分的影响。

　　图 2-16 给出了二元理想溶液的气-液平衡相图，它是根据一定压力条件下，溶液的气-液相组成与温度的关系绘制而成的。下面一条曲线为饱和液体线（也称为泡点线），它表示液相组成与泡点温度（即加热溶液至产生第一个气泡时的温度）的关系。上面的曲线为饱和蒸气线（也称为露点线），它表示气相组成与露点温度（即冷却气体至产生第一个液滴时的温度）的关系，它是由拉乌尔定律计算得到的。两条曲线构成了三个区域，饱和液体线以下为液体尚未沸腾的液相区；饱和蒸气线以上为液体全部汽化为过热蒸气的过热蒸气区；两条曲线之间为气-液两相共存区。

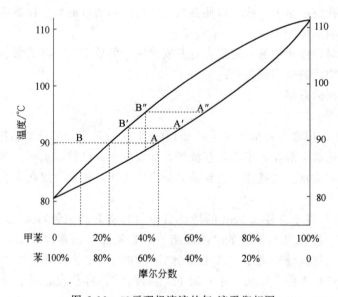

图 2-16　二元理想溶液的气-液平衡相图

从图中可以看出，在同一温度下，气相组成中易挥发物质的含量总高于液相组成中易挥发物质的含量。

利用相对挥发度 α 可以判断某种混合物是否能用蒸馏的方法分离及分离的难易程度。对于理想溶液：

$$\alpha = \frac{p_A^\circ}{p_B^\circ} \tag{2-8}$$

上式表明，理想溶液中组分的相对挥发度等于同温度下两纯组分的饱和蒸气压之比。由于 p_A° 及 p_B° 随温度变化的趋势相同，因而两者的比值变化不大，故一般可将 α 视为常数。若 $\alpha > 1$，$p_A^\circ > p_B^\circ$，表示组分 A 比组分 B 易挥发，α 越大，分离越容易；若 $\alpha = 1$，$p_A^\circ = p_B^\circ$，说明气相组成等于液相组成，用一般的分离方法不能将该混合物分离。

下面详述分离理想溶液的三种常用方法。

实验七　简单蒸馏
Simple distillation

将液体加热至沸，使液体变为蒸气，然后使蒸气冷却再冷凝为液体，这两个过程的联合操作称为蒸馏，它不仅是提纯物质和分离混合物的一种方法，通过它还可以测出化合物的沸点。所以蒸馏对鉴定纯粹的液体有机化合物也具有一定的意义。

【目的与要求】

1. 学习蒸馏的基本原理。

2. 掌握简单蒸馏的实验操作方法。

【基本原理】

将液体加热，它的蒸气压就随着温度的升高而增大。当液体的蒸气压增大到与外界施于液面的总压力（通常是大气压力）相等时，就有大量气泡从液体内部逸出，即液体沸腾。这时的温度称为液体的沸点。显然，沸点与所承受外界压力的大小有关。蒸气压的度量一般是以帕斯卡（帕）来表示。通常所说的沸点是指在 1.013×10^5 Pa 的压力下液体沸腾的温度。例如，水的沸点是 $100\,^\circ\!C$，即是指在一个大气压（1.013×10^5 Pa）下水在 $100\,^\circ\!C$ 时沸腾。在其他压力下的沸点应注明压力，例如在 8.50×10^4 Pa 时，水在 $95\,^\circ\!C$ 沸腾。这时水的沸点可以表示为 $95\,^\circ\!C / 8.50 \times 10^4$ Pa。

纯粹的液体有机化合物在一定的压力下具有一定的沸点。但是具有固定沸点的液体不一定都是纯粹的化合物，因为某些有机化合物常常和其他组分形成二元或三元共沸混合物，它们也有一定的沸点。不纯物质的沸点则要取决于杂质的物理性质以及它和纯物质间的相互作用。假如杂质是不挥发的，则溶液的沸腾温度比纯物质的沸点略有提高（但在蒸馏时，实际上测量的并不是溶液的沸点，而是逸出蒸气与其冷凝液平衡时的温度，即是馏出液的沸点而不是瓶中蒸馏液的沸点）。若杂质是挥发性的，则蒸馏时液体的沸点会逐渐地上升；或者由于两种或多种物质组成了共沸混合物，在蒸馏过程中温度可保持不变，停留在某一范围内（这样的混合物用一般的蒸馏方法无法分离，具体方法见共沸蒸馏）。很明显，通过蒸馏可将易挥发的物质和不挥发的物质分离开来，也可将沸点不同的液体混合物分离开来。但对于简单蒸馏，液体混合物各组分的沸点必须相差很大（至少 $30\,^\circ\!C$ 以上）才能得到较好的分离效果。

【蒸馏过程】

在第一阶段，随着加热，蒸馏瓶内的混合液不断汽化，当液体的饱和蒸气压与施加给液体表面的外压相等时，液体沸腾。一旦水银球部位有液滴出现（说明体系正处于气-液平衡状态），温度计内水银柱急剧上升，直至接近易挥发组分沸点，水银柱上升变缓慢，开始有液体被冷凝而流出。这部分流出液称为前馏分（或馏头）。由于这部分液体的沸点低于要收集组分的沸点，因此，应作为杂质弃掉。有时被蒸馏的液体几乎没有馏头，应将蒸馏出来的前1～2滴液体作为冲洗仪器的馏头去掉，不要收集到馏分中去，以免影响产品质量。

在第二阶段，馏头蒸出后，温度稳定在沸程范围内，沸程范围越小，组分纯度越高。此时，流出来的液体称为正馏分，这部分液体是所要的产品。随着正馏分的蒸出，蒸馏瓶内的混合液体的体积不断减少。直至温度超过沸程，即可停止接收。

在第三阶段，如果混合液中只有一种组分需要收集，此时，蒸馏瓶内剩余液体应作为馏尾弃掉。如果是多组分蒸馏，第一组分蒸完后温度上升到第二组分沸程前流出的液体，则既是第一组分的馏尾又是第二组分的馏头，称为交叉馏分，应单独收集。当温度稳定在第二组分沸程范围内时，即可接收第二组分。如果蒸馏瓶内液体很少时，温度会自然下降。此时应停止蒸馏。无论进行何种蒸馏操作，蒸馏瓶内的液体都不能蒸干，以防蒸馏瓶过热或有过氧化物存在而发生爆炸。

【简单蒸馏装置】

简单蒸馏通常指常压蒸馏，其装置见图2-17。

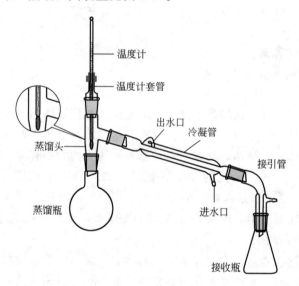

温度计

温度计套管

出水口　冷凝管

蒸馏头

接引管

蒸馏瓶

进水口

接收瓶

图 2-17　常压蒸馏装置图

在安装仪器时应注意：温度计水银球上限与蒸馏头支管下限在同一水平线上，常压蒸馏装置均不需密封。

【简单蒸馏操作】

（1）加料　做任何实验都应先组装好仪器后再加原料。加液体原料时，取下温度计和温度计套管，在蒸馏头上口放一长颈漏斗，注意长颈漏斗下口处的斜面应超过蒸馏头支管，慢慢地将液体倒入蒸馏瓶中。

（2）加沸石　为了防止液体暴沸，应加入2～3粒沸石。沸石为多孔性物质，当加热液体时，孔内的小气泡形成汽化中心，使液体平稳地沸腾。如加热中断，再加热时应重新加入沸石，因原来沸石上的小孔已被液体充满，不能再起汽化中心的作用。

（3）加热 开通冷凝水，开始加热时，电压可调得略高些，一旦液体沸腾，水银球部位出现液滴，开始控制调压器电压，以蒸馏速度每秒1～2滴为宜。蒸馏时，温度计水银球上应始终保持有液滴存在，如果没有液滴说明可能有两种情况：一是温度低于沸点，体系内气-液相没有达到平衡，此时，应将电压调高；二是温度过高，出现过热现象，此时，温度已超过沸点，应将电压调低。

（4）馏分的收集 前馏分蒸完，温度稳定后，换一个经过称量并干燥好的容器来接收正馏分，当温度超过沸程范围时，停止接收。液体的沸程常可代表它的纯度，沸程越小，蒸出的物质越纯。纯粹液体的沸程一般不超过1～2℃。对于合成实验的产品，因大部分是从混合物中采用蒸馏法提纯，且简单蒸馏方法的分离能力有限，故在普通的有机化学实验中收集的沸程较大。

（5）停止蒸馏 馏分蒸完后，如不需要接收第二组分，可停止蒸馏。应先停止加热，取下电热套。待稍冷却后馏出物不再继续流出时，取下接收瓶保存好产物，关掉冷凝水，拆除仪器（与安装仪器顺序相反）并清洗。

【实验内容】

丙酮和水的简单蒸馏 取15mL工业丙酮和15mL水（自来水）进行简单蒸馏，分别记录56～62℃、62～72℃、72～98℃、98～100℃时的馏出液体积。根据温度和体积画出蒸馏曲线。

思 考 题

1. 蒸馏过程中应注意哪些问题？
2. 沸石在蒸馏中的作用是什么？忘记加沸石时，应如何补加？
3. 蒸馏时瓶中加入的液体为什么要控制在其容积的2/3和1/3之间？

实验八 分 馏
Fractional distillation

分馏主要用于分离两种或两种以上沸点相近且混溶的有机溶液。分馏在实验室和工业生产中广泛应用，工程上常称为精馏。

【目的与要求】

1. 学习分馏的基本原理。
2. 掌握分馏的实验操作方法。

【分馏原理】

简单蒸馏只能使液体混合物得到初步的分离。为了获得高纯度的产品，理论上可以采用多次部分汽化和多次部分冷凝的方法，即将简单的蒸馏得到的馏出液，再次部分汽化和冷凝，以得到纯度更高的馏出液。而将简单蒸馏剩余的混合液再次部分汽化，则得到易挥发组分更低、难挥发组分更高的混合液。只要上面的这一过程足够多，就可以将两种沸点相差很小的有机溶液分离成纯度很高的单一组分。简言之，分馏即为反复多次的简单蒸馏。在实验室常采用分馏柱来实现，而工业上采用精馏塔。

【分馏装置】

分馏装置与简单蒸馏装置类似，不同之处是在蒸馏瓶与蒸馏头之间加了一根分馏柱，如

图 2-18 所示。

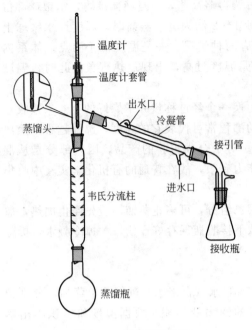

温度计

温度计套管

出水口

冷凝管

蒸馏头

接引管

韦氏分流柱

进水口

接收瓶

蒸馏瓶

图 2-18 简单分馏装置

分馏柱的种类很多，实验室常用韦氏分馏柱（图 2-18）。在需要更好的分馏效果时，要用填料柱，即在一根玻璃管内填上惰性材料，如环形、螺旋形、马鞍形等各种形状的玻璃、陶瓷或金属小片。

【分馏过程及操作要点】

(1) 在分馏过程中，不论是用哪种分馏柱，都应防止回流液体在柱内聚集（称为液泛），否则会减少液体和蒸气接触面积，或者使上升的蒸气将液体冲入冷凝管中，达不到分馏的目的。为了避免这种情况的发生，需在分馏柱外面包一定厚度的保温材料，以保证柱内具有一定的温度梯度，防止蒸气在柱内冷凝太快。当使用填充柱时，往往由于填料装得太紧或不均匀，造成柱内液体聚集，这时需要重新装柱。

(2) 对分馏来说，在柱内保持一定的温度梯度是极为重要的。在理想情况下，柱底的温度与蒸馏瓶内液体沸腾时的温度接近。柱内自下而上温度不断降低，直至柱顶接近易挥发组分的沸点。一般情况下，柱内温度梯度的保持可以通过调节馏出液速度来实现，若加热速度快，蒸出速度也快，会使柱内温度梯度变小，影响分离的效果。另外，可以通过控制回流比来保持柱内温度梯度和提高分离效率。所谓回流比，是指冷凝液流回蒸馏瓶的速度与柱顶蒸气通过冷凝管流出速度的比值。回流比越大，分离效果越好。回流比的大小根据物系和操作情况而定，一般回流比控制在 4:1，即冷凝液流回蒸馏瓶 4 滴，柱顶馏出液为 1 滴。

(3) 液泛能使柱身及填料完全被液体浸润，在分离开始时，可以人为地利用液泛将液体均匀地分布在填料表面，充分发挥填料本身的效率，这种情况叫做预液泛。一般分馏时，先将电压调得稍大些，一旦液体沸腾就应注意将电压调小，当蒸气冲到柱顶还未达到水银球部位时，通过控制电压使蒸气保证在柱顶全回流，这样维持 5min。再将电压调至合适的位置，此时，应控制好柱顶温度，使馏出液以每 2～3s 1 滴的速度平稳流出。

【实验内容】

丙酮和水的分馏　取 15mL 工业丙酮和 15mL 水（自来水）进行常压分馏，分别记录 56～62℃、62～72℃、72～98℃、98～100℃时的馏出液体积。根据温度和体积画出分馏曲线。并与简单蒸馏曲线比较。

思　考　题

1. 为什么分馏时柱身的保温十分重要？

2. 为什么分馏时加热要平稳并控制好回流比？

3. 分馏与简单蒸馏有什么区别？

4. 如改变温度计水银球的位置，测量的温度会有何变化？

5. 为什么加热速度快，会使柱内温度梯度变小？

6. 为什么加热速度慢，会出现液泛现象？

7. 进行预液泛的目的是什么？

实验九 减压蒸馏
Vacuum distillation

减压蒸馏适用于在常压下沸点较高及常压蒸馏时易发生分解、氧化、聚合等反应的热敏性有机化合物的分离提纯。一般把低于一个大气压的气态空间称为真空，因此，减压蒸馏也称真空蒸馏。

【目的与要求】

1. 了解减压蒸馏的基本原理。

2. 掌握减压蒸馏操作。

【基本原理】

液体的沸点是指它的蒸气压等于外界大气压时的温度，随着外界施加于液体表面的压力降低，液体的沸点也降低。因而，用真空泵连接盛有液体的容器抽气，使得体系压力降低，即可降低其沸点。这种在较低压力下进行蒸馏的操作称为减压蒸馏。沸点与压力的关系可近似地用式(2-9)表示：

$$\lg p = A + \frac{B}{T} \tag{2-9}$$

式中 p——液体表面的蒸气压；

T——溶液沸腾时的热力学温度；

A，B——常数。

如果用 $\lg p$ 为纵坐标，$1/T$ 为横坐标，可近似得到一条直线。从二元组分已知的压力和温度，可算出 A 和 B 的数值，再将所选择的压力代入上式即可求出液体在这个压力下的沸点。表 2-4 给出了部分有机化合物在不同压力下的沸点。

表 2-4 部分有机化合物饱和蒸气压与沸点的关系

饱和蒸气压 /Pa(mmHg)	化　合　物					
	水	氯苯	苯甲醛	水杨酸乙酯	甘油	蒽
	沸点/℃					
101325	100	132	179	234	290	354
6665	38	54	95	139	204	225
3999 (30)	30	43	84	127	192	207
3332 (25)	26	39	79	124	188	201
2666 (20)	22	34.5	75	119	182	194
1999 (15)	17.5	29	69	113	175	186
1333 (10)	11	22	62	105	167	175
666 (5)	1	10	50	95	156	159

但实际上许多物质的沸点变化是由分子在液体中的缔合程度决定的。因此，在实际操作中经常使用图 2-19 来估计某种化合物在某一压力下的沸点。

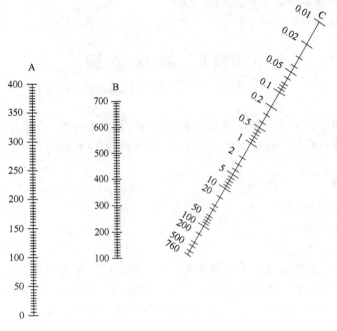

图 2-19　在常压、减压下的沸点近似图
A—减压下沸点/℃；B—常压下沸点/℃；
C—真空度/mmHg（1mmHg＝133.3Pa）

　　该图具体使用方法：分别在两条线上找出两个已知点，用一把小尺子将两点连接成一条直线，并与第三线相交，其交点便是所要求的数值。例如，水在一个大气压下时沸点为100℃，若求 2.666kPa（20mmHg）时的沸点，可先在 B 线上找到 100℃ 这一点，再在 C 线上找到 20，将两点连成一条直线并延伸至 A 线与之相交，其交点便是 2.666kPa 时水的沸点（22℃）。利用此图也可以反过来估计常压下的沸点和减压时要求的压力。

　　压力对沸点的影响还可以作如下估算：

　　(1) 从大气压降至 3332Pa（25mmHg）时，高沸点（250～300℃）化合物的沸点随之下降 100～125℃ 左右；

　　(2) 当气压在 3332Pa（25mmHg）以下时，压力每降低一半，沸点下降 10℃。

　　对于具体某个化合物减压到一定程度后其沸点是多少，可以查阅有关资料，但更重要的是通过实验来确定。

【减压蒸馏装置】

　　图 2-20 是常用的减压蒸馏装置。整个系统由蒸馏、抽气（减压）、保护装置及测压装置四部分组成。

　　(1) 蒸馏部分　由蒸馏瓶、克氏蒸馏头、温度计、毛细管、直形冷凝器、三叉燕尾管以及接液瓶等组成。毛细管的作用是使沸腾均匀稳定，其长度恰好使其下端距离瓶底 1～2mm，也可用电磁搅拌代替毛细管。

　　(2) 抽气（减压）部分　实验室通常用油泵或水泵进行减压。

　　(3) 保护部分　当用油泵进行减压时，为了防止易挥发的有机溶剂、酸性物质和水汽进入油泵，必须在馏液接收器与油泵之间顺次安装冷却阱和几种吸收塔，以免污染油泵用油，腐蚀机件。冷却阱置于盛有冷却剂的广口保温瓶中，冷却剂的选择随需要而定，可用冰-水、冰-盐、干冰等。碱塔吸收酸性气体，无水氯化钙吸收水分，石蜡塔则吸收烃类溶剂。蒸馏

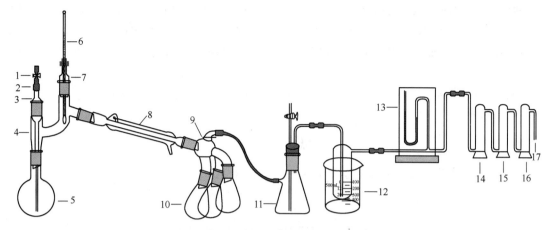

图 2-20 减压蒸馏的典型装置

1—螺旋夹；2—乳胶管；3—导气管（下端拉成毛细管）；4—克式蒸馏头；5—蒸馏瓶；6—温度计；7—温度计套管；
8—直形冷凝管；9—三叉燕尾管；10—接收瓶；11—安全瓶；12—冷阱；13—压力计；
14—氢氧化钠-碱石灰塔；15—无水氯化钙塔；16—石蜡屑塔；17—接真空泵

碱性产物时，应将碱塔换为浓硫酸洗气瓶。

（4）测压部分 实验室通常采用低真空电子测压仪或水银压力计来测量减压系统的压力。水银压力计有封闭式（图 2-20）和开口式两种。

【减压蒸馏操作要点】

（1）减压蒸馏时，蒸馏瓶和接收瓶均不能使用不耐压的平底仪器（如锥形瓶、平底烧瓶等）和薄壁或有破损的仪器，以防由于装置内处于真空状态，外部压力过大而引起爆炸。

（2）减压蒸馏的关键是装置密封性要好，因此在安装仪器时，应在磨口接头处涂抹少量真空脂，以保证装置密封和润滑。温度计一般用一小段乳胶管固定在温度计套管上。

（3）仪器装好后，应空试系统是否密封。具体方法：①泵打开后，将安全瓶上的放空阀关闭，拧紧毛细管上的螺旋夹，待压力稳定后，观察压力计（表）上的读数是否到了最小或是否达到所要求的真空度，如果没有，说明系统内漏气，应进行检查；②检查，首先将真空接引管与安全瓶连接处的橡胶管折起来用手捏紧，观察压力计（表）的变化，如果压力马上下降，说明装置内有漏气点，应进一步检查装置，排除漏气点；如果压力不变，说明自安全瓶以后的系统漏气，应依次检查安全瓶和泵，并加以排除或请指导老师排除；③漏气点排除后，应再重新空试，直至压力稳定并且达到所要求的真空度时，方可进行下面的操作。

（4）减压蒸馏时，加入待蒸馏液体的量不能超过蒸馏瓶容积的 1/2。待压力稳定后，蒸馏瓶内液体中有连续平稳的小气泡通过。由于减压蒸馏时一般液体在较低的温度下就可蒸出，因此，加热不要太快。当馏头蒸完后换另一接收瓶开始接收正馏分，蒸馏速度控制在每秒 1～2 滴。在压力稳定及化合物较纯时，沸程应控制在 1～2℃ 范围内。

（5）停止蒸馏时，应先将加热器关闭并撤走，待稍冷却后，调大毛细管上的螺旋夹，慢慢打开安全瓶上的放空阀，使压力计（表）恢复到零的位置，再关泵。否则由于系统中压力低，会发生油或水倒吸回安全瓶或冷阱的现象。

（6）为了保护油泵系统和泵中的油，在使用油泵进行减压蒸馏前，应将低沸点的物质先用简单蒸馏的方法去除，必要时可先用水泵进行减压蒸馏。加热温度以产品不分解为准。

【实验内容】

水杨酸甲酯的减压蒸馏

取 25mL 圆底烧瓶作为减压蒸馏瓶，三个 10mL 的茄形瓶或圆底烧瓶作接收瓶，照图 2-20 安装仪器，称取 10g 水杨酸甲酯，进行减压。收集 116℃/2.70kPa、105℃/1.87kPa 或 101℃/1.60kPa 的馏分。收集馏分沸程范围一般不超过所预期的温度±1℃。得纯水杨酸甲酯约 9.5g。

水杨酸甲酯 b. p. 223.3℃，n_D^{20} 1.5369，d_4^{20} 1.1738。

时间约需 5～6h。

思 考 题

1. 为什么减压蒸馏时要保持缓慢而稳定的蒸馏速度？
2. 用三角瓶作减压蒸馏的接收瓶行不行？为什么？

四、非理想溶液的分离

虽然多数均相液体的性质接近理想溶液，但是实际上大多数溶液还是非理想溶液。在这些溶液中，不同分子相互之间的作用是不同的，与拉乌尔定律有一定的偏差。

非理想溶液的蒸气压若用拉乌尔定律的形式表示，可引入活度因子，即

$$p_A = \gamma_A p_A^\circ x_A \tag{2-10}$$

$$p_B = \gamma_B p_B^\circ x_A \tag{2-11}$$

式中，γ_A、γ_B 分别为组分 A 和 B 的活度因子，若其值大于 1，则称对拉乌尔定律具有正偏差，若小于 1，则为负偏差。

在正偏差情况下，两种或两种以上的分子之间的引力要比同种分子之间的引力小，因此，混合液体的蒸气压要比单一的易挥发组分蒸气压大，组成了最低沸点混合物（图 2-21），图中 z 点为最低共沸点，其组成一定。

在负偏差情况下，两种或两种以上分子之间的引力，要比同种分子之间的引力大。因此，混合液体的蒸气压要比单一的易挥发组分的蒸气压小，组成了最高沸点混合物（图 2-22），图中 z 点为最高共沸点，其组成一定。

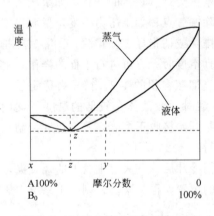

图 2-21 正偏差情况下的平衡相图

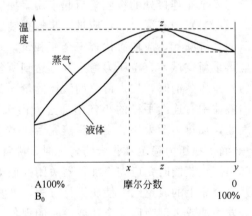

图 2-22 负偏差情况下的平衡相图

在已知的共沸物中，最高共沸物比最低共沸物少得多。共沸温度下的混合液体彼此不能完全互溶的共沸物为非均相共沸混合物（如水-乙酸正丁酯、水-苯等）；与此相反，在共沸温度下混合液体完全互溶，称为均相共沸混合物（如乙醇-水、丙酮-氯仿等）。非均相混合

物都具有最低共沸点。

非理想溶液的相对挥发度随组成的变化较大，不能近似作为常数处理。

下面分别讲述非理想溶液的三种分离方法。

实验十 共 沸 蒸 馏
Azeotropic distillation

【基本原理】

共沸蒸馏又称恒沸蒸馏，主要用于共沸物的分离。共沸物是指在一定压力下，具有恒定沸点的混合液体。该沸点比纯物质的沸点更低或更高。

在共沸混合物中加入第三组分，该组分与原混合物中的一种或两种组分形成沸点比原来组分和原来共沸物沸点更低的、新的具有最低沸点的共沸物，使组分间的相对挥发度比值增大，易于用蒸馏的方法分离。这种分离方法称为共沸蒸馏，加入的第三组分称为恒沸剂或夹带剂。

工业上常用苯作为恒沸剂进行共沸蒸馏制取无水酒精。常用的恒沸剂有苯、甲苯、二甲苯、三氯甲烷、四氯化碳等。

【共沸蒸馏装置】

图 2-23 是实验室常用的共沸蒸馏装置。它是在蒸馏瓶与回流冷凝管之间增加了一根分水器。

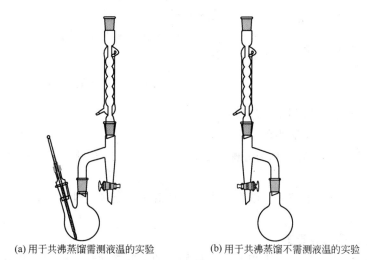

(a) 用于共沸蒸馏需测液温的实验　　　　(b) 用于共沸蒸馏不需测液温的实验

图 2-23　两种共沸蒸馏装置

【实验内容】

见后文实验五十三"苯甲酸乙酯的制备"和实验五十四"邻苯二甲酸二丁酯的制备"。

实验十一 萃 取
Extraction

萃取是有机化学实验中用来提取或纯化有机化合物的常用操作之一。应用萃取可以从固体或液体混合物中提取所需的物质，也可以用来洗去混合物中少量杂质。通常前者称为

"萃取"，后者称为"洗涤"。按萃取两相的不同，萃取可分液-液萃取、液-固萃取[注1]、气-液萃取。在此，重点介绍液-液萃取。

【目的与要求】

1. 学习萃取的基本原理。
2. 掌握萃取的操作方法。

【基本原理】

利用化合物在两种互不相溶（或微溶）的溶剂中溶解度或分配系数的不同，使某一化合物从一种溶剂部分地分配到另一溶剂中，经过若干这样的过程，把绝大部分的该化合物提取出来。

组分在两相之间的平衡关系是萃取过程的热力学基础，它决定过程的方向，是推动力和过程的极限。当萃取剂和原溶液完全不互溶时，溶质 A 在两相间的平衡关系如图 2-24 所示。

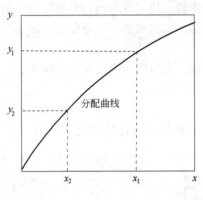

图 2-24　溶质 A 在两相
间的分配平衡

图中纵坐标表示溶质在萃取剂中的质量分数 y，横坐标表示溶质在原溶液中的质量分数 x。图中平衡曲线又称分配曲线。

由此可以看出，简单萃取过程为：将萃取剂加入到混合液中，使其互相混合，因溶质在两相间的分配未达到平衡，而溶质在萃取剂中的平衡浓度高于其在原溶液中的浓度，于是溶质从混合液向萃取剂中扩散，使溶质与混合液中的其他组分分离，因此，萃取是两相间的传质过程。

溶质 A 在两相间的平衡关系可以用平衡常数 K 来表示：

$$K = \frac{c_A}{c'_A} \qquad (2\text{-}12)$$

式中　c_A——溶质在萃取剂中的浓度；

　　　c'_A——溶质在原溶液中的浓度。

对于液-液萃取，K 通常称为分配系数，可将其近似地看做溶质在萃取剂和原溶液中的溶解度之比。

用萃取方法分离混合液时，混合液中的溶质既可以是挥发性物质，也可以是非挥发性物质（如无机盐类）。

【萃取过程的分离效果】

萃取过程的分离效果主要表现为被分离物质的萃取率和分离纯度。萃取率为萃取液中被提取的物质与原溶液中的溶质的量之比。萃取率越高，表示萃取过程的分离效果越好。

影响分离效果的主要因素包括：被萃取的物质在萃取剂与原溶液两相之间的平衡关系，在萃取过程中两相之间的接触情况。这些因素都与萃取次数和萃取剂的选择有关。利用分配定律，可算出经过 n 次萃取后在原溶液中溶质的剩余量：

$$m_n = m_0 \left(\frac{KV}{KV+S} \right)^n \qquad (2\text{-}13)$$

式中　m_n——经过 n 次萃取后溶质在原溶液中的剩余量；

　　　m_0——萃取前化合物的总量；

　　　K——分配系数；

V——原溶液的体积；

S——萃取剂的用量；

$n=1,2,3,\cdots$。

当用一定量溶剂萃取时，希望原溶液中的剩余量越少越好。因为 $KV/(KV+S)$ 总是小于 1，所以 n 越大，m_n 就越小，也就是说将全部萃取剂分为多次萃取比一次全部用完萃取效果要好。

例如，在 100mL 水中含有 4g 正丁酸的溶液，在 15℃ 时用 100mL 苯萃取，设已知在 15℃ 时正丁酸在水和苯中的分配系数 $K=1/3$，计算用 100mL 苯一次萃取和分三次萃取的结果如下：

一次萃取后正丁酸在水中的剩余量为：

$$m_1=4\times\frac{1/3\times100}{1/3\times100+100}=1.00（g）$$

分三次萃取后正丁酸在水中的剩余量为：

$$m_3=4\times\left(\frac{1/3\times100}{1/3\times100+33.3}\right)^3=0.5（g）$$

从上面的计算可以看出，用 100mL 苯一次萃取可以提出 3.0g 的正丁酸，占总量的 75%，分三次萃取后可提出 3.5g，占总量的 87.5%。当萃取总量不变时，萃取次数增加，每次用萃取剂的量就要减少。当 $n>5$ 时，n 和 S 这两种因素的影响几乎抵消。再增加萃取次数，$m_n/(m_n+1)$ 的变化很小。所以一般同体积溶剂分 3～5 次萃取即可。但是，上式只适用于萃取剂与原溶液不互溶的情况，对于萃取剂与原溶液部分互溶的情况，只能给出近似的预测结果。

【萃取剂的选择】

萃取剂对萃取分离效果的影响很大，选择时应注意考虑以下几个方面。

(1) 分配系数　被分离物质在萃取剂与原溶液两相间的平衡关系是选择萃取剂首先应考虑的问题。分配系数 K 的大小对萃取过程有着重要的影响，分配系数 K 大，表示被萃取组分在萃取相的组成高，萃取剂用量少，溶质容易被萃取出来。

(2) 密度　在液-液萃取中两相间应保持一定的密度差，以利于两相的分层。

(3) 界面张力　萃取体系的界面张力较大时，细小的液滴比较容易聚结，有利于两相的分离。但是界面张力过大，液体不易分散，难以使两相很好地混合；界面张力过小时，液体易分散，但易产生乳化现象使两相难以分离。因此，应从界面张力对两相混合与分层的影响来综合考虑，一般不宜选择界面张力过小的萃取剂。常用体系界面张力的数值可在文献中找到。

(4) 黏度　萃取剂黏度低，有利于两相的混合与分层，因而黏度低的萃取剂对萃取有利。

(5) 其他　萃取剂应具有良好的化学稳定性，不易分解和聚合，一般选择低沸点溶剂，萃取剂应容易与溶质分离和回收，此外，其毒性、易燃易爆性、价格等因素也都应加以考虑。

一般选择萃取剂时，难溶于水的物质用石油醚作萃取剂，较易溶于水的物质用苯或乙醚作萃取剂，易溶于水的物质用乙酸乙酯或类似的物质作萃取剂。

常用的萃取剂有乙醚、苯、四氯化碳、石油醚、氯仿、二氯甲烷、乙酸酯等。

【操作方法】

萃取常用的仪器是分液漏斗。使用前应先检查下口活塞和上口塞子是否有漏液现象。在活塞处涂少量凡士林，旋转几圈将凡士林涂均匀。在分液漏斗中加入一定量的水，将上口塞子盖好，上下摇动分液漏斗中的水，检查是否漏水。确定不漏后再使用。

将待萃取的原溶液倒入分液漏斗中，再加入萃取剂（如果是洗涤应先将水溶液分离后，再加入洗涤溶液），将塞子塞紧，用右手的拇指和中指拿住分液漏斗，食指压住上口塞子，左手的食指和中指压住下口管，同时，食指和拇指控制活塞。

然后将漏斗放平，前后摇动或做圆周运动，使液体振动起来，两相充分接触。在振动过程中应注意不断放气以免萃取或洗涤时，内部压力过大，造成漏斗的塞子被顶开，使液体喷出，严重时会造成漏斗爆炸，造成伤人事故。放气时，将漏斗的下口向上倾斜，使液体集中在漏斗的上部，用控制活塞的拇指和食指打开活塞放气，注意不要对着人，一般振动两三次就放一次气。经几次摇动放气后，将漏斗放在铁架台的铁圈上，将塞子上的小槽对准漏斗上的通气孔，静止 $3\sim5min$。待液体分层后将萃取相倒出（即有机相），接收在一个干燥好的锥形瓶中，萃余相（水相）再加入新萃取剂继续萃取。重复以上操作过程，萃取完后，合并萃取相，再加入干燥剂进行干燥。干燥后，先将低沸点的物质和萃取剂用简单蒸馏的方法蒸出，然后视产品的性质选择合适的纯化手段。

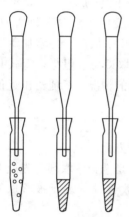

图 2-25　微量萃取法

当被萃取的原溶液量很少时，可采取微量萃取技术进行萃取。取一支离心分液管放入原溶液和萃取剂，盖好盖子，用手摇动分液管或用滴管向液体中鼓气，使液体充分接触，并注意随时放气。静止分层后，用滴管将萃取相吸出，在萃取相中加入新的萃取剂继续萃取（图 2-25）。以后的操作如前所述。

在萃取操作中应注意以下几个问题。

（1）分液漏斗中的液体不宜太多，以免摇动时影响液体接触而使萃取效果降低。

（2）液体分层后，上层液体由上口倒出，下层液体由下口经活塞放出，以免污染产品。

（3）溶液呈碱性时，常产生乳化现象。有时由于存在少量轻质沉淀，两液相密度接近，两液相部分互溶等都会引起分层不明显或不分层。此时，静止时间应长一些，或加入一些食盐，增加水相的密度，使絮状物溶于水中，迫使有机物溶于萃取剂中；或加入几滴酸、碱、醇等，以破坏乳化现象。如上述方法不能将絮状物破坏，在分液时，应将絮状物与萃余相（水层）一起放出。

（4）液体分层后应正确判断萃取相（有机相）和萃余相（水相），一般根据两相的密度来确定，密度大的在下面，密度小的在上面。如果一时判断不清，应将两相分别保存起来，待弄清后，再弃掉不要的液体。

【实验内容】

用萃取法分离苯甲酸、对甲苯胺和萘的混合物。

需要分离的这三种物质都是有机物，它们都能溶于乙醚，在水中的溶解度都很小。对甲苯胺具有碱性，苯甲酸具有酸性，萘既不显酸性也不显碱性。因此，可先将三种物质的固体溶于乙醚，然后分别用盐酸萃取对甲苯胺，用氢氧化钠的水溶液萃取苯甲酸，而萘留在乙醚中。

反应式：

$$\text{〇—COOH} + \text{NaOH} \longrightarrow \text{〇—COONa} + H_2O$$

$$CH_3\text{—〇—}NH_2 + HCl \longrightarrow CH_3\text{—〇—}N^+H_3Cl^-$$

首先，分别称取对甲苯胺、苯甲酸、萘各 3g，置于 125mL 圆底烧瓶中，加入 60mL 乙醚，圆底烧瓶上安装球形冷凝器，加热回流，使固体溶解。待固体完全溶解后，冷却。将此乙醚液倒入 250mL 的分液漏斗中，然后依次用 20mL 5％ HCl 萃取对甲苯胺三次[注2]，合并萃取酸液。将其置于 125mL 的分液漏斗中，分别用 15mL 乙醚萃取其中的苯甲酸和萘两次[注3]，萃取的醚溶液移入前分液漏斗中与醚溶液合并，萃取所得的酸液在小烧杯中慢慢加入 NaOH 中和至碱性，抽滤得对甲苯胺。

上面的醚溶液分别用 20mL 5％ NaOH 萃取三次，合并碱萃取液，将其倒入 125mL 的分液漏斗中，分别用 15mL 乙醚萃取碱液中的萘两次，将所得的醚液与上面的醚液合并。所得的碱液，用浓盐酸中和至酸性，抽滤得苯甲酸。

所得到的醚溶液，分别用 20mL 饱和食盐水洗涤两次，然后用蒸馏水洗至中性。将醚液移入 250mL 烧瓶中，蒸出大部分乙醚，有固体萘析出，取出自然晾干。

所得到的对甲苯胺、苯甲酸、萘分别进行重结晶。测其熔点。

本实验约需 4～6h。

【附注】

[1] 液-固萃取液-固萃取的原理与液-液萃取相似。常用的方法有浸取法和连续提取法。

（1）浸取法 最常见的浸取法就像熬中药，将溶剂加入到被萃取的固体物质中加热，使易溶于萃取剂的物质提取出来，然后再进行分离纯化。当使用有机溶剂作萃取剂时，应使用回流装置。

（2）连续提取法 一般使用 Soxhlet 提取器来进行，如图 2-26 所示。将固体物质研细，放入滤纸筒内，上下开口处应扎紧，以防固体逸出。将其放入提取器的提取筒中，滤纸筒不宜太紧，以加大固体和液体的接触面积。滤纸筒的高度不要超过虹吸管顶部。从提取管上口加入溶剂，当发生虹吸时，液体流入蒸馏瓶中，再补加过量溶剂（根据提取时间和溶剂的挥发程度而定），一般 30mL 左右即可。装上冷凝管，通入冷却水，加入沸石后开始加热。液体沸腾后开始回流，液体在提取筒中蓄积，使固体侵入液体中。当液面超过虹吸管顶部时，蓄积的液体带着从固体中提取出来的易溶物质流入蒸馏瓶中。继续使用上述方法，再进行第二次提取。这样重复三次左右，可几乎将固体中易溶物质全部提取到液体中来。提取过程结束后，将仪器拆除，对提取液进行分离。

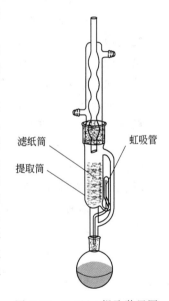

滤纸筒
虹吸管
提取筒

图 2-26 Soxhlet 提取装置图

在提取过程中应注意调节温度，因为随着提取过程的进行，蒸馏瓶内的液体不断减少，当从固体物质中提取出来的溶质较多时，温度过高会使溶质在器壁上结垢或炭化。当物质受热易分解和萃取剂沸点较高时，不宜使用此方法。

[2] 由于水在乙醚中有一定的溶解度，因此，第一次可适当多加些 5％HCl。

[3] 酸的水溶液总是溶解些苯甲酸和萘，故用乙醚萃取酸液。如省去此步，则损失少量的苯甲酸和萘。

思 考 题

1. 用分液漏斗萃取时，为什么要放气？

2. 用分液漏斗分离两相液体时，应如何分离？为什么？

实验十二　水蒸气蒸馏
Steam distillation

【目的与要求】

学习并掌握水蒸气蒸馏的原理和操作方法。

【基本原理】

当对一个互不混溶的挥发性混合物（非均相共沸混合物）进行蒸馏时，在一定温度下，每种液体将显示其各自的蒸气压，而不被另一种液体影响，它们各自的分压只与各自纯物质的饱和蒸气压有关，即 $p_A = p_A^\circ$，$p_B = p_B^\circ$，而与各组分的摩尔分数无关，其总压为各分压之和，即

$$p_总 = p_A + p_B = p_A^\circ + p_B^\circ \tag{2-14}$$

由此可以看出，混合物的沸点要比其中任何单一组分的沸点都低。在常压下用水蒸气（或水）作为其中的一相，能在低于 100℃ 的情况下将高沸点的组分与水一起蒸出来。综上所述，一个由不混溶液体组成的混合物将在比它的任何单一组分（作为纯化合物时）的沸点都要低的温度下沸腾，用水蒸气（或水）充当这种不混溶相之一所进行的蒸馏操作称为水蒸气蒸馏。

水蒸气蒸馏是纯化分离有机化合物的重要方法之一。此法常用于以下几种情况：

第一种　混合物中含有大量树脂状杂质或不挥发杂质，用蒸馏、萃取等方法难以分离；

第二种　在常压下普通蒸馏会发生分解的高沸点有机物；

第三种　脱附混合物中被固体吸附的液体有机物；

第四种　除去易挥发的有机物。

运用水蒸气蒸馏时，被提纯物质应具备以下条件：

条件一　不溶或难溶于水；

条件二　在沸腾下不与水发生反应；

条件三　在 100℃ 左右时，必须具有一定的蒸气压（一般不少于 1.333kPa）。

【馏出液组成的计算】

水蒸气蒸馏时，馏出液两组分的组成由被蒸馏化合物的分子量以及在此温度下两者相应的饱和蒸气压来决定。假如它们是理想气体，则

$$pV = nRT = \frac{m}{M}RT \tag{2-15}$$

式中　p——蒸气压；

　　　V——气体体积；

　　　m——气相下该组分的质量；

　　　M——纯组分的分子量；

　　　R——气体常数；

　　　T——热力学温度，K。

气相中两组分的理想气体方程分别表示为

$$p_水 V_水 = \frac{m_水}{M_水}RT \tag{2-16}$$

$$p_B^\circ V_B = \frac{m_B}{M_B} RT \tag{2-17}$$

将两式相比得到式(2-16)：

$$\frac{p_B^\circ V_B}{p_水^\circ V_水} = \frac{m_B M_水}{m_水 M_B} \frac{RT}{RT} \tag{2-18}$$

在水蒸气蒸馏条件下，$V_水 = V_B$ 且温度相等，故式(2-16)可改写为：

$$\frac{m_B}{m_水} = \frac{p_B^\circ M_B}{M_水 \, p_水^\circ} \tag{2-19}$$

利用混合物蒸气压与温度的关系可查出沸腾温度下水和组分B的蒸气压。图 2-27 给出了溴苯、水及溴苯-水混合物的蒸气压与温度的关系。从图中可以看出，当混合物沸点为 95℃时，水的蒸气压为 85.3kPa（640mmHg），溴苯为 16.0kPa（120mmHg），代入式(2-17)得到：

$$\frac{m_{溴苯}}{m_水} = \frac{16 \times 157}{85.3 \times 18} = \frac{2512}{1535.4} = \frac{1.64}{1}$$

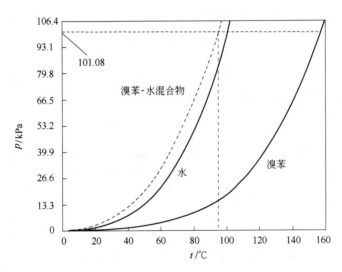

图 2-27　溴苯、水及溴苯-水混合物的
蒸气压与温度的关系

此结果说明，虽然在混合物沸点下溴苯的蒸气压低于水的蒸气压，但是，由于溴苯的分子量大于水的分子量，因此，在馏出液中溴苯的量比水多，这也是水蒸气蒸馏的一个优点。如果使用过热蒸汽，还可以提高组分在馏出液中的比例。

【水蒸气蒸馏装置】

水蒸气装置由水蒸气发生器和简单蒸馏装置组成，图 2-28 给出了实验室常用的水蒸气蒸馏装置。

A 是电炉，B 是水蒸气发生器，通常其盛水量以其容积的 2/3 为宜。如果太满，沸腾时水将冲至烧瓶。C 是安全管，管的下端接近水蒸气发生器的底部。当容器内气压太大时，水可沿着玻管上升，以调节内压。如果系统发生阻塞，水便会从管的上口冲出，此时应检查圆底烧瓶内的蒸汽导管下口是否阻塞。E 是蒸馏瓶，通常采用长颈圆底烧瓶。为了防止瓶中液体因飞溅而冲入冷凝管内，故加一克氏蒸馏头，瓶内液体不宜超过容积的 1/3。为了使蒸汽不至在 E 中冷凝而积聚过多，可在 E 下加电热包 D 加热，但要控制加热速度以使蒸馏出来

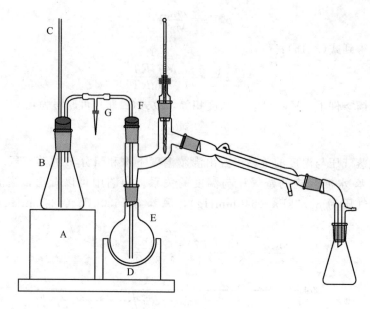

图 2-28 水蒸气蒸馏装置

的馏分能在冷凝管中完全冷凝下来。F 是蒸汽导入管。G 是 T 形管下端胶皮管上的螺旋夹，以便及时除去冷凝下来的水滴。接收瓶前面一般加冷却水冷却。

【实验内容】

水蒸气蒸馏法提取薄荷油

（1）在水蒸气发生器中加 3/4 的水，2～3 粒沸石，在圆底烧瓶中加入 20g 干薄荷末，然后照图 2-25 安装仪器（冷凝管用 20cm 直形冷凝管，接收瓶用 300mL 三角瓶），打开螺旋夹，开启冷凝水，加热水蒸气发生器至沸。

（2）当有水蒸气从 T 形管的支管冲出时，旋紧夹子，让蒸汽进入烧瓶中。调节冷凝水，防止在冷凝管中有固体析出，使馏分保持液态。如果已有固体析出，可暂时停止通冷凝水，必要时可暂时将冷凝水放掉，以使物质熔融后随水流入接收器中。必须注意：当重新通入冷凝水时，要小心而缓慢，以免冷凝管因骤冷而破裂。控制馏出液速度在每秒 2～3 滴。在蒸馏时要随时注意安全管的水柱是否发生不正常的上升现象以及烧瓶中的液体发生倒吸现象，一旦发生这种现象，应立即打开夹子，移去火源，排除故障后，方可继续蒸馏。在蒸馏过程中要随时放掉 T 形管中已积满的水。

（3）当馏出液澄清透明不再含有有机物油滴时（在通冷却水的情况下），可停止蒸馏。先打开螺旋夹，通大气，然后方可停止加热，否则烧瓶中液体将会倒吸到水蒸气发生器中。

（4）在馏出液中加入适量氯化钠至饱和，然后转移入分液漏斗中，每次加乙醚 10mL 萃取两次（乙醚在上层），合并乙醚萃取液，倒入干燥的小锥形瓶内，加适量无水硫酸镁，振摇、静置、过滤，滤液转移到圆底烧瓶中，用旋转蒸发仪蒸去乙醚即得薄荷油。

薄荷油折射率 n_D^{20} 1.459～1.465。

本实验约需 4～6h。

思 考 题

1. 水蒸气蒸馏时，如何判断有机物已完全蒸出？

2. 水蒸气蒸馏时，随着蒸汽的导入，蒸馏瓶中液体越积越多，以致有时液体冲入冷凝器中，如何避免这一现象？

3. 今有硝基苯、苯胺的混合液体，能否利用化学方法及水蒸气蒸馏的方法将二者分离？

4. 以下几组混合系中，哪几个可用水蒸气蒸馏法（或结合化学方法）进行分离？

(1) 对氯甲苯和对甲苯胺；

(2) $CH_3CH_2CH_2OH$ 与 CH_3CH_2OH；

(3) Fe、$FeBr_3$ 和溴苯。

五、色谱分离技术

前面已介绍了蒸馏、萃取、重结晶和升华等有机物的提纯方法。然而，经常遇到化合物的物化性质十分相近的情况，以上几种方法均不能得到较好的分离，此时，用色谱分离技术可以得到满意的结果。随着科技的飞速发展，色谱分离技术应用越来越广泛，已发展成为分离、纯化、鉴定有机物和跟踪反应进程的重要实验技术。

色谱法是利用混合物中各组分在某一物质中的吸附或溶解性能（即分配）的不同，让混合物的溶液流经该物质，经过反复的吸附或分配等作用，从而将各组分分开。其中流动的体系称为流动相。流动相可以是气体，也可以是液体。固定不动的物质称为固定相，固定相可以是固体吸附剂，也可以是液体（吸附在支持剂上）。根据组分在固定相中的作用原理不同，可分为吸附色谱、分配色谱、离子交换色谱、排阻色谱等。按操作条件可分为薄层色谱、柱色谱、纸色谱、气相色谱和高压液相色谱等。流动相的极性小于固定相极性时为正相色谱，而流动相的极性大于固定相时为反相色谱。

实验十三 柱 色 谱
Column chromatography

【目的与要求】

1. 学习柱色谱技术的原理和应用。

2. 掌握柱色谱分离技术和操作。

【基本原理】

柱色谱有吸附色谱和分配色谱两种。实验室中最常用的是吸附色谱，其原理是利用混合物中各组分在固定相上的吸附能力和流动相的解吸能力不同，让混合物随流动相流过固定相，发生反复多次的吸附和解吸过程，从而使混合物分离成两种或多种单一的纯组分。

在用柱色谱分离混合物时，将已溶解的样品加入到已装好的色谱柱顶端，吸附在固定相（吸附剂）上，然后用洗脱剂（流动相）进行淋洗，流动相带着混合物的组分下移。样品中各组分在吸附剂上的吸附能力不同，一般来说，极性大的吸附能力强，极性小的吸附能力相对弱一些。各组分在洗脱剂中的溶解度不一样，被解吸的能力也就不同。非极性组分由于在固定相中吸附能力弱，首先被解吸出来，被解吸出来的非极性组分随着流动相向下移动，与新的吸附剂接触再次被固定相吸附。随着洗脱剂向下流动，被吸附的非极性组分再次与新的洗脱剂接触，并再次被解吸出来随着流动相向下流动。而极性组分由于吸附能力强，因此不易被解吸出来，其随着流动相移动的速度比非极性组分要慢得多（或根本不移动）。这样经过反复的吸附和解吸后，各组分在色谱柱上形成了一段一段的层带，若是有色物质，可以看到不同的色带。随着洗脱过程的进行从柱底端流出。每一色带代表一个组分，分别收集不同的色带，再将洗脱剂蒸发，就可以获得单一的纯净物质。

1. 吸附剂

选择合适的吸附剂作为固定相对于柱色谱来说是非常重要的。常用的吸附剂有硅胶、氧化铝、氧化镁、碳酸钙和活性炭等。实验室一般用氧化铝或硅胶，在这两种吸附剂中氧化铝的极性更大一些，它是一种高活性和强吸附的极性物质。通常市售的氧化铝分为中性、酸性和碱性三种。酸性氧化铝适用于分离酸性有机物质；碱性氧化铝适用于分离碱性有机物质如生物碱和烃类化合物；中性氧化铝应用最为广泛，适用于中性物质的分离，如醛、酮、酯、醌等类有机物质。市售的硅胶略带酸性。

由于样品是吸附在吸附剂表面，因此颗粒大小均匀、比表面积大的吸附剂分离效率最佳。比表面积越大，组分在固定相和流动相之间达到平衡就越快，色带就越窄。通常使用的吸附剂颗粒大小以 100~150 目为宜。

吸附剂的活性还取决于吸附剂的含水量，含水量越高，活性越低，吸附剂的吸附能力就越弱；反之则吸附能力强。吸附剂的含水量和活性等级的关系如表 2-5 所示。

表 2-5　吸附剂的含水量和活性等级的关系

活性等级	Ⅰ	Ⅱ	Ⅲ	Ⅳ	Ⅴ
氧化铝含水量/%	0	3	6	10	15
硅胶含水量/%	0	5	15	25	38

一般常用的是Ⅱ和Ⅲ级吸附剂；Ⅰ级吸附性太强，而且易吸水；Ⅳ级吸水性弱，Ⅴ级吸附性太弱。

2. 洗脱剂

在柱色谱分离中，洗脱剂的选择也是一个重要的因素。一般洗脱剂的选择是通过薄层色谱实验来确定的。具体方法：先用少量溶解好（或提取出来）的样品，在已制备好的薄层板上点样（具体方法见实验十五薄层色谱），用少量展开剂展开，观察各组分点在薄层板上的位置，并计算 R_f 值。哪种展开剂能将样品中各组分完全分开，即可作为柱色谱的洗脱剂。有时，单纯一种展开剂达不到所要求的分离效果，可考虑选用混合展开剂。

选择洗脱剂的另一个原则是：洗脱剂的极性不能大于样品中各组分的极性。否则会由于洗脱剂在固定相上被吸附，迫使样品一直保留在流动相中。在这种情况下，组分在柱中移动得非常快，很少有机会建立起分离所要达到的化学平衡，影响分离效果。

不同的洗脱剂使给定的样品沿着固定相相对移动的能力，称为洗脱能力。在硅胶和氧化铝柱上，洗脱能力按以下顺序排列：

石油醚　己烷　环己烷　甲苯　二氯甲烷　氯仿　乙醚　乙酸乙酯　丙酮　1-丙醇　乙醇　甲醇　水

洗脱剂能力提高 →

【柱色谱装置】

色谱柱是一根下端具塞的玻璃管，如图 2-29 所示。柱高和直径比应为 8∶1。在柱底部塞脱脂棉，上盖石英砂，中间是固定相，最上层再铺一层石英砂。

【操作方法】

1. 装柱

装柱前应先将色谱柱洗干净，进行干燥。在柱底铺一小块脱脂棉，再铺约 0.5cm 厚的石英砂，然后进行装柱。装柱分为湿法装柱和干法装柱两种。

（1）湿法装柱　将吸附剂（氧化铝或硅胶）用洗脱剂中极性最低的洗脱剂调成糊状，在柱内先加入约 3/4 柱高的洗脱剂，再将调好的吸附剂边敲边倒入柱中，同时，打开下旋活塞，在色谱柱下面放一个干净并且干燥的锥形瓶或烧杯，接收洗脱剂。当装入的吸附剂有一定高度时，洗脱剂下流速度变慢，待所用吸附剂全部装完后，用流下来的洗脱剂转移残留的吸附剂，并将柱内壁残留的吸附剂淋洗下来。在此过程中，应不断敲打色谱柱，以使色谱柱填充均匀并没有气泡。柱子填充完后，在吸附剂上端覆盖一层约 0.5cm 厚的石英砂。覆盖石英砂的目的，一是使样品均匀地流入吸附剂表面，二是当加入洗脱剂时，它可以防止吸附剂表面被破坏。在整个装柱过程中，柱内洗脱剂的高度始终不能低于吸附剂最上端，否则柱内会出现裂痕和气泡。

（2）干法装柱 在色谱柱上端放一个干燥的漏斗，将吸附剂倒入漏斗中，使其成为一细流，连续不断地装入柱中，并轻轻敲打色谱柱柱身，使其填充均匀，再加入洗脱剂湿润。也可以先加入 3/4 的洗脱剂，然后再倒入干的吸附剂。装好吸附剂后，再在上面加一层约 0.5cm 的石英砂。

2. 样品的加入及色谱带的展开

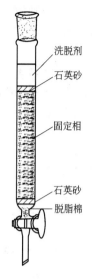

图 2-29 柱色谱装置图

洗脱剂
石英砂
固定相
石英砂
脱脂棉

液体样品可直接加入到色谱柱中，如浓度低可浓缩后再行上柱。固体样品应先用最少量的溶剂溶解后再加入到柱中。在加入样品时，应先将柱内洗脱剂排至稍低于石英砂表面后停止排液，用滴管沿柱内壁把样品一次加完。在加入样品时，应注意滴管尽量向下靠近石英砂表面。样品加完后，打开下旋活塞，使液体样品进入石英砂层后，再加入少量的洗脱剂将壁上的样品洗下来，待这部分液体进入石英砂层后，再加入洗脱剂进行淋洗，直至所有色带被展开。

【实验内容】

偶氮苯与荧光黄的分离

（1）干法装柱 用 25mL 酸式滴定管做色谱柱。取少许脱脂棉放于干净的色谱柱底。关闭活塞。向柱中加入 10mL 95％乙醇，打开活塞，控制流速为 1～2 滴每秒。此时从柱上端通入一长颈漏斗，慢慢加入 5g 色谱用的中性氧化铝，用橡皮塞或手指轻轻敲打柱身下部，使填装紧密[注1]。上面再加一层 0.5cm 厚的石英砂[注2]。整个过程中一直保持乙醇流速不变，并注意保持液面始终高于吸附剂氧化铝的顶面[注3]。

（2）上样 当洗脱剂液面刚好流至石英砂面时，立即沿柱壁加入 1mL 已配好的含有 1mg 偶氮苯与 1mg 荧光黄的 95％乙醇溶液。开至最大流速。当加入的溶液流至石英砂面时，立即用 0.5mL 95％乙醇洗下管壁的有色物质，如此 2～3 次，直至洗净为止。

（3）展开与色带收集 加入 10mL 95％乙醇进行洗脱。偶氮苯首先向柱下移动，荧光黄则留在柱上端，当第一个色带快流出来时，更换另一个接收瓶，继续洗脱。当洗脱液快流完时，应补加适量的 95％乙醇[注4]。当第一个色带快流完时，不要再补加 95％乙醇，等到乙醇流至吸附剂液面时，轻轻沿壁加入 1mL 水，然后加满水。取下此接收瓶进行蒸馏，回收乙醇。更换另一个接收瓶接收第二个色带，直至无色为止。这样两种组分就被分开了。

【附注】

[1] 色谱柱填装紧与否对分离效果很有影响，若松紧不均，特别是有断层时，影响流速和色带的均匀，但如果装时过分敲击，色谱柱填装过紧，又使流速太慢。

[2] 也可不加石英砂，但加液时要沿壁慢慢地加，以避免将氧化铝溅起。

[3] 若吸附剂高于液面，应立即补加洗脱液。

[4] 补加乙醇量每次 3～5mL。

思 考 题

1. 为什么必须保证所装柱中没有空气泡？

2. 柱色谱所选择的洗脱剂为什么要先用非极性或弱极性的，然后再使用较强极性的洗脱剂洗脱？

实验十四 纸 色 谱
Paper chromatography

【目的与要求】

学习纸色谱的原理与技术。

【基本原理】

纸色谱主要用于分离和鉴定有机物中多官能团或高极性化合物如糖、氨基酸等的分离。它属于分配色谱的一种。它的分离作用不是靠滤纸的吸附作用，而是以滤纸作为惰性载体，以吸附在滤纸上的水或有机溶剂作为固定相，流动相是被水饱和过的有机溶剂或水（展开剂）。它利用样品中各组分在两相中分配系数的不同达到分离的目的。

它的优点是操作简单，价格便宜，所得到的色谱图可以长期保存。缺点是展开时间较长，因为在展开过程中，溶剂的上升速度随着高度的增加而减慢。

【纸色谱的装置】

图 2-30 给出了 2 种不同的纸色谱装置，这 2 种装置是由展开缸、橡皮塞、钩子组成的。钩子被固定在橡皮塞上，展开时将滤纸挂在钩子上。滤纸上的 c、g 是点样点。

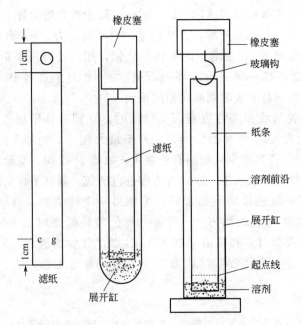

图 2-30　纸色谱装置

【操作步骤】

纸色谱操作过程与薄层色谱一样，所不同的是薄层色谱需要吸附剂作为固定相，而纸色谱只用一张滤纸，或在滤纸上吸附相应的溶剂作为固定相。在操作和选择滤纸、固定相、展开剂过程中应注意以下几点。

（1）所选用滤纸的薄厚应均匀，无折痕，滤纸纤维松紧适宜。通常作定性实验时，可采用国产 1 号展开滤纸，滤纸大小可自行选择，一般为 3cm×20cm、5cm×30cm、8cm×50cm 等。

（2）在展开过程中，将滤纸挂在展开缸内，展开剂液面高度不能超过样品点 c、g 的高度。

（3）流动相（展开剂）与固定相的选择，根据被分离物质性质而定。一般规律如下。

① 对于易溶于水的化合物　可直接以吸附在滤纸上的水作为固定相（即直接用滤纸），以能与水混溶的有机溶剂作流动相，如低级醇类。

② 对于难溶于水的极性化合物　应选择非水性极性溶剂作为固定相，如甲酰胺、N,N-二甲基甲酰胺等；以不能与固定相相混合的非极性溶剂作为流动相，如环己烷、苯、四氯化碳、氯仿等。

③ 对于不溶于水的非极性化合物　应以非极性溶剂作为固定相，如液体石蜡等；以极性溶剂作为流动相，如水、含水的乙醇、含水的酸等。

当一种溶剂不能将样品全部展开时，可选择混合溶剂。常用的混合溶剂有：正丁醇-水，一般用饱和的正丁醇；正丁醇-醋酸-水，可按 4∶1∶5 的比例配置，混合均匀，充分振荡，放置分层后，取出上层溶液作为展开剂。

【实验内容】

按上述方法，以水作展开剂，做墨水（黑墨水或蓝墨水）组分分离，计算每一染料点的 R_f 值。本实验约需 2h。

实验十五　薄层色谱
Thin layer chromatography

【目的与要求】

1. 学习薄层色谱的原理与应用。

2. 掌握薄层色谱的操作技术。

【基本原理】

薄层色谱简称 TLC，它是另外一种固-液吸附色谱的形式，与柱色谱原理和分离过程相似，吸附剂的性质和洗脱剂的相对洗脱能力，在柱色谱中适用的同样适用于 TLC 中。与柱色谱不同的是，TLC 中的流动相沿着薄板上的吸附剂向上移动，而柱色谱中的流动相则沿着吸附剂向下移动。另外，薄层色谱最大的优点是：需要的样品少，展开速度快，分离效率高。TLC 常用于有机物的鉴定和分离，如通过与已知结构的化合物相比较，可鉴定有机混合物的组成。在有机化学反应中可以利用薄层色谱对反应进行跟踪。在柱色谱分离中，经常利用薄层色谱来确定其分离条件和监控分离的过程。薄层色谱不仅可以分离少量样品（几微克），而且也可以分离较大量的样品（可达 500mg），特别适用于挥发性较低，或在高温下易发生变化而不能用气相色谱进行分离的化合物。

在 TLC 中所用的吸附剂颗粒比柱色谱中用的要小得多，一般为 260 目以上。当颗粒太大时，表面积小，吸附量少，样品随展开剂移动速度快，斑点扩散较大，分离效果不好；当颗粒太小时，样品随展开剂移动速度慢，斑点不集中，效果也不好。

薄层色谱所用的硅胶有多种：硅胶 H 不含黏合剂；硅胶 G（Gypsum 的缩写）含黏合剂（煅石膏）；硅胶 GF254 含有黏合剂和荧光剂，可在波长 254nm 紫外光下发出荧光；硅胶 HF254 只含荧光剂。同样，氧化铝也分为氧化铝 G、氧化铝 GF254 及氧化铝 HF254。氧化铝的极性比硅胶大，宜用于分离极性小的化合物。

黏合剂除煅石膏外，还可用淀粉、聚乙烯醇和羧甲基纤维素钠（CMC）。使用时，一般配成百分之几的水溶液。如羧甲基纤维素钠的质量分数一般为 0.5%～1%，最好是 0.7%。淀粉的质量分数为 5%。加黏合剂的薄板称为硬板，不加黏合剂的薄板称为软板。现在已有很多牌号的硅胶板出售。

【操作方法】

1. 薄层板的制备

薄板的制备方法有两种，一种是干法制板，另一种是湿法制板。干法制板常用氧化铝作吸附剂，将氧化铝倒在玻璃上，取直径均匀的一根玻璃棒，将两端用胶布缠好，在玻璃板上滚压，把吸附剂均匀地铺在玻璃板上。这种方法操作简便，展开快，但是样品展开点易扩散，制成的薄板不易保存。实验室最常用湿法制板。取 2g 硅胶 G，加入 5～7mL 0.7% 的羧甲基纤维素钠水溶液，调成糊状。将糊状硅胶均匀地倒在三块载玻片上，先用玻璃棒铺平，然后用手轻轻震动至平。大量铺板或铺较大板时，也可使用涂布器。

薄层板制备的好与坏直接影响色谱分离的效果，在制备过程中应注意以下几点：

(1) 铺板时，尽可能将吸附剂铺均匀，不能有气泡或颗粒等；

(2) 铺板时，吸附剂的厚度不能太厚也不能太薄，太厚展开时会出现拖尾，太薄样品分不开，一般厚度为 0.5～1mm；

(3) 湿板铺好后，应放在比较平的地方晾干，然后转移至试管架上慢慢地自然干燥，千万不要快速干燥，否则薄层板会出现裂痕。

2. 薄板层的活化

薄板层经过自然干燥后，再放入烘箱中活化，进一步除去水分。不同的吸附剂及配方需要不同的活化条件。例如：硅胶一般在烘箱中逐渐升温，在 105～110℃下，加热 30min；氧化铝在 200～220℃下烘干 4h 可得到活性为Ⅱ级的薄层板，在 150～160℃下烘干 4h 可得到活性Ⅲ～Ⅳ级的薄层板，含水量与活性等级的关系见表 2-5。当分离某些易吸附的化合物时，可不用活化。

3. 点样

将样品用易挥发溶剂配成 1%～5% 的溶液。在距薄层板的一端 10mm 处，用铅笔轻轻的画一条横线作为点样时的起点线，在距薄层板的另一端 5mm 处，再画一条横线作为展开剂向上爬行的终点线（划线时不能将薄层板表面破坏）。

用内径小于 1mm 干净并且干燥的毛细管吸取少量的样品，轻轻触及薄层板的起点线（即点样），然后立即抬起，待溶剂挥发后，再触及第二次。这样点 3～5 次即可，如果样品浓度低可多点几次。点好样品的薄层板待溶剂挥发后再放入展开缸中进行展开。

4. 展开

在此过程中，选择合适的展开剂是至关重要的。一般展开剂的选择与柱色谱中洗脱剂的选择类似，即极性化合物选择极性展开剂，非极性化合物选择非极性展开剂。当一种展开剂不能将样品分离时，可选用混合展开剂。表 2-6 给出了常见溶剂在硅胶板上的展开能力，一般展开能力与溶剂的极性成正比。混合展开剂的选择请参考色谱柱中洗脱剂的选择。

表 2-6　TLC 常用的展开剂

溶　剂　名　称
戊烷、四氯化碳、苯、氯仿、二氯甲烷、乙醚、乙酸乙酯、丙酮、乙醇、甲醇
极性及展开能力增加 →

展开时，在展开缸中注入配好的展开剂，将薄层板点有样品的一端放入展开剂中（注意展开剂液面的高度应低于样品斑点），如图 2-31(a) 所示。在展开过程中，样品斑点随着展开剂向上迁移，当展开剂前沿至薄层板上边的终点线时，立刻取出薄层板。将薄层板上分开的样品点用铅笔圈好，计算比移值。

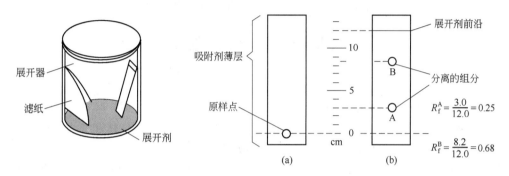

图 2-31　某组分 TLC 色谱展开过程及 R_f 值的计算

5. 比移值 R_f 的计算

某种化合物在薄层板上上升的高度与展开剂上升高度的比值称为该化合物的比移值，常用 R_f 来表示：

$$R_f = \frac{样品中某组分移动离开原点的距离}{展开剂前沿距原点中心的距离}$$

图 2-31(b) 给出了某化合物的展开过程及 R_f 值。对于一种化合物，当展开条件相同时，R_f 只是一个常数。因此可用 R_f 作为定性分析的依据。但是，由于影响 R_f 值的因素较多，如展开剂、吸附剂、薄层板的厚度、温度等均能影响 R_f 值，因此同一化合物 R_f 值与文献值会相差很大。在实验中常采用的方法是，在一块板上同时点一个已知物和一个未知物，进行展开，通过计算 R_f 值来确定是否为同一化合物。

6. 显色

样品展开后，如果本身带有颜色，可直接看到斑点的位置。但是，大多数有机物是无色的，因此就存在显色的问题。常用的显色方法有两个。

(1) 显色剂法　常用的显色剂有碘和三氯化铁水溶液等。许多有机化合物能与碘生成棕色或黄色的络合物。利用这一性质，在一密闭容器中（一般用展开缸即可）放几粒碘，将展开并干燥的薄层板放入其中，稍稍加热，让碘升华，当样品与碘蒸气反应后，薄层板上的样品点处即可显示出黄色或棕色斑点，取出薄层板用铅笔将点圈好即可。除饱和烃和卤代烃外，均可采用此法。三氯化铁溶液可用于带有酚烃基化合物的显色。

(2) 紫外光显色法　用硅胶 GF254 制成的薄板层，由于加入了荧光剂，在 254nm 波长的紫外灯下，可观察到暗色斑点，此斑点就是样品点。

以上这些显色方法在柱色谱和纸色谱中同样适用。

【实验内容】

按上述方法，以正己烷-乙酸乙酯（体积比为 9∶1）做洗脱剂，在硅胶板上，做甲氧基偶氮苯与苏丹红的分离。并计算各自的 R_f 值（可用市售硅胶板）。

本实验约需 2h。

思 考 题

1. 为什么展开剂的液面要低于样品斑点？如果液面高于斑点会出现什么后果？
2. 制备薄层板时，厚度对样品展开有什么影响？
3. 在一定的操作条件下，为什么可利用 R_f 值来鉴定化合物？
4. 在混合物薄层色谱中，如何判定各组分在薄层板上的位置？

实 验 十 六　气 相 色 谱
Gas chromatography

气相色谱简称 GC。气相色谱目前发展极为迅速，已成为许多工业部门（如石油、化工、环保等部门）必不可少的工具。气相色谱主要用于分离和鉴定气体和挥发性较强的液体混合物，对于沸点高、难挥发的物质可用高压液相色谱仪进行分离鉴定。气相色谱常分为气-液色谱（GLC）和气-固色谱（GSC），前者属于分配色谱，后者属于吸附色谱。本章主要介绍气-液色谱。

【基本原理】

气相色谱中的气-液色谱法属于分配色谱，其原理与纸色谱类似，都是利用混合物中的各组分在固定相与流动相之间分配情况不同，从而达到分离的目的。所不同的是气-液色谱中的流动相是载气，固定相是吸附在载体或担体上的液体。担体是一种具有热稳定性和惰性的材料，常用的担体有硅藻土、聚四氟乙烯等。担体本身没有吸附能力，对分离不起什么作用，只是用来支撑固定相，使其停留在柱内。分离时，先将含有固定相的担体装入色谱柱中。色谱柱通常是一根弯成螺旋状的不锈钢管，内径约为 3mm，长度由 1~10m 不等。当配成一定浓度的溶液样品，用微量注射器注入汽化室后，样品在汽化室中受热迅速汽化，随载体（流动相）进入色谱柱中，由于样品中各个组分的极性和挥发性不同，汽化后的样品在柱中固定相和流动相之间不断地发生分配平衡，挥发性较高的组分由于在流动相中溶解度大于在固定相中的溶解度，因此，随流动相迁移快。这样，易挥发的组分先随流动相流出色谱柱，进入检测器鉴定，而难挥发的组分随流动相移动得慢，后进入检测器，从而达到分离的目的。

【气相色谱仪及色谱分析】

气相色谱仪由汽化室、进样器、色谱柱、检测器、记录仪、收集器组成，如图 2-32 所示。通常使用的检测仪器有热导检测器和氢火焰离子化检验器。热导检测器是将两根材料相同、长度一样且电阻值相等的热敏电阻丝作为惠斯通（Wheatstone）电桥的两臂，利用含有样品气的载气与纯载气热导率的不同，引起热敏丝的电阻值发生变化，使电桥电路不平衡，产生信号。将此信号放大并记录下来就得到一条检测器电流对时间的变化曲线，通过记录仪画在纸上便得到了一张色谱图。

在图谱中除空气峰以外，其余每个峰均代表样品中的一个组分。对应每个峰的时间是各组分的保留时间。所谓保留时间，就是一个化合物从注入时刻起到流出色谱柱所需的时间。当分离条件给定时，就像薄层色谱中的 R_f 样，每一种化合物都具有恒定的保留时间。利用

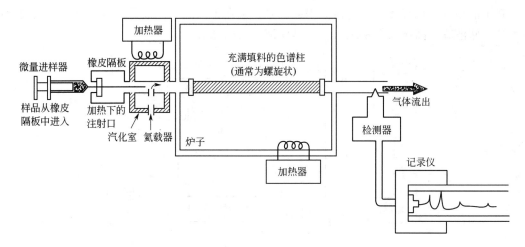

图 2-32　气相色谱仪示意图

这一性质，可对化合物进行定性鉴定。在做定性鉴定时，最好用已知样品做参照对比，因为在一定条件下，有时不同的物质也可能具有相同的保留时间。

利用气相色谱还可以进行化合物的定量分析。其原理是：在一定范围内色谱峰的面积与化合物各组分的含量呈直线关系。即色谱峰面积（或峰高）与组分的浓度成正比。

【实验内容】

四氯化碳-甲苯混合物的分离。

色谱条件　载气（氮气）流速 30～80mL/min，柱温 60～100℃，汽化室温度 115℃，检测温度 115℃。

进样　待基线稳定后，即可进样。注入 5μL 分析纯的四氯化碳，记录其保留时间，再注入相同数量的分析纯甲苯，记录其保留时间。用同样方法注入四氯化碳-甲苯混合物样品，记录各个峰的保留时间。假定每一曲线的面积和存在的物质量近似地成正比，计算四氯化碳和甲苯在混合物中的含量。

本实验约需 2h。

实验十七　高压液相色谱
High pressure liquid chromatograph

高压液相色谱又称为高效液相色谱（high performance liquid chromatography），简称 HPLC。

1. 简介

高压液相色谱是近 30 年发展起来的一种高效、快速的分离分析有机化合物的仪器。它适用于那些高沸点、难挥发、热稳定性差、离子型的有机化合物的分离与分析。作为分离分析手段，气相色谱和高压液相色谱可以互补。就色谱而言，它们的差别主要在于，前者的流动相是气体，而后者的流动相则是液体。与柱色谱相比，高压液相色谱具有方便、快速、分离效果好，使用溶剂少等优点。高压液相色谱使用的吸附剂颗粒，比柱色谱要小得多，一般为 5～50μL，因此，需要采用高的进柱口压（大于 100kg/cm²）以加速色谱分离过程。这也是由柱色谱发展到高压液相色谱所采用的主要手段之一。

2. 高压液相色谱流程

高压液相色谱流程和气相色谱流程的主要差别在于，气相色谱是气流系统，高压液相色谱则是由储液罐、高压泵等系统组成，具体流程见图 2-33。

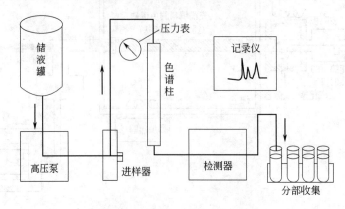

图 2-33　高压液相色谱流程

3. 高压液相色谱的流动相和固定相

（1）流动相　液相色谱的流动相在分离过程中有较重要的作用，因此在选择流动相时，不但要考虑到检测器的需要，同时又要考虑它在分离过程中所起的作用。常用的流动相有正己烷、异辛烷、二氯甲烷、水、乙腈、甲醇等。在使用前一般都要过滤、脱气，必要时需进一步纯化。

（2）固定相　常用固定相类型有：全多孔型、薄壳型、化学改性型等。常用固定相有 β,β'-氧二丙腈、聚乙二醇、三亚甲基异丙醇、角鲨烷等。

高压液相色谱用的色谱柱大多数内径为 $2\sim5mm$，长 25cm 以内的不锈钢管。

（3）检测器　常用的有紫外检测器、折光检测器、传动带氢火焰离子化检测器、荧光检测器、电导检测器等。

（4）高压泵　一般采用往复泵。

【实验内容】

在教师指导下做杀菌剂嘧霉胺的含量分析（按面积积分计算）。

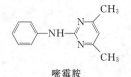

嘧霉胺

样品　工业品（含量 95％）。

SPD-10A 紫外可变检测器；数据处理机。

色谱条件　200mm×4.6mm（id）不锈钢柱，内填固定相（SPHERIGEL ODS C_{18}）；流动相：甲醇＋水＝75＋25（体积）；流量：1.0mL/min；检测波长：270nm；柱温：室温；进样体积：$4\mu L$。

样品配制　称取嘧霉胺样品 0.04g 加入 100mL 容量瓶中，加入分析纯甲醇至刻度，摇匀。

测定　在上述操作条件下，待仪器基线稳定后，连续进数针样品，待两针的相对响应值小于 1.5％ 时，再进样品，用数据处理机，给出嘧霉胺和所含杂质的含量。本实验约需 2h。

六、有机波谱学分析技术简介

近年来，国内外有机化学实验中已广泛应用紫外光谱（UV）、红外光谱（infrared spectroscopy，IR）、核磁共振（nuclear magnetic resonance，NMR）和质谱（MS）等现代波谱技术来测定有机化合物的结构。一个纯化合物的波谱数据就像其熔点、沸点一样，也成为该物质的一项物理指标。其中最常用的是红外光谱和核磁共振谱。

（一）红外光谱（IR）
Infrared spectroscopy

几乎所有具有共价键的化合物，都会在波谱的红外区吸收电磁辐射。电磁波的红外区位于可见光（400～800nm）和无线电波（1cm）之间。在化学中感兴趣的是红外区的振动部分，因为有机分子振动的基频在此区域。该区域的波长被确定为在 2.5～25μm 之间。红外区域如图 2-34 所示。

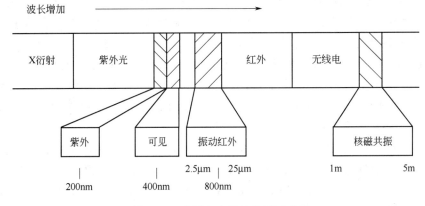

图 2-34　各谱与电磁波的相互关系

虽然以 μm 表示波长 λ 曾一度用于表达红外吸收特征，但目前多数仪器均采用波数 $\bar{\nu}$（wave number），其单位为厘米的倒数 cm^{-1}。波长与波数之间的转换可利用下式进行：

$$\bar{\nu}(\mathrm{cm}^{-1})=10000/[\lambda(\mu m)] \tag{2-20}$$

通常红外吸收的波长范围 2.5～25μm，即频率在 4000～400cm^{-1}。

【基本原理】

当红外光通过有机分子试样时，某些频率的光被吸收，而另一些频率的光则通过。吸收红外光所产生的跃迁与分子内部的振动能级变化有关。有机分子中不同的键（C—C，C＝C，C—O，C≡C，C—H，O—H 和 N—H 等）具有不同的振动频率，因此可以通过红外光谱的特征吸收频率来鉴定这些键是否存在。

分子振动主要有伸缩振动（stretching）和弯曲振动（bending）两种形式。以亚甲基为例，分子振动的部分形式如图 2-35 所示。

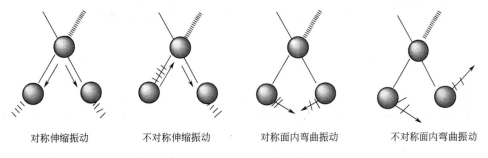

对称伸缩振动　　不对称伸缩振动　　对称面内弯曲振动　　不对称面内弯曲振动

图 2-35　分子振动形式

双原子分子的振动方式是两个原子在键轴方向上作间谐振动。根据胡克（Hooke）定律，其振动频率与组成化学键的原子的折合质量和化学键的力常数关系可由式（2-21）表示。

$$\bar{\nu} = \frac{1}{2\pi c}\sqrt{\frac{k}{m^*}} \tag{2-21}$$

式中　$\bar{\nu}$——以波数表示的吸收频率；

c——光速；

k——键的力常数；

m^*——相连原子的折合质量。

由式（2-21）可见，振动频率（波数）与原子的折合质量成反比，而与键的力常数 k 成正比。例如按以上公式计算得到的 C—H 键伸缩振动频率为 $3040cm^{-1}$，实验值为 $2960\sim2850cm^{-1}$。如果用重氢取代氢，其吸收频率变为 $2150cm^{-1}$。一般来讲，力常数基本反映了A—B原子相连键的强度，如 C—C 单键，k 值约为 $4.5N/cm$（相当于吸收频率 $990cm^{-1}$），C＝C 双键约增加 1 倍，为 $9.7N/cm$（吸收频率 $1600cm^{-1}$）。C—O 单键 k 值约为 $5.75N/cm$（相当于吸收频率 $1200\sim1000cm^{-1}$），C＝O 双键也基本上增加 1 倍，为 $12.06N/cm$（吸收频率 $1900\sim1600cm^{-1}$）。

由于引起不同类型键的振动需要不同的能量，因而每一种官能团都会有一个特征的吸收频率。同一类型化学键的振动频率是非常接近的，总是出现在某一范围内。例如，R—NH₂ 当 R 从甲基变为丁基时，N—H 键的振动频率都在 $3372\sim3371cm^{-1}$ 之间，没有很大的变化。所以可以用红外光谱来鉴定有机分子中存在的官能团。

【红外光谱与分子结构的关系】

利用红外光谱鉴定有机化合物实际上就是确定基团和频率的相互关系。一般把红外光谱图分为两个区，即官能团区和指纹区。$4000\sim1400cm^{-1}$ 的官能团区称为红外光谱的特征区，分子中的官能团在这个区域中都有特定的吸收峰，该区域在分析中有很大的价值。在低于 $1330cm^{-1}$ 的区域（$1330\sim400cm^{-1}$），吸收谱带较多，相互重叠，不易归属于某一基团，吸收带的位置可随分子结构的微小变化产生很大的差异。因而该区域的光谱图形千变万化，但对每种分子都是特征的，故将该区域称为指纹区。在指纹区内，每种化合物都有自己的特征图形，这对于结构相似的化合物，如同系物的鉴定是极为有用的，一些最简单的有机分子官能团的红外吸收列于表 2-7。

在同一类基团中影响谱带位置的因素主要有如下 4 个方面。

1. 诱导效应

由于取代基具有不同的电负性，通过静电诱导作用，引起分子中电子云密度的改变，从而导致分子中化学键的力常数 k 的变化，改变了基团的特征频率，例如：

$\overset{\text{O}}{\overset{\|}{\text{R—C—R}'}}$	$\overset{\text{O}}{\overset{\|}{\text{R—C—Cl}}}$	$\overset{\text{O}}{\overset{\|}{\text{Cl—C—Cl}}}$	$\overset{\text{O}}{\overset{\|}{\text{F—C—F}}}$
$\nu_{C=O}/cm^{-1}$　1725	1800	1818	1928

2. 共轭效应

由于共轭效应引起电子离域，结果使原来的双键伸长，力常数 k 减小，使振动频率降低，例如：

$\overset{\text{O}}{\overset{\|}{\text{R—C—R}'}}$	$\overset{\text{O}}{\overset{\|}{\text{R—C—}}}\bigcirc$	$\overset{\text{O}}{\overset{\|}{\text{R—C—NH}_2}}$
$\nu_{C=O}/cm^{-1}$　$1710\sim1725$	$1695\sim1680$	约 1630

表 2-7 一些简单有机分子官能团的红外吸收

键的振动类型	频率/cm^{-1}	波长/μm	强 度
C—H 烷基(伸缩)	3000～2850	3.33～3.51	强
—CH$_3$ (弯曲)	1450,1375	6.90,7.27	中
—CH$_2$— (弯曲)	1465	6.83	中
烯烃(伸缩)	3100～3300	3.23～3.33	中
(弯曲)	1700～1100	5.88～10.1	强
芳烃(伸缩)	3150～3050	3.17～3.28	强
(面外弯曲)	1000～700	10.0～14.3	强
炔烃(伸缩)	3300	3.03	强
醛基	2900～2800	3.45～3.57	弱
	2800～2700	3.57～3.70	弱
C＝C 烯烃	1680～1600	5.95～6.25	中～弱
芳烃	1600～1400	6.25～7.14	中～弱
C≡C 炔烃	2250～2100	4.44～4.76	中～弱
C＝O 醛基	1740～1720	3.75～5.81	强
酮	1725～1705	5.80～5.87	强
羧酸	1725～1700	5.80～5.88	强
酯	1750～1730	5.71～5.78	强
酰胺	1700～1640	5.88～6.10	强
酸酐	1810,1760	552,568	强
C—O 醇、醚、酯、羧酸	1300～1000	7.69～10.0	强
O—H 醇、酚(游离)	3650～3600	2.74～2.78	中
氢键	3400～3200	2.94～3.12	中
羧酸	3300～2500	3.03～4.00	中
N—H 伯胺和仲胺	3500	2.86	中
C≡N 氰基	2260～2240	4.42～4.46	强
N＝O 硝基	1600～1500	6.25～6.67	强
	1400～1300	7.14～7.69	
C—X 氟	1400～1000	7.14～10.0	强
氯	800～600	12.5～16.7	强
溴、碘	<600	>16.7	强

3. 空间效应

分子中立体的空间位阻会使共轭效应受到限制，共轭效应受到破坏，使得吸收频率增大，例如：

$\nu_{C=O}/cm^{-1}$ 1663   1693

4. 氢键

醇、酚、羧酸和胺等化合物含 O—H、N—H 官能团，能够形成氢键，使 O—H 键长伸长，力常数 k 减小，频率降低。当醇和酚浓度小于 0.01mol/L 时，羟基处于游离态，在 3630～3600cm^{-1} 出现吸收峰。当浓度增加时，会产生二聚体，于 3515cm^{-1} 出现吸收。如果浓度再增加，还会形成多聚体，则于 $3500cm^{-1}$ 出现宽峰。

在羧酸溶液中也是一样，稀溶液中 C═O 吸收大约在 $1760cm^{-1}$。在浓溶液、纯液体和固体中，由于 C═O 和 O—H 通过氢键产生二聚体，结果使两个峰均向低波数位移，其吸收分别在 $1730\sim1710cm^{-1}$ 和 $3200\sim2500cm^{-1}$ 范围内。后者为一个宽而强的谱带。分子内形成的氢键可使谱带大幅度向低频方向移动。

另外，根据苯环上 C—H 键的面外弯曲振动的吸收频率常常能确定环上取代基的位置。例如，苯环上 C—H 键的面外弯曲振动在 $900\sim650cm^{-1}$。单取代苯环上有两个强的吸收峰 $760\sim720cm^{-1}$ 和 $700\sim670cm^{-1}$。邻位二取代可以出现三个吸收谱带 $890\sim860cm^{-1}$、$815\sim770cm^{-1}$ 和 $690\sim650cm^{-1}$。对位二取代由于分子的对称性，只有 $850\sim780cm^{-1}$ 一个吸收峰。1,2,4 三取代苯环的特征吸收在 $900\sim870cm^{-1}$ 和 $840\sim710cm^{-1}$ 有两条谱带。1,2,3 三取代苯环同样有两条吸收谱带 $780\sim740cm^{-1}$ 和 $710\sim670cm^{-1}$。对于 1,3,5 三取代苯环，在 $910\sim840cm^{-1}$ 和 $690\sim650cm^{-1}$ 有两个特征吸收峰。红外光谱的这些特征吸收谱带对于苯环上取代基位置的确定是十分有用的信息。

【红外光谱仪与测定方法】

红外光谱仪分为色散型和干涉型两种。目前较普遍使用的多为色散型红外光谱仪，主要由三个基本部分组成，即红外光源、单色器和检测器。另外还有样品仓或特殊的样品分析装置、滤光器和放大记录系统。随着计算机技术的迅速发展，人工智能已经植入红外光谱的操作和分析系统。实现了计算机控制的软件操作、采样操作、系统诊断、谱图解析及帮助提示功能的同步一体化和高度自动化，使得测试工作快速、方便、准确。

红外光谱测定的一大优点就是对气态、液态和固态样品都能够进行分析。气体样品进行测定可用气体槽（先将槽内气体抽净，然后通入气体样品）。对于较高沸点的液体样品，可取 $1\sim10mg$ 滴在两块卤化物盐片之间进行测定。对于低熔点的固体，可将其熔化后在卤化物盐片上进行测定，称为液膜法。对于固体样品，一般有三种方法：一是石蜡油法，用石蜡油作为分散剂，将固体样品磨成糊状后夹在两卤盐片之间进行测定，用该法应注意石蜡油本身在 $3030\sim2830cm^{-1}$ 和 $1357cm^{-1}$ 附近有吸收；二是溶液法，采用厚度为 $0.1\sim0.2mm$ 的固定槽，选择合适的溶剂溶解样品，然后进行测定；三是最常用的溴化钾压片法，$0.5\sim2mg$ 固体样品与 $100\sim300mg$ KBr 研磨压成透明薄片进行测定，但须注意，样品纯度要高，而且溴化钾易吸水，使薄片不透明，影响透光率。

近年来，一次性的红外样品测试卡已经应用于红外光谱的样品分析。这种方便的红外样品测试卡的载样区为直径 19mm 含聚乙烯（PE）或聚四氟乙烯（PTFE）的微孔膜圆片。PE 和 PTFE 膜都是化学稳定性的，可用于 $4000\sim400cm^{-1}$ 的红外分析，但对样品 $3200\sim2800cm^{-1}$ 之间的脂肪族 C—H 伸缩振动有影响。所用的样品一般为含有 0.5mg 固体样品或 $5\mu L$ 液体样本的有机溶液。用滴管将溶解的样品滴在薄膜上，几分钟后待溶剂在室温下挥发后即可测定。非挥发性的液体也可用该方法进行测定。采用溶液法、溴化钾压片法和聚乙烯膜测试卡测定的乙酰苯胺样品的红外谱图分别列于图 2-36。

目前比较先进的 Nicolet-Avator 360 全新智能型 FT-IR 仪配有标准取样附件和样品池。针对不同的类型的样品，插入相应的智能软件即可测定。

实验测试完毕后，应将玛瑙研钵、刮刀和模具接触样品部件用丙酮擦洗，红外灯烘干，冷却后放入干燥器中。红外光谱仪应在切断电源，光源冷却至室温后，关好光源窗。样品池或样品仓应卸除，以防样品污染或腐蚀仪器。最后将仪器盖上罩，登记和记录操作时间和仪器状况，经指导教师允许方可离去。

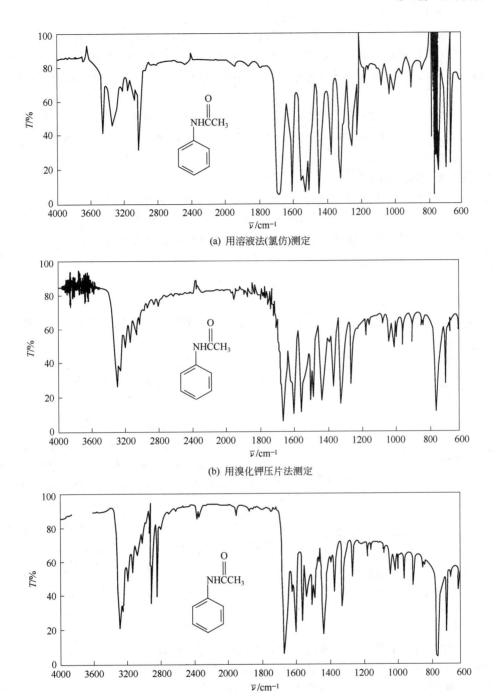

(a) 用溶液法(氯仿)测定

(b) 用溴化钾压片法测定

(c) 用聚乙烯膜测试卡测定

图 2-36 乙酰苯胺样品的红外谱图

（二）核磁共振（NMR）

Nuclear magnetic resonance

核磁共振（NMR）谱可能是现代化学家分析有机化合物最为有效的化学方法。该技术取决于当有机物被置于磁场中时所表现的特定核的核自旋性质。在有机化合物中所发现的这些核一般是^1H、^2H、^{13}C、^{19}F、^{15}N 和^{31}P，所有具有磁矩的原子核（即自旋量子数 $I > 0$）

都能产生核磁共振。而 ^{12}C、^{16}O 和 ^{32}S 没有核自旋，不能用 NMR 谱来研究。在有机化学中最有用的是氢核和碳核，氢同位素中，^{1}H 质子的天然丰度比较大，核磁共振也比较强，比较容易测定。组成有机化合物的元素中，氢是不可缺少的元素，本教材仅就 ^{1}H NMR 进行讨论。

最常用的频率为 200MHz 的 NMR 仪，H_0 为 4.70mT；频率为 500MHz 的超导 NMR 仪，H_0 为 11.75mT；目前 900MHz 的超导 NMR 仪已经问世，这必将对有机化学、生物化学和药物化学的发展起到重要的作用。

【核磁共振的基本原理】

原子是自旋的，由于质子带电，它的自旋产生一个小的磁矩。从另一方面来讲，自旋量子数为 +1/2 或 -1/2。有机化合物的质子在外加磁场中，其磁矩与外加磁场方向相同或相反。这两种取向相当于两个能级，其能量差 ΔE 与外加磁场的强度成正比：

$$\Delta E = h\gamma H_0/2\pi \tag{2-22}$$

式中　γ——磁旋率（质子的特征常数）；

　　　h——普朗克常数。

如果用能量为 $h\nu = \Delta E$ 的电磁波照射，可使质子吸收能量，从低能级跃迁到高能级，即发生共振。

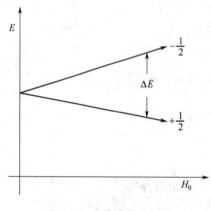

图 2-37 自旋态能量差与
磁场强度的相互关系

图 2-37 表明了磁场强度 H_0 和自旋态能量差之间的相互关系，可以看出自旋态能量差与 H_0 成正比。

在核磁共振的测试中，样品管置于磁场强度很大（200MHz 的仪器 4.70mT）的电磁铁腔中，用固定频率（200MHz）的无线电磁波照射时，在扫描发生器的线圈中通直流电，产生一微小的磁场，使总磁场强度有所增加。当磁场强度达到一定的 H_0 值，使式(2-23)中的 ν 值恰好等于照射频率时，样品中的某一类质子发生能级跃迁，得到能量吸收曲线，接收器就会收到信号，记录仪就会产生 NMR 图谱。由 $h\nu = \Delta E = h\gamma H_0/2\pi$ 可得：

$$\nu = \gamma H_0/2\pi \tag{2-23}$$

1. 化学位移（chemical shift）

质子的共振频率不仅由外加磁场和核的磁旋率决定，而且还受到质子周围的分子环境的影响。某一个质子实际受到的磁场强度，不完全与外部磁场相同。质子由电子云包围，这些电子在外界磁场的作用下发生循环的流动，又产生一个感应磁场。假若它和外界磁场是以反平行方向排列的，这时质子所受到的磁场强度将减少一点，称为屏蔽效应。屏蔽得越多，对外界磁场的感受就越少，所以质子在较高的磁场强度下才发生共振吸收。相反，假若感应磁场是与外界磁场平行排列的，就等于在外加磁场下再增加了一个小磁场，即增加了外加磁场的强度。此时，质子受到的磁场强度增加了，这种情况称为去屏蔽效应。电子的屏蔽和屏蔽效应引起的核磁场共振吸收位置的移动称为化学位移。

化学位移用 δ 来表示，可以用总的外加磁场的百万分之几（10^{-6}）来计量。在确定化合物结构时，要准确的测出 10^{-6} 量级的变化是非常困难的，所以在实际操作中一般都选择适当的化合物作为参照标准。^{1}H NMR 测定中最常用的参照物是四甲基硅烷（tetramethylsilane，TMS)。将它的质子共振位置定位零。由于它的屏蔽比一般的有机分子大，故大多数有机化合物中质子的共振位置呈现在它的左侧。具体测定时一般把 TMS 溶入被测溶液中，称为内标法。TMS 不溶于重水，当用重水作溶剂时，将装有 TMS 的毛细管置于被测重水中测定，称为外标法。一些常见有机官能团质子的化学位移列于图 2-38 中。

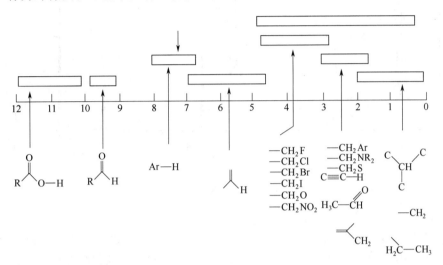

图 2-38　一些常见有机官能团质子的化学位移

由于化学位移和仪器产生的频率成正比，因此频率越高，化学位移也就分开得越大。例如当使用 100MHz 仪器时，观察到的质子共振频率是 100Hz，相对应的化学位移（以 TMS 为标准）为 1.0。如果用 500MHz 仪器测定时，质子共振出现在 500Hz，而不是 100Hz，化学位移仍然是 1.0。这样可分开原来不易分开的质子。

在同一分子中的氢核，由于化学环境不同，化学位移受到影响。影响化学位移的主要因素有相邻基团的电负性、各相异性效应、范德华效应、溶剂效应及氢键作用。连在不同功能基上氢原子的化学位移值请参阅附录三。

1-硝基丙烷的 ^1H NMR 谱给出了三组峰（图 2-39）。其中心峰的化学位移值分别为 1.0，2.0 和 4.4，表明该分子中存在三种不同化学类型的氢键。由于硝基表现出强的吸电子性，使邻近 H_a 的电子云密度降低，对该质子的屏蔽效应显著降低，称为去屏蔽效应，因而 H_a 的化学位移出现在低场。随着碳链的增加，这种去屏蔽效应逐渐降低，所以 1-硝基丙烷中氢质子的化学位移顺序为 $H_a > H_b > H_c$。

2. 自旋耦合

在有机化合物的 ^1H NMR 谱图中同一类质子吸收峰个数增多的现象叫做裂分。产生这种裂分现象的原因是由于质子本身就是一个小磁体，每个原子不仅受外磁场的作用，也受邻近的质子产生的小磁场的影响。在一般情况下，具有核自旋量子数 I 的 A 原子与另一个 B 原子耦合裂分形成 B 峰的数目可由下式得到：

$$N = 2nI + 1 \tag{2-24}$$

式中　N——观察到的 B 原子的数目；

　　　n——相邻磁等性 A 原子的数目；

　　　I——A 原子的核自旋量子数。

当 A 原子为 ^1H、^{13}C、^{19}F 和 ^{31}P 时，由于 $I = 1/2$，这种表达可简化为 $n+1$ 规律。根据这一规则，1-硝基丙烷的 ^1H NMR 谱裂分方式应该是 H_c 和 H_a 均受邻近 H_b 上两个氢质子的耦合，裂分形成三重峰。而 H_b 则为六重峰（图 2-39）。

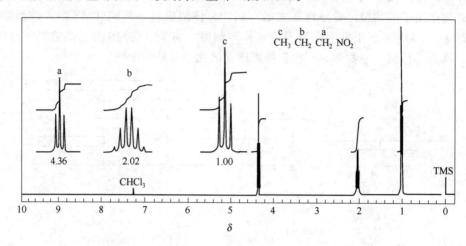

图 2-39　1-硝基丙烷的 ^1H NMR 谱图 （300MHz，CDCl$_3$）

3. 峰面积

在 ^1H NMR 谱图中，每组峰的面积与产生这组信号的质子数成正比。比较各组信号的峰面积，可以确定各种不同类型质子的相对数目。近代核磁共振仪都具有自动积分功能，可以在谱图上记录下积分曲线。峰面积一般用阶梯式积分曲线来表示，积分曲线由低场向高场扫描。在有机化合物的 ^1H NMR 谱图中，从积分曲线的起点到终点的高度变化与分子中质子的总数成正比，而每一阶梯的高度则与相应质子的数目成正比。现代核磁共振仪也可将分子中各种质子的比值数标于其相应的峰下。例如，图 2-39 中 1-硝基丙烷的 H_a、H_b、H_c 质子面积比值为 3：2：2。

【核磁共振样品的制备】

核磁共振测定一般使用配有塑料塞子的标准玻璃样品管。样品量一般为 5～10mg，溶质溶于 0.5～1.0mL 溶剂中。对于黏度不大的液体有机化合物，可以不用溶剂直接测定。对具有一定黏度的液体化合物样品，最好在溶剂条件下测定。一个非常简便的方法就是先加入 1/5 体积的被测物质，然后加入 4/5 的溶剂，加上塞子摇匀后进行测定。

对于固体有机化合物一定要选择合适的溶剂，溶剂不能含有氢质子，最常用的有机溶剂是 CCl$_4$。随着被测物质极性的增大，就要选择氘代的溶剂 CDCl$_3$ 或 D$_2$O。如果这些溶剂不适用时，一些特殊的氘代溶剂如 CD$_3$OD、CD$_3$COCD$_3$、C$_6$D$_6$、DMSO-d$_6$ 和 DMF-d$_7$ 等都可用来进行测定。如果有机样品对酸性不敏感，可用三氟乙酸作溶剂 （其 $\delta > 12$），不干扰其他质子的吸收。值得注意的是，这些溶剂常常导致化学位移与在 CCl$_4$ 和 CDCl$_3$ 测定条件下的偏差。但是这种偏差有时可能有利于分开由 CCl$_4$ 或 CDCl$_3$ 引起重叠形成的吸收峰。

第二部分 有机化合物性质实验

实验十八 烃及卤代烃的化学性质
Chemical properties of hydrocarbons and alkyl halides

【目的与要求】

1. 熟悉烃及卤代烃的化学性质。
2. 了解烃基结构及不同卤素原子对卤代烃反应活性的影响。

【基本原理】

　　烃可分为链烃和环烃。这两种烃都有饱和的与不饱和的，饱和的链烃叫烷烃，不饱和的链烃有烯烃和炔烃。烷烃在通常条件下很稳定，难于发生氧化、取代等反应，表现出化学的不活泼性；烯烃和炔烃分别具有双键和三键，能发生氧化及加成反应，故能使高锰酸钾溶液或溴水退色，因此这两种试剂可用于鉴别含有双键和三键的化合物。环烃又有脂环烃与芳烃之分。脂环烃的化学性质与烷烃相似。芳烃难于发生加成及氧化反应，但往往能发生各种取代反应，这种性质通常称为芳香性，以区别于脂肪烃。卤代烃的反应主要是碳-卤键断裂的反应，包括亲核取代、消去和格氏试剂的生成等。各种卤代烃，由于卤原子和所连接的烃基结构不同或同一烃基所连接的卤原子不同，化学活性也不相同。

【操作步骤】

1. 烃的化学性质

　　（1）与溴水的作用　取 3 支试管，分别加入 10 滴液体石蜡、松节油和苯，再各滴加 5 滴 1％溴水，振摇，观察其变化。

　　（2）与高锰酸钾溶液的作用　取 3 支试管，分别加入 10 滴液体石蜡、松节油和苯，再各滴加 3 滴 2％的高锰酸钾溶液，3 滴 10％硫酸溶液，振摇，观察其现象。

　　（3）芳烃氧化程度的比较　取 3 支试管，各加入 2 滴苯、甲苯和 0.1 g 萘，再各加入 1 滴 2％的高锰酸钾溶液，2 滴 10％硫酸溶液和 10 滴水，振摇，置试管于 60℃水浴中约数分钟，观察现象。

2. 卤代烃的性质

　　（1）与硝酸银乙醇溶液的反应[注1]

　　① 不同烃基结构的反应　取 3 支干燥试管，各加 1％硝酸银乙醇溶液 1mL。再分别加入 2～3 滴 1-溴丁烷、2-溴丁烷、2-溴-2-甲基丁烷，振荡试管，观察有无沉淀析出？若 5min 仍无沉淀析出，可在 75℃水浴中加热 3min，再观察现象。根据实验结果，写出这些卤代烃的活泼顺序和反应方程式。

　　以 1-氯丁烷、2-氯丁烷、氯苯和氯化苄为样品，如前操作方法，观察沉淀生成的速度，写出其反应方程式。

　　② 不同卤原子的反应　取 3 支干燥试管，各加入 1％硝酸银乙醇溶液 1mL，再分别加入 2～3 滴 1-氯丁烷、1-溴丁烷、1-碘丁烷。如前操作方法，观察沉淀生成速度。根据实验结果，写出其活泼性顺序。

（2）卤代烃的水解

① 不同烃基的反应[注2]　取 4 支试管，分别加入 10～15 滴 1-溴丁烷、2-溴丁烷、2-溴-2-甲基丁烷、溴苯，再各加入 1～2mL 5％氢氧化钠溶液，振摇，静置后小心取水层数滴，加入 5％硝酸酸化，然后加入 1～2 滴 2％硝酸银溶液，观察现象。如无沉淀生成，将试管放在水浴中小心加热后，再观察现象，写出其活泼顺序及反应方程式。

② 不同卤原子的反应　取 3 支试管，各加入 10～15 滴 1-氯丁烷、1-溴丁烷、1-碘丁烷，然后分别加入 1～2mL 5％氢氧化钠溶液，振摇，静置，小心取水层数滴，如上法加入 5％硝酸酸化，用 2％硝酸银溶液检验之，写出其活性顺序。

本实验约需 3～4h。

【附注】

[1] 活泼的卤代烃与硝酸银乙醇溶液反应，生成硝酸酯及卤化银沉淀。用乙醇溶液的目的是使反应在均相中进行，加快反应速度。

[2] 卤代烃性质实验最后常要通过检验卤离子的存在来判断是否水解，因此实验的全过程都不要用含有氯离子的自来水。

思　考　题

1. 根据实验结果解释，卤代烃与硝酸银乙醇溶液作用时，为什么不同烃基的活泼性是 3°＞2°＞1°？

2. 烃基结构相同，而卤原子不同时，其反应的活泼性为什么总是—I＞—Br＞—Cl？

实验十九　醇、酚、醚的化学性质
Chemical properties of alcohols，phenols and ethers

【目的与要求】

1. 熟悉醇、酚的主要化学性质及其鉴别反应，比较醇和酚的异同。

2. 掌握醚中过氧化物的检验方法。

【基本原理】

醇和酚都具有羟基官能团，但由于其相连的烃基的不同，性质上有很大的差异。醇羟基结构与水相似，可发生取代反应，失水反应和氧化反应等。多元醇还有其特殊反应。酚羟基呈弱酸性，极易被氧化，芳环上容易发生亲电取代反应。醚是醇或酚与另一分子的醇或酚脱水缩合而成的，在通常条件下表现化学性质的不活泼性。

【操作步骤】

1. 醇的性质

（1）醇钠的生成　取 2 支干燥的试管，各加入 1mL 无水乙醇和正丁醇，然后将表面新鲜的一小粒金属钠投入试管中，观察现象，有什么气体放出？如何检验？待钠完全消失后[注1]，向试管中加入 2mL 水，滴入酚酞指示剂，有何现象？

（2）与 Lucas 试剂的反应　在 3 支干燥的试管中分别加入 0.5mL 正丁醇、仲丁醇、叔丁醇，再立即加入 1mL Lucas 试剂[注2]，用软木塞塞住管口，振荡后静置，温度最好保持在 26～27℃，观察其变化，注意 5min 及 1h 后混合物有何变化？记下混合物出现混浊和出现分层的时间。

（3）醇的氧化[注3]　在 3 支试管中各加入 1mL 5％重铬酸钾溶液和 1 滴浓硫酸溶液，摇匀,再分别加入 3～4 滴正丁醇、仲丁醇、叔丁醇。振荡后在水浴中微热,观察试管中颜色的变化,写出化学反应方程式。

(4) 多元醇的反应

① 和氢氧化铜的反应 在 4 支试管中各加入 3 滴 5％的硫酸铜溶液和 6 滴 5％的氢氧化钠溶液,有何现象发生?然后分别加入 5 滴 10％乙二醇、1,3-丙二醇、甘油和甘露醇水溶液。摇动试管,有何现象发生?最后在每支试管中各加入 1 滴浓盐酸,混合液的颜色又有何变化?为什么?

② 和高碘酸-硝酸银试剂[注4]的反应 在 4 支小试管中(也可以在黑色点滴板上做此试验)分别加入 1 滴 10％乙二醇、1,3-丙二醇、甘油和甘露醇水溶液。然后在每支试管中加 1 滴高碘酸-硝酸银试剂,注意观察每支试管中的变化。

2. 酚的性质

(1) 苯酚的酸性 取 0.5g 苯酚放入试管中,加水 5mL,振荡后用玻棒蘸取 1 滴试液,用广泛 pH 试纸检验其酸性。

将上述苯酚水溶液一分为二,一份作空白对照,于另一份中逐滴加入 10％氢氧化钠溶液,并随之振荡至溶液呈清亮为止。在此清亮溶液内,通入二氧化碳至呈酸性,又有何现象发生,写出化学反应方程式。

(2) 与溴水的反应 在试管中加入 2 滴饱和的苯酚水溶液,用水稀释至 2mL,逐滴加入饱和的溴水,当溶液中开始出现淡黄色时,停止滴加,然后将混合物煮沸 1～2min,以除去过量的溴,冷却后即有沉淀析出。在此混合物中加入 1％碘化钾溶液数滴及 1mL 苯,用力振荡,沉淀溶于苯,析出的碘使苯层呈紫色[注5]。

(3) 苯酚的硝化 在试管中加入 0.5g 苯酚,滴加 1mL 浓硫酸,摇匀,在沸水中加热5min,并不断振荡使磺化完全[注6]。冷却后加水 3mL,小心地逐滴加入 2mL 浓硝酸,不断振荡,然后,再在沸水浴中加热至溶液呈黄色为止,取出试管,冷却,观察有无沉淀析出?

(4) 苯酚的氧化 取饱和的苯酚水溶液 1mL 置于试管中,加入 1 滴浓硫酸,摇匀后再加入 0.1％高锰酸钾溶液 0.5mL,振荡,观察现象。

(5) 酚与三氯化铁的颜色反应 在 3 支试管中分别加入 0.1g 苯酚、对甲苯酚、α-萘酚,然后加水 1mL,用力振荡,再加入 1 滴新配制的 1％三氯化铁溶液,观察现象。

3. 醚的性质

(1) 锌盐的生成 在试管中加入 1mL 浓硫酸,浸在冰中冷至 0℃,再慢慢地分次滴加乙醚约 0.5mL,边加边振荡,观察现象。把试管内的液体小心地倒入 2mL 冰水中,振摇,冷却,观察现象。

(2) 过氧化物的检验 在试管中加入 1mL 新配制的 2％硫酸亚铁铵,加入几滴 1％硫氰化钾溶液,然后加入 1mL 工业用乙醚,用力振摇。若有过氧化物存在时,溶液呈血红色。

本实验约需 4h。

【附注】

[1] 如有残钠应取出处理,否则影响实验,而且不安全。

[2] Lucas 试剂的配制:将 34g 熔化过的无水氯化锌溶于 23mL 浓盐酸中,同时冷却,以防氯化氢逸出,约得 35mL 溶液。放冷后,存于玻璃瓶中,塞好塞子备用。

[3] 伯醇首先被氧化成醛,然后被氧化成酸。仲醇被氧化成酮,叔醇不易被氧化,但在强烈氧化条件下,则发生碳链断裂,生成小分子化合物。

[4] 高碘酸-硝酸银试剂的配制:将 25mL 12％的高碘酸钾与 2mL 浓硝酸和 2mL 10％的硝酸银溶液混

合，摇匀。如有沉淀，过滤取透明液备用。

[5] 苯酚与溴水作用，生成微溶性的 2,4,6-三溴苯酚白色沉淀：

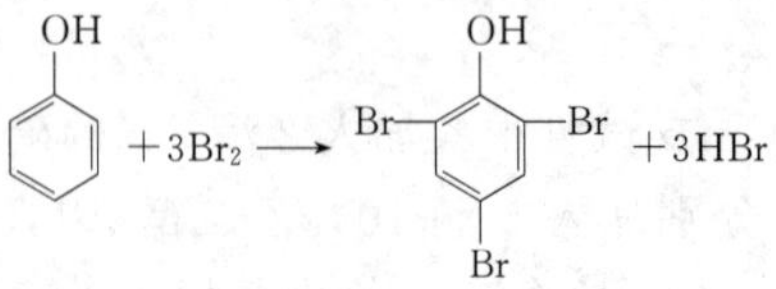

滴加过量的溴水，则白色沉淀转化为淡黄色的难溶于水的四溴化物：

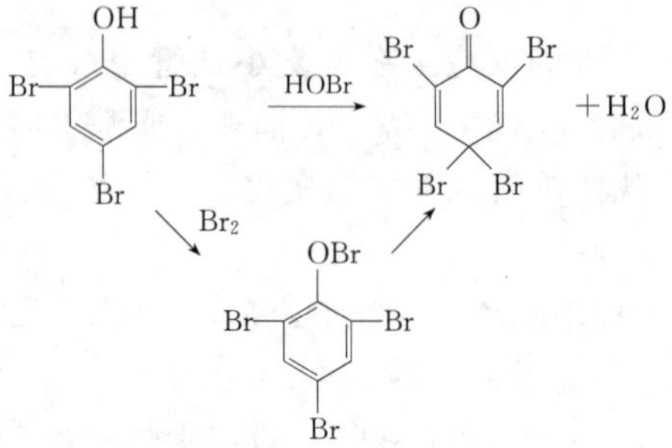

四溴化物易溶于苯，它能氧化氢碘酸，本身则又被还原成三溴苯酚：

$$KI + HBr \longrightarrow HI + KBr$$

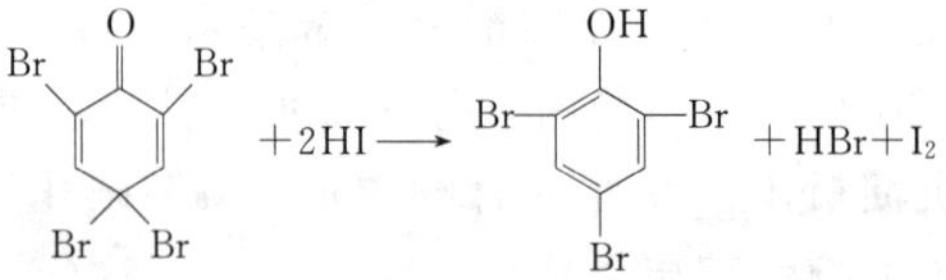

[6] 由于苯酚羟基的邻对位氢易被硝酸氧化，故在硝化前先进行磺化，利用磺酸基把邻对位保护起来，然后用硝基取代磺酸基。所以本实验关键在于磺化这一步要完全。

思　考　题

1. 正丁醇、仲丁醇、叔丁醇和金属钠反应的难易程度如何？为什么？
2. 伯、仲、叔醇被氧化的难易程度如何？为什么？
3. 通过实验，你认为使 Lucas 试验现象明显的关键在哪里？

实验二十　醛和酮的化学性质
Chemical properties of aldehydes and ketones

【目的与要求】
1. 了解醛和酮的化学性质。
2. 掌握鉴别醛和酮的化学方法。

【基本原理】
醛类和酮类化合物都具有羰基官能团，因而它们有相似的化学性质。它们能与 2,4-二硝基苯肼、羟胺、氨基脲、亚硫酸氢钠等许多试剂发生作用。结构不同的醛或酮与 2,4-二硝基苯肼反应可生成黄色、橙色或橙红色的 2,4-二硝基苯腙沉淀。因为该沉淀是具有一定熔点，不同颜色的晶体，所以该反应可以用于区别醛、酮。醛、脂肪族甲基酮和低级环酮（环内碳原子在 8 个以下）能与饱和亚硫酸氢钠溶液作用，生成不溶于饱和亚硫酸氢钠溶液的加成物，加成物能溶于水，当与稀酸或稀碱共热时又得到原来的醛、酮，因此可用以区别和提纯醛、酮。

酮的羰基碳与两个烃基相连，而醛的羰基碳至少连有一个氢原子，结构上的差异使得醛和酮的化学性质有所不同。酮一般不易被氧化，只有在强氧化剂的作用下才被分解。而醛却比较容易被氧化，甚至可以被弱氧化剂氧化为酸。如醛可以还原 Tollen's 试剂，发生银镜反应，而酮无此反应。脂肪族醛可与 Fehling 试剂反应，析出红色氧化亚铜沉淀，而酮却不能进行此反应。另外，醛还能使无色的 Schiff's 试剂显紫红色，除甲醛外，所有的醛与 Schiff's 试剂的加成产物所显示的颜色在加硫酸后都消失。Tollen's 试剂、Fehling 试剂和 Schiff's 试剂常用于区别醛、酮。

碘仿反应是区别甲基酮等的简单易行的方法。乙醛和甲基酮及某些（具有 $CH_3-\overset{\overset{\displaystyle |}{\displaystyle }}{CH}-$ 结

构的）醇都能与次碘酸钠反应，生成亮黄色有特殊气味的碘仿沉淀。

本实验侧重于介绍醛和酮的亲核加成反应、定性区别醛和酮的反应以及 α-H 活泼性反应。

【操作步骤】

1. 亲核加成反应

（1）与亚硫酸氢钠的加成　取 4 支小试管，各加入 1mL 饱和亚硫酸氢钠溶液[注1]，再分别加入 3～4 滴乙醛、丙酮、苯甲醛、环己酮，用力摇匀，置冰水浴中冷却，观察有无沉淀析出，比较其析出的相对速度，并解释之。写出有关的化学反应方程式。

另取几支试管，分为两组。分别加少量上面反应后产生的晶体，写好相应的编号，再做下面实验：

① 在每支试管中各加 2mL 10%碳酸钠溶液，用力振荡试管，放在不超过 50℃ 的水浴中加热，继续不断摇动试管，注意观察有什么现象；

② 在每支试管中各加 2mL 5%稀盐酸，如上操作，观察又有何现象。

（2）与 2,4-二硝基苯肼的加成　取 4 支小试管，各加入 1mL 2,4-二硝基苯肼试剂[注2]，再分别加入 2～3 滴乙醛、丙酮、苯甲醛、环己酮（可加入 2 滴酒精以促溶解），振荡后静置片刻。若无沉淀析出可微热 0.5min，再振荡，冷却后有橘黄色或橘红色沉淀[注3]生成。写出有关的反应方程式。

（3）乌洛托品（Urotropine）的生成及分解[注4]　取一洁净的蒸发皿，加入 2mL 37%甲醛水溶液与等量的浓氨水，混合均匀。在通风橱内将混合液置沸水浴中加热蒸干，即得白色晶体状的乌洛托品粗制品。

取粗品少许，加到试管中，滴入 1mL 5%稀硫酸，振荡试管并加热煮沸，闻一闻是何气味？待溶液冷却后，滴入 20%氢氧化钠溶液，直至溶液呈碱性。煮沸，检验有无氨气放出，说明原因。

2. 区别醛和酮的化学性质

（1）Tollen's 试验[注5]　取 3 支洁净的试管，各加入 2mL 自配的 Tollen's 试剂，然后分别加入 3～4 滴 37%的甲醛水溶液、乙醛、丙酮。将试管放在 50℃ 左右的水浴中加热数分钟[注6]，观察现象，写出有关的化学方程式。

（2）Fehling 试验　取 3 支试管，分别加入 Fehling 试剂（A）和 Fehling 试剂（B）[注7]各 0.5mL，混合均匀。然后分别加入 2～4 滴 37%甲醛水溶液、乙醛、苯甲醛、丙酮，在沸水浴中加热 3～5min，观察现象并说明原因。

（3）Schiff's 试验[注8]　取 3 支试管，分别加入 1mL Schiff's 试剂，然后各加入 2 滴

37％甲醛水溶液、乙醛、丙酮，放置数分钟，观察颜色变化。滴加 5％硫酸溶液，颜色又有何变化？

(4) 铬酸试验[注9]　取 3 支试管，分别加入 1mL 经过纯化的丙酮[注10]，滴入 1～2 滴乙醛、苯甲醛、环己酮。振荡试管，然后滴入数滴铬酸试剂，边滴边振荡，注意试管里橘红色的变化情况。

3. 碘仿试验

取三支试管，各加入 2～3 滴碘溶液[注11]，然后分别加入 2～3 滴乙醛、丙酮、乙醇，再滴入 10％的氢氧化钠溶液、振荡试管，至碘的棕色近乎消失。若不出现沉淀，可在温水浴中加热 5min，冷却后观察现象，比较结果。

本实验约需 4h。

【附注】

[1] 饱和亚硫酸氢钠溶液的配制：首先配制 40％亚硫酸氢钠水溶液。取 100mL 40％亚硫酸氢钠溶液，加 25mL 不含醛的无水乙醇，将少量结晶过滤，得澄清溶液。此溶液易被氧化或分解，配制好后密封放置，但不宜太久，最好是用时新配。

[2] 2,4-二硝基苯肼试剂的配制：在 15mL 浓硫酸中，溶解 3g 2,4-二硝基苯肼，另在 70mL 95％的乙醇中加入 20mL 水。然后把硫酸苯肼倒入稀乙醇溶液中，混合均匀，必要时过滤备用。

[3] 沉淀的颜色与醛、酮分子的共轭键有关。醛、酮的分子中如果羰基不与其他结构或官能团形成共轭链时，将产生黄色的 2,4-二硝基苯腙；当羰基与双键或苯环形成共轭链时，生成橙红色沉淀。然而，试剂本身是橙红色的，因此，判断时要特别注意。

[4] 乌洛托品（六亚甲基四胺）由甲醛和氨缩合而成：

反应是可逆的，在蒸除水的条件下，反应趋于完成。当其与稀酸共热时即被分解：

$$(CH_2)_6N_4 + 2H_2SO_4 + 6H_2O \longrightarrow 6H_2C=O\uparrow + 2(NH_4)_2SO_4$$

[5] Tollen's 试剂的配制：在洁净的试管中加入 4mL 5％硝酸银溶液、2 滴 5％氢氧化钠溶液，再慢慢滴加 2％的氨水，边加边振荡，直至生成的沉淀刚好溶解为止，即得 Tollen's 试剂。

[6] Tollen's 试验成败与试管是否洁净有关。若试管不洁净，易出现黑色絮状沉淀。解决的办法是实验前将试管依次用硝酸、水和 10％氢氧化钠溶液洗涤，再用大量水冲洗。试验过程中，加热不宜太久，更不能在火焰上直接加热，否则试剂会受热分解成易爆炸的物质。

[7] Fehling 试剂的配制。①Fehling 试剂（A）：溶解 34.6g 结晶硫酸铜（$CuSO_4 \cdot 5H_2O$）于 500mL 水中，必要时过滤；②Fehling 试剂（B）：将 173g 酒石酸钾钠、70g 氢氧化钠溶于 500mL 水中。两种试液要分别保存，使用时取等量混合。其中酒石酸钠钾的作用是与氢氧化铜形成配合物，避免析出氢氧化铜沉淀。另一方面也可使醛与铜离子平稳地进行反应。

[8] Schiff's 试剂的配制：将 0.2g 品红盐酸盐溶于 100mL 热的蒸馏水中，冷却后，加入 2g 亚硫酸氢钠和 2mL 浓盐酸，再用蒸馏水稀释至 200mL。Schiff's 试剂与醛作用后呈现紫红色。反应过程中不能加热，且必须在弱酸性溶液中进行，否则无色 Schiff's 试剂分解后呈现桃红色。

[9] 铬酸试剂的配制：将 20g 三氧化铬（CrO_3）加到 20mL 浓硫酸中，搅拌成均匀糊状。然后，将糊状物小心地倒入 60mL 蒸馏水中，搅拌成橘红色澄清溶液。

铬酸试验是区别醛、酮的较好方法（醇也呈阳性反应）。脂肪醛、伯醇、仲醇遇铬酸试剂 5s 内呈阳性反应，芳香醛需 30～90s，叔醇和酮数分钟内都无明显变化。

［10］市售丙酮常含有醛或醇，醛或醇的存在会影响铬酸试验。为此必须作如下处理：将 100mL 丙酮加到分液漏斗中，加入 10％硝酸银溶液 4mL 及 10％氢氧化钠溶液 3.6mL，振摇 10min。蒸馏收集 55～56.5℃馏分，即得纯化丙酮。

［11］碘溶液的配制：将 25g 碘化钾溶于 100mL 蒸馏水中，再加入 12.5g 碘，搅拌使碘溶解。

思　考　题

1. 在做亚硫酸氢钠试验时，为什么亚硫酸氢钠溶液要饱和的？又为什么要新配制？

2. 有一位同学做了两次 Tollen's 试验。实验时，既没有按操作进行，也没有做好记录。结果两次实验的现象是：

（1）所有试样的反应都很难有银镜生成；

（2）丙酮也出现了银镜。而丙酮是化学纯的。分析一下产生这些现象的原因。

3. 总结醛、酮的鉴别方法并加以比较。

实验二十一　羧酸及其衍生物的化学性质
Chemical properties of carboxyic acids and their derivatives

【目的与要求】
了解羧酸及其衍生物的化学性质及鉴别方法。

【基本原理】
羧酸是含有羧基的化合物。从结构上看，羧基中既有羰基，又有羟基，似乎应该表现出醛、酮和醇的性质。但是，羟基和羰基的相互影响，即 p-π 共轭效应的结果，使 $\rangle C=O$ 失去了典型的羰基特性（如羧酸与羰基试剂羟胺等不发生反应），使—OH 氧原子上的电子云向羰基转移，O—H 间的电子云更靠近氧原子，利于羟基中氢的离解，从而使羧酸的酸性比醇和碳酸强。

某些羧酸还有其特殊的化学性质，如甲酸能被高锰酸钾所氧化，草酸在加热条件下能发生脱羧反应。利用这些特殊的反应，可对个别羧酸进行鉴别。

羧酸衍生物一般指的是酯、酸酐、酰卤和酰胺类的化合物。它们都能发生水解、醇解和氨解反应，而生成酸、酯和酰胺，只是副产物不同。由于酰基上连接的基团不同，它们的反应活性也有差别。以水解为例，水解反应的难易次序为：酰卤＞酸酐＞酯＞酰胺。通过一定的反应，它们之间可以相互转化，而且都可以由相应的羧酸制备。

在羧酸的衍生物中，乙酰乙酸乙酯有极其重要的意义。它除了具有酯的一般化学性质外，由于乙酰基的引入，使乙酰乙酸乙酯不仅具有酮的一些性质（如可与饱和亚硫酸氢钠溶液作用），而且还与烯醇式存在着互变异构，从而又有烯醇的性质（如可与三氯化铁溶液显色）。

【操作步骤】
1. 羧酸的性质

（1）酸性[注1]

① 甲酸、乙酸各 10 滴及草酸 0.5g 分别溶于 2mL 水中。然后用洁净的玻璃棒分别蘸取相应的酸液，在同一条刚果红试纸上划线，比较线条颜色及深浅程度。说明原因。

取固体苯甲酸少许（绿豆粒大小）放于试管中，加入 5 滴水振摇，观察苯甲酸是否易溶于水，再加 5 滴 10％氢氧化钠溶液，振摇并观察苯甲酸是否溶解。接着再加 5 滴 10％盐酸，振荡，又有何现象，说明原因。

② 取固体苯甲酸少许放在试管中，加 10 滴 10％碳酸钠溶液，振摇，观察苯甲酸是否溶解。

（2）成酯反应　在 2 支干燥的试管中都加入 1mL 无水乙醇和 1mL 冰醋酸。混合均匀后，在其中一支试管中滴加 2 滴浓硫酸，振荡试管后同时将两支试管放入 60～70℃的水浴中加热 10min。取出试管，用冷水冷却，都加入 1mL 饱和碳酸钠溶液。观察溶液是否分层，酯的气味如何？比较两支试管中的实验结果。

（3）氧化反应　在 3 支小试管中分别加入 0.5mL 甲酸、乙酸以及由 0.2g 草酸和 1mL 水所配成的溶液，然后分别加入 1mL 稀硫酸（1∶5）及 2～3mL 0.5％高锰酸钾溶液，加热至沸。观察现象，说明原因。

（4）脱羧反应　在装有导气管的干燥硬质大试管中，加入固体草酸少许，将试管稍微倾斜，夹在铁架上，然后加热，导气管插入盛有石灰水的小试管中，观察石灰水的变化。

2. 羧酸衍生物的性质

（1）水解作用

① 酰氯的水解　取 1 支试管，加入 1mL 蒸馏水，滴入 2～3 滴乙酰氯，观察现象。反应是否放热？反应结束后，向试管中滴加 1 滴 5％硝酸银溶液。有何现象？说明原因。

② 酸酐的水解　取 1 支试管，加入 1mL 蒸馏水，滴入 2～3 滴乙酸酐，振荡，微热。观察现象。

③ 酯的水解　取 3 支试管，各加入 5 滴乙酸乙酯和 5mL 水。在第二支试管里再加入 2 滴浓硫酸，在第三支试管里加入 2 滴 30％氢氧化钠[注2]。振荡试管，同时放在 70℃左右的水浴中加热。数分钟后，注意观察三支试管里酯层及其气味消失的快慢程度如何？说明原因。

（2）醇解作用

① 酰氯的醇解　取 1 支干燥试管，加入 0.5mL 无水乙醇，振荡下加入 0.5mL 乙酰氯，置冷水浴中冷却，3min 后，加入 1mL 饱和氯化钠溶液，酯层即浮于液面以上。

② 酸酐的醇解　取 1 支干燥试管，加入无水乙醇和醋酸酐各 0.5mL，混合均匀。置水浴中加热 5min，然后加入 1mL 饱和氯化钠溶液，再滴加 1～2 滴 10％氢氧化钠溶液，观察溶液是否分层并闻其气味。

（3）氨（胺）解作用

① 酰氯的胺解　取 1 支干燥的试管，加入 0.5mL 新蒸馏的苯胺，然后滴加 0.5mL 乙酰氯，反应完后加 3mL 水，用玻璃棒搅拌，观察现象。

② 酸酐的胺解　取一支干燥的试管，加入 0.5mL 新蒸馏的苯胺，然后滴加 0.5mL 乙酸酐，置热水浴中加热数分钟。反应完后加 3mL 水，振摇，观察现象。

3. 乙酰乙酸乙酯的反应[注3]

（1）与 2,4-二硝基苯肼的作用　取一支试管，加入 0.5mL 2,4-二硝基苯肼试剂，加入 2～3 滴乙酰乙酸乙酯，振荡试管，观察现象。

（2）与三氯化铁溶液及饱和溴水的作用　取 1 支试管加入 1mL 水，另加 2～3 滴乙酰乙酸乙酯，振荡试管，加入 1～2 滴 1％三氯化铁溶液，溶液呈现何色？再滴入饱和溴水数滴，溶液又呈何色？放置数分钟后颜色变化如何？说明原因。

本实验约需 4h。

【附注】

[1] 酸性试验中所用的刚果红指示剂的变色范围为 pH5（红色）～ pH3（蓝色）。刚果红的结构式如下：

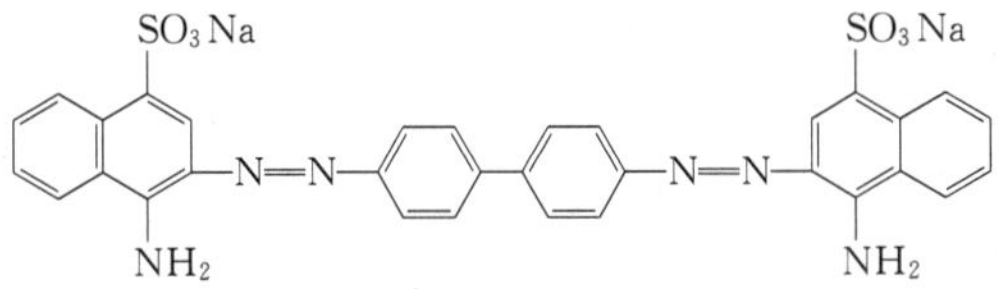

[2] 酯的水解产生酸和醇，碱的存在破坏了水解平衡，使水解反应向正方向移动。

$$CH_3COOC_2H_5 + H_2O \rightleftharpoons CH_3COOH + C_2H_5OH$$
$$CH_3COOH + NaOH \longrightarrow CH_3COONa + H_2O$$

[3] 乙酰乙酸乙酯有酮型和烯醇型两种异构体，它们可以互相转变达到动态平衡。

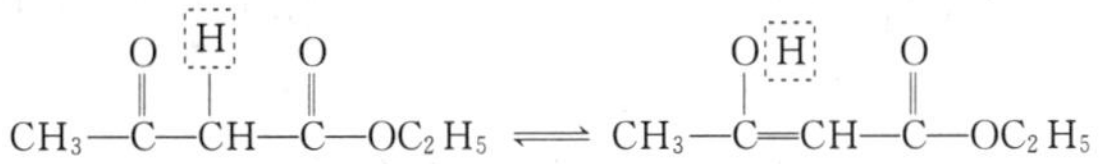

如果其中一个异构体因参加某项反应而减少时，则平衡向着生成此异构体方向移动。例如：乙酰乙酸乙酯溶液中滴加三氯化铁溶液则有紫红色出现。这说明分子中含有烯醇型结构。若在此溶液中加入溴水，则紫红色消失。这表明溴水在双键处起了加成作用，而使烯醇结构消失。但稍待片刻，紫红色又重复出现，这是因为酮型的乙酰乙酸乙酯又有一部分转变为烯醇型。酮型乙酰乙酸乙酯与2,4-二硝基苯肼能起加成反应，生成苯腙，这表明分子中有酮型的羰基存在。

思 考 题

1. 硫酸是酯化反应的催化剂，反应是在加热条件下进行的，试问浓硫酸过量对实验结果有何影响？
2. 写出羧酸衍生物的化学活性次序（由强到弱排列），并说明理由。
3. 在酯化反应结束时，为什么加入饱和碳酸钠溶液？

实验二十二　胺和酰胺的化学性质
Chemical properties of amines and amides

【目的与要求】
1. 了解胺类和酰胺类化合物的化学性质及其鉴别方法。
2. 掌握脂肪胺和芳香胺化学性质的共同点和相异性。

【基本原理】
胺可以看成是氨的衍生物，是具有碱性的有机化合物，碱性的强弱与和氮原子相连的基团的电子效应及空间位阻有关。它们可以与酸作用生成盐。胺分为伯、仲、叔三种。伯胺、仲胺能与酸酐、酰氯发生酰基化反应，而叔胺的氮原子上没有氢原子，不起酰基化反应。常常利用它们与苯磺酰氯在氢氧化钠溶液中的反应（Hinsberg反应）来区别和分离三种胺。

亚硝酸试验，脂肪族胺类与芳香族胺类有所不同。芳香伯胺生成的重氮化物能进一步发生偶合反应，脂肪族伯胺则否。伯、仲、叔三种胺类与亚硝酸作用，生成的产物不同，故可用于鉴别反应。

芳胺，特别是苯胺，具有一些特殊的化学性质，除苯环上可以发生取代反应及氧化反应外，其重氮化反应具有重要的意义。

酰胺既可以看成是羧酸的衍生物，又可以看成是氨的衍生物，羰基与氮原子间的相互影响使其碱性变得极弱，故酰胺一般呈中性。它和羧酸的其他衍生物一样，可以发生水解等反应。

尿素是碳酸的二酰胺，可发生水解反应，还可以与亚硝酸反应放出氮气。尿素在加热时可生成缩二脲，与硫酸铜等发生缩二脲反应。

【操作步骤】

1. 胺的性质实验

（1）碱性试验　取 1 支试管，加入 2~3 滴苯胺和 1mL 水，振荡，观察苯胺是否溶解。再加入 2~3 滴浓盐酸，试管内有何变化？最后逐滴加入 10% 氢氧化钠溶液，又有何现象发生[注1]？说明原因。

（2）与亚硝酸的反应

① 伯胺的反应　取 1 支试管，加入 0.5mL 苯胺、2mL 浓盐酸和 3mL 水，振荡试管并浸入冰水浴中冷至 0~5℃[注2]，然后逐滴加入 25% 亚硝酸溶液，并不时振荡，直至混合液遇淀粉-碘化钾试纸呈深蓝色为止。此溶液即为重氮盐溶液。

取此溶液 1mL，加热，观察有什么现象发生。注意是否有苯酚的气味。

另取溶液 0.5mL，滴入 2 滴 β-萘酚溶液[注3]，观察有无橙红色沉淀生成。

② 仲胺的反应　取 1 支试管，加入 5 滴 N-甲基苯胺、10 滴浓盐酸和 1mL 水，振荡试管，并浸入冰水浴中冷至 0~5℃，然后逐滴加入 25% 亚硝酸钠溶液，振荡，观察黄色油状物出现。

③ 叔胺的反应　取 1 支试管，加 5 滴 N,N-二甲基苯胺和 3 滴浓盐酸，混合后浸入冰水浴中冷至 0~5℃，然后逐滴加入 25% 亚硝酸钠溶液，振荡，观察现象。

（3）苯磺酰氯（Hinsberg）试验　取 3 支试管，分别加入 3 滴苯胺、N-甲基苯胺、N,N-二甲基苯胺。再向各试管中加入 3 滴苯磺酰氯[注4]，用力摇动试管，手触管底，哪支试管发热？然后加 5mL 5% 氢氧化钠溶液，塞住管口，并在水浴中温热至苯磺酰氯特殊气味消失为止[注5]。按下列现象区别伯、仲、叔胺：

① 溶液中无沉淀析出，或有少量，经过滤，滤液用盐酸酸化后有沉淀析出，则为伯胺；

② 溶液中析出油状物或沉淀，而此油状物或沉淀不溶于酸，则为仲胺；

③ 溶液中有油状物，加数滴浓盐酸酸化后即溶解，则为叔胺。

（4）苯胺与饱和溴水的反应　取 1 支试管，加 3mL 水和 1 滴苯胺，振荡。然后逐滴加入饱和溴水，边加边振荡，注意观察现象[注6]。

（5）苯胺的氧化[注7]　取 1 支试管，加 3mL 水和 1 滴苯胺，然后滴加 2 滴饱和重铬酸钾溶液和 0.5mL 15% 硫酸。振荡试管，静置 10min，观察现象。

2. 酰胺的性质

（1）碱性水解　取 1 支试管，加入 0.2g 乙酰胺，再加入 2mL 10% 氢氧化钠溶液，用湿的红色石蕊试纸检验放出的气体。

（2）酸性水解　取 1 支试管，加入 0.2g 乙酰胺，再加入 1mL 浓盐酸（在冷水冷却下加入）。注意此时试管里的变化。加沸石煮沸 1min 后冷至室温，溶液里有何变化？

3. 尿素（脲）的反应

（1）尿素的水解　取 1 支试管，加 1mL 20% 尿素水溶液和 2mL 饱和氢氧化钡溶液。加热，在试管口放一条湿的红色石蕊试纸。观察加热时溶液的变化和石蕊试纸颜色的变化。放出的气体有何气味？

（2）尿素与亚硝酸的反应　取 1 支试管，加 1mL 20% 尿素水溶液和 0.5mL 10% 亚硝酸钠水溶液，混合均匀，然后逐滴加入 10%硫酸。观察现象。

（3）缩二脲反应[注8]　在一干燥小试管中，加入 0.3g 尿素，将试管用小火加热，至尿素熔融，此时有氨的气味放出（嗅其气味或用湿润的红色石蕊试纸在管口试之），继续加热，试管内的物质逐渐凝固[注9]（此即缩二脲）。待试管放冷后，加热水 2mL，并用玻璃棒搅拌。取上层清液于另一支试管中，在此缩二脲溶液中加入 1 滴 10%氢氧化钠溶液和 1 滴 1%硫酸铜溶液，观察颜色的变化。

本实验约需 4～5h。

【附注】

[1] 苯胺难溶于水，但可与盐酸形成苯胺盐酸盐而溶解。加入氢氧化钠后，盐酸与之中和，破坏了苯胺盐酸盐，溶液又变混浊。

[2] 重氮化反应在低温条件下进行是为了减慢亚硝酸和重氮盐的分解速度，温度升高，分解速度加快。

$$\text{〈〉}-N_2^+Cl \xrightarrow[\triangle]{H_2O} \text{〈〉}-OH + N_2 + HCl$$

[3] β-萘酚溶液的配制：将 10 g β-萘酚溶于 100mL 5%的氢氧化钠溶液中。

[4] 苯磺酰氯可用 3 滴对甲基苯磺酰氯代替。Hinsberg 试验是鉴别伯、仲、叔胺的简单方法，有关反应式为：

$$\text{〈〉}-SO_2Cl + RNH_2 \longrightarrow \text{〈〉}-SO_2NHR + HCl$$

$$\text{〈〉}-SO_2NHR + NaOH \longrightarrow \left[\text{〈〉}-SO_2NR\right]^- Na^+ + H_2O$$

$$\text{〈〉}-SO_2Cl + R_2MH \longrightarrow \text{〈〉}-SO_2MR_2 + HCl$$

产物不溶于碱。

$$\text{〈〉}-SO_2Cl + R_3N \qquad 不反应$$

[5] 若苯磺酰氯水解不完全，它与 N,N-二甲基苯胺混溶在一起，这时若加盐酸酸化，则 N,N-二甲基苯胺虽溶解，但苯磺酰氯仍以油状物存在，往往得出错误结论。为此，酸化前必须使苯磺酰氯水解完全。

[6] 溴与过量苯胺反应形成 2,4,6-三溴苯胺的白色沉淀。若加入过量的溴，则溴将产物氧化为较复杂的有色物。

[7] 苯胺被重铬酸钾氧化的产物较为复杂，但最终被氧化为苯胺黑。

[8] 缩二脲反应为：

$$H_2N-\overset{O}{\overset{\|}{C}}-NH_2 + HNH-\overset{O}{\overset{\|}{C}}-NH_2 \xrightarrow{150～160℃} H_2N-\overset{O}{\overset{\|}{C}}-NH-\overset{O}{\overset{\|}{C}}-NH_2 + NH_3\uparrow$$

生成的缩二脲在碱溶液中，与稀硫酸铜溶液产生紫红色的颜色反应。此即缩二脲反应。

[9] 开始是脲熔化。再受热，脲缩合为熔点较高的缩二脲，故成固体。

思　考　题

1. 重氮化反应为何要在强酸性溶液中进行？
2. 淀粉-碘化钾试纸为什么可以指示重氮化反应的终点？

实验二十三　糖类化合物的化学性质
Chemical properties of carbohydrates

【目的与要求】

1. 验证和巩固糖类化合物的主要化学性质。

2. 熟悉糖类化合物的某些鉴定方法。

【基本原理】

糖类化合物是指多羟基醛和多羟基酮以及它们的缩合物，通常分为单糖（如葡萄糖、果糖）、双糖（如蔗糖、麦芽糖）和多糖（如淀粉、纤维素）。根据性质又分为还原性糖和非还原性糖。糖类化合物的鉴定反应是 Molish 反应。

单糖都具有还原性，能还原 Fehling 试剂和 Tollen's 试剂，并能与过量苯肼生成脎，糖脎有良好的晶形和一定的熔点，根据糖脎的晶形和不同的熔点可鉴别不同的糖。葡萄糖和果糖与过量的苯肼能生成相同的脎，但反应速度不同，利用成脎的时间不同可区别之。

双糖由于结构的不同，有的具有还原性（如麦芽糖、纤维二糖、乳糖等），分子中还有一个半缩醛羟基，能与 Fehling 试剂和 Tollen's 试剂等反应，并能成脎。非还原性糖（如蔗糖），分子中没有半缩醛羟基，所以没有还原性，也不能成脎。

淀粉和纤维素都是葡萄糖的高聚体。淀粉是 α-D-葡萄糖以 α-苷键连接而成，纤维素是由 β-D-葡萄糖以 β-苷键连接而成。它们没有还原性，但水解后的产物具有还原性。淀粉遇碘变蓝色，在酸作用下水解生成葡萄糖。

【操作步骤】

1. Molish 试验（与 α-萘酚的反应）[注1]

取五支试管，编号后，分别加入 1mL 2％的葡萄糖、果糖、麦芽糖、蔗糖和 1％淀粉溶液，再分别滴加 4 滴新配制的 α-萘酚试剂[注2]，混合均匀，将试管倾斜 45°，沿管壁慢慢加入 1mL 浓硫酸，切勿摇动，然后小心竖起试管，硫酸和糖液之间明显分为两层，静置 10～15min，观察两层之间有无紫色环出现！若无紫色环，可将试管在热水浴中温热 3～5min，再观察现象。

2. 氧化反应（糖的还原性试验）

（1）Fehling 试验　取 5 支试管，在每支试管中各加 0.5mL Fehling 试剂（A）和 Fehling 试剂（B）[注3]，混合均匀。在水浴中微热后，再分别加入 0.5mL 2％葡萄糖、果糖、麦芽糖、蔗糖和 1％淀粉溶液，振荡，再用水浴加热，观察颜色的变化及沉淀的生成。

（2）Tollen's 试验　取 4 支洁净试管，各加入 1mL Tollen's 试剂（取一支洁净的大试管，加 3mL 2％硝酸银溶液，再加 2～3 滴 5％氢氧化钠溶液，在振荡下滴加稀氨水，直至沉淀刚好溶解为止，即得 Tollen's 试剂）。再各加入 0.5mL 2％葡萄糖、果糖、麦芽糖、蔗糖和 1％淀粉溶液，在 50℃水浴中温热，观察有无银镜生成。

3. 成脎反应[注4]

取 4 支试管，各加入 1mL 2％葡萄糖、果糖、麦芽糖、蔗糖溶液[注5]，再加入 0.5mL 苯肼试剂[注6]，在沸水浴中加热并不断振摇。比较各试管中成脎的速度和脎的颜色。注意，有的需冷却后，才析出黄色针状结晶。取各种脎少许，在显微镜下观察糖脎的晶形。

4. 淀粉的性质

（1）淀粉与碘的作用[注7]　取 1 支试管，加入 0.5mL 1％淀粉溶液，再加 1 滴 0.1％碘液。溶液是否呈现蓝色？将试管在沸水浴中加热 5～10min，观察有何变化？放置冷却，又有何变化？

（2）淀粉的水解[注8]　在 100mL 小烧杯中加入 30mL 1％可溶性淀粉，再加 0.5mL 浓盐酸，在水浴中加热，每隔 5min 取少量反应液做碘试验，直至不再与碘反应为止。用 5％氢氧化钠溶液中和至中性，做 Fehling 试验。观察有何现象，并解释之。

本实验约需 4h。

【附注】

[1] 糖类化合物与浓硫酸作用生成糠醛及其衍生物（如羟甲基糠醛）等，糠醛及其衍生物与 α-萘酚起缩合作用，生成紫色的物质。

[2] α-萘酚试剂的配制

将 2g α-萘酚溶于 20mL 95％乙醇中，用 95％乙醇稀释至 100mL，贮存在棕色瓶中。一般是用前才配。

[3] Fehling 试剂的配制

Fehling 试剂（A）：将 3.5g 含有五结晶水的硫酸铜溶于 100mL 的水中得淡蓝色溶液。

Fehling 试剂（B）：将 17g 五结晶水的酒石酸钾钠溶于 20mL 热水中，然后加入含有 5g 氢氧化钠的 20mL 水溶液中，再稀释至 100mL，即得无色清亮溶液。两种溶液分别保存，使用时取等体积混合。

[4] 几种糖脎析出的时间、颜色、熔点和比旋光度如下：

糖的名称	析出糖脎所用时间/min	颜　　色	熔点/℃	比旋光度 $[\alpha]_D^{20}$
果糖	2	深黄色针状结晶	204	−92
葡萄糖	4～5	深黄色针状结晶	204	+47.7
麦芽糖	冷后析出	黄色针状结晶		+129.0
蔗糖				
半乳糖	15～19	橙黄色针状结晶	196	+80.2

[5] 蔗糖不与苯肼作用生成脎，但经长时间加热，可水解成葡萄糖和果糖，因而也有少量糖脎生成。

[6] 苯肼试剂有三种配制方法：

(1) 将 5mL 苯肼溶于 50mL 10％醋酸溶液中，加 0.5g 活性炭。搅拌、过滤，将滤液保存在棕色瓶中备用。苯肼有毒！操作时应小心，勿触及皮肤，如不慎触及，应先用 5％醋酸冲洗后再用大量水冲洗；

(2) 称取 2g 苯肼盐酸盐和 3g 醋酸钠混合均匀，在研钵上研细。用时取 0.5g 苯肼盐酸盐-醋酸钠混合物与糖液作用；

(3) 取 0.5mL 10％盐酸苯肼溶液和 0.5mL 15％醋酸钠溶液于 2mL 的糖液中。

[7] 淀粉与碘的作用是一个复杂的过程。主要是碘分子和淀粉之间借范德华力联系在一起，形成一种配合物，加热时分子配合物不易形成而使蓝色退掉，这是一个可逆过程，是淀粉的一种鉴定方法。

[8] 淀粉在酸性水溶液中受热分解，随着水解程度的增大，淀粉就分解为较小的分子，生成糊精混合物。糊精的颗粒随着水解的继续进行而不断变小，它们与碘液的颜色反应也由蓝色经紫色、红棕色而变成黄色。淀粉水解为麦芽糖后，对碘液则不起显色反应。而对 Fehling 试剂、Tollen's 试剂显还原性。

思　考　题

1. 糖类化合物有哪些特性？为什么非还原性糖长时间加热也具有还原性？

2. 如何用化学方法区别葡萄糖、果糖、蔗糖和淀粉？

实验二十四　氨基酸和蛋白质的化学性质
Chemical properties of amino acids and protein

【基本原理】

自然界存在的氨基酸多为 α-氨基酸。它具有羧基（—COOH）和氨基（—NH$_3$），系两性化合物，具有等电点，并起特殊的颜色反应。

蛋白质是生命的物质基础，是细胞的重要组分。它是由许多 α-氨基酸分子缩聚而成的天然高分子化合物。它可水解，易变性，并起特殊的颜色反应。

【操作步骤】

1. 蛋白质的沉淀

（1）用重金属盐沉淀蛋白质[注1]　取 4 支试管，标明号码，各加入 2mL 蛋白质溶液[注2]，分别加入 3 滴 1% 硫酸铜溶液、2% 碱性醋酸铅溶液、3% 硝酸银溶液、5% 氯化汞溶液（小心，有毒！），振荡，即有蛋白质沉淀析出。

（2）蛋白质的可逆沉淀　在试管里加入 4mL 蛋白质溶液，再加入等体积的饱和硫酸铵溶液（浓度约为 43%）。将混合物稍加振荡，即有蛋白质沉淀析出使溶液变混浊或呈絮状沉淀。取 1mL 上述混浊液体倾入另一支试管里，加入 2～3mL 水，振荡，沉淀又溶解。

（3）用生物碱试剂沉淀蛋白质[注3]　取 2 支试管，各加入 1mL 蛋白质溶液，并滴加 2 滴 5% 醋酸溶液使之呈酸性。然后分别滴加 4～5 滴饱和苦味酸和饱和鞣酸溶液，观察现象。

（4）加热沉淀蛋白质　在试管里加入 2mL 蛋白质溶液，将试管放在沸水浴中加热 5～10min，蛋白质凝固成白色絮状沉淀。然后加水 2mL，振荡，观察沉淀是否溶解。

2. 氨基酸和蛋白质的颜色反应

（1）与茚三酮的反应[注4]　取 4 支试管，标明号码，分别加入 1mL 1% 的甘氨酸、酪氨酸、色氨酸和蛋白质溶液，再分别滴加 3～4 滴茚三酮试剂，在沸水浴中加热 10～15min，观察现象。

（2）缩二脲反应[注5]　在试管中加入 2mL 蛋白质溶液，2mL 10% 的氢氧化钠溶液，然后加入 2 滴 1% 的硫酸铜溶液，摇动试管，观察现象。

（3）黄蛋白反应[注6]　取 1 支试管，加入蛋白质溶液 1mL，再滴加浓硝酸 7～8 滴，此时出现混浊或白色沉淀。加热煮沸，溶液和沉淀都呈黄色，冷却，逐滴加入 10% 氢氧化钠溶液，颜色由黄色变成更深的橙色。

（4）蛋白质与硝酸汞试剂的反应[注7]　在试管中加入 2mL 蛋白质溶液和硝酸汞试剂 2～3 滴。小心加热，此时原先析出的白色絮状物聚成块状，并显砖红色。

3. 碱分解蛋白质

在试管中分别加入 2mL 蛋白质溶液和 4mL 30% 的氢氧化钠溶液。在试管口放一湿润的红色石蕊试纸，把混合物加热煮沸 3～4min，有何气体放出？试纸是否变色？

本实验约需 3～4h。

【附注】

[1] 重金属盐在浓度很小时就能沉淀蛋白质，与蛋白质形成不溶于水的类似盐的化合物，且沉淀是不可逆的，因此蛋白质是许多重金属中毒时的解毒剂。

[2] 蛋白质溶液的配制：取鸡蛋 1 个，两端各钻一个小孔，竖立，让鸡清流到烧杯中，加蒸馏水

50mL，搅动均匀后，用清洁的绸布或经水浸过的纱布过滤，即得蛋白质溶液。

〔3〕在酸性条件下，生物碱试剂能使蛋白质沉淀，加碱则沉淀溶解。

〔4〕α-氨基酸和蛋白质都能与茚三酮作用，呈紫红色（脯氨酸和羟脯氨酸呈黄色），反应十分灵敏。在 pH 值为 5～7 的溶液中进行为宜，反应分为两步。

第一步 α-氨基酸与水合茚三酮反应，经缩合、脱羧和水解生成氨基茚二酮和醛：

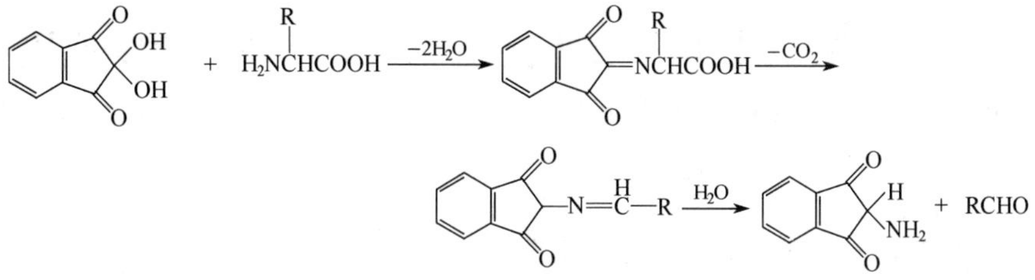

第二步 氨基茚二酮与另一分子水合茚三酮缩合生成有色物质：

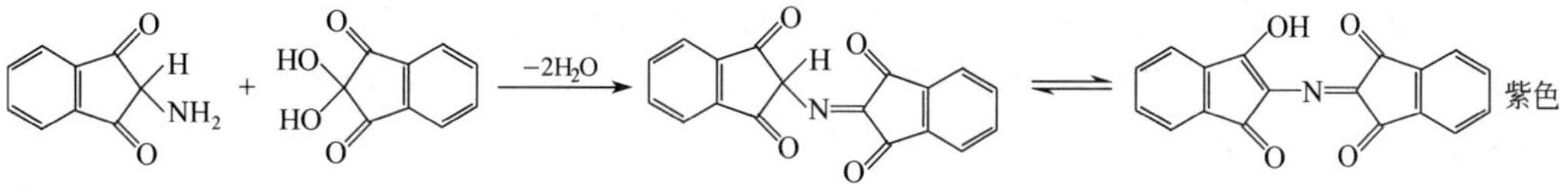

〔5〕任何蛋白质或其水解中间产物均有缩二脲反应，这表明蛋白质或其水解中间产物均含有肽键。蛋白质在缩二脲反应中常显紫色。显色反应是由于生成铜的配合物，其结构可能为：

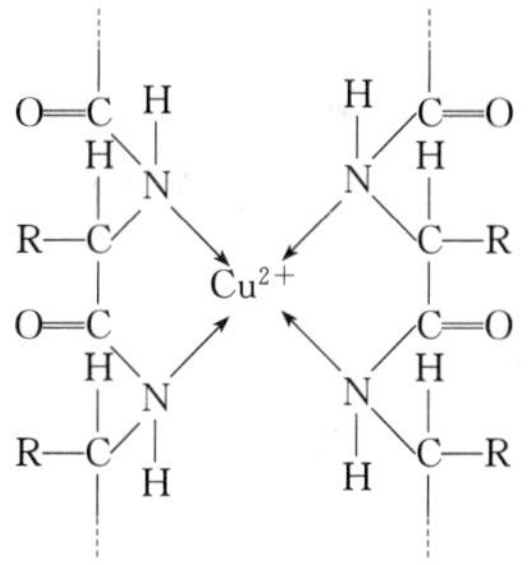

操作过程中应防止加入过多的铜盐。否则，生成过多氢氧化铜，有碍于紫色或红色的观察。

〔6〕黄蛋白反应显示蛋白质分子中含单独的或并合的芳环，即含有 α-氨基-β-苯丙酸、酪氨酸、色氨酸等。这些化合物中芳环起硝化作用，生成硝基化合物，结果显示出黄色。加碱后颜色变为橙黄色，是由于形成醌式结构的缘故。例如：

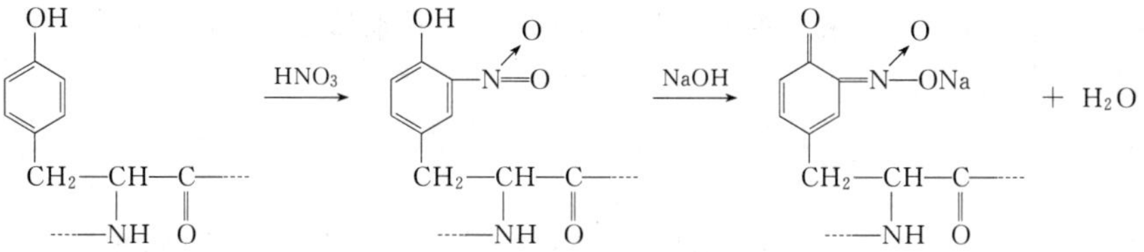

皮肤沾上硝酸会变黄是黄蛋白反应的实例。

〔7〕只有组成中含有酚羟基的蛋白质，才能与硝酸汞试剂显砖红色。在氨基酸中只有酪氨酸含有酚羟基，所以凡能与硝酸汞试剂显砖红色的蛋白质，其组成中必含有酪氨酸单位。

硝酸汞试剂也叫 Millon 试剂，其配制方法为：将 1g 金属汞溶于 2mL 浓硝酸中，用水稀释至 50mL，放置过夜，过滤即得。

思 考 题

1. 氨基酸与茚三酮颜色反应的原理是什么？
2. 氨基酸有缩二脲反应否？为什么？
3. 为什么鸡蛋清可用作汞中毒的解毒剂？

实验二十五　杂环化合物和生物碱的化学性质
Chemical properties of heterocyclic compounds and alkaloids

【目的与要求】
了解杂环化合物及生物碱的化学性质。

【基本原理】
杂环化合物由于杂原子上的孤电子对参与共轭而具有芳香性，在环上能发生亲电取代反应，在一定条件下也能发生加成反应。吡啶是一种含氮的六元杂环化合物，喹啉是它的重要衍生物，都具有芳香性。吡啶环上的亲电取代反应主要发生在 β-位，而亲核取代主要发生在 α-位或 γ-位。由于氮上的孤电子对，使吡啶具有碱性。

常见的生物碱多为含氮杂环，主要存在于植物中，又称植物碱，如烟碱、咖啡碱、茶碱等。不同的生物碱其碱性不同。此外，生物碱还可发生氧化和沉淀反应等。

本实验的样品仅取吡啶、喹啉、烟碱和咖啡碱作为代表进行性质实验。

【操作步骤】
取 4 支试管，分别加入 1mL 吡啶、喹啉、烟碱和 0.1g 咖啡碱，再各加入 5mL 水，摇匀。将此 4 种溶液按下列步骤分别进行试验。注意互相比较。

1. 碱性试验

(1) 各取一滴试液滴在红色石蕊试纸上，观察试纸颜色有什么变化？

(2) 各取 0.5mL 试液，分别置于四支试管中，各加入 1mL 1% 的三氯化铁溶液，摇动试管，观察有无氢氧化铁沉淀析出。

2. 氧化反应[注1]

取 4 支试管，各加入 0.5mL 试液，再分别加入 0.5mL 0.5% 高锰酸钾溶液和 5% 碳酸钠溶液，振摇，观察溶液颜色的变化。把没有变化或变化不大的混合物加热煮沸，结果怎样？从结构上加以解释。

3. 沉淀反应

(1) 取 4 支试管，各加 1mL 饱和苦味酸溶液，再分别滴加 2 滴试液。静置 5～10min，观察是否有沉淀生成。若加入过量的试液，沉淀是否溶解？

(2) 取 4 支试管，各加 2mL 10% 没食子鞣酸(单宁酸)的酒精溶液，再分别加入 0.5mL 试液，摇匀，观察有无白色沉淀生成。

(3) 取 2 支试管，各加 0.5mL 吡啶、喹啉试液，再分别加入同体积 5% 氯化汞溶液(小心有毒！)，观察是否有松散的白色沉淀生成。加入 1～2mL 水后，结果怎样？再各加入 0.5mL 浓盐酸，现象如何？

另取 2 支试管，各加 0.5mL 烟碱、咖啡碱试液，再各滴入 1 滴 20% 醋酸溶液和几滴碘化汞钾溶液[注2]，观察有无黄色沉淀生成。

本实验约需 2～3h。

【附注】

[1] 吡啶环对亲电试剂较稳定，与冷或热的碱性高锰酸钾溶液作用都不退色。喹啉在同样条件下则退色。

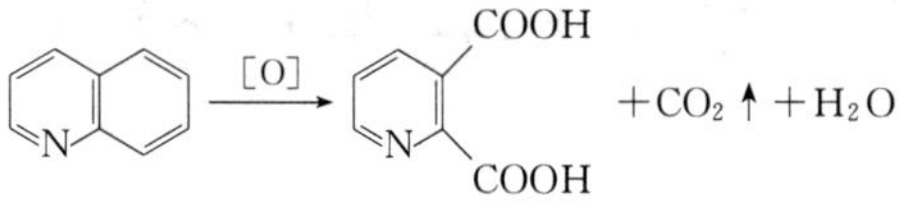

烟碱的结构：，　　氧化后生成烟酸：

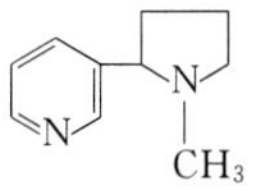

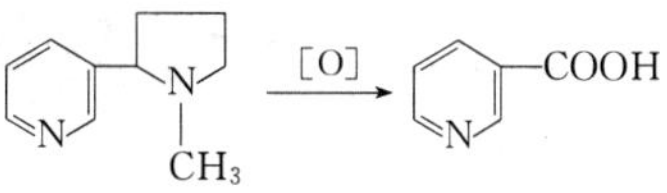

咖啡碱的结构：，咖啡碱被氧化分解：

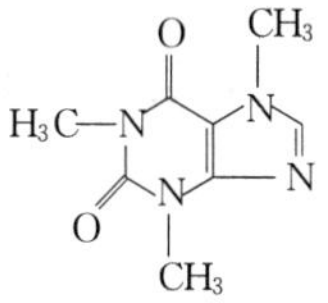

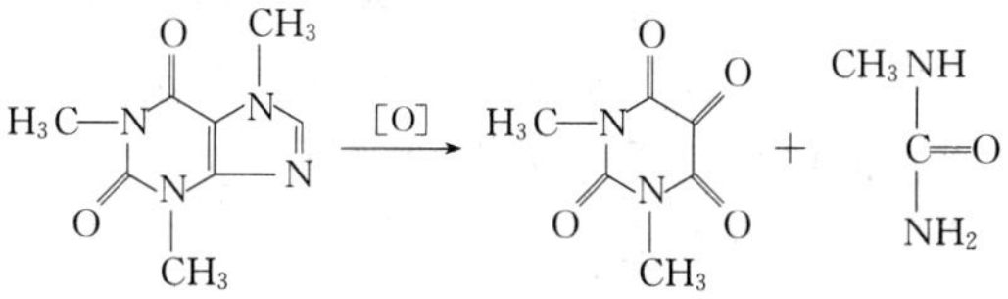

[2] 碘化汞钾试剂的配制：把 5%KI 溶液逐滴滴入 5%$HgCl_2$ 溶液之中，直至起初生成的碘化汞红色沉淀完全溶解为止。

思　考　题

1. 吡啶、喹啉、烟碱为什么均具有碱性？哪一个碱性强些？氯化铁试验说明什么？

2. 哪些试剂称为生物碱试剂？

第三部分　有机化合物的基本合成实验

一、烃类及其衍生物

烃类化合物是合成其他有机化合物的最基础原料之一。简单的烷、烯、炔、芳烃多从石油和天然气或石油的裂解物得到，某些烯烃还可以从相应醇的脱水得到，而烃的衍生物绝大多数要由简单的烷、烯、炔和芳烃通过合成得到。

卤代烃是一类重要的烃的衍生物，以卤原子作为活性基团，用作有机合成的中间原料是其重要用途之一。作为溶剂应用，其中氯代烃最为普遍。但是由于当今人类活动中大量使用的卤代烃类、氟氯烃类会破坏地球表面的臭氧层，形成所谓臭氧空洞，因而作为溶剂、干洗剂、致冷剂、农药助剂等用途的卤代物受到极大的限制。

烷烃的卤代是卤代烷的工业合成方法，由于各种 C—H 键卤代的选择性较差，而且二元取代速度又和一元取代速度相差无几，因而往往生成多种卤代烃的混合物，不适于实验室制备。但烯丙基卤代物可以用相应烯丙基化合物通过卤代方便地制备。工业上常采用烯烃与氯气在高温下直接反应得到，而在实验室则通常常用像 N-溴（或氯）代丁二酰亚胺、N-溴代邻苯二甲酰亚胺、二苯酮-N-溴亚胺、三氯甲烷磺酰溴（或酰氯）来进行 α-氢的卤代。但近十几年发展的甲醇氯代成为生产一、二、三、四氯代甲烷的重要方法。芳烃的卤代是合成卤代芳烃最主要的方法。在高选择性卤代试剂中，除传统的 N-溴代丁二酰亚胺（简称 NBS）外，近几年发现了若干反应条件温和，选择性更好的这类试剂，如在钼酸铵催化下，过氧化氢-溴化钾可使酚或酚醚溴代，几乎得到接近理论量的对位产物；二溴化三苯基膦使醇（或酚）羟基转变为溴而不会发生消除或重排等副反应，它们更适合于复杂结构化合物的卤代。

卤代卡宾与烯烃加成是合成卤代环丙烷衍生物的主要方法，而后者是一类重要农药和有机合成中间体。

有用的脂肪烃硝基物则较少。芳烃硝基物则大部分作为合成其他化合物的中间体原料，芳烃的硝化几乎是合成芳烃硝基物的唯一方法。

实验二十六　环己烯的制备
Preparation of cyclohexene

【目的与要求】

1. 学习由环己醇酸催化脱水制取环己烯的原理和方法。
2. 掌握分馏和水浴蒸馏的基本操作技能。

【基本原理】

简单烯烃如乙烯、丙烯和丁二烯是合成材料工业的基本原料，由石油裂解经分离提纯得到。实验室制备烯烃主要采用醇的脱水及卤代烷脱卤化氢两种方法。

醇的脱水在工业上多采用氧化铝或分子筛在高温下（350～400℃）进行催化脱水，小规模生产或实验室常用酸催化脱水的方法。常用的脱水剂有硫酸、磷酸、对甲苯磺酸及硫酸氢钾等。

$$CH_3CH_2OH \xrightarrow[\substack{浓硫酸 \\ 170℃}]{\substack{Al_2O_3 \\ 350 \sim 400℃}} CH_2\!=\!CH_2 + H_2O$$

一般认为，酸催化醇脱水的过程是一个通过碳正离子进行的单分子消去反应（E1）。

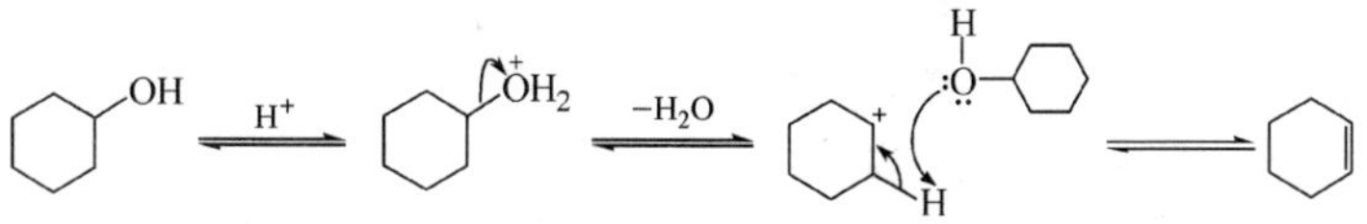

卤代烃与碱的醇溶液作用脱卤化氢，也是实验室用来制备烯烃的方法。例如：

$$BrCH_2CHBrCH_2Br + NaOH \xrightarrow{乙醇} H_2C\!=\!CBrCH_2Br + NaBr + H_2O$$

工业上也采用苯部分加氢法合成环己烯。

本实验是以环己醇为原料，用浓磷酸作脱水剂[注1]来制备环己烯。

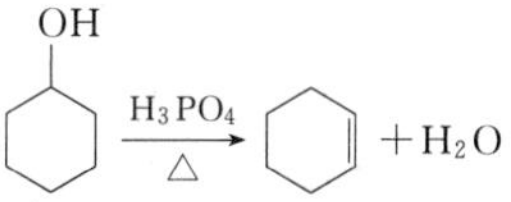

【试剂与规格】

环己醇 C. P. 含量 96%　　　　　5% 碳酸钠溶液

浓磷酸 C. P. 含量 85%　　　　　精盐

无水氯化钙 C. P.

【物理常数及化学性质】

环己醇（cyclohexanol）：分子量 100.16，沸点 161.1℃，n_D^{20} 1.4648，d_4^{20} 0.9493。无色油状吸湿性液体，低于 23℃ 时为白色结晶，有樟脑的气味，易潮解；微溶于水，可与乙醇、乙酸乙酯、乙醚、芳烃、丙酮、氯仿等大多数有机溶剂以及油类混溶。是一种重要的化工原料和溶剂。本品有毒，能刺激黏膜，引起眼睛不明，肝脏受损害，麻痹中枢神经。红外和核磁共振图谱见附录七图 2。

环己烯（cyclohexene）：分子量 82.16，沸点 82.98℃，d_4^{20} 0.8100，n_D^{20} 1.4465。微溶于水，溶于乙醇、乙醚。本品具有中等毒性。

【操作步骤】

在 50mL 干燥的圆底烧瓶中加入 10g（10.4mL，约 0.1mol）环己醇、4mL 浓磷酸和几粒沸石，充分振荡均匀[注2]。烧瓶上装一短分馏柱，接上冷凝管，用 50mL 锥形瓶作接收器并置于冰水浴中。

用电热套或油浴小心加热混合物至沸腾，控制分馏柱顶部馏出温度不超过 90℃[注3]，缓慢蒸出环己烯和水（混浊液体）[注4]。若无液体蒸出，可适当提高加热温度，当烧瓶中只剩下很少量的残渣并出现阵阵白雾时，立即停止加热。

将馏出液用约 1g 精盐饱和，然后用 3～4mL 5% 的碳酸钠溶液中和微量的酸。把液体倒入分液漏斗中，振荡后静置分层。分去水层，有机层倒入干燥的锥形瓶中，加入 1～2g 无水氯化钙干燥[注5]。待溶液清亮透明后滤入 50mL 圆底烧瓶中，蒸馏[注6]，收集 80～85℃ 的馏分。产量 3.8~4.6g，产率 46%~56%。红外和核磁共振图谱见附录七图 1。

本实验约 5~6h。

【附注】

［1］脱水剂可以是磷酸或硫酸。磷酸的用量必须是硫酸的一倍以上，但它却比硫酸有明显的优点：一是不生成炭渣，二是不生成难闻气体（用硫酸易生成 SO_2 副产物）。

［2］由于环己醇在常温下是黏稠液体（熔点 24℃），若用量筒量取（约 12mL），应注意转移中的损失，可用称量法。环己醇与酸应充分混合，尤其使用浓硫酸时更应注意避免局部炭化。本实验使用 85% 磷酸效果较好。

［3］因为反应中环己烯与水形成共沸物（沸点 70.8℃，含水 10%），环己醇与环己烯形成共沸物（沸点 64.9℃，含环己醇 30.5%），环己醇与水形成共沸物（沸点 97.8℃，含水 80%），所以温度不可过高，蒸馏速度不可过快，以每 2~3s1 滴为宜，以减少未作用的环己醇蒸出。

［4］在收集和转移环己烯时最好保持充分冷却以免因挥发而损失。

［5］水层应分离完全，否则会增加干燥剂的用量，导致产品损失。用无水氯化钙干燥粗产物还可除去少量未反应的环己醇（生成醇与氯化钙的配合物）。

［6］在蒸馏已干燥的产物时，蒸馏所用仪器均需干燥无水。

思 考 题

1. 制备过程中为什么要控制分馏柱顶部的温度？

2. 在粗制的环己烯中，加入精盐使水层饱和的目的是什么？

3. 无水氯化钙干燥产品后，为什么蒸馏前一定要将它过滤掉？

4. 写出下列醇与浓硫酸进行脱水的产物。

①3-甲基-1-丁醇；②3-甲基-2-丁醇；③3,3-二甲基-2-丁醇

实验二十七　溴乙烷的制备
Preparation of bromoethane

【目的与要求】

1. 学习用结构上相对应的醇为原料制备一卤代物的实验原理和方法。

2. 掌握低沸点产品蒸馏的基本操作。

【基本原理】

卤代烃是一类重要的有机合成中间体和有机溶剂。通过卤代烃的亲核取代反应，能制备多种有用的化合物，如腈、胺、醚等。在无水乙醚中，卤代烃与金属镁作用制备的 Grignard 试剂，可以和醛、酮、酯等羰基化合物及二氧化碳反应，制备不同的醇和羧酸。

一卤代烷可通过多种方法和试剂进行制备，但用烷烃的自由基卤化或烯烃与氢卤酸的亲电加成反应，均因产生异构体的混合物而难以分离。实验室制备卤代烷最常用的方法是将结构对应的醇通过亲核取代反应转变为卤代物，常用的试剂有氢卤酸、三卤化磷和氯化亚砜。例如：

$$n\text{-}C_4H_9OH + HBr \xrightarrow[95\%]{H_2SO_4} n\text{-}C_4H_9Br + H_2O$$

$$t\text{-}C_4H_9OH + HCl \xrightarrow[85\%]{25℃} t\text{-}C_4H_9Cl + H_2O$$

$$3n\text{-}C_4H_9OH + PI_3 \xrightarrow{90\%} 3n\text{-}C_4H_9I + H_3PO_3$$

$$n\text{-}C_5H_{11}OH + SOCl_2 \xrightarrow[80\%]{\text{吡啶}} n\text{-}C_5H_{11}Cl + SO_2 + HCl$$

醇与氢卤酸的反应是制备卤代烷最方便的方法，根据醇的结构不同，反应存在两种不同的机理，叔醇按 S_N1 机理，伯醇则主要按 S_N2 机理进行。

$$(CH_3)_3COH + HCl \Longrightarrow (CH_3)_3C\overset{+}{\underset{H}{-O}}-H + Cl^-$$

$$(CH_3)_3C\overset{+}{\underset{H}{-O}}-H \longrightarrow (CH_3)_3C^+ + H_2O$$

$$(CH_3)_3C^+ + Cl^- \longrightarrow (CH_3)_3CCl \qquad (S_N1 \text{ 机理})$$

$$RCH_2OH + H_2SO_4 \Longrightarrow RCH_2\overset{+}{\underset{H}{-O}}-H + HSO_4^-$$

$$Br^- + \overset{R}{\underset{}{CH_2}}\overset{+}{-OH_2} \longrightarrow RCH_2Br + H_2O \qquad (S_N2 \text{ 机理})$$

酸的作用主要是促使醇首先质子化，将较难离去的基团—OH 转变成较易离去的基团—OH_2^+，加快反应速率。

醇与氢卤酸反应的难易随所用的醇的结构与氢卤酸不同而有所不同。反应的活性次序为：叔醇＞仲醇＞伯醇，HI＞HBr＞HCl。叔醇在无催化剂存在下，室温即可进行反应；仲醇需温热及酸催化以加速反应；伯醇则需要更剧烈的反应条件及更强的催化剂。

醇转变为溴化物也可用溴化钠及过量的浓硫酸代替氢溴酸。相对分子质量较大的溴化物可通过醇与干燥的溴化氢气体在无溶剂的条件下加热制备，通过三溴化磷与醇作用也是有效的方法。

氯化物常用溶有二氯化锌的浓盐酸与伯醇和仲醇作用来制备，伯醇则需与用二氯化锌饱和的浓盐酸一起加热。氯化亚砜也是实验室制备氯化物的良好试剂，它具有无副反应、产率高及产物纯度高及便于提纯等优点。

对于溴乙烷的制备，工业上多采用乙醇-氢溴酸法。本实验采用实验室常用的方法，即溴化钠和浓硫酸与乙醇作用，合成溴乙烷。

主反应：
$$NaBr + H_2SO_4 \longrightarrow HBr + NaHSO_4$$

$$CH_3CH_2OH + HBr \xrightarrow{H_2SO_4} CH_3CH_2Br + H_2O$$

副反应：
$$2CH_3CH_2OH \xrightarrow{H_2SO_4} CH_3CH_2OCH_2CH_3 + H_2O$$

$$CH_3CH_2OH \xrightarrow{H_2SO_4} CH_2=CH_2 + H_2O$$

$$2HBr + H_2SO_4(\text{浓}) \longrightarrow Br_2 + SO_2 + 2H_2O$$

【试剂与规格】

乙醇 C. P. 含量 95%　　　　　　　　　浓硫酸 C. P. 含量 95%

无水溴化钠 C. P. 含量 95%

【物理常数及化学性质】

乙醇（ethylalcohol，ethanol）：分子量 46.07，沸点 78.5℃，d_4^{20} 0.7893，n_D^{20} 1.3611。无色透明易挥发液体，溶于苯，与水、乙醚、丙酮、乙酸、甲醇、氯仿可以任意比例混合。本品极易燃烧。是一种重要的有机化工原料，也是重要的有机溶剂。

溴乙烷（bromoethane）：分子量 108.98，沸点 38.4℃，d_4^{20} 1.4604，n_D^{20} 1.4239。无色

透明液体，有醚的气味，易挥发，易燃，有中等毒性。微溶于水，能与乙醇、乙醚、氯仿等有机溶剂混溶。本品广泛用于农药、染料、香料的合成，并可作溶剂、制冷剂和熏蒸剂等。也是重要的乙基化试剂。

【操作步骤】

在 100mL 圆底烧瓶中加入 10mL(0.17mol) 95％乙醇及 9mL 水[注1]，在不断振摇和冰水冷却下，慢慢加入 19mL 浓硫酸。混合物冷却至室温，搅拌下加入研细的 16.3g (0.15mol) 溴化钠[注2]和几粒沸石。安装常压蒸馏装置(见装置图 2-17)，接收瓶里放入少量冰水，并将其置于冰水浴中，接引管的支口用橡皮管导入下水道或室外[注3]。用电热套小心加热反应瓶，使反应和蒸馏平稳进行[注4]，直到没有油状物馏出为止[注5]。

将馏出液转入分液漏斗，分出的有机层[注6]置于干燥的锥形瓶中，并将其浸于冰水浴中。在振摇下逐滴加入 1～2mL 浓硫酸，直至溶液明显分层。用干燥的分液漏斗分去硫酸层[注7]，将粗产品转入蒸馏瓶中，加入沸石，在水浴上加热蒸馏，接受器外用冰水浴冷却，收集 35～40℃馏分[注8]。产量约 10g，产率约 61.2％。红外和核磁共振图谱见附录七图 6。本实验约 4～5h。

【附注】

[1] 加少量水可防止反应进行时发生大量泡沫，减少副产物乙醚的生成和避免氢溴酸的挥发。

[2] 溴化钠应预先研细，并在搅拌下加入，以防结块而影响氢溴酸的生成。若用含有结晶水的溴化钠 ($NaBr \cdot 2H_2O$)，其用量需换算，并相应减少加入的水量。

[3] 溴乙烷沸点低，在水中溶解度小 (1：100)，且低温时又不与水作用，密度大于水，为减少其挥发，故接收瓶和使其冷却的水浴中均应放些碎冰，并将接受管支口用橡皮管导入下水道或室外。

[4] 反应开始时会产生大量的气泡，故应严格控制反应温度，使其平稳进行。

[5] 馏出液由混浊变澄清时，表示产物已基本蒸完，停止反应时应先将接收瓶与橡皮管分离，然后再撤去热源，以防止倒吸。待反应瓶稍冷，趁热将反应瓶内容物倒掉，以免结块而不易倒出。

[6] 尽可能将水分净，否则当用浓硫酸洗涤时会产生热量而使产物挥发损失。

[7] 加浓硫酸可除去乙醚、乙醇及水等杂质，溶有乙醚等的硫酸仍可用于制备溴乙烷，故要回收。

[8] 分离不完全时，馏分中仍可能含极少量水及乙醇，它们与溴乙烷分别形成共沸物(溴乙烷-水，沸点 37℃，含水 1％；溴乙烷-乙醇，沸点 37℃，含醇 3％)。

思 考 题

1. 本实验得到的产物溴乙烷的产率往往不高，试分析有几种可能的影响因素。

2. 在精制操作中，使用浓硫酸的目的何在？

实验二十八　3-溴环己烯的制备
Preparation of 3-bromocyclohexene

【目的与要求】

1. 了解烯烃卤代的游离基反应机理——烯丙基效应。

2. 掌握减压蒸馏的仪器安装及操作步骤。

【基本原理】

α-卤代烯烃是一类重要的有机合成原料，含 α-H 的烯烃在卤代时，具有很高的选择性。这是由于 α-氢较活泼，易发生自由基取代反应，即反应是按游离基机理进行。例如丙烯在高温下的氯代主要产物是 α-卤代产物：

$$CH_3-CH=CH_2+Cl_2 \xrightarrow{400\sim500℃} ClCH_2-CH=CH_2+HCl$$

上述丙烯的取代反应需在高温下进行，如果在较低温度或适用实验室条件下进行反应，常用 N-溴代丁二酰亚胺（简称 NBS）做溴化剂，它与反应中存在的极少量的酸和水起作用就可产生少量的溴：

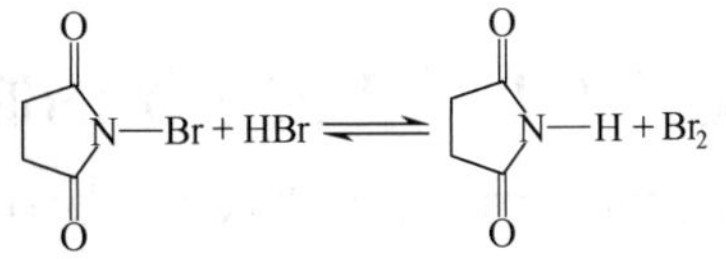

产生的溴在光或引发剂作用下，与烯丙基型及苯甲基型的化合物发生 α 溴代，产生带有双键的卤代烷。

N-溴代丁二酰亚胺（NBS）作为重要的溴化试剂，其特征在于对不饱和烃类发生 α 位溴代，而双键仍保持不变。反应是通过游离基历程进行的，反应介质为非极性溶剂。极性溶剂将导致发生双键加成或芳烃的环上取代等副反应，即使有少量的强极性介质存在，也对副反应有利。

本实验 3-溴环己烯的制备就是采用 NBS 作溴化试剂，四氯化碳作溶剂，由环己烯溴化制得。

反应式：

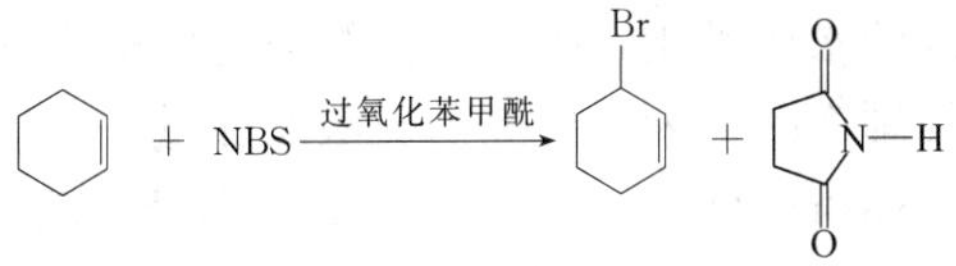

【试剂与规格】

环己烯 C. P.   NBS C. P.

四氯化碳 C. P.

【物理常数及化学性质】

环己烯（见实验二十六"环己烯的制备"）

N-溴代丁二酰亚胺（N-bromosuccinimide）：分子量 177.90，熔点 $173\sim175℃$，d_4^{20} 2.097。斜方晶体，易溶于丙酮、乙酸乙酯、醋酸酐，难溶于水、苯、四氯化碳、氯仿等。本品是一种有机合成中间体，在实验室制备中常用作溴化试剂。

3-溴环己烯（3-bromocyclohexene）：分子量 161.05，沸点 $80\sim82℃/5.33kPa$，d_4^{20} 1.3890，n_D^{20} 1.5230。本品为无色液体，具有令人不愉快的气味，不溶于水，溶于醇、醚、四氯化碳、氯仿，是一种有机合成原料。

【操作步骤】

在装有回流冷凝器的 100mL 圆底烧瓶[注1]中，加入 25mL 干燥过的四氯化碳，3.5g（4.3mL，0.043mol）环己烯及 6g（0.034mol）已干燥过的 NBS 及 0.2g 过氧化苯甲酰，摇动混合。用电热套加热回流，反应开始时很剧烈，如果必要可稍冷却，但不能使反应停顿。待有丁二酰亚胺白色沉淀[注2]生成，反应完毕。瓶中反应物冷却至室温，使沉淀析出完全，过滤。沉淀用 10mL 四氯化碳洗涤，合并滤液和洗液进行蒸馏。先蒸出四氯化碳及未反应的环己烯，然后在减压下蒸馏（装置见图 2-20）产物。收集 $68\sim70℃/2.00kPa$ 或 $44\sim45℃/0.400kPa$ 的馏分，得 3-溴环己烯 4.5g，产率 82%。本实验约需 $4\sim5h$。

【附注】

[1] NBS 易水解，所用的仪器及试剂必须干燥。

[2] 当 NBS 全部溶解并转化为浮在液面上的丁二酰亚胺时，则表明反应已经结束。

思 考 题

试写出本反应的游离基反应机理。

实验二十九　正溴丁烷的制备
Preparation of *n*-bromobutane

【目的与要求】

1. 进一步学习由正丁醇与氢溴酸反应制备正溴丁烷的合成原理。

2. 掌握回流反应及气体吸收装置的安装和使用。

【基本原理】

卤代烷制备中的一个重要方法是由醇与氢卤酸发生亲核取代反应来制备（反应机理参看实验二十七"溴乙烷的制备"）。实验室制备正溴丁烷是通过正丁醇与氢溴酸反应。氢溴酸是一种极易挥发的无机酸，因此在制备时采取用溴化钠与硫酸作用产生氢溴酸直接参与反应。

在反应中，过量的硫酸可以起到移动平衡的作用，通过产生更高浓度的氢溴酸促使反应加速，还可以将反应中生成的水质子化，阻止卤代烷通过水的亲核进攻而返回到醇。但硫酸的存在易使醇生成烯和醚等副产品，因而要控制硫酸的加量。

反应式　　　　　　　$NaBr + H_2SO_4 \longrightarrow HBr + NaHSO_4$

$$CH_3CH_2CH_2CH_2OH + HBr \xrightarrow{H_2SO_4} CH_3CH_2CH_2CH_2Br + H_2O$$

有如下副反应：

$$CH_3CH_2CH_2CH_2OH \xrightarrow{H_2SO_4} CH_3CH_2CH \!=\! CH_2 + H_2O$$

$$2CH_3CH_2CH_2CH_2OH \xrightarrow{H_2SO_4} (CH_3CH_2CH_2CH_2)_2O + H_2O$$

$$2HBr + H_2SO_4 \longrightarrow Br_2 + SO_2 + 2H_2O$$

工业上有时采用正丁醇在红磷存在下与溴作用来制备：

$$CH_3CH_2CH_2CH_2OH + Br_2 \xrightarrow{P} CH_3CH_2CH_2CH_2Br + P_2O_5 + H_2O$$

【试剂与规格】

浓硫酸 C. P.	正丁醇 C. P.
溴化钠 C. P.	无水氯化钙 C. P.
饱和碳酸氢钠溶液	

【物理常数及化学性质】

正丁醇 (*n*-butylalcohol)：分子量 74.12，沸点 117.7℃，n_D^{20} 1.3992，d_4^{20} 0.8098。无色透明易燃液体，溶于水、苯，易溶于丙酮，与乙醚、丙酮可以任何比例混合。20℃本品在水中的溶解度（质量分数）7.7%。本品是一种用途广泛的重要有机化工原料。

正溴丁烷 (*n*-bromobutane)：分子量 137.02，沸点 101.6℃，n_D^{20} 1.4399，d_4^{20} 1.2764。无色液体，不溶于水，易溶于醇、醚，本品是一种有机合成原料。

【操作步骤】

在 100mL 的圆底烧瓶中，加入 10mL 水，小心加入 15mL 浓硫酸，混合均匀后，冷却至室温。依次加入 7.4g(9.2mL，0.10mol) 正丁醇及 12.3g(0.12mol) 研细的溴化钠粉末。充分振摇后，加入 2～3 粒沸石。装上回流冷凝管，在冷凝管上端安上干燥管，并接一根橡皮管，再通过橡皮管连接一只漏斗，将漏斗倒扣，半浸在盛有适量水的烧杯中作为气体吸收装置[注1]（见图 1-2）。将烧瓶用电热套加热回流 0.5h，回流过程中不断振摇烧瓶。反应完毕，稍冷却后，改作蒸馏装置，加热蒸出正溴丁烷粗产品[注2]。

将馏出液转入分液漏斗中，加入 10mL 水洗涤[注3]，分出水层。有机层用 5mL 浓硫酸洗涤[注4]，尽量分离干净硫酸层。有机层再依次用水、饱和碳酸氢钠溶液及水各 10mL 洗涤[注5]。分出粗正溴丁烷，置于带塞的干燥锥形瓶中，加入 1g 无水氯化钙，干燥 0.5～1h。干燥后的粗产物滤入 25mL 茄形瓶中，加入沸石进行蒸馏，收集 99～103℃ 的馏分。产量 8.0～9.0g，产率约为 58.4%～65.7%。本实验约需 6～7h。

【附注】

[1] 在回流过程中，尤其是停止回流时，要密切注意勿使漏斗全部埋入水中，以免倒吸。

[2] 正溴丁烷是否蒸完，可以从下列现象判断：①蒸出液是否由混浊变为澄清；②反应瓶内飘浮油层是否消失；③取一试管，收集几滴馏液，加水摇动，观察有无油珠出现。

[3] 如水洗后粗产物尚呈红色，是由于浓硫酸的氧化作用生成游离溴的原因，可加入数毫升饱和亚硫酸氢钠溶液洗涤除去。

$$2NaBr + 3H_2SO_4(浓) \longrightarrow Br_2 + 2H_2O + 2NaHSO_4 + SO_2$$
$$Br_2 + 3NaHSO_3 \longrightarrow 2NaBr + NaHSO_4 + 2SO_2 + H_2O$$

[4] 浓硫酸的作用，是溶解并除去粗产物中少量未反应的正丁醇及副产物正丁醚等杂质。因为正丁醇可与正溴丁烷形成共沸物（沸点 98.6℃，含正丁醇 13%），蒸馏时很难除去，因此用浓硫酸洗涤时，要充分振摇。

[5] 各步洗涤，均需注意何层取之，何层弃之。若不知密度，可根据水溶性判断。

思 考 题

1. 加料时，为什么不可以先使溴化钠与浓硫酸混合，然后加入正丁醇及水？
2. 反应后的粗产物可能含有哪些杂质？各步洗涤的目的是什么？
3. 用浓硫酸洗涤时为什么要用干燥的分液漏斗？

实验三十 溴苯的制备
Preparation of bromobenzene

【目的与要求】

1. 学习芳香卤代烃的合成原理。
2. 掌握抽滤的基本操作。

【基本原理】

在铁屑存在下，溴与苯发生亲电取代反应可制得溴苯：

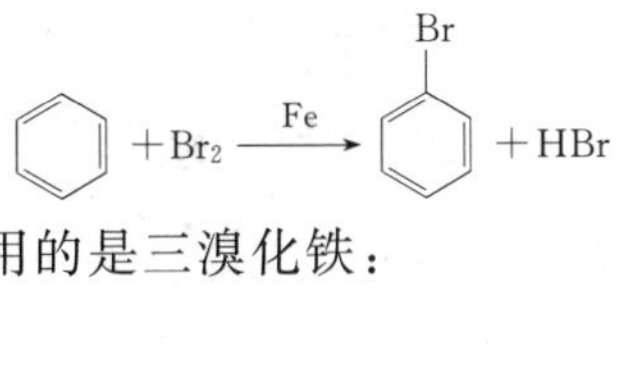

在本反应中，真正起催化作用的是三溴化铁：

$$2Fe + 3Br_2 \longrightarrow 2FeBr_3$$

三溴化铁易水解失效，故所用药品必须无水，仪器必须干燥。

除主要反应外，还有如下副反应发生：

$$2 \langle 苯 \rangle\overset{Br}{} + 2Br_2 \xrightarrow{Fe} Br\langle\rangle Br + \langle\rangle\overset{Br}{\underset{Br}{}} + 2HBr$$

【试剂与规格】

苯 C. P.　　　　　　　　　　　溴 C. P.

铁屑（除油除锈）　　　　　　　无水氯化钙 C. P.

10％氢氧化钠溶液

【物理常数及化学性质】

苯（benzene）：分子量 78.11，沸点 80.1℃，n_D^{20} 1.5011，d_4^{20} 0.8786。无色透明液体，具有强折射性和强烈的芳香气味，易燃易挥发，难溶于水，能与乙醇、乙醚、丙酮、甲苯、四氯化碳、二硫化碳及醋酸混溶，本品有毒。是一种重要的基本有机合成芳烃原料，在合成材料及精细化工产品的合成中有着多种用途。

溴苯（bromobenzene）：分子量 157.02，沸点 156℃，n_D^{20} 1.5697，d_4^{20} 1.4952。无色油状液体，不溶于水，溶于苯、乙醇、醚、氯苯等有机溶剂。易燃，本品是有机合成原料，可用于合成医药、农药、染料等。

【操作步骤】

在 100mL 圆底烧瓶上，装一个二口接管，二口接管上分别装置回流冷凝管和滴液漏斗，冷凝器顶端连接溴化氢气体吸收装置[注1]。圆底烧瓶内加入 10g(11.5mL，0.13mol) 无水苯和 0.3g 铁屑，滴液漏斗中加入 16g(5mL，0.1mol) 溴[注2]。先往烧瓶中滴加约 0.5mL 溴，反应随即开始（必要时用电热套温热），可观察到有溴化氢气体放出。然后，在振摇下，慢慢滴入其余的溴，使溶液保持微沸，约需 30min。滴加完毕，加热保持温和回流，直至无溴化氢气体逸出为止，约 15min。

向反应瓶内加入 15mL 水[注3]，充分振摇。将瓶内混合物倒出抽滤以除去少量铁屑。滤液依次用 10mL 水、5mL 10％氢氧化钠溶液[注4]、10mL 水洗涤后，移入干燥的锥形瓶，无水氯化钙干燥。将粗产品进行蒸馏，先蒸去苯，当温度升至 135℃ 时，换成空气冷凝器，收集 140～170℃ 的馏分。此馏分再蒸馏一次，收集 150～160℃ 的馏分，产量 8～10g，产率 51％～64％。本实验约需 7～8h。

【附注】

[1] 本实验仪器必须干燥，否则反应开始很慢，甚至不起反应。实验开始时检查仪器是否严密，滴液漏斗活塞处必须重新涂好凡士林，防止溴逸出。

[2] 量取溴时要特别小心。溴具有强烈腐蚀性和刺激性，量取时必须在通风橱内进行，并带上防护手套。如不慎触及皮肤时，应立即用水洗，再用甘油按摩后涂上油膏。

[3] 本实验也可用水蒸气蒸馏纯化。收集最初蒸出的油状物（含苯、溴及水），直到冷凝器中有对二溴苯结晶出现为止。再换另一个接收器，至不再有二溴苯蒸出为止。此法溴苯与二溴苯的分离比较彻底，溶于溴苯的溴大部分进入水层，溴苯层不必用稀碱洗涤。

[4] 由于溴在水中溶解度不大，需用氢氧化钠溶液将其洗去，其反应式如下：

$$3Br_2 + 6NaOH \longrightarrow 5NaBr + NaBrO_3 + 3H_2O$$

思 考 题

1. 实验如何尽可能减少二溴化物的生成？若生成物中含有 5g 二溴化物，那么溴苯的最高产量是多少？

　2. 在实验室中，若用到像溴这样具有腐蚀性和刺激性的药品时，应注意什么事项？

　3. 简述减压抽滤的操作步骤。

实验三十一　乙苯的制备
Preparation of ethyl benzene

【目的与要求】

1. 学习 Friedel-Crafts 烷基化制备芳烃的基本原理。

2. 进一步掌握气体吸收装置的安装与操作。

【基本原理】

Friedel-Crafts 烷基化是制备芳烃的重要方法之一，烷基化试剂通常有卤代烷、醇、烯烃、醚、酯等，常用的催化剂为路易斯酸或质子酸，前者如三氯化铝、三氯化铁等，后者如硫酸、磷酸、氢氟酸等。由于反应经过正碳离子过程，长链的烷基化试剂（特别是卤代烷）在反应条件下往往会有重排产物产生，因而，它适合于在芳环引入短的侧链。但是如果一定量的重排产物对工业产品可以容忍的话，这仍然是一个好的方法，如十二烷基苯的工业合成。

在无水三氯化铝的催化下，苯与乙烯或溴乙烷发生 Friedel-Crafts 反应，即可生成乙苯：

$$\text{苯} + CH_2{=}CH_2 \xrightarrow{AlCl_3} \text{苯—}CH_2CH_3$$

$$\text{苯} + CH_3CH_2Br \xrightarrow{AlCl_3} \text{苯—}CH_2CH_3 + HBr$$

工业生产多采用前者，成本低，易于连续化，而实验室制备后者较为方便，但成本高。

【试剂与规格】

溴乙烷 C. P.　　　　　　　　　　　　苯 C. P.

无水三氯化铝 C. P.　　　　　　　　　无水氯化钙 C. P.

【物理常数及化学性质】

溴乙烷（见实验二十七"溴乙烷的制备"）。

苯（见实验三十"溴苯的制备"）。

乙苯（ethyl benzene）：分子量 106.17，沸点 136.2℃，d_4^{20} 0.8670，n_D^{20} 1.4959。无色液体，不溶于水，能与有机溶剂混溶。本品主要用作生产苯乙烯及一些医药中间体的原料，亦可用作溶剂，以及用于合成其他精细化工产品。

【操作步骤】

在干燥的 250mL 圆底烧瓶中，加入 22g（15mL，0.2mol）溴乙烷和 75g（85mL，0.96mol）苯[注1]。烧瓶置于冰水浴，加入 6 g 研细的无水三氯化铝，迅速安装回流冷凝管，冷凝管的顶端装一氯化钙干燥管，并连接气体吸收装置，以吸收反应中放出的溴化氢气体。反应在不断振摇及冷却下进行，当溴化氢的放出变慢时，用电热套缓缓加热烧瓶并回流 1h。冷却，将烧瓶内混合物倒入盛有 75g 冰、50g 水和 12g（10mL）浓盐酸的混合物中，充分搅拌，直到铝化合物完全溶解为止。将混合物移入分液漏斗，分去水层，有机层移入干燥的锥形瓶，加 5~7g 无水氯化钙干燥后，进行蒸馏[注2]。先蒸出苯，再蒸出乙苯，收集 132~138℃的馏分，产量 12~15g，产率 56%~70%。红外和核磁共振图谱见附录七图 4。本实验约需 4~6h。

【附注】

[1] 溴乙烷和苯均应无水，可用无水氯化钙干燥数日即可，必要时可重蒸。

[2] 如用韦氏分馏柱，可使产品的产率、纯度提高。

思 考 题

Friedel-Crafts 烷基化反应易发生多烷基化，本实验对此采用了什么措施？

实验三十二 丁苯的制备
Preparation of *n*-butylbenzene

【目的与要求】

1. 学习通过 Wurtz-Fittig 反应制备烷基芳烃的方法。

2. 掌握有金属钠参与反应的操作注意事项。

【基本原理】

Friedel-Crafts 烷基化反应是在芳环上引入烷基的重要方法，应用较广，如乙苯、异丙苯和十二烷基苯等。常用的烷化剂有卤代烷、烯烃和醇。但当所用烷化剂含有 3 个或 3 个以上碳原子时，烷基往往发生异构化，例如：

$$\text{C}_6\text{H}_6 + \text{CH}_3\text{CH}_2\text{CH}_2\text{Cl} \xrightarrow[\triangle]{\text{AlCl}_3} \text{C}_6\text{H}_5-\text{CH(CH}_3)_2 + \text{C}_6\text{H}_5-\text{CH}_2\text{CH}_2\text{CH}_3$$

因此，Friedel-Crafts 烷基化反应一般不适于制备直链烷烃。本实验采用 Wurtz-Fittig 反应合成丁苯：

$$\text{C}_6\text{H}_5\text{Br} + \text{C}_4\text{H}_9\text{Br} \xrightarrow{\text{Na}} \text{C}_6\text{H}_5-\text{C}_4\text{H}_9 + 2\text{NaBr}$$

其反应进行中需经过一个形成中间体——烷基钠的过程：

$$\text{C}_4\text{H}_9\text{Br} + 2\text{Na} \longrightarrow \text{C}_4\text{H}_9\text{Na} + \text{NaBr}$$

$$\text{C}_6\text{H}_5\text{Br} + \text{C}_4\text{H}_9\text{Na} \longrightarrow \text{C}_6\text{H}_5-\text{C}_4\text{H}_9 + \text{NaBr}$$

【试剂与规格】

金属钠 C.P.

溴苯 C.P.（干燥）

正溴丁烷 C.P.（干燥）

乙醇 C.P. 含量 95%

10%硫酸溶液

无水硫酸镁 C.P.

【物理常数及化学性质】

溴苯（见实验三十"溴苯的制备"）。

正溴丁烷（见实验二十九"正溴丁烷的制备"）。

丁苯（*n*-butylbenzene）：分子量 134.18，沸点 183℃，d_4^{20} 0.8601，n_D^{20} 1.4898。无色液体，不溶于水，能与乙醇、乙醚、丙酮、苯、四氯化碳混溶。本品是一种有机合成原料，也用作有机溶剂。

【操作步骤】

在装有回流冷凝器、搅拌器和恒压筒形滴液漏斗的 250mL 三口烧瓶[注1]中（装置见图 1-4），放入 5.8g（0.25mol）切成小薄片的金属钠[注2]。将预先混合好的 13g（8.8mL，

0.083mol）溴苯[注3]和 12.8g(10mL，0.093mol) 正溴丁烷混合液加入滴液漏斗中。先滴入 1～2mL 混合液，并将烧瓶温热，此时反应立即发生，金属钠变成暗蓝色并有热量放出。在 15min 内将其余的混合液滴加完，控制加热速度使烧瓶内容物呈微沸状态，再回流 15～20min。冷却，在 10min 内加入 15mL 95％乙醇，接着在 10min 内加 6mL 95％乙醇和 6mL 水的混合物，然后再加入 10mL 水，并继续回流 30～40min。

将烧瓶冷却至室温，拆掉装置，并加入 120mL 水。将瓶中混合物过滤去固体残渣，滤液移入分液漏斗中，分去水层。有机层依次用 6mL 10％硫酸和 15mL 水洗涤后，倒入干燥的锥形瓶，用无水硫酸镁干燥 0.5～1h。将干燥好的粗丁苯进行蒸馏，收集 178～188℃的馏分。得产品 5g，产率 45％[注4]。本实验约需 6～8h。

【附注】

[1] 所用仪器必须绝对干燥。

[2] 使用金属钠一定要特别小心。将金属钠自瓶中取出，擦去煤油或蜡保护层，切除氧化层，称重后，迅速将其切成小薄片。

[3] 溴苯须用无水氯化钙干燥，必要时重蒸。

[4] 该反应的产率之所以不高，是因为有副产物联苯及正辛烷生成。正辛烷沸点低，而作为前馏分除去；联苯沸点高，残留在烧瓶中。

思 考 题

1. 制取丁苯有哪些方法？用反应式表示之。

2. 写出本实验反应的可能机理。

3. 写出产生副产物联苯和正辛烷的生成过程。

4. 反应后期加入 95％乙醇有何作用？

5. 后处理过程中，分出的水层、用稀硫酸及水洗涤有机层产生的废水（每克产品约产生 28g）中主要含有什么杂质，如果在规模化生产中，它们对环境会产生什么影响？你有什么措施可以减少这些废水吗？

实验三十三 硝基苯的制备
Preparation of nitrobenzene

【目的与要求】

1. 学习芳香烃硝化的基本原理。

2. 掌握搅拌装置的安装及使用。

【基本原理】

硝化反应是芳香族化合物的四大亲电取代反应之一，在合成上具有重要意义。反应中硝基取代芳环上的氢原子而得到芳香硝基化合物，以苯的硝化为例，其过程是硝酸与硫酸作用生成硝基正离子 NO_2^+，接着 NO_2^+ 离子作为亲电试剂进攻苯环，然后苯环失去质子而得到硝基苯。浓硫酸的存在有助于硝基正离子的生成，并且可以提高反应速度。

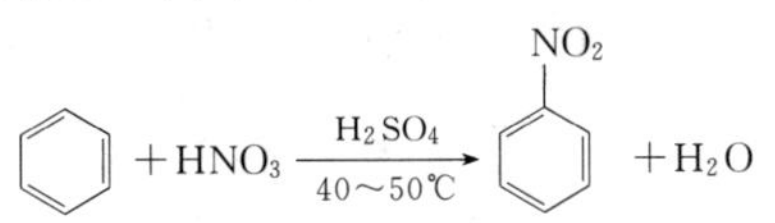

$$\text{苯} + HNO_3 \xrightarrow[40\sim50℃]{H_2SO_4} \text{硝基苯(NO}_2) + H_2O$$

由于反应属亲电取代，苯环上有斥电子基团，则反应容易进行，甚至只用硝酸即可；苯环上有吸电子基团，则反应困难，常使用混酸（硝酸与硫酸混合物）硝化。对活性更小的芳烃多使用发烟硫酸代替浓硫酸。

工业上使用类似的方法获得芳香硝基化合物，但是大量废酸的产生是该工艺在环境方面最大的缺陷，人们对改进硝化工艺进行了许多努力，如最近采取的"绝热硝化"可以大大减少废酸的产生（即利用反应热进行的非等温高温硝化，混酸利用率高）。

【试剂与规格】

苯 C.P.　　　　　　　　　　　　　　浓硝酸（d_4^{20} 1.42）C.P.

浓硫酸（d_4^{20} 1.84）C.P.　　　　　　10％氢氧化钠溶液

无水氯化钙 C.P.

【物理常数及化学性质】

苯（见实验三十"溴苯的制备"）。

硝基苯（nitrobenzene）：分子量123.11，沸点210.8℃，n_D^{20} 1.5529，d_4^{20} 1.2037。无色透明油状液体，具有苦杏仁油的特殊臭味。微溶于水，易溶于乙醇、乙醚、苯、甲苯等有机溶剂，能随水蒸气蒸发，易燃易爆，高毒[注1]。本品是一种重要的基本有机合成原料。

【操作步骤】

在250mL四口瓶上，分别安装搅拌器[注2]、温度计、筒形滴液漏斗、球形冷凝管，冷凝管上端连接橡皮管通入水槽[注3]。待装置固定后，四口瓶内加入23.5g（27mL，0.3mol）苯，开动搅拌器，自滴液漏斗慢慢滴入25mL浓硝酸和30mL浓硫酸的混合物，控制滴加速度，使反应液温度维持在40～50℃之间[注4]，必要时可用冷水冷却四口瓶。滴加完毕，用电热套继续加热搅拌30min，控制反应液温度不得超过60℃。

待反应液冷至室温后，倒入盛有100mL水的烧杯中，搅拌片刻，转移至250mL分液漏斗内，分去酸液（倒入指定酸液桶！）。有机层依次各用20～25mL水、10％氢氧化钠溶液及水各洗涤一次[注5]，然后移入锥形瓶中，用无水氯化钙干燥[注6]。将粗产物滤入50mL圆底烧瓶中，加热蒸馏，收集206～211℃的馏分[注7]。产量约25g，产率67％。本实验约需6～7h。

【附注】

[1] 硝基化合物对人体有较大的毒性，吸入过多蒸气或被皮肤触及吸收，均会引起中毒。处理硝基苯或其他硝基化合物必须小心。若不慎触及皮肤，应立即用过量乙醇擦洗，再用肥皂及温水冲洗，切记勿让硝基苯触及伤口。

[2] 此实验的搅拌装置不能用甘油润滑，以免生成硝化甘油，有爆炸的危险。可用石蜡油润滑之。

[3] 硝化过程中会由硝酸的氧化作用而生成一些低价氮的氧化物，这些物质有毒，故不应让其逸于室内。若加入少量尿素即可除去：$2HNO_2 + (H_2N)_2CO \longrightarrow 2N_2 + CO_2 + 3H_2O$

[4] 硝化反应是放热反应，若超过55℃，使二硝基物增加；低于40℃则反应速度减慢。

[5] 硝基苯中夹杂的硝酸若不洗净，最后蒸馏时硝基苯将会发生分解，生成红棕色的二氧化氮，同时也增加了生成二硝基苯的可能性。硝基苯用碱洗后，再用水洗，有时会形成难以分离的乳浊液。若久置仍不分层时，可加入固体氯化钠或氯化钙使水层饱和，稍加温热，或加入1mL左右乙醇放置一段时间，即可分层。

[6] 洗净后的硝基苯因含有小水珠，故呈混浊状，加入干燥剂后，可用电热套或温水浴温热并摇动，但温度不要超过45℃，冷却放置一段时间澄清后蒸馏。

[7] 蒸馏温度不得超过211℃，且严禁蒸干，否则，有发生爆炸的危险。

思 考 题

1. 本实验为什么要严格控制硝化温度？

2. 本实验使用硫酸的作用是什么？能否生成苯磺酸？

3. 粗产物依次用水、碱液、水洗涤的目的是什么？

4. 蒸馏硝基苯时，为什么不能超过211℃，温度过高有何不好？

二、醇、酚、醚及其衍生物

醇类化合物是应用极其广泛的一类化合物，它不但可做溶剂，而且易于通过反应转变为卤代物、烯、醚、醛、酮、羧酸等化合物，所以它是一类重要的有机化工原料。醇的制备方法很多，简单的醇在工业上主要是通过烯烃的催化水合、淀粉发酵等来制备，如甲醇现在主要采取水煤气合成法；乙醇除传统的发酵法（产品主要用于饮料、医药合成）外，乙烯水合法可提供更便宜的工业酒精（大量地用作溶剂和有机合成）；异丙醇的生产主要采用丙烯水合法，而环氧乙烷加氢法则得到异丙醇和正丙醇的混合物；需求量越来越大的正（异）丁醇和辛醇，主要采用近代的烯和一氧化碳的羰基合成法得到醛，再催化氢化到醇。发酵法生产的正丁醇较贵，但某些医药合成和抗生素发酵后的提取，主要使用发酵法正丁醇或它的乙酸酯。高级的醇类和某些环烷醇的制备可以用酯、醛、酮、羧酸的还原（实验三十九"二苯甲醇的制备"），如由动植物油脂氢化得到高碳醇。卤代烷的水解是工业上制备戊醇、苄醇、取代酚等的重要方法。但往往因为伴有烯或异构体醇生成，它的应用范围受到限制。格氏（Grignard）试剂常用来制备结构复杂的醇。对于叔醇，格氏法常常是最有效的方法。

环氧化合物的水解和烯烃的氧化是工业以及实验室合成邻二醇的两个重要方法，后一方法中，许多试剂（碱性高锰酸钾、四氧化锇）能立体专一地使烯烃进行顺式羟基化，而烯烃经过氧三氟乙酸顺式加成为环氧化合物，不经分离直接反式开环水解，得到邻二醇。

酚类的工业合成，传统的磺酸碱熔法仍用于萘酚类和某些取代苯酚的合成，但是苯酚的合成几乎被异丙苯法（苯、丙烯为原料，同时副产丙酮）所取代。取代酚类的合成，主要通过重氮基的羟基取代反应，苯酚类除少数作最后产品应用外，多数用作中间体原料。而萘酚类在染料工业用途较多。

简单的醚主要用作溶剂，如乙醚、丁醚。二甲醚的主要用途是在近几年作为清洁的汽车燃料。低碳的单纯醚的制备，工业和实验室通常都是采用相应醇的脱水，但合成混合醚最佳方法是 Williamson 合成法，即用卤代烷（主要一级卤代烷）、磺酸酯及硫酸酯与醇钠或酚钠反应（如实验九十五"2,4-二氯苯氧乙酸丁酯的制备"）。在三苯基膦和偶氮二羧酸二乙酯（DEAD）作用下，伯、仲醇与酚几乎定量地生成相应的醚，主要用于复杂的芳基烷基醚和环醚以及组合化合物库的合成。

实验三十四 乙醚的制备
Preparation of diethyl ether

【目的与要求】

1. 掌握实验室制备乙醚的原理和方法。

2. 掌握低沸点易燃液体的实验操作要点。

【基本原理】

醇的分子间脱水是制备单纯醚常用的方法。实验室常用的脱水剂是浓硫酸，酸的作用是将一分子醇的羟基转变成更好的离去基团。

$$RÖH + \overset{+}{\underset{|}{C}}H_2 \xrightarrow{S_N2} ROR + H_3O^+$$

这种方法通常用来从低级伯醇合成相应的简单醚，除硫酸外，还可以用磷酸和离子交换树脂。由于反应是可逆的，通常采用蒸出反应产物（醚或水）的方法，使反应向有利于生成醚的方向移动。同时必须严格控制反应温度，以减少副产物烯及二烷基硫酸酯的生成。仲醇及叔醇的脱水反应，通常为单分子的亲核取代反应（S_N1），并伴随着较多的消去反应。因此，用醇脱水制备醚时，最好使用伯醇，获得的产率较高。

在制取乙醚时，反应温度（140℃）比原料乙醇的沸点（78℃）高得多，因此可采用先将催化剂加热至所需的温度，然后再将乙醇直接加到催化剂中，以避免乙醇的蒸出。由于乙醚的沸点（34.6℃）较低，当它生成后就立即从反应瓶中蒸出。

主反应：$\quad CH_3CH_2OH + H_2SO_4 \underset{}{\overset{100\sim130℃}{\rightleftharpoons}} CH_3CH_2OSO_2OH + H_2O$

$$CH_3CH_2OSO_2OH + CH_3CH_2OH \xrightarrow{135\sim145℃} CH_3CH_2OCH_2CH_3 + H_2SO_4$$

$$2CH_3CH_2OH \xrightarrow[H_2SO_4]{140℃} CH_3CH_2OCH_2CH_3 + H_2O$$

副反应：$\quad CH_3CH_2OH \xrightarrow{H_2SO_4} \begin{cases} \xrightarrow{170℃} H_2C{=}CH_2 + H_2O \\ \xrightarrow{[O]} CH_3CHO + SO_2\uparrow + H_2O \end{cases}$

$$CH_3CHO \xrightarrow{H_2SO_4} CH_3COOH + SO_2\uparrow + H_2O$$

$$SO_2 + H_2O \longrightarrow H_2SO_3$$

乙醚的主要工业来源是乙烯水合制乙醇时的副产物。

【试剂与规格】

乙醇 C. P. 含量 95%　　　　　　　　　　浓硫酸 C. P. 含量 98%

【物理常数及化学性质】

乙醇（见实验二十七"溴乙烷的制备"）。

乙醚（diethyl ether）：分子量 74.12，沸点 34.5℃，n_D^{20} 1.3526，d_4^{20} 0.7138。无色透明易挥发易燃液体，具有吸湿性和芳香气味，能与多数有机溶剂混溶，微溶于水（溶解度 6g/100g 水），主要用作溶剂。本品有毒，会使人麻醉，空气中乙醚浓度超过 10% 时能致死。

【操作步骤】

在干燥的 100mL 三口瓶上，分别安装滴液漏斗、温度计及蒸馏装置。蒸馏装置中的接收器用冰水浴冷却，接收管的支管接上橡皮管通入下水道或室外。将三口瓶浸入冷水浴中，加入 13mL 95% 乙醇，再缓缓加入 12mL 浓硫酸，混合均匀。滴液漏斗内加入 25mL 95% 乙醇，漏斗末端和温度计的水银球必须浸入液面以下。电热套加热反应瓶，使反应液温度比较迅速地上升到 140℃，开始慢慢滴加乙醇，控制滴入速度与馏出速度大致相等[注1]（1 滴每秒），并维持反应温度在 135~145℃，30~40min 滴加完毕，再继续加热 10min，直到温度上升到 160℃ 时，去掉热源[注2]，停止反应。

将馏出液转入分液漏斗，依次用 8mL 5% 氢氧化钠溶液、8mL 饱和氯化钠溶液[注3]洗涤，最后用 8mL 饱和氯化钙溶液洗涤 2 次。分出醚层，用无水氯化钙干燥（注意容器外仍需用冰水冷却）。将澄清的乙醚溶液小心地转入蒸馏瓶中，在热水浴上（60℃）蒸馏，收集 33～38℃[注4] 馏分。产量 7～9g，产率约 35％。本实验约需 4～5h。

【附注】

[1] 若滴加速度明显超过馏出速度，不仅乙醇未作用就被蒸出，而且会使反应液的温度骤降，减少醚的生成。

[2] 使用或精制乙醚的实验台附近严禁火种，所以当反应完成拆下作接收器的蒸馏烧瓶之前必须先灭火。同样，精制乙醚时的热水浴必须在别处预先热好热水（或用恒温水浴锅），使其达到所需温度，而绝不能一边用明火一边蒸馏。

[3] 用氢氧化钠洗后，常会使醚层碱性太强，接下来直接用氯化钙溶液洗涤时会有氢氧化钙产生，为减少乙醚在水中的溶解度以及洗去残留的碱，故在用氯化钙洗前先用饱和氯化钠洗。另外，氯化钙和乙醇能形成复合物 $CaCl_2 \cdot 4CH_3CH_2OH$，因此未作用的乙醇也可以被除去。

[4] 乙醚与水形成共沸物（沸点 34.15℃，含水 1.26％），馏分中还含有少量乙醇，故沸程较长。

思　考　题

1. 制备乙醚时，为什么滴液漏斗的末端应浸入反应液中？
2. 本实验中，采取哪些措施除去混在粗制乙醚中的杂质？
3. 此反应温度过高或过低对反应有什么影响？

实验三十五　无水乙醚的制备
Preparation of absolution ether

【目的与要求】

掌握实验室制备无水乙醚的原理和方法。

【基本原理】

普通乙醚中常含有一定量的水、乙醇及少量的过氧化物等杂质，这对于要求以无水乙醚作溶剂的反应（如 Grignard 反应），不仅影响反应的进行，且易发生危险。试剂级的无水乙醚，往往也不合要求，且价格较贵，因此在实验中常需自行制备。制备无水乙醚时首先要检验有无过氧化物。为此取少量乙醚与等体积的 2％ 碘化钾溶液，加入几滴稀盐酸一起振荡，若能使淀粉溶液呈紫色或蓝色，即证明有过氧化物的存在。除去过氧化物可在分液漏斗中加入普通乙醚和相当于乙醚体积 1/5 的新配制硫酸亚铁溶液[注1]，剧烈摇动后分去水溶液。除去过氧化物后，按照下述操作步骤进行精制。

【试剂与规格】

乙醚 C.P.　　　　　　　　　　浓硫酸 C.P. 含量 98％
金属钠 C.P.

【物理常数及化学性质】

乙醚（见实验三十四"乙醚的制备"）。

无水乙醚（absolute ether）：沸点 34.51℃，d_4^{20} 0.7138，n_D^{20} 1.3526。

【操作步骤】

在 250mL 圆底烧瓶中加入 100mL 除去过氧化物的普通乙醚和几粒沸石，装上冷凝管。冷凝管上端装一盛有 10mL 浓硫酸[注2] 的滴液漏斗。通入冷凝水，将浓硫酸慢慢滴入乙醚中，由于脱水作用产生热量，乙醚会自行沸腾。滴加完毕，摇动反应物。

待乙醚停止沸腾后，改为蒸馏装置。收集乙醚的接收瓶用冰水浴冷却，接收管支管上连一氯化钙干燥管，干燥管上连接橡皮管通入水槽。水浴加热蒸馏，蒸馏速度不宜太快，以免乙醚蒸气冷凝不下来而逸散室内[注3]。当收集到约 70mL 乙醚，且蒸馏速度明显变慢时，停止蒸馏。烧瓶内残留液倒入指定的回收瓶内，切不可将水加入残液中。

将蒸馏收集的乙醚倒入干燥的锥形瓶中，加入 1g 钠屑或钠丝，用加有氯化钙的干燥管塞住，或用插有一末端拉成毛细管的玻璃管的橡皮塞塞住，这样可以防止潮气侵入并可使产生的气体逸出。放置 24h 以上，使乙醚中残留的少量水和乙醇转化为氢氧化钠和乙醇钠。如不再有气泡逸出，同时钠的表面较好，则可储放备用。如放置后金属钠表面已全部发生作用，需重新压入少量钠丝，放置至无气泡发生。这种无水乙醚可符合一般无水要求[注4]。本实验约需 4h。

【附注】

[1] 硫酸亚铁溶液的配制：在 110mL 水中加入 6mL 浓硫酸，然后加入 60g 硫酸亚铁。硫酸亚铁溶液久置后容易氧化变质，因此需在使用前临时配置。使用较纯的乙醚制取无水乙醚时，可免去硫酸亚铁溶液洗涤。

[2] 也可在 100mL 乙醚中加入 4～5g 无水氯化钙代替浓硫酸作干燥剂，并在下步操作中用五氧化二磷代替金属钠而制得合格的无水乙醚。

[3] 乙醚沸点低（34.51℃），极易挥发（20℃时蒸气压为 58.9kPa），且其蒸气比空气重（约为空气的 2.5 倍），容易聚集在桌面附近或低凹处。当空气中含有 1.85％～36.5％的乙醚蒸气时，遇火即会发生燃烧爆炸。故在使用和蒸馏过程中，一定要谨慎小心，远离火源。尽量不让乙醚蒸气散发到空气中，以免造成意外。

[4] 如需要更纯的乙醚时，可在除去过氧化物后，再用 0.5％高锰酸钾溶液与乙醚共振摇，使其中含有的醛类氧化成酸，然后依次用 5％氢氧化钠溶液、水洗涤，经干燥、蒸馏再压入钠丝。

实验三十六 正丁醚的制备
Preparation of *n*-butyl ether

【目的与要求】
1. 掌握由正丁醇制备正丁醚的实验方法。
2. 学习使用分水器的实验操作。

【基本原理】

在实验室和工业上都采用正丁醇在浓硫酸催化剂存在下脱水制备正丁醚。在制备正丁醚时，由于原料正丁醇（沸点 117.7℃）和产物正丁醚（沸点 142℃）的沸点都较高，故可使反应在装有水分离器的回流装置中进行，控制加热温度，并将生成的水或水的共沸物不断蒸出。虽然蒸出的水中会夹有正丁醇等有机物，但是由于正丁醇等在水中溶解度较小，相对密度又较水轻，浮于水层之上，因此借水分离器可使绝大部分的正丁醇等自动连续的返回反应瓶中，而水则沉于水分离器的下部，根据蒸出的水的体积，可以估计反应的进行程度。反应式：

$$2CH_3CH_2CH_2CH_2OH \xrightarrow[134\sim135℃]{H_2SO_4} CH_3CH_2CH_2CH_2OCH_2CH_2CH_2CH_3 + H_2O$$

主要副反应：
$$CH_3CH_2CH_2CH_2OH \xrightarrow[>135℃]{H_2SO_4} CH_3CH_2CH=CH_2 + H_2O$$

【试剂与规格】

正丁醇 C. P. 含量 98%　　　　　　　　　　浓硫酸 C. P. 含量 98%

【物理常数及化学性质】

正丁醇（见实验二十九"正溴丁烷的制备"）

正丁醚（n-butyl ether）：分子量 130.23，沸点 142.0℃，d_4^{20} 0.7689，n_D^{20} 1.3992。无色液体，不溶于水，与乙醇、乙醚混溶，易溶于丙酮。本品毒性较小，易燃，有刺激性。本品常用作树脂、油脂、有机酸、生物碱、激素等的萃取和精制溶剂。

【操作步骤】

在干燥的 100mL 三口瓶中，加入 12.5g（15.5mL，0.17mol）正丁醇、4g（2.2mL）浓硫酸和几粒沸石，摇匀。三口瓶一侧口安装温度计，温度计的水银球必须浸入液面以下，另一侧口塞住，中口装上分水器，分水器上端接一回流冷凝管，在分水器中注满正丁醇。用电热套小心加热烧瓶，使瓶内液体微沸，回流分水。反应生成的水以共沸物形式蒸出，经冷凝后收集在分水器下层[注1]，上层较水轻的有机相返回反应瓶中[注2]。当烧瓶内温度升至 135℃ 左右，分水量达计算值并不再有水分出时停止反应，反应约需 1.5h。

反应物冷却至室温，把混合物连同分水器里的水一起倒入盛有 25mL 水的分液漏斗中，充分振摇，静止后弃去水层。有机层依次用 16mL 50%硫酸分两次洗涤[注3]、10mL 水洗涤，然后用无水氯化钙干燥。将干燥后的产物滤入蒸馏瓶中蒸馏，收集 139～142℃ 馏分。产量 5～6g，产率约 50%。本实验约需 5～6h。

【附注】

[1] 如果从醇转变为醚的反应是定量进行的话，那么反应中应该被除去的水的量可以从下式来估算。

例　本实验是用 12.5g 正丁醇脱水制正丁醚，那么应该脱去的水量是：

$$12.5g \times 18g \cdot mol^{-1}/(2 \times 74)g \cdot mol^{-1} = 1.52g$$

[2] 本实验利用恒沸点混合物蒸馏的方法将反应生成的水不断从反应中除去。正丁醇、正丁醚和水可能生成以下几种恒沸点混合物：

	恒沸点混合物	沸点/℃	w/%		
			正丁醚	正丁醇	水
二元	正丁醇-水	93.0		55.5	45.5
	正丁醚-水	94.1	66.6		33.4
	正丁醇-正丁醚	117.6	17.5	82.5	
三元	正丁醇-正丁醚-水	90.6	35.5	34.6	29.9

反应开始后，生成的水以共沸物形式不断排出，瓶内主要是正丁醇和正丁醚，反应物温度维持 118～120℃，随着反应的进行，温度逐渐升高，反应后期温度可达到 140℃。分水器全部被水充满后即可停止反应。

[3] 用 50%硫酸处理是基于丁醇能溶解于 50%硫酸中，而产物正丁醚则很少溶解的原理。也可以用下述方法来精制粗丁醚：待混合物冷却后，转入分液漏斗，仔细用 20mL 2mol/L 氢氧化钠洗至碱性，然后用 10mL 水及 10mL 饱和氯化钙溶液洗去未反应的正丁醇，以后如前法一样进行干燥、蒸馏。

思 考 题

1. 制备乙醚和正丁醚在实验操作上有什么不同？

2. 为什么要将混合物倒入 25mL 水中？各步洗涤的目的是什么？

3. 能否用本实验的方法由乙醇和 2-丁醇制备乙基仲丁基醚？你认为应用什么方法比较合适？

实验三十七　2-甲基-2-己醇的制备
Preparation of 2-methyl-2-hexanol

【目的与要求】

1. 了解格氏反应在有机合成中的应用及制备方法。
2. 掌握制备格氏试剂的基本操作。

【基本原理】

卤代烷在无水乙醚等溶剂中和金属镁作用后生成的烷基卤化镁 RMgX 称为格氏（Grignard）试剂：

$$RX + Mg \xrightarrow{无水乙醚} RMgX$$

芳香族氯化物和乙烯基氯化物，在乙醚为溶剂的情况下，不生成格氏试剂。但若是改成沸点较高的四氢呋喃做溶剂，则它们也能生成格氏试剂，且操作比较安全。

格氏试剂能与环氧乙烷、醛、酮、羧酸酯等进行加成反应。将此加成产物水解，便可分别得到伯、仲、叔醇。结构复杂的醇，和取代烷基不同的叔醇的制备，不论是实验室还是工业上，格氏反应常常是最主要也是最有效的方法。

格氏反应必须在无水和无氧的条件下进行。因为微量水分的存在，不但会阻碍卤代烷和镁之间的反应，同时还会破坏格氏试剂。即：

$$RMgX + H_2O \longrightarrow RH + Mg(OH)X$$

格氏试剂遇氧后发生如下反应：

$$RMgX + [O] \longrightarrow ROMgX \xrightarrow{H_2O,H^+} ROH + Mg(OH)X$$

因此，反应时最好用氮气赶走反应瓶中的空气。当用无水乙醚做溶剂时，由于乙醚的挥发性大，也可以借此赶走反应瓶中的空气。

此外，在格氏反应过程中有热量放出，所以滴加 RX 的速度不宜太快。必要时反应瓶需用冷水冷却。在制备格氏试剂时，必须先加入少量的卤代烷和镁作用，待反应引发后，再将其余的卤代烷逐滴加入，调节滴加速度，使乙醚溶液保持微沸为宜。对于活性较差的卤代烷或反应较难引发时，可采取轻微加热或加入少量的碘粒来引发的办法。

格氏试剂与醛、酮等形成的加成物，通常用稀盐酸或稀硫酸进行水解，以使产生的碱式卤化镁转变成易溶于水的镁盐，便于使乙醚溶液和水溶液分层。由于水解时放热，故要在冷却下进行。对于遇酸极易脱水的醇，最好用氯化铵溶液进行水解。

本实验的反应式为：

$$n\text{-}C_4H_9Br + Mg \xrightarrow{无水乙醚} n\text{-}C_4H_9MgBr$$

$$n\text{-}C_4H_9MgBr + CH_3\overset{\overset{O}{\|}}{-}C-CH_3 \xrightarrow{无水乙醚} n\text{-}C_4H_9\underset{OMgBr}{\overset{}{C}}(CH_3)_2$$

$$n\text{-}C_4H_9\underset{OMgBr}{C}(CH_3)_2 + H_2O \xrightarrow{H^+} n\text{-}C_4H_9\underset{OH}{C}(CH_3)_2$$

【试剂与规格】

镁（新制）	无水乙醚（自制）
乙醚 C. P.	正溴丁烷 C. P.
丙酮 C. P.	无水碳酸钾 C. P.
10％硫酸溶液	5％碳酸钠溶液

【物理常数及化学性质】

正溴丁烷（见实验二十九"正溴丁烷的制备"）。

乙醚（见实验三十五"无水乙醚的制备"）。

2-甲基-2-己醇（2-methyl-2-hexanol）：分子量 116.20，沸点 143℃，n_D^{20} 1.4175，d_4^{20} 0.8119。本品为无色透明、具有特殊气味的液体，微溶于水，溶于乙醇、乙醚等有机溶剂，是一种重要的有机合成中间体。

【操作步骤】

在干燥的 250mL 三口瓶[注1]中，加入 3.1g（0.13mol）镁屑[注2]，安装上搅拌器[注3]、带有无水氯化钙干燥管的冷凝管和恒压滴液漏斗，在滴液漏斗中加入 17g（13.6mL，0.13mol）正溴丁烷和 55mL 无水乙醚混合液。先往三口瓶中滴入 10～15mL 混合液。待反应开始后[注4]，开动搅拌，滴入其余的正溴丁烷-乙醚溶液。控制滴加速度，维持乙醚溶液呈微沸状态。滴加完毕，加热回流 15～20min，使镁屑反应完全。

在不断搅拌和冷水浴冷却下，从滴液漏斗缓缓滴入 7.5g（9.5mL，0.13mol）丙酮和 10mL 无水乙醚的混合液，滴加速度以维持乙醚微沸为宜。滴加完毕，室温搅拌 15min，三口瓶中可能有灰白色黏稠状固体析出。

将反应瓶用冷水浴冷却，搅拌下从滴液漏斗逐滴加入 100mL 10％硫酸溶液以分解加成产物。分解完全后，将混合液倒入分液漏斗中，分出有机层，水层每次用 15mL 乙醚萃取两次，合并有机层和萃取液，用 30mL 5％碳酸钠溶液洗涤一次。有机层用无水碳酸钾干燥后，滤入干燥的 100mL 圆底烧瓶中，先在 80℃以下蒸去乙醚，乙醚回收。残留物移入 50mL 圆底烧瓶中，进行蒸馏，收集 137～141℃的馏分。产量 7～8g，产率 46％～53％。红外和氢核磁共振谱图见附录七图 10。本实验约需 6～8h。

【附注】

[1] 所有的反应仪器必须充分干燥。仪器在烘箱中烘干，取出稍冷后放入干燥器冷却，或开口处用塞子塞住进行冷却，防止冷却过程中玻璃壁吸附空气的水分；所用的正溴丁烷用无水氯化钙干燥，丙酮用无水碳酸钾干燥，并均须蒸馏。

[2] 镁屑应用新创制的。若镁屑因放置过久出现一层氧化膜，可用 5％盐酸溶液浸泡数分钟，抽滤除去酸液，依次用水、乙醇、乙醚洗涤。抽干后置于干燥器中备用。

[3] 本实验的搅拌棒可用橡胶圈封，应用石蜡油润滑，不可用甘油润滑。

[4] 在反应引发开始时，镁表面有明显气泡形成，溶液出现轻微混浊，乙醚开始回流。若 5min 仍不反应，可稍加温热，或在温热前加一小粒碘促使反应开始。

思 考 题

1. 本实验在将格氏试剂加成物水解前的各步中，为什么使用的药品、仪器均须绝对干燥？应采取什么措施？

2. 反应若不能立即开始，应采取哪些措施？如反应未真正开始，却加入了大量的正溴丁烷，后果如何？

3. 实验有哪些副反应？应如何避免？

实验三十八　三苯甲醇的制备
Preparation of triphenylcarbinol

【目的与要求】

1. 学习利用格氏反应制备结构复杂的醇。
2. 进一步熟悉格氏反应的各步操作。

【基本原理】

　　三苯甲醇在工业上是用苯做原料，在 $AlCl_3$ 存在下，CCl_4 作烷基化试剂，生成三苯氯甲烷与 $AlCl_3$ 的复合物，再经酸化水解而得。还可用三苯甲烷氧化制备。在实验室中主要用 Grignard 反应制备[注1]，因原料不同分为两种方法。

　　1. 二苯甲酮法

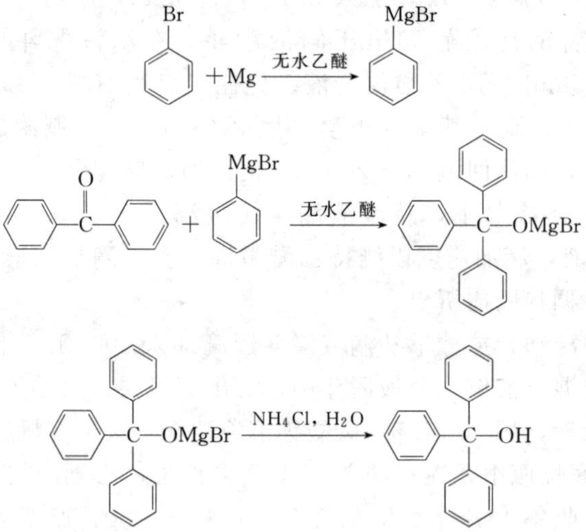

　　2. 苯甲酸乙酯法

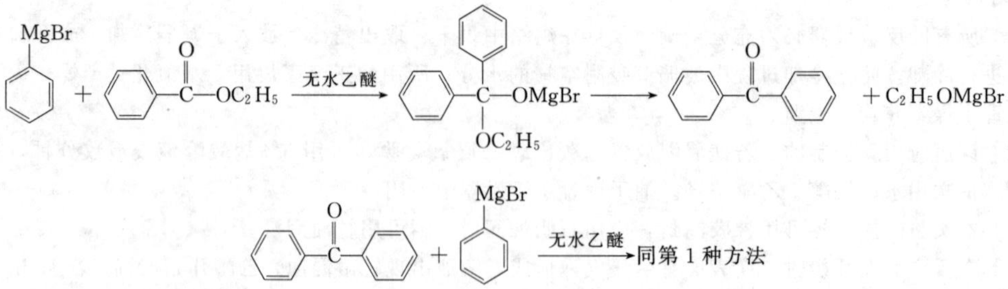

　　上述两种方法的副反应都是：

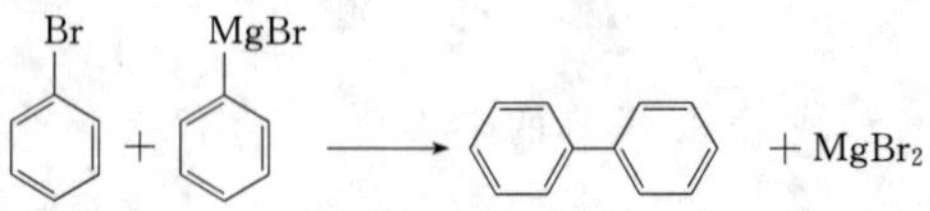

　　本实验采用第 2 种方法。

【试剂与规格】

溴苯(干燥) C.P.　　　　　　　　镁屑 C.P.

无水乙醚（自制）　　　　　　　　碘 C. P.

氯化铵 C. P.　　　　　　　　　　乙醇 C. P. 含量 95％

苯甲酸乙酯 C. P.（精制）　　　　稀盐酸 6mol/L

【物理常数及化学性质】

苯甲酸乙酯（ethyl benzoate）：分子量 150.12，沸点 213℃，n_D^{20} 1.5001，d_4^{20} 1.0509。无色澄清液体，具有芳香气味，微溶于水，溶于乙醇和乙醚。本品是一种香料和溶剂，亦是有机合成中间体。

溴苯（见实验三十"溴苯的制备"）。

三苯甲醇（triphenylcarbinol）：分子量 260.33，熔点 164.2℃。白色晶体，不溶于水，易溶于苯、醇、醚和冰醋酸。本品是一种有机合成原料。

【操作步骤】

在干燥的 250mL 三口瓶中，加入 1.5g(0.062mol) 镁屑和一粒碘，并安装搅拌器、带有氯化钙干燥管的冷凝管和筒形滴液漏斗[注2]，在滴液漏斗中加入 9.5g(6.4mL，0.061mol) 溴苯和 25 mL 无水乙醚混合液。先滴入 8～10 mL 溴苯-乙醚混合液，此时镁表面明显形成气泡，溶液出现轻微混浊，球形冷凝器下端出现回流。如不反应，可稍微温热[注3]。待反应趋于平稳后，开始搅拌，从球形冷凝器上端加入 10mL 无水乙醚，再慢慢滴加溴苯和无水乙醚的混合液，控制滴加速度，保持乙醚的正常回流。滴加完毕，继续搅拌回流 15min，以使镁屑尽量反应完全[注4]。

用冷水浴冷却三口瓶，搅拌下从滴液漏斗中慢慢滴入 3.8g(3.6mL，0.025mol) 苯甲酸乙酯和 10mL 无水乙醚的混合液，控制滴加速度以使乙醚保持回流。滴加完毕，在搅拌下缓慢加热回流 1h。在冷水浴冷却下从滴液漏斗中慢慢加入 7.5g 氯化铵与 28mL 水配制好的饱和溶液，以分解加成产物[注5]。

改成蒸馏装置，先在低温下蒸出乙醚，然后进行水蒸气蒸馏，以除去溴苯等有机物，直至馏出液不再有油状物为止。烧瓶中三苯甲醇呈固体析出，冷却，用布氏漏斗抽滤。粗产物称重，用 95％ 的乙醇重结晶[注6]。得纯品 4～5g，产率 61％～76％。本实验约需9～12h。

【附注】

[1] 关于格氏反应的条件及注意事项等参看实验三十七"2-甲基-2-己醇的制备"。

[2] 所有反应仪器及试剂都必须充分干燥。苯甲酸乙酯经无水硫酸镁干燥后，减压蒸馏。

[3] 可用手捂热，亦可用电热套微热，但严禁明火。整个反应期间不准有火种。

[4] 镁屑未完全反应，可适当延长回流时间，若仍不消失，实验则可继续往下进行。

[5] 如反应中絮状氢氧化镁未全溶时，可加入 5～8mL 6mol/L 盐酸，使其全部溶解。

[6] 亦可用石油醚-乙醇（2∶1）重结晶。

思　考　题

1. 实验中溴苯加入过快有何不好？

2. 为什么用饱和氯化铵溶液分解产物？还有何试剂可代替？

3. 进行重结晶时，何时加入活性炭为宜？若用混合溶剂重结晶，加入大量不良溶剂有何不好？抽滤后的结晶应用什么溶剂洗涤？

4. 格氏试剂与哪些化合物反应可以制得伯、仲、叔醇？写出各自的化学反应式。

实验三十九　二苯甲醇的制备
Preparation of Diphenylmethanol

【目的与要求】

学习、掌握硼氢化钠还原醛酮制备醇的原理与基本操作。

【基本原理】

二苯甲醇可以通过还原二苯甲酮制备。在碱性醇溶液中用锌粉还原是制备二苯甲醇常用的方法。硼氢化钠还原是实验室制备的较好方法，反应可以在醇、含水醇溶剂中使用，操作方便，使用安全。

反应式：

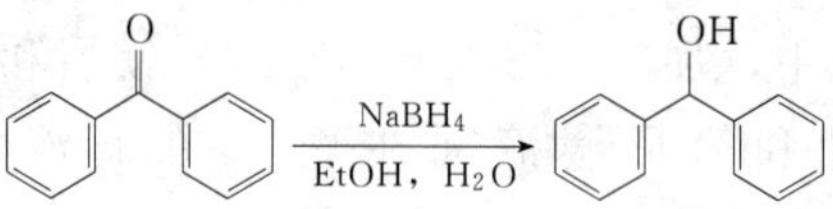

【试剂与规格】

二苯甲酮 C. P.　　　　　　　　　硼氢化钠 A. R.

乙醇（95%）C. P.　　　　　　　　盐酸（10%）

石油醚（b. p. 60～90℃）A. R.

【物理常数及化学性质】

二苯甲酮（diphenyl ketone; benzophenone）：$C_{13}H_{10}O$，分子量 182.22，熔点 48～49℃，沸点 305℃，d_4^{20} 1.1146，n_D^{20} 1.6077，白色有光泽的棱形结晶，似玫瑰香、具有甜味，能溶于乙醇、乙醚、氯仿等有机溶剂，不溶于水。本品是紫外线吸收剂、光化学敏化剂、香料定香剂（能赋予香料以甜的气息）、苯乙烯阻聚剂等，也是有机颜料、药物、香料、杀虫剂等的合成中间体。

二苯甲醇（Diphenylmethanol, benzhydrol）：$C_{13}H_{12}O$，分子量 184.24，熔点 69℃，沸点 297～298℃，180℃/20mmHg，无色针状结晶，易溶于乙醇、乙醚、氯仿和二硫化碳等溶剂，极微溶于水。本品在有机合成中用于羟基保护。

硼氢化钠（Sodium tetrahydridoborate）：$NaBH_4$，分子量 37.83，熔点 400℃（分解），d 1.074，白色结晶，溶于水、氨（胺），不溶于乙醚。本品在有机合成中作为氢负离子还原剂用于还原醛、酮、亚胺等，与四氢化锂铝不同，可在醇、含水醇溶剂中使用。

【操作步骤】

在 50mL 圆底烧瓶中，加入二苯酮 3.0g（16.5mmol）和乙醇（95%）17mL，微热使之溶解。冷至室温后，在搅拌下分批加入硼氢化钠[注1] 0.3g（8mmol），控制反应温度不超过 40℃（注意观察实验现象）。加毕在室温下继续振摇 5min，然后加热回流 15～20min。冷却至室温后，加入 17mL 水，再逐滴加入盐酸（10%）约 3mL，至无大量气泡产生（注意观察有何变化）[注2]。冷却、抽滤、水洗、干燥得粗产品 2.5～2.9g，产率约 82%～95%。熔点 66～68℃。

粗品可用石油醚（b. p. 60～90℃）重结晶，得纯二苯甲醇。

【附注】

[1] 硼氢化钠易吸潮，具腐蚀性。称量操作应快速，注意勿触及皮肤。

[2] 加入盐酸将会产生大量气体，为什么？因此滴加不宜太快。

思 考 题

1. 写出硼氢化钠还原二苯甲酮的反应机理。
2. 硼氢化钠和四氢化锂铝的还原反应特点有何区别？
3. 使用硼氢化钠和四氢化锂铝对溶剂的要求有何不同？

三、醛、酮及其衍生物

由于醛、酮羰基的活泼性，和许多亲核试剂加成、氧化可制备酸，还原可制备醇，使其成为一类极其重要的有机合成原料和中间体。酮的羰基相对醛的羰基而言，较为稳定，加之多数低级酮对大多数有机物有较好的溶解性能，如丙酮、甲乙酮、甲基异戊酮，都是良好的溶剂。

醇的氧化或脱氢是醛、酮的重要合成方法之一。由于醛羰基对多数氧化剂的不稳定性，氧化法仅适合于制备沸点较低的低级醛。实验室多采用重铬酸钾、硫酸、硝酸等一些易操作的氧化剂，在工业上则多采取易于规模化、连续化、污染小的催化脱氢法，如伯醇在银、铜催化下的气相氧化脱氢是工业制备甲醛、乙醛等许多醛的简便、经济和清洁的方法。在氯化亚铜或二价钯等过渡金属催化下，伯醇被空气或分子氧氧化成醛，是近几年绿色化学的研究热点。异丙醇、仲丁醇、环己醇在氧化锌等催化下，脱氢相应得到丙酮、丁酮、环己酮。虽然炔的水合反应也可以制备醛或酮，但由于仅乙炔易于得到，所以除用于制备乙醛外，其他很少使用。芳醛在工业上多采用侧链的氧化来制备，但多采用温和的氧化剂，如二氧化锰/硫酸，空气的催化氧化。如：

$$\text{C}_6\text{H}_5\text{—CH}_3 \xrightarrow[40℃]{\text{MnO}_2 + 65\% \text{H}_2\text{SO}_4} \text{C}_6\text{H}_5\text{—CHO}$$

$$\text{HO—C}_6\text{H}_4\text{—CH}_3 \xrightarrow{\text{O}_2} \text{HO—C}_6\text{H}_4\text{—CHO}$$

在三氯化铝及氯化亚铜或四氯化钛存在下，烷基芳烃可以和 CO 及干燥的 HCl 反应，在芳环上引入—CHO 基生成芳醛（Gattermann-Koch 反应）：

$$\text{C}_6\text{H}_5\text{CH}_3 + \text{CO} + \text{HCl} \xrightarrow[20℃]{\text{AlCl}_3\text{-CuCl}} \text{CH}_3\text{C}_6\text{H}_4\text{CHO}$$

此外，醇醛缩合反应是制备 α,β 不饱和醛的重要方法。芳酮的制备，不论工业和实验室，以酰氯或酸酐和芳香烃的酰基化反应，仍然是最重要的方法（如实验四十二"苯乙酮的制备"）。

近期报道了许多条件温和，选择性高的新试剂，用于多官能团或复杂骨架化合物醛和酮的制备，如三氧化铬-吡啶络合物、HOCrO_3Cl-吡啶（PCC）、吡啶二铬酸盐（PDC）等，温和条件下可使伯醇氧化为醛，而分子中的双键、烷硫基、酯基、硝基不受影响。

实验四十 水杨醛（邻羟基苯甲醛）的制备
Preparation of salicylaldehyde

【目的与要求】

1. 学习由苯酚、氯仿在碱的作用下，通过瑞穆尔-蒂曼（Reimer-Tiemann）反应制备水杨醛和对羟基苯甲醛。

2. 掌握水蒸气蒸馏分离异构体的方法。

【基本原理】

苯酚、氢氧化钠水溶液和氯仿一起反应，生成邻羟基苯甲醛（水杨醛）和少量对羟基苯甲醛（Reimer-Tiemann 反应）：

这是工业上制备水杨醛的主要方法，该反应操作方便，但转化率一般不高，且产生大量树脂状副产物。近期对该反应催化剂的研究已大大改变了这种状况。邻羟基苯甲醛和少量对羟基苯甲醛可以通过水蒸气蒸馏加以分离。本实验采用此方法。

【试剂与规格】

氢氧化钠 C.P.	苯酚 C.P.
氯仿 C.P.	3mol/L 硫酸
乙醚 C.P.	饱和亚硫酸氢钠
乙醇 C.P.	无水硫酸镁 C.P.

【物理常数及化学性质】

苯酚（phenol）：分子量 94.11，熔点 43℃，沸点 181.4℃，n_D^{20} 1.5590。无色透明针状结晶，微溶于水（在冷水中溶解度为 6.7g，而与热水可互溶），易溶于苯、乙醚、乙醇、氯仿等，不溶于石油醚。能吸收空气中的水分并液化，具有特殊气味和腐蚀性，本品是一种重要的有机合成原料。

氯仿（chloroform, trichloromethane）：分子量 119.39，沸点 61.2℃，n_D^{20} 1.4459，d_4^{20} 1.4832。无色透明液体，有特殊甜味，易挥发，不易燃，但在高热作用下，能生成氯化氢和光气使人中毒。微溶于水，能与醇、苯、醚、四氯化碳及二硫化碳混溶。本品是一种有机合成原料，主要用于生产 F-22、染料和药物。

水杨醛（邻羟基苯甲醛，salicylaldehyde, o-hydroxybenzaldehyde）：分子量 122.13，沸点 197℃，d_4^{20} 1.1674，n_D^{20} 1.5740。本品为无色或深红色油状液体，具有苦杏仁的气味。微溶于水，溶于乙醇、乙醚和苯等有机溶剂。能与水蒸气一同挥发。是一种香料和用途较广的有机中间体。

对羟基苯甲醛（p-hydroxybenzaldehyde）：分子量 122.13，熔点 116.4～117℃（升华）。白色至淡黄色针状结晶，具有芳香气味。微溶于水，溶于甲醇、丙酮、醚和苯等有机溶剂。本品是一种重要的精细有机合成原料。

【操作步骤】

在装有温度计、搅拌器和回流冷凝器的 250mL 三口瓶中，加入 40g 氢氧化钠溶于 40mL 水中的溶液，12.5g（0.133mol）苯酚[注1]溶于 12.5mL 水中的溶液。将烧瓶内温调至 60～65℃[注2]，不允许酚钠结晶析出。将 30g（20.3mL，0.25mol）氯仿分三次、间隔10min 自冷凝器顶端加入。在加氯仿期间，充分搅拌反应液并将温度控制在 65～70℃。最后在沸水浴上（或用电热套）加热 0.5h，以使反应完全。

水蒸气蒸馏除去过量的氯仿[注3]，冷却烧瓶并用 6mol/L 硫酸酸化橙色残留物。再进行水蒸气蒸馏，直至无油状物馏出为止，残留物用于离析对羟基苯甲醛。馏出液移入分液漏斗，分出油状物水杨醛，用 15mL 乙醚萃取水层。将粗水杨醛和萃取液合并后蒸馏，蒸出乙醚。残留物中加入约 2 倍体积的饱和亚硫酸氢钠溶液[注4]，振摇 0.5h，静置 0.5h。用布氏漏斗抽滤膏状物，依次用少量乙醇、少量乙醚洗涤，以除去苯酚。在微热下，用 3mol/L 硫酸分解水杨醛和亚硫酸氢钠形成的加合物。冷却，用乙醚萃取水杨醛，萃取液用无水硫酸镁干燥。将澄清溶液蒸馏，先除醚，后蒸馏残留物，收集 195～197℃的馏分。得水杨醛 6g，产率为 37%。

为了离析对羟基苯甲醛，将水蒸气蒸馏的残留物趁热过滤，以除去树脂状物。用乙醚萃取冷的滤液，蒸去乙醚，将黄色固体用含有一些亚硫酸的水溶液重结晶。得对羟基苯甲醛 1～2g，产率 6%～12%。本实验约需 6h。

【附注】

[1] 使用苯酚注意事项：切勿使苯酚接触皮肤，如不慎接触，可用溴-甘油饱和溶液或石灰水涂抹患处。

[2] 调节温度时，既可采用热浴，也可采用冷浴。

[3] 氯仿 20℃时在水中的溶解度为 0.82g，它可与水形成共沸物，恒沸点为 56℃，恒沸时的气相组成为：含氯仿 97%，含水 3%。

[4] 加入饱和亚硫酸氢钠溶液的目的是与水杨醛形成固体加合物。

思 考 题

1. 写出本实验中制备水杨醛的反应机理。
2. 分离水杨醛中对羟基苯甲醛主要依据它们的哪种不同性质？并从结构上加以解释。
3. 列举制备芳香醛的几种重要反应。

实验四十一　环己酮的制备
Preparation of cyclohexanone

【目的与要求】

1. 学习由醇氧化制备酮的基本原理。
2. 掌握由环己醇氧化制备环己酮的实验操作。

【基本原理】

环己酮常用作有机合成中间体和有机溶剂。工业上最常用的制备方法是环己烷空气催化氧化和环己醇催化脱氢。例如：

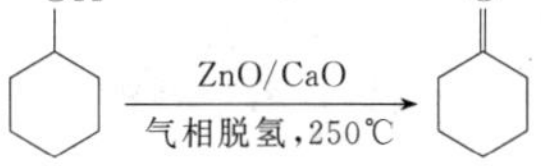

在实验室中，多用氧化剂氧化环己醇，酸性重铬酸钠（钾）是最常用的氧化剂之一。例如：

$$Na_2Cr_2O_7 + H_2SO_4 \longrightarrow 2CrO_3 + Na_2SO_4 + H_2O$$

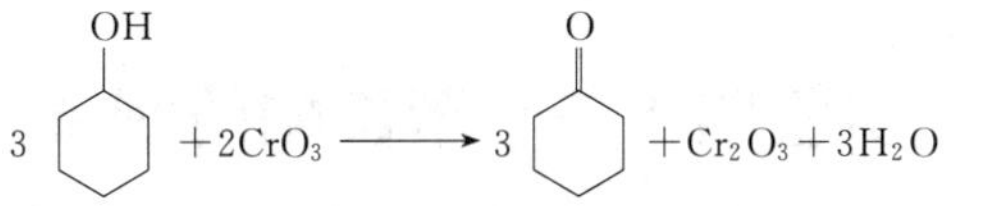

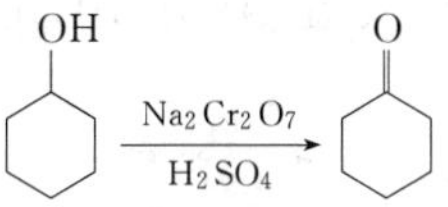

反应中，重铬酸盐在硫酸作用下先生成铬酸酐，再和醇发生氧化反应，因酮比较稳定，

不易进一步被氧化，故一般能得到较高的产率。为防止因进一步氧化而发生断链，控制反应条件仍然十分重要。

本实验用重铬酸钠氧化环己醇制备环己酮。

【试剂与规格】

浓硫酸 C. P.　　　　　　　　环己醇 C. P.

重铬酸钠 C. P.　　　　　　　无水碳酸钾 C. P.

草酸 C. P.　　　　　　　　　精盐

【物理常数及化学性质】

环己醇（见实验二十六"环己烯的制备"）。

环己酮（cyclohexanone）：分子量 98.14，沸点 155.65℃，n_D^{20} 1.4507，d_4^{20} 0.9478。无色可燃性液体，微溶于水，能与醇、醚及其他有机溶剂混溶。本品是生产聚酰胺的重要原料。

【操作步骤】

在 250mL 圆底烧瓶中放入 60mL 冰水，慢慢加入 10mL 浓硫酸。充分混合后，搅拌下慢慢加入 10g（10.5mL，0.1mol）环己醇。在混合液中放一温度计，并将溶液温度降至 30℃ 以下。

将重铬酸钠 10.5g（0.035mol）溶于盛有 6mL 水的烧杯中。将此溶液分批加入圆底烧瓶中，并不断振摇使之充分混合。氧化反应开始后，混合液迅速变热，且橙红色的重铬酸盐变为墨绿色的低价铬盐。当烧瓶内温度达到 55℃ 时，可用冷水浴适当冷却，控制温度不超过 60℃。待前一批重铬酸盐的橙色消失之后，再加入下一批。加完后继续振摇直至温度有自动下降的趋势为止，最后加入 0.5g 草酸使反应液完全变成墨绿色[注1]。

反应瓶中加入 50mL 水，并改为蒸馏装置[注2]。将环己酮和水一起蒸馏出来（环己酮与水的共沸点为 95℃），直至馏出液澄清后再多蒸约 5mL，共收集馏液 40～45mL[注3]。将馏出液用 10g 精盐饱和，分液漏斗分出有机层，水层用 30mL 乙醚萃取 2 次，合并有机层和萃取液，无水碳酸钾干燥。粗产品进行蒸馏，先蒸出乙醚，改用空气冷凝管冷却，收集 150～156℃ 的馏分。产品重 6.0～7.0g，产率 61.2%～66.3%。红外和核磁图谱见附录七图 3。本实验约需 7h。

【附注】

[1] 若不除去过量的重铬酸钠，在后面蒸馏时，环己酮将进一步氧化，开环成己二酸。

[2] 这实际上是简易水蒸气蒸馏装置。

[3] 31℃ 时，环己酮在水中的溶解度为 2.4g，即使用盐析，仍不可避免有少量环己酮损失，故水的馏出量不宜过多。

思 考 题

1. 为什么要将重铬酸钠溶液分批加入反应瓶中？

2. 如欲将乙醇氧化成乙醛，为避免进一步氧化成乙酸应采取哪些措施？

3. 当氧化反应结束时，为何要加入草酸？

实验四十二　苯乙酮的制备
Preparation of acetophenone

【目的与要求】

1. 学习用 Friedel-Crafts 酰基化反应制备芳酮的原理。

2. 掌握 Friedel-Crafts 酰基化反应的实验操作。

【基本原理】

芳香酮的制备通常利用 Friedel-Crafts（简称傅氏）酰基化反应。它是芳香烃在无水三氯化铝等催化剂存在下，同酰氯或酸酐作用，在苯环上引入酰基的反应。当苯环上有一个酰基取代后，因它是一个间位定位基，使苯环的活性降低，不会生成多元取代物的混合物。酰基化试剂通常用酰氯、酸酐，有时也用羧酸。催化剂多用无水三氯化铝、氯化锌，硫酸也可使用。酰基化时，因有一部分三氯化铝与酰氯或芳酮反应生成配合物，所以每 1mol 酰氯需用多于 1mol 的三氯化铝。当用酸酐作酰基化试剂时，因有一部分三氯化铝与酸酐作用，所以三氯化铝用量更多，一般需要 3mol 三氯化铝，而实际上还要过量 10%～20%。

Friedel-Crafts 反应一般是放热反应，但它有一个诱导期，所以操作时需要注意温度变化。反应一般需溶剂，反应原料芳烃常兼作溶剂，有时也用硝基苯或二硫化碳等。

反应式：

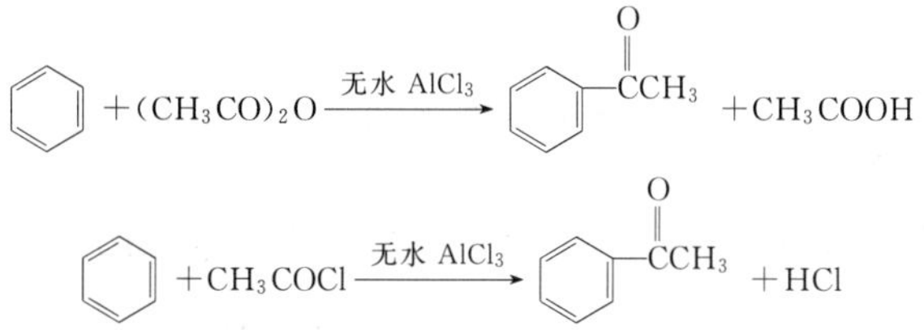

本实验是采用乙酸酐和苯制备苯乙酮。由于三氯化铝遇水或受潮会分解，故反应中所需仪器和试剂都应是干燥无水的。

【试剂与规格】

苯（无水）C. P.	乙酸酐 C. P.
无水三氯化铝 C. P.	浓盐酸 C. P.
5%氢氧化钠溶液	无水硫酸镁 C. P.

【物理常数及化学性质】

乙酸酐（acetic anhydride）：分子量 102.09，沸点 139.6℃，n_D^{20} 1.3904，d_4^{20} 1.2475。无色易挥发液体，易燃，有强的腐蚀性。缓慢溶于水变成乙酸，溶于氯仿、乙醚等。是有机合成原料。

苯乙酮（acetophenone）：分子量 120.1，沸点 202.6℃，n_D^{20} 1.5372，d_4^{20} 1.0281。无色液体，有愉快的芳香气味，微溶于水，易溶于醇、醚、氯仿。本品是一种重要的有机合成原料。

【操作步骤】

在 250mL 三口瓶[注1]上，依次安装搅拌器、筒形滴液漏斗、冷凝管，冷凝管上端装一氯化钙干燥管，并且连接一氯化氢气体吸收装置。快速称取 25g 无水三氯化铝碎末[注2]，放入三口瓶中，再加入 30mL 无水苯。在搅拌下从滴液漏斗慢滴加 6.5g（6mL，0.06mol）乙酸酐与 10mL 无水苯的混合液，约 20min 滴完。电热套加热微沸回流 0.5h，至无氯化氢气体逸出为止。

将三口瓶冷却，搅拌下慢慢滴入 50mL 浓盐酸与 50mL 冰水的混合液，当反应瓶内固体完全溶解后，分出苯层，水层每次用 15mL 苯萃取两次。合并苯层和萃取液，依次用 5%氢氧化钠溶液、水各 20mL 洗涤，用无水硫酸镁干燥。粗产物干燥后进行蒸馏，先蒸出苯，当温度升至 140℃ 左右时，停止加热，稍冷，换用空气冷凝管继续蒸出残留的苯。最后收集 198～202℃ 的馏分[注3]，产量 4～5g，产率 52%～65%。本实验约需 6～8h。

【附注】

[1] 仪器必须充分干燥，否则影响反应进行。装置中凡与空气相通的地方，均应安装干燥管。

[2] 无水三氯化铝的质量是实验成败的关键之一。研细、称量、投料都应迅速，避免吸收空气中的水分。

[3] 收集苯乙酮时，可直接用接液管收集，这样可减少产品损失。最好减压蒸馏出苯乙酮，其不同压力下的沸点列表如下：

压力/kPa	0.67	1.33	3.33	6.66	13.33	20.00
沸点/℃	64	78	98	115.5	134	146

思 考 题

1. 水对本实验有何影响？在仪器装置和操作中应注意哪些事项？

2. 反应完成后为什么要加入浓盐酸和冰水的混合液？

3. 傅氏烷基化和傅氏酰基化反应中，三氯化铝的用量有何不同？

实验四十三 2,4-二羟基苯乙酮的制备
Preparation of 2，4-dihydroxyphenylethanone

【目的与要求】

学习由酚的酰基化反应（在弱催化剂氯化锌作用下）制备羟基芳酮的原理及实验操作。

【基本原理】

在苯环上引入酰基制备芳香酮，通常利用苯的 Friedel-Crafts 酰基化反应，常用的催化剂为无水 $AlCl_3$。酚芳环的电荷密度较高，因此其烷基化、酰基化反应可以在较弱的催化剂作用下进行。本实验是采用无水氯化锌做催化剂，间苯二酚和乙酸直接发生酰基化反应生成 2,4-二羟基苯乙酮。2,4-二羟基苯乙酮是重要的有机合成原料，如可以合成具有多种药理作用的含羟基的查尔酮类物质；利用酮羰基和胺类化合物可以合成具有生物活性的席夫碱及其金属配合物等。

反应式：

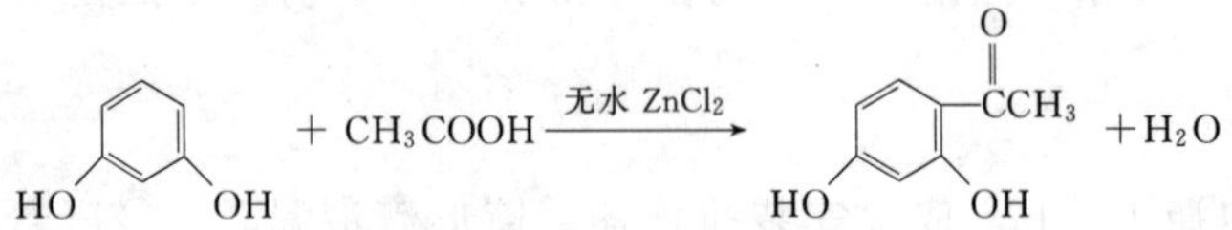

【试剂与规格】

间苯二酚 C.P.　　　　　　　　无水氯化锌 C.P.

冰醋酸 C.P.　　　　　　　　　5%氢氧化钠溶液

【物理常数及化学性质】

间苯二酚（resorcinol）：又称树脂酚，分子量 110.11，熔点 109～111℃，$d_4^{20}1.272$。无色或白色针状晶体，见光或露置空气中变为粉红色。易溶于水、乙醇和丙酮，可溶于乙醚、苯，难溶于氯仿和二硫化碳。对眼睛和皮肤有刺激性。是合成树脂及染料的原料。

冰醋酸（acetic acid）：分子量 60.05，沸点 117.9℃，$n_D^{20}1.3718$，$d_4^{20}1.0491$。无色澄清液体，具有刺激性气味，能与水、醇、甘油、醚、四氯化碳混溶，不溶于 CS_2，是一种重

要的有机酸类原料。

2,4-二羟基苯乙酮（2,4-dihydroxyphenylethanone）：分子量 152.14，熔点 143～145℃，d_4^{20} 1.180。针状或叶状浅橘黄色晶体。易溶于吡啶、冰醋酸及热醇中，可溶于温水，微溶于醚、苯和氯仿。

【操作步骤[注1]】

在 100mL 三口烧瓶中加入 4.6g（0.033mol）新烧制的无水氯化锌[注2]和 10mL 冰醋酸，温热搅拌溶解后，加入 3.7g（0.033mol）间苯二酚，慢慢搅拌加热至沸，控制反应液温度为 135～140℃[注3]，回流反应 1h。停止加热，从冷凝器上口慢慢加入 60mL 水，用 5％盐酸调反应液 pH 值为 2[注4]（约 4～6mL），溶液为澄清透明的酒红色，冷却至室温，有少量沉淀产生，然后将烧瓶在冰水浴中冷却至 5℃，析出大量橘黄色针状晶体，抽滤，沉淀用少量冰水洗涤，干燥后得 3～3.5g 产品，产率约为 60％～68％。熔点为 142～145℃。

产品用近沸腾的水和少量活性炭重结晶，可得纯品。

【附注】

[1] 此操作步骤，是参考了 E. C. 霍宁主编的《有机合成》第三集 469 页（中译本，科学出版社）和樊能延主编《有机合成事典》519 页（1992 年版）后，在实验基础上研究改进的。

[2] 无水 $ZnCl_2$ 是白色容易潮解的固体，它的溶解度是固体盐中溶解度最大的，283K 时为 333g/100g 水，它的吸水性很强，在有机合成中常用它作去水剂和催化剂。

[3] 如果温度超过 140℃，则不利于 2,4-二羟基苯乙酮的生成而增加红色产物的量。

[4] pH 值为 2 的水溶液能更彻底的洗去 $ZnCl_2$。

实验四十四　环己酮肟的制备
Preparation of cyclohexanone oxime

【目的与要求】

学习醛、酮与羟胺成肟的反应原理和实验方法。

【基本原理】

醛、酮与羟胺、2,4-二硝基苯肼及氨基脲的加成缩合物都是好的结晶，具有固定的熔点，因而常用来鉴别醛、酮。这类化合物在稀酸作用下，能够水解为原来的醛、酮。因而可利用这种反应来分离和提纯醛、酮。

环己酮肟的制备，在工业上较新的方法是用环己烷和氯及一氧化氮进行光化学反应，首先得到 1-氯-1-亚硝基环己烷，然后进行还原反应，即得到环己酮肟。

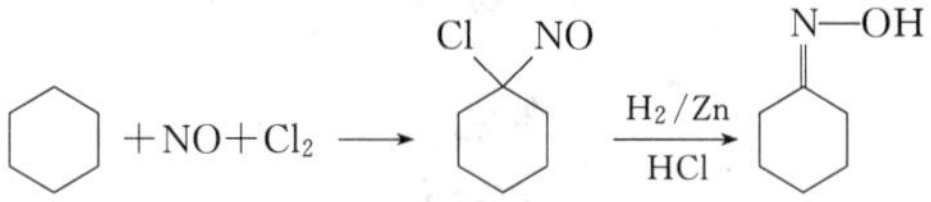

本实验以环己酮和盐酸羟胺为原料制备环己酮肟。反应式：

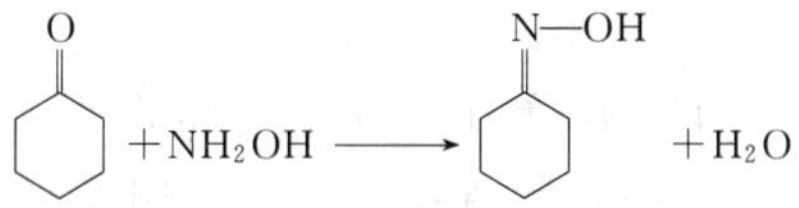

【试剂与规格】

盐酸羟胺 C. P.　　　　　　　醋酸钠 C. P.

环己酮 C. P.

【物理常数及化学性质】

环己酮（见实验四十一"环己酮的制备"）

环己酮肟（cyclohexanone oxime）：分子量 113.14，熔点 89~90℃，棱柱体白色结晶。不溶于水，溶于乙醇和乙醚，本品系有机合成中间体。

【操作步骤】

在 250mL 磨口锥形瓶中，将 14g（0.2mol）盐酸羟胺及 20g 结晶醋酸钠溶解在 60mL 水中，温热此溶液，使达到 35~40℃。每次 2mL 分批加入 15mL 环己酮（14g，0.14mol），边加边振摇，此时即有固体析出。加完后，用空心塞塞住瓶口，激烈摇动 2~3min，环己酮肟呈白色粉状结晶析出[注1]。冷却后，将混合物抽滤，固体用少量水洗涤。抽干后，在滤纸上进一步压干。用红外灯干燥，得到产品为白色晶体，熔点为 89~90℃。本实验需3~4h。

【附注】

[1] 若此时环己酮肟呈白色小球状，则表示反应还未完全，须继续振摇。

思 考 题

制备环己酮肟时，加入醋酸钠的目的是什么？

实验四十五　查耳酮的制备
Preparation of Chalcone

【目的与要求】

学习、掌握利用碱催化羟醛缩合制备 α,β-不饱和醛酮的原理与基本操作。

【基本原理】

具有 α-氢的醛酮在碱或酸催化下发生羟醛缩合反应，首先生成 β-羟基醛酮，提高反应温度，β-羟基醛酮脱水生成 α,β-不饱和醛酮。这是合成 α,β-不饱和醛酮的重要方法，也是有机合成中增长碳链的重要反应。芳醛可与含 α-氢的醛酮发生交叉羟醛缩合生成稳定的 α,β-不饱和醛酮芳香共轭体系，此即 Claisen-Schmidt 缩合反应。

反应式：

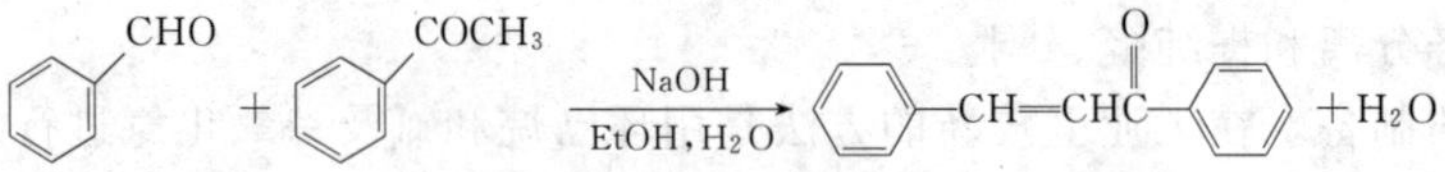

本实验利用苯甲醛和苯乙酮的碱催化羟醛缩合反应制备查耳酮（chalcone）。

【试剂与规格】

苯甲醛 C.P.　　　　　　　　　苯乙酮 C.P.

乙醇（95%）C.P.　　　　　　　氢氧化钠（2.5mol·L^{-1}）

石油醚（b.p.60~90℃）A.R.

【物理常数及化学性质】

苯甲醛（benzaldehyde）：C_7H_6O，分子量 106.12，沸点 178℃，$d_4^{20}1.0447$，$n_D^{20}1.5455$，与乙醇、乙醚、氯仿等有机溶剂混溶，微溶于水。本品用于有机合成、香料定香剂（能赋予香料以甜的气息）等。本品有一定的毒性，应避免与皮肤接触。

苯乙酮（见实验四十二"苯乙酮的制备"）。

查耳酮（Chalcone；1,3-二苯基-2-丙烯-1-酮；苯亚甲基苯乙酮）：$C_{15}H_{12}O$，分子量

208.26，淡黄色棱晶，熔点58℃（E），45～46℃（Z），沸点345～348℃，208℃/25mmHg，d_4 1.0712（62℃），n_D1.6458（62℃）。本品用于有机合成。

【操作步骤】

在三口圆底烧瓶（50mL）中，加入氢氧化钠水溶液（2.5mol·L⁻¹）9mL，乙醇（95%）9mL和苯乙酮2.28g（19.00mmol，2.2mL），于20℃在搅拌下渐滴加苯甲醛[注1]2.0mL（19.6mmol，2.08g），温度保持在20～25℃[注2]。加毕，继续搅拌45min。然后用冰浴冷却，待结晶完全析出。抽滤，用水洗涤至中性，得粗产物，用95%乙醇重结晶（约10～12mL）[注3]，得纯查耳酮[注4]约2.5～3.4g，产率约63%～86%，熔点55～57℃[注5]。

【附注】

[1] 苯甲醛必须是新蒸的。

[2] 反应温度一般不高于30℃，不低于15℃，20～25℃为宜。

[3] 由于产物熔点低，重结晶回流，有时样品呈熔融状，须添加溶剂使其溶解呈均相。

[4] 某些人可能对本产品过敏如皮肤触及有发痒感，操作时应注意。

[5] 苯亚甲基苯乙酮存在几种不同晶形。通常得到的是片状的 α 体（m. p. 58～59℃），另外还有棱状或针状的 β 体（m. p. 56～57℃）及 γ 体（m. p. 48℃）。

思 考 题

1. 本实验中可能会产生哪些副反应？实验中采取了哪些措施来避免副产物的生成？
2. 写出苯甲醛与丙醛及丙酮（过量）在碱催化下缩合产物的结构式。

四、羧酸及其衍生物

羧酸及其衍生物应用极其广泛，涉及众多的应用领域和人们生活的许多方面。在有机合成上，也是一类重要的原料和中间体。

伯醇或醛的氧化是制备羧酸的常用方法。实验室常用高锰酸钾作氧化剂。而工业则多采用铂、钯等贵金属作氧化催化剂。但对于甲酸，最有效的工业方法是甲醇和一氧化碳（或氨、一氧化碳）合成甲酸的衍生物甲酸甲酯（或甲酰胺），然后水解得到甲酸。乙酸的合成，工业上主要采用乙烯催化氧化工艺。芳香羧酸的生产，目前主要采用芳烃的侧链催化氧化，除传统的高锰酸钾、重铬酸钾在某些场合下仍用作氧化剂以外，钴盐、锰盐催化氧化是最有发展前途的清洁生产工艺。有应用价值的高碳酸（十二、十六、十八碳酸），主要来源于动植物油脂的水解。氰基水解制备羧酸本身是很重要的方法之一，但由于氰基化合物最方便的来源涉及氰化钠，工业上受到环境方面的严重限制，现在仅用于特殊的场合。对于结构复杂，或带有多取代基的羧酸的合成，则要视具体情况采用其他合适方法，如格氏法等。

羧酸酯的相对稳定性，使它在许多领域得到应用。甲酸、乙酸的低碳醇酯，广泛用作溶剂。芳酸的高碳醇酯，可用于增塑剂、聚酯纤维、涂料等。制备羧酸酯，特别是简单的酯，最重要也是最常用的方法就是酸和醇的酯化法，酯化过去多用硫酸作催化剂，现在寻找清洁酯化工艺的努力已取得很大进展，工业上固体酸（如杂多酸）、强酸型阳离子交换树脂已成功用作酯化催化剂。对于位阻大的叔醇的酯，通常用相应的酰氯和醇钠来制备，或叔醇和相应的酸酐反应得到（浓盐酸、三苯甲基钠、胺等作催化剂），叔醇和酸直接酯化方法因收率太低而无制备价值。长碳链或多支链羧酸的酯化，由于其活性太低或易异构化，通常也用它们的相应酰氯和醇（或醇钠）来制备。

在手性酯的合成中，一般酸性催化剂或高温易使构型改变，碱性三氧化二铝，或碳酸钾加催化量的二甲基二氯化锡，室温下，酰氯和醇反应，高产率地生成酯，且不影响反应底物的构型。

单纯酸酐可以在适当脱水剂存在下由相应的酸直接加热脱水制备，混合酐则要采取不同的方法和操作，以尽可能减少不希望的混酐。苯酐的工业生产则是用萘或邻二甲苯的催化氧化。

工业和实验室，酰胺一般采用相应的酰卤或酸酐同胺（或氨）来制备。酯的氨解也被广泛用于酰胺的合成，氨和非位阻的胺是常用的氨化剂。工业上，某些重要的甲酰胺可方便、经济地以胺与一氧化碳在过渡金属络合物催化和高温高压下反应得到，例如二甲胺和一氧化碳合成 N,N-二甲基甲酰胺（DMF）、N-丁基甲酰胺等。

工业上酰卤一般由相应的酸同三氯化磷、亚硫酰氯或光气制备。实验室制备多采用三氯化磷或亚硫酰氯。

实验四十六　对硝基苯甲酸的制备
Preparation of p-nitrobenzoic acid

【目的与要求】

1. 学习烷基芳烃的侧链氧化法合成芳香羧酸的方法。
2. 熟练掌握固体有机化合物的重结晶操作。

【基本原理】

制备芳香羧酸常用侧链氧化法，即用高锰酸钾或重铬酸钾（钠）-硫酸等氧化剂氧化苯环上的烷基成为羧基的方法。由于苯环对氧化剂稳定，而苯环上的烷基却易被氧化，只要烷基上与苯环所直接相连的碳原子上有氢原子（即 α-H），则不论烷基链长短如何，均可被氧化成羧基，本实验采取这种方法：

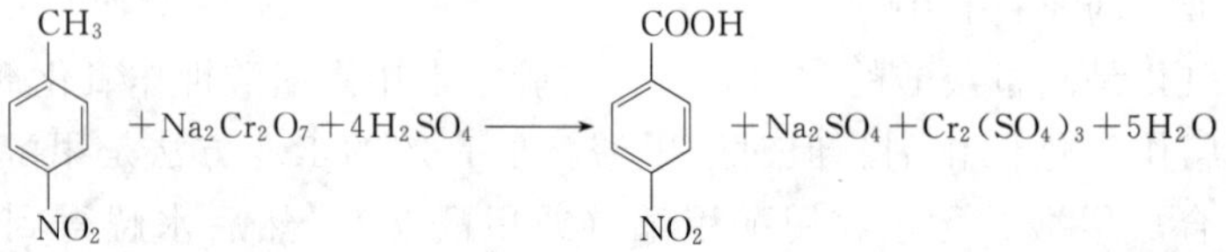

$$+Na_2Cr_2O_7+4H_2SO_4 \longrightarrow +Na_2SO_4+Cr_2(SO_4)_3+5H_2O$$

工业上以对硝基甲苯为原料，以溴化钴/溴化锰为催化剂，丙酸为溶剂，于一定压力下空气氧化来制备对硝基苯甲酸，反应完毕，对硝基苯甲酸以结晶形式析出。这种工艺成本低，三废少，易于连续化生产。

【试剂与规格】

对硝基甲苯 C. P.	浓硫酸 C. P.
重铬酸钠 C. P.	5％氢氧化钠溶液
5％硫酸溶液	15％硫酸溶液

【物理常数及化学性质】

对硝基甲苯（p-nitrotoluene）：分子量 137.10，熔点 51℃，沸点 237.7℃，n_D^{20} 1.5538。淡黄色晶体，具有硝基苯气味，微溶于水，可溶于乙醇、乙醚、氯仿、苯和四氯化碳，有毒，易燃。能随水蒸气挥发。本品是一种有机化工原料，广泛应用于染料、医药、农药和其他有机合成等方面。

对硝基苯甲酸（p-nitrobenzoic acid）：分子量 167.12，熔点 243℃，d_4^{20} 1.6200。黄白色叶片状晶体，加热升华，微溶于水、苯、二硫化碳，稍溶于乙醇和乙醚，能溶于甲醇、氯仿、丙酮。本品是重要的有机合成中间体。

【操作步骤】

在装有搅拌器、回流冷凝管和滴液漏斗的 250mL 三口瓶中，加入 6g（0.04mol）对硝基甲苯、18g（0.06mol）重铬酸钠（$Na_2Cr_2O_7 \cdot 2H_2O$）粉末及 30mL 水。在搅拌下从滴液漏斗慢慢滴加 28mL 浓硫酸，滴加过程中混合物颜色逐渐变深变黑，反应放热，必要时可用冷水浴冷却，以防止对硝基甲苯挥发而凝结在冷凝管壁上。滴加完毕，电热套加热，搅拌下轻度沸腾回流 0.5h。在反应过程中冷凝管里可能有白色针状对硝基甲苯出现，可适当减小冷凝水，使其熔融滴下。

将 50mL 冷水倒入冷却后的反应液，有沉淀析出，抽滤，固体用 25mL 水分两次洗涤。粗制的对硝基苯甲酸为黄黑色固体，可将其加入 25mL 5％硫酸中，在电热套上加热 10min 溶解铬盐，冷却后抽滤。再将所得沉淀溶于温热的 50mL 5％氢氧化钠溶液中，50℃ 左右过滤[注1]。滤液加入 0.5g 活性炭脱色，热过滤。冷却后，在不断搅拌下将滤液缓缓倒入 60mL 15％硫酸溶液中[注2]，这时有浅黄色沉淀析出。抽滤沉淀并用冷水洗涤，自然晾干后放入干燥器中干燥。产量 5～6g，产率 68％～82％。测其熔点 237～238℃[注3]。本实验需 6～8h。

【附注】

[1] 该步除去未作用的对硝基甲苯（熔点：51.3℃）和铬盐，铬盐成分为氢氧化铬或亚铬酸钠。如过滤时温度太低，则对硝基苯甲酸钠会析出。

[2] 硫酸不能反加至滤液中，否则生成的沉淀会包含滤液，影响产物的纯度。

[3] 熔点偏低。可用乙醇-水混合溶剂重结晶，其熔点可提高到 242℃，产量 4.5g 左右。

思 考 题

1. 滴加完硫酸，回流 0.5h 后，为何加入 50mL 冷水？

2. 在后处理过程中，有抽滤、过滤、趁热过滤等操作步骤，每次操作的目的何在？

3. 在本实验中，粗略计算一下，制备 1g 对硝基苯甲酸要产生多少废水，这些废水中的主要杂质是什么？和工业上的空气氧化法比较在环境和成本方面的优劣。

实验四十七 肉桂酸的制备
Preparation of cinnamic acid

【目的与要求】

1. 了解肉桂酸的制备原理和方法。

2. 掌握回流、水蒸气蒸馏等操作。

【基本原理】

芳香醛和酸酐在碱性催化剂作用下，可以发生类似羟醛缩合的反应，生成 α,β-不饱和芳香酸，称为 Perkin 反应。催化剂通常是相应酸酐的羧酸钾或钠盐，有时也可用碳酸钾或叔胺代替，典型的例子是肉桂酸的制备。

$$C_6H_5CHO+(CH_3CO)_2O \xrightarrow[170\sim180℃]{CH_3CO_2K} C_6H_5CH{=}CHCO_2H+CH_3CO_2H$$

碱的作用是促使酸酐的烯醇化，用碳酸钾代替醋酸钾，反应周期可明显缩短。

工业上，也采用以铜盐、银盐为催化剂用空气氧化肉桂醛的方法，或在钴催化剂和水存在下，以芳烃为溶剂，使肉桂醛氧化成肉桂酸。

【试剂与规格】

苯甲醛 C.P. 含量 98%   乙酸酐 C.P. 含量 96%

无水碳酸钾 C.P.   刚果红试纸

【物理常数及化学性质】

苯甲醛（见实验四十五"查耳酮的制备"）

乙酸酐（见实验四十二"苯乙酮的制备"）

肉桂酸（cinnamic acid）：分子量 148.16，沸点 300℃，熔点 133℃，d_4^{20} 1.2475。不溶于冷水，微溶于热水，溶于乙醇、乙醚和丙酮。本品低毒，对眼睛、呼吸系统和皮肤有刺激性。

【操作步骤】

在 100mL 圆底烧瓶中，分别加入 1.5mL（0.015mol）新蒸馏过的苯甲醛[注1]、4mL（0.036mol）新蒸馏过的乙酸酐[注2]以及研细的 2.2g（0.016mol）无水碳酸钾。装上回流冷凝管，加热回流 30min。由于有二氧化碳放出，初期有泡沫产生。

待反应物冷却后，加入 10mL 温水，改为水蒸气蒸馏，蒸出未反应完的苯甲醛。将烧瓶冷却，加入 10mL 10%氢氧化钠溶液，以保证所有的肉桂酸成钠盐而溶解。混合物抽滤，滤液移入 250mL 圆底烧瓶中，冷却至室温，搅拌下用浓盐酸酸化至刚果红试纸变蓝。充分冷却，抽滤，用少量水洗涤沉淀，抽干。粗产品在空气中晾干，产量约 1.5g，产率约 68%。粗产品可用 5:1 的水-乙醇溶液重结晶。红外和核磁共振图谱见附录七图 5。本实验约需 4~5h。

【附注】

[1] 苯甲醛放久了，会因自动氧化而生成较多量的苯甲酸。这不但影响反应的进行，而且苯甲酸混在产品中不易除干净，将影响产品的质量，故本实验所需的苯甲醛要事先蒸馏。

[2] 乙酸酐放久了，由于吸潮和水解将转变为乙酸，故本实验所需的乙酸酐必须在实验前重新蒸馏。

思 考 题

1. 苯甲醛和丙酸酐在无水碳酸钾的存在下相互作用后得到什么产物？

2. 用酸酸化时，能否用浓硫酸？

3. 具有何种结构的醛能进行 Perkin 反应？

4. 用水蒸气蒸馏除去什么？

实验四十八 氢化肉桂酸的制备——催化氢化
Preparation of hydrocinnamic acid-Catalytic hydrogenation

【目的与要求】

1. 学习催化氢化的原理及操作方法。

2. 掌握 Raney 镍的制备方法和氢化装置的使用。

【基本原理】

催化氢化在工业生产和实验室制备中都具有重要意义。大多数不饱和键都可用催化氢化还原。与化学试剂还原相比，催化氢化法的显著优点在于产物单纯，成本低，绿色环保。

催化氢化可根据具体情况在不同的温度和压力下进行。实验室中最常使用的是常温常压下催化氢化，催化剂大多是周期表中第Ⅷ族的过渡金属及其配合物，其活性次序为 Pt＞Pd＞Rh~Ru＞Ni。但催化剂的活性并不完全由金属的种类决定，其制备方法、载体、溶剂、温度和压力也都在很大程度上决定着催化剂的活性。实验室中最常用的是 Raney 镍。其制备方法是用氢氧化钠溶液溶蚀镍铝合金，将其中的铝转化为可溶性的铝酸钠并用溶剂洗去，剩下的镍呈多孔的骨架状，所以也叫骨架镍。

$$NiAl_2 + 6NaOH \longrightarrow Ni + 3H_2 + 2Na_3AlO_3$$

Raney 镍具有很大的比表面积，因而有很高的催化活性。肉桂酸用 Raney 镍催化氢化生成 3-苯基丙酸，俗称氢化肉桂酸。

$$\text{⬡—CH=CHCOOH} + H_2 \xrightarrow{\text{Raney Ni}} \text{⬡—CH}_2\text{CH}_2\text{COOH}$$

【试剂与规格】

镍铝合金（含镍 40%～50%）　　　　　氢氧化钠 A. R.

无水乙醇 A. R.　　　　　　　　　　　肉桂酸 A. R.

【物理常数及化学性质】

肉桂酸（见实验四十七"肉桂酸的制备"）。

氢化肉桂酸（见实验七十一"氢化肉桂酸的电化学合成"）。

【操作步骤】

1. Raney 镍的制备

在 250mL 烧杯中放入 3g 镍铝合金（含 Ni40%～50%）及 30mL 蒸馏水[注1]，混合均匀后，搅拌下分批加入 6g 氢氧化钠。反应强烈放热，并有氢气逸出，控制加碱速度，勿使泡沫溢出，碱加完后，在室温下放置 10～15min，然后在 70℃ 水浴中继续反应 0.5h。镍即成海绵状而沉于底部。倾去上层清液，采用倾析法用蒸馏水洗至中性，再用 9mL 无水乙醇分 3 次洗涤，加入少量乙醇覆盖备用[注2]。

2. 肉桂酸催化氢化

简易常压催化氢化装置如图 2-40 所示，主要包括磁力搅拌器、氢化用的圆底烧瓶、量（储）气筒和平衡瓶。储气筒的体积一般在 100mL 到 2L 之间，可根据反应的规模大小选择合适的储气筒；在平衡瓶里所装的液体通常是水或汞。三通活塞 1 接氢气源，三通活塞 2 接真空系统。

检查装置是否漏气：按图 2-40 安装氢化装置，打开水泵，抽真空，观察压力计是否变化，若装置漏气应排除后再继续下面步骤。

向氢化瓶加入 1.0g 肉桂酸，15mL 无水乙醇，搅拌使固体溶解。再将制备的 Raney 镍移入。

排除装置中的空气：将储气筒中充满水，关上活塞 A，打开活塞 B，转动三通活塞 1、2，将抽气系统打开，充气系统关闭。打开水泵抽气，将装置内空气抽净，待真空表所显示的压力稳定后，将抽气系统关闭，充气系统打开。打开氢气袋上的阀门，使装置内充满氢气[注3]。以上操作反复 2～3 次，将装置内空气赶尽。

关闭活塞 B，打开活塞 A，边充气边降低储气筒中的水位，待气体充到一定体积后（根据理想气体方程式计算出理论用气量[注4]，再多加 100～150mL）。关上充气阀，转动三通活塞处于储气系统与氢化系统打开状态，关闭抽充气系统。

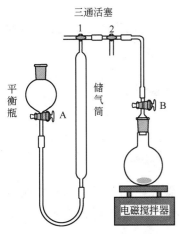

图 2-40　常压催化氢化装置

　　将平衡瓶与储气瓶水位持平，记录储气筒内氢气的体积，然后将平衡瓶放回原位。打开活塞 B，开动搅拌器，进行氢化。在反应过程中，应定时记录氢气的消耗量[注5]。当氢气消耗不变时，氢化反应结束（约 2h）。抽滤，将催化剂去除，注意不要抽得太干，以防催化剂自燃[注6]。滤液用常压蒸馏蒸出乙醇，剩余 1～2mL 溶液趁热倒在培养皿上，冷却后得到白色（略带绿色）蜡状固体约 0.80g，产率 80％左右，熔点为 46～48℃（文献值 48.6℃）。本实验约需 8h。

【附注】

[1] 在制备催化剂的过程中严禁 Raney 镍与自来水接触。

[2] 当处理条件不同时，所得催化剂活性不同。本方法制得的是高活性碱性 Raney 镍。制好后取一小粒，放在纸上待溶剂干后应可自燃，否则要重新制备。

[3] 在整个实验中，应避免有明火存在，以防着火爆炸事故发生。

[4] 理论吸氢量可按气态方程 $pV=nRT$ 计算：$V=nRT/p=n\times0.082\times(273+t)\times1000$

[5] 测量氢气消耗量时，平衡瓶水位应与储气筒水位持平。

[6] 使用过的催化剂切勿随便乱倒，应倒在指定的容器中。

思 考 题

1. 在制备催化剂时，为什么不能使用自来水？

2. 为什么氢化反应过程中，搅拌速度对氢化反应有显著的影响？

3. 为什么实验中氢化消耗的氢气比理论量多？

实验四十九　邻氨基苯甲酸的制备
Preparation of *o*-aminobenzoic acid

【目的与要求】

1. 了解 Hofmann（霍夫曼）降解反应的基本原理。

2. 熟练掌握重结晶操作。

【基本原理】

邻氨基苯甲酸的制备工艺随原料的不同有多种，但以苯酐为原料的生产方法是目前工业上的主要方法。该法有两种工艺路线：

(1)

(2)

　　酰胺与氯或溴在碱中反应，分子发生重排，生成少一个碳原子的伯胺，这个反应叫 Hofmann（霍夫曼）重排或 Hofmann 降解。这是由酰胺制备少一个碳原子伯胺的重要方法。本实验即采用此法。

　　实验室合成可直接由邻苯二甲酰亚胺在强碱性条件下与次溴酸钠（或次氯酸钠）作用而制得。邻苯二甲酰亚胺的环通过水解而被打开，变成邻氨羧基苯甲酸，后者经过 Hofmann 降解反应，即得邻氨基苯甲酸。其反应式如下：

【试剂与规格】

氢氧化钠 C. P.　　　　　　　邻苯二甲酰亚胺 C. P.

溴 C. P.　　　　　　　　　　浓盐酸 C. P.

冰醋酸 C. P.　　　　　　　　活性炭 C. P.

【物理常数及化学性质】

邻苯二甲酰亚胺（phthalimide）：分子量 147.11，熔点 238℃，白色松脆的结晶性粉末，微溶于水，溶于碱溶液、冰醋酸和吡啶，微溶于加热的三氯甲烷、苯和乙醚。本品是重要的有机合成中间体。

冰醋酸（glacial acetic acid）：分子量 60.05，沸点 117.9℃，n_D^{20} 1.3718，d_4^{20} 1.0491。无色澄清液体，具有刺激性气味，能与水、醇、甘油、醚、四氯化碳混溶，不溶于 CS_2，是一种重要的有机酸类原料。

邻氨基苯甲酸（o-aminobenzoic acid）：分子量 137.12，熔点 146～147℃。白色至微黄色结晶性粉末，味甜。难溶于冷水，易溶于醇、醚和热水，微溶于苯，可升华。本品是一种合成精细化学品的原料。

【操作步骤】

在 250mL 烧瓶中，加入由 15g 氢氧化钠与 60mL 水配成的溶液。烧瓶在冰盐浴中冷却至 0℃以下，一次加入 13.1g（4.2mL）溴[注1]，并摇动烧瓶，直到溴全部反应完。再把烧瓶冷却到 0℃，称取粉末状邻苯二甲酰亚胺 12g（0.08mol），一次加到冷的[注2]次溴酸钠溶液中，旋摇烧瓶，迅速加入用 11g 氢氧化钠与 40mL 水配好的溶液，不断振摇烧瓶，固体将慢慢溶解，同时温度上升到 60℃左右。用电热套加热烧瓶达 80℃，此时如有沉淀，必要时可过滤。再将烧瓶冷到 0℃，慢慢滴加浓盐酸约 30mL[注3]酸化，再慢慢加入冰醋酸约 12～13mL 以沉淀邻氨基苯甲酸，抽滤并用少量冷水洗涤。粗产物用热水（加少许活性炭脱色）重结晶，在 100℃下干燥，产量约 6g，产率约 54%，测熔点 144～146℃。本实验约需 5～7h。

【附注】

[1] 溴对呼吸器官有强腐蚀性，即使短暂地触及液体溴也能引起皮肤肿胀和发泡，长期接触造成的损伤很难治愈。因此操作时要在通风橱中进行，并带好防护手套、防护眼镜，避免溴蒸气的刺激。反应时可用带塞锥形瓶。

[2] 次溴酸钠具有氧化性，温度过高时会对邻苯二甲酰亚胺产生强烈的氧化作用，甚至会使反应彻底失败。

[3] 为防止酸化过量，可预先配制一定浓度的 NaOH 溶液，以随时采取中和措施。

思　考　题

1. 写出霍夫曼降解的机理。

2. 酸化时应注意些什么？为什么不能酸化过量？

实验五十　DL-苏氨酸的合成
Synthesis of the DL-threonine

【目的和要求】

1. 了解天然氨基酸 DL-苏氨酸的性质和生理活性。

2. 学习通过醛羰基同氨基的加成反应合成 DL-苏氨酸的方法。

3. 学习利用离子交换树脂柱提纯化合物的操作。

【基本原理】

DL-苏氨酸是 D-和 L-苏氨酸的外消旋混合物。L-苏氨酸是必需氨基酸，是婴儿和幼小动物正常发育必需喂给的营养成分，有促进生长发育和抗脂肪肝的作用。医药上 L-苏氨酸用作氨基酸输液的组分，食品工业中用作营养添加剂。它也是重要的饲料添加剂之一。

苏氨酸的生产有发酵法和合成法两种。但由于发酵法的产率太低，所以合成法成为苏氨酸的主要生产方法。在 DL-苏氨酸的诸多合成路线中，以甘氨酸铜盐法最有工业化价值。DL-苏氨酸通过拆分，得到 L-苏氨酸。

本实验以甘氨酸铜盐法合成 DL-苏氨酸。所谓甘氨酸铜盐法，是甘氨酸首先和 Cu^{2+} 形成螯合物，它的 α-碳再与乙醛的羰基加成得到苏氨酸：

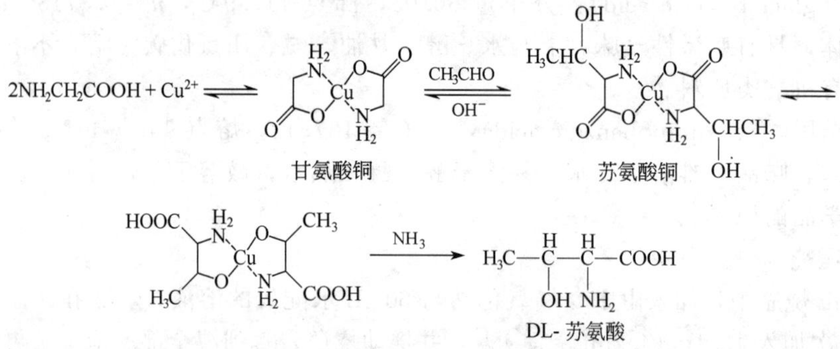

甘氨酸首先和 Cu^{2+} 形成螯合物，是为了将甘氨酸的氨基通过和 Cu^{2+} 螯合而降低其和乙醛的羰基发生反应的活性。

和一般羰基加成一样，这个反应是在碱性条件下进行的。所以在该步的反应过程中，主要的副反应是乙醛自身的缩合反应。

甘氨酸铜中间产物分离出来进行洗涤、干燥，有利于下步和乙醛的反应，提高苏氨酸的纯度（方法 1），甘氨酸铜也可以不分离，直接和乙醛反应，但要小心控制反应条件，总收率略低或相近（方法 2）。甘氨酸铜和乙醛反应形成苏氨酸铜螯合物，用氨水处理使苏氨酸铜螯合物分解，苏氨酸游离出来，Cu^{2+} 和氨形成铜氨络离子。滤液过铵型离子交换柱，目的是除去 Cu^{2+}（铜氨络离子被吸附于树脂），树脂吸附的操作对于得到白色的苏氨酸结晶很重要，所以不论是方法 1 还是方法 2，这步都不能省去。

【试剂与规格】

甘氨酸 C.P. 或工业	乙醛水溶液 40%，C.P.
五水硫酸铜 C.P. 或工业	氢氧化钠 C.P.
氢氧化钾 C.P.	浓氨水 C.P. 或工业

732 型聚苯乙烯阳离子交换树脂（氢型）

【物理常数及化学性质】

甘氨酸（aminoacetic acid）：分子量 75.07，白色结晶或结晶性粉末，带有甜味。熔点 232～236℃（分解），易溶于水，溶于乙醇和乙醚，能与盐酸生成盐酸盐，本品无毒，无腐蚀性。甘氨酸本身是一种重要的营养氨基酸，用作氨基酸输液的组分之一，是重要的食品和饲料添加剂，也是重要的医药、农药中间体。

乙醛水溶液：纯乙醛为易燃、易挥发的液体，沸点 20.8℃，能与水、乙醇、苯、乙醚混溶。40％的乙醛水溶液，带有刺激性气味，对皮肤有腐蚀性。

DL-苏氨酸（DL-threonine）：分子量 119.12，白色结晶，无臭，稍有甜味，熔点 244℃（分解），自乙醇中的结晶熔点为 234～235℃。易溶于水，100mL 水中的溶解度为：25℃，20.1g；80℃，55.0g。难溶于一般有机溶剂。100mL 乙醇中溶解度仅为 0.07g（25℃）。

L-苏氨酸，熔点 255～257℃，比旋光度 −27.4°（$c=1$，水中）。

【操作步骤】

方法 1

1. 甘氨酸铜的制备

称取 4g NaOH（0.1mol）在烧杯中配成饱和溶液，取 7.5g（0.1mol）甘氨酸加入烧杯中，搅拌均匀，形成甘氨酸钠溶液，搅拌下于室温分批加入 12.5g 五水硫酸铜（0.05mol），生成蓝色沉淀，搅拌几分钟，待反应完全，过滤，蒸馏水洗三次，尽量抽干，于 80℃下烘干，得到约 10g 甘氨酸铜（含一个结晶水），收率约 90％。

2. 离子交换柱的制备

取一个内径 2～3cm，高 30～40cm 的玻璃柱，用湿法装入 732 型聚苯乙烯强酸性离子交换树脂，由柱上部加入氨水（浓度 5mol/L），控制流速 1～2mL/min，将氢型树脂转变为铵型（完全转变为铵型时，树脂呈橙色），待用。

3. 甘氨酸铜与乙醛的加成

在配有机械搅拌，温度计和回流冷凝器的 100mL 三口瓶中，依次加入 9.3g（0.04mol）上步得到的甘氨酸铜（研细），13mL 新蒸馏过的乙醛水溶液，再加入由 24g 无水碳酸钠和 30mL 蒸馏水配成的溶液，然后在 75～80℃水浴上搅拌回流反应 2h，反应物呈墨绿色，稍冷，改为减压蒸馏，蒸出过量的乙醛，冷却，加入 55mL 浓氨水和 80mL 蒸馏水，搅拌，过滤，滤液过已制备好的交换柱，以蒸馏水洗脱，流速 1～2mL/min，洗脱至流出的水不再使茚三酮试剂显色。减压浓缩洗脱液至原体积的二分之一，加入适量活性炭微沸脱色 10min，趁热过滤，滤液呈淡淡的蓝色，再次减压浓缩至刚有结晶出现[注1]，停止浓缩，加入 4 倍体积的甲醇，混匀，可见结晶增多，于冰水中冷却[注2]。抽滤，滤饼用甲醇洗涤 2～3 次，于 80℃下烘干，得到约 4～5g DL-苏氨酸的白色结晶，母液浓缩还可以得到 0.5～0.8g 产品，合并，收量 4.5～5.6g，收率 48％～60％，熔点 226～227℃（分解）[注3]。

实验时间约 10h。

方法 2

在配有机械搅拌，温度计和回流冷凝器的 100mL 三口瓶中，加入 7.5g（0.1mol）甘氨酸，100mL 蒸馏水，加热使溶解，除去热源，从冷凝器的上口滴加饱和 KOH 水溶液至呈弱碱性，搅拌下分批加入 12.5g 五水硫酸铜（0.05mol），于 45℃搅拌反应 1h，改为冰水浴冷却反应瓶，滴加 17mL 新蒸馏过的乙醛水溶液，滴加完，改为水浴，于液温 50～60℃反应 1h，趁热滤去不溶物，滤饼用甲醇洗涤，合并滤液和洗液。按照方法 1（从"改为减压蒸馏，蒸出过量的乙醛"开始）所述步骤，进行以后的操作，DL-苏氨酸的收率 45％～60％。

实验时间约 8h。

【附注】

[1] 如果浓缩到 6～7mL，仍不见有结晶析出，停止浓缩，加入甲醇。

[2] 如在冰箱中放置 24h，结晶会更加完全。

[3] 在苏氨酸分子中有 2 个不对称碳原子，应该有 2 对光学异构体，所以除 DL-苏氨酸 1 对异构体外，还有 DL-异苏氨酸 1 对异构体。不同的工艺路线，得到的 DL-苏氨酸和 DL-异苏氨酸的比例有所差别。本实

验条件下得到的 DL-苏氨酸约占 64％。DL-苏氨酸和 DL-异苏氨酸比例不同，其熔点和分解温度也略有差别。

思　考　题

为什么首先将甘氨酸做成铜络合物，然后再与乙醛反应？它对甘氨酸的 α-碳和乙醛羰基的加成有何作用？

实验五十一　乙酸乙酯的制备
Preparation of ethyl acetate

【目的与要求】

1. 学习酯化反应的基本原理和制备方法。
2. 掌握分液操作。

【基本原理】

羧酸酯一般是由羧酸和醇在少量浓硫酸或干燥的氯化氢、磺酸或阳离子交换树脂等有机强酸催化下脱水而制得的。酯化反应是可逆反应，为了促进反应的进行，通常采用增加酸或醇的浓度或连续地移去产物（由形成恒沸混合物来移去反应中的酯和水）的方式来达到。提高反应温度可加速反应。醇、酸的结构对反应速度也有很大影响。一般来说，醇的反应活性是：伯醇＞仲醇＞叔醇；酸的反应活性是 $RCH_2COOH > R_2CHCOOH > R_3CCOOH$。

$$R-\overset{\overset{\displaystyle O}{\|}}{C}-OH + R'OH \underset{}{\overset{H_2SO_4}{\rightleftharpoons}} R-\overset{\overset{\displaystyle O}{\|}}{C}-OR' + H_2O$$

本实验采用由乙酸和乙醇在浓硫酸的催化下反应制备乙酸乙酯。乙酸乙酯和水能形成二元共沸物，后者沸点 70.4℃，比乙醇（78℃）和乙酸（118℃）的沸点都低。而乙酸乙酯的沸点为 77.06℃，因此，乙酸乙酯很容易蒸出。反应式：

$$CH_3COOH + CH_3CH_2OH \overset{H_2SO_4}{\rightleftharpoons} CH_3COOC_2H_5 + H_2O$$

羧酸酯还可由酰氯、酸酐或腈和醇作用而制得。用羧酸经过酰卤再与醇反应生成酯，虽然经过两步，结果往往比直接酯化好，这也是一个广泛用于合成酯的方法。

【试剂与规格】

95％乙醇 C.P.	碳酸钠 C.P.
浓硫酸 C.P.	食盐 C.P.
冰醋酸 C.P.	氯化钙 C.P.
无水硫酸镁 C.P.	

【物理常数和化学性质】

乙酸乙酯（ethyl acetate）：分子量 88.11，沸点 77.06℃，n_D^{20} 1.3719，d_4^{20} 0.8946。无色澄清液体，有芳香味。易溶于氯仿、丙酮、醇、醚等有机溶剂，稍溶于水，遇水有极缓慢的水解。易挥发，遇明火、高热易燃。本品是用途最广的脂肪酸酯之一，具有优异的溶解能力。

【操作步骤】

在 100mL 三口瓶中，加入 9.5g（12mL，0.20mol）95％乙醇，分次加入 12mL 浓硫酸和几粒沸石，不断摇动，使其混合均匀。三口瓶上依次安装蒸馏装置、60mL 长颈滴液漏斗和温度计，滴液漏斗末端及温度计水银球插入反应液内，滴液漏斗中加入 9.5g（12mL，

0.20mol）95％乙醇及 12.6g（12mL，0.21mol）冰醋酸的混合液。先从滴液漏斗滴加 3～4mL 混合液，慢慢加热反应瓶，使反应液温度升至 120～125℃左右，并有液体蒸出。滴加其余的混合液，控制滴入速度与蒸出速度大致相等，并维持反应液温度仍在 120～125℃之间[注1]。滴加完毕，继续加热，直到液温达 130℃，同时不再有液体蒸出为止。

在不断振摇下，将饱和碳酸钠溶液（约 10mL）慢慢加到馏出液中，直到无二氧化碳气体[注2]逸出为止。馏出液移入分液漏斗，分去水层。有机层先用 10mL 饱和食盐水[注3]洗涤，再用 10mL 饱和氯化钙溶液洗涤两次后，移入干燥的锥形瓶中，用适量无水硫酸镁干燥约 0.5～1h。将粗产物滤入 25mL 圆底烧瓶，安装好蒸馏装置进行蒸馏，收集 73～78℃的馏分[注4]。产量 11～13g，产率 60％～70％。本实验约需 6～8h。

【附注】

[1] 温度过高会增加副产物乙醚的含量。

[2] 可用湿润的蓝色石蕊试纸检验二氧化碳的存在。

[3] 每 17 份水可溶解 1 份乙酸乙酯，为减少酯的损失，并除去碳酸钠，要先用饱和食盐水洗涤。

[4] 乙酸乙酯可与水、醇形成二元、三元共沸物，其组成及沸点见右表。因此，当粗产品中含有水、醇时，使沸点降低，前馏分增加，影响产率。

沸点/℃	组　成　/%		
	乙酸乙酯	乙　醇	水
70.2	82.6	8.4	9
70.4	91.9		8.1
71.8	69.0	31.0	

思　考　题

1. 为什么反应开始时先加入 3～4mL 乙醇与醋酸的混合液，然后再控制滴入速度与蒸出速度相等？

2. 反应馏出液中含有哪些杂质？

3. 对馏出液各步洗涤、分离的目的何在？如先用饱和氯化钙洗，再用饱和食盐水洗，可以吗？为什么？

实验五十二　乙酰乙酸乙酯的制备
Preparation of ethyl acetoacetate

【目的与要求】

1. 学习 Claisen（克莱森）酯缩合反应的基本原理。

2. 掌握减压蒸馏装置的安装与操作。

【基本原理】

含有 α-H 的酯在碱性催化剂存在下，能与另一分子的酯发生 Claisen 酯缩合反应，生成 β-酮酸酯。乙酰乙酸乙酯就是由乙酸乙酯在乙醇钠催化下缩合而制得。乙醇钠是由金属钠和残留在乙酸乙酯中的乙醇作用而生成的。

其反应式如下：

$$CH_3COOC_2H_5 \xrightarrow[\text{(2)}CH_3COOH]{\text{(1)}NaOC_2H_5} CH_3COCH_2COOC_2H_5$$

乙酰乙酸乙酯在有机合成上的重要性体现在由它可制备许多用其他方法不易得到的化合物。实验室采用的乙酸乙酯在乙醇钠催化下缩合而制备乙酰乙酸乙酯的方法，基本上不具备工业化价值，乙酰乙酸乙酯在工业上的合成是由乙烯酮的二聚体通过乙醇醇解得到的。

$$CH_2=C-O \xrightarrow{C_2H_5OH} CH_3COCH_2COC_2H_5$$

【试剂与规格】

金属钠 C.P.	二甲苯 C.P.
乙酸乙酯 C.P.	无水氯化钙 C.P.
50％醋酸	饱和氯化钠溶液
无水硫酸钠 C.P.	石蕊试纸

【物理常数及化学性质】

乙酸乙酯（见实验五十一"乙酸乙酯的制备"）。

乙酰乙酸乙酯（ethyl acetoacetate）：分子量 130.10，沸点 180.8℃，n_D^{20} 1.4192，d_4^{20} 1.0213。无色透明油状液体，具有芳香气味，易燃，稍溶于水，能与乙醇、乙醚、苯等有机溶剂混溶。本品是一种重要的、用途广泛的有机合成原料。

【操作步骤】

在干燥的 250mL 圆底烧瓶中，放入 5g（0.22mol）金属钠[注1]和 25mL 二甲苯，装上回流冷凝管，冷凝管上端装一个氯化钙干燥管。加热回流使钠熔融，停止回流后，拆去冷凝管，将烧瓶用塞子塞住，趁热用力振摇[注2]，即得细粒状钠珠。将二甲苯倾出，迅速加入 50g（55mL，0.57mol）乙酸乙酯[注3]，重新装上带有氯化钙干燥管的冷凝管，反应立即开始，逸出氢气泡。若反应很慢，可稍加温热。待激烈反应后，再缓缓加热保持微沸，直待所有金属钠全部反应完为止[注4]，约需 1.5h。反应过程中不断振荡反应瓶。此时生成的乙酰乙酸乙酯钠盐为橘红色透明液体，有时伴随着有淡黄色沉淀。稍冷，边振摇边加入 50％醋酸直到溶液呈弱酸性[注5]（约需 30mL），这时全部固体溶解。

将反应液移入分液漏斗中，加入等体积的饱和氯化钠溶液，用力振摇、静置、分出乙酰乙酸乙酯，并用无水硫酸钠干燥。粗产物滤入烧瓶，并用乙酸乙酯冲洗干燥剂。先蒸去乙酸乙酯，再用韦氏分馏头进行减压蒸馏[注6]，收集 100℃/10.66kPa，88℃/4kPa，78℃/2.4kPa 的馏分。产量 12~14g，产率 42％~49％[注7]。红外和核磁共振图谱见附录七图 8。本实验约需 10~12h。

【附注】

［1］金属钠严防与水接触。钠熔时，钠块可适当大些，防止氧化过快，但须能顺利装入烧瓶。

［2］振摇时可用布手套或干布裹住瓶颈。由于二甲苯温度逐渐下降，蒸气压随之降低，因此要不时开启瓶塞，或在瓶口夹一纸条，否则塞子难以打开。

［3］乙酸乙酯必须绝对无水（但可含微量乙醇），若含较多的水或乙醇，必须进行提纯。提纯方法如下：将普通乙酸乙酯用饱和氯化钙溶液洗涤数次，再用熔焙过的无水碳酸钾干燥，蒸馏收集 76~78℃馏分。

［4］倘若有少量未反应的钠，并不影响下一步操作，但酸化时要小心。

［5］酸化时，开始有固体乙酰乙酸乙酯钠盐析出，继续酸化，固体逐渐转化为游离的乙酰乙酸乙酯而呈澄清的液体。如最后尚有少许固体醋酸钠未完全溶解，可加少量水溶解之，但不要加入过量的醋酸，否则会因乙酰乙酸乙酯的溶解度增加而降低产量。

［6］乙酰乙酸乙酯在常压蒸馏时易分解，产生"去水乙酸"。

［7］产率是按金属钠计算。

思 考 题

1. 可以用实验来证明乙酰乙酸乙酯是两种互变异构体的平衡混合物吗？
2. 如何通过乙酰乙酸乙酯合成下列化合物？
(1) 2-庚酮；(2) 3-甲基-2-戊酮；(3) 2,6-庚二酮。

实验五十三　苯甲酸乙酯的制备
Preparation of ethyl benzoate

【目的与要求】

1. 学习酯化反应，了解三元共沸除水原理。
2. 掌握分水器在除水实验中的使用。

【基本原理】

苯甲酸和乙醇在浓硫酸催化下进行酯化反应，生成苯甲酸乙酯和水：

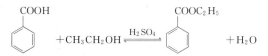

由于苯甲酸乙酯的沸点很高，很难蒸出，所以本实验采用加入环己烷的方法，使环己烷、乙醇和水组成三元共沸物。其共沸点为 62.1℃，三元共沸物经冷却分成两相，环己烷在上层比例大，再回反应瓶，而水在下层比例大，放出下层即可除去反应中生成的水。水的分出促使酯化反应完全。

【试剂与规格】

苯甲酸 C. P.　　　　　　　　环己烷 A. R.
95％乙醇 C. P.　　　　　　　浓硫酸 C. P.
乙醚 C. P.　　　　　　　　　无水氯化钙 C. P.
碳酸钠 C. P.

【物理常数及化学性质】

苯甲酸 （benzoic acid）：分子量 122.12，熔点 122℃，沸点 249℃，n_D^{20} 1.5397，d_4^{15} 1.2659。白色结晶，略有特殊臭味。稍溶于水，能溶于乙醇、乙醚、氯仿、丙酮、苯等有机溶剂，是一种重要的有机合成原料。

环己烷 （cyclohexane）：分子量 84.16，沸点 80.7℃，n_D^{20} 1.4266，d_4^{20} 0.7786。无色澄清液体，不溶于水，与乙醇、乙醚、丙酮或苯混溶，是一种常用溶剂。

苯甲酸乙酯（见实验三十八"三苯甲醇的制备"）。

【操作步骤】

在 100mL 圆底烧瓶中，加入 12.2g （0.1mol）苯甲酸、25mL 95 乙醇、20mL 环己烷及 4mL 浓硫酸。混合均匀并加入沸石，安装分水器，分水器上端接回流冷凝管。加热反应瓶，使液体回流。开始回流速度要慢，随着回流的进行，分水器中出现上、下两层[注1]，下层（水层）越来越多，当下层接近分水器支管处时，将下层液体放进量筒中，约用 1~2h 共收集约 12mL[注2]。继续加热，蒸出多余的环己烷和乙醇。注意回流速度和瓶内的现象，若回流速度减慢或瓶内有白色烟雾出现，立即停止加热。

将反应瓶中液体倒入盛有 80mL 水的烧杯，搅拌下分批加入碳酸钠粉末[注3]中和，直至无二氧化碳气体产生，pH 试纸检验呈中性。用分液漏斗分出有机层，水层用 25mL 乙醚萃取。将有机层和萃取液合并，用无水氯化钙干燥。粗产物进行蒸馏，先低温蒸出乙醚，当温度超过 140℃时，可直接用牛角管接收 210～213℃的馏分或在减压下蒸馏，收集 95～100℃/1.995kPa 的馏分。产量 12～14g，产率 80%～93%。本实验约需 6h。

【结构表征】

液膜法测得苯甲酸乙酯样品的红外光谱图如图 2-41。

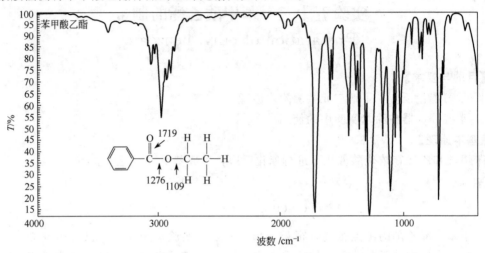

图 2-41 苯甲酸乙酯的红外光谱图

特征吸收峰归属：在 3050cm^{-1} 的肩峰是苯环上的 C—H 伸缩振动吸收带，1719cm^{-1} 的强峰为羰基的 C＝O 伸缩振动吸收带，1276cm^{-1} 和 1109cm^{-1} 两个峰则分别为酰氧键和烷氧键的吸收带。

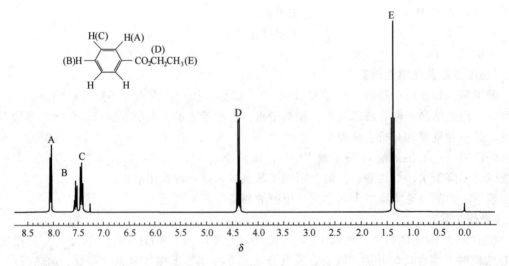

图 2-42 苯甲酸乙酯的核磁谱图

^{1}H NMR（300MHz，CDCl$_3$，TMS）：δ 7.97（dd，$J=8.4$Hz，$J=1.5$Hz，2H），7.47（m，1H），7.35（m，2H），4.30（q，$J=7.2$Hz，2H），1.32（t，$J=7.2$Hz，3H）。7.97、7.47 和 7.35 的三组峰是苯环上三种氢的核磁共振信号；4.30 的四重峰和 1.32 的三重峰分别是乙基上的仲氢和伯氢核磁共振峰（如图 2-42 所示）。

【附注】

[1] 由反应瓶蒸出的液体为三元共沸物（沸点 62.1℃，含环己烷 76%、乙醇 17%、水 7%）。它从冷凝管流入分水器后分为两层：上层含环己烷 94.8%、乙醇 4.9%、水 0.3%；下层含环己烷 8.2%、乙醇 63.3%、水 28.5%。

[2] 根据理论计算，带出的总水量约 3.1g。因为反应是借共沸蒸馏带出反应瓶中的水，根据附注 1 计算，共沸物下层总重 11g 左右，但随分离温度不同变化。反应终点判断也可用薄层色谱（TLC）跟踪法。当 TLC 分析苯甲酸点消失，则反应完成。

[3] 加碳酸钠是为了除去硫酸和未反应的苯甲酸。要研细后分批加入，否则会产生大量泡沫而使液体溢出。

思　考　题

1. 本实验是根据什么原理，采取什么措施来提高产率的？
2. 在分析现象和进行操作时用到了哪些物理常数？

实验五十四　邻苯二甲酸二丁酯的制备
Preparation of dibutyl phthalate

【目的与要求】

学习由酸酐制备酯的原理及实验操作。

【基本原理】

邻苯二甲酸二丁酯可由邻苯二甲酸酐和丁醇直接酯化制备。由于产物是二元酯，故反应是分两步进行的，首先生成邻苯二甲酸单丁酯，该步反应是单方向的。第二步由单丁酯与丁醇酯化，该步为可逆反应。其反应式如下：

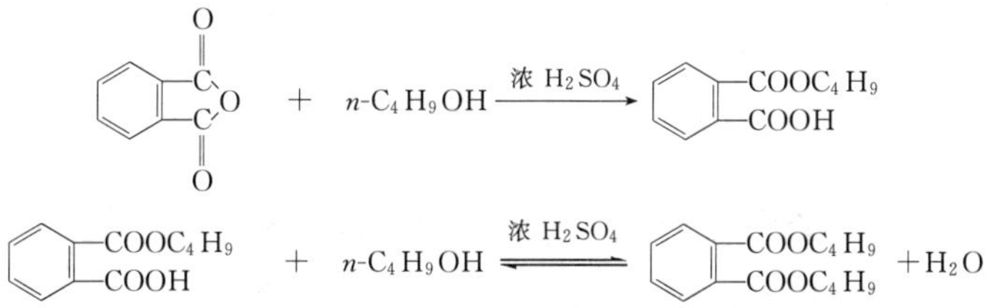

酯化反应一般要用酸进行催化，这里用的是硫酸。为了使化学平衡有利于酯的生成，采用丁醇过量。这里丁醇不仅是反应物，而且作带水剂。丁醇和生成的水形成共沸物被蒸出，在分水器中水和丁醇分离，丁醇则不断流回反应器中继续参与反应，直至反应完成。

【试剂与规格】

邻苯二甲酸酐（苯酐）C. P.　　　　　正丁醇 C. P.

浓硫酸 C. P.　　　　　　　　　　　5% 碳酸钠溶液

饱和食盐水

【物理常数及化学性质】

正丁醇（见实验二十九"正溴丁烷的制备"）。

苯酐（phthalic anhydride）：分子量 148.12，熔点 130.8℃，沸点 295℃，d_4^4 1.5270。白色鳞片状或粉末状固体，溶于乙醇、苯和吡啶。微溶于乙醚，稍溶于冷水，在热水中水解为邻苯二甲酸。本品是基本有机合成原料中的重要品种。主要用于生产邻苯二甲酸酯类，还用于生产染料、颜料、医药、农药以及糖精等。

邻苯二甲酸二丁酯（dibutyl phthalate）：分子量 278.18，熔点 $-35℃$，沸点 $340℃$，n_D^{20} 1.4911，d_4^{25} 1.0450。无色透明油状液体，具有芳香性气味，溶于大多数有机溶剂和烃类。本品主要用作聚醋酸乙烯、醇酸树脂、硝基纤维素以及氯丁橡胶的增塑剂。

【操作步骤】

在 100mL 三口瓶中[注1] 加入 11.3g（0.08mol）邻苯二甲酸酐、17g（21mL，0.023mol）正丁醇及 0.2mL 浓硫酸[注2]，振摇使混合均匀。三口瓶上安装温度计和分水器，分水器上端接一回流冷凝管，分水器上可缠几圈冷凝水管或直接用冷水冷却。用电热套温和加热，待邻苯二甲酸酐固体完全消失后，有正丁醇-水共沸物[注3] 蒸出，并在分水器中冷凝分层。反应过程中，反应液温度缓慢上升，当温度达到 160℃ 时，即可停止反应[注4]。

当反应液冷却到 70℃ 以下，立即转入分液漏斗，并用 20mL 5% 碳酸钠溶液中和[注5]。分去水层，有机层用温热的饱和食盐水洗至中性。将洗涤后的液体移入蒸馏瓶，先在水泵减压下（或用油泵）蒸去正丁醇，然后用油泵减压蒸馏，收集 180～190℃/1.33kPa 或 206℃/2.67kPa，210℃/3.87kPa 的馏分。产量 20g，产率约 95%。红外和核磁共振图谱见附录七图 9。本实验约需 8～9h。

【附注】

[1] 为了保持浓硫酸的浓度，三口瓶需要干燥。

[2] 浓硫酸加少了反应速度慢，加多了不仅增加丁醇的副反应，而且在高温时促使产物分解。

[3] 正丁醇-水共沸点 93℃（含水 44.5%），共沸物冷却后，在分水器中分层，上层主要是正丁醇（含水 20.1%），下层主要为水（含正丁醇 7.7%）。

[4] 邻苯二甲酸二丁酯在酸性条件下，超过 180℃ 易发生分解反应。如酸度过大，即使在 160℃ 以下也会分解，生成苯酐和正丁烯。

[5] 中和温度（<70℃）和碱浓度都不宜过高，否则酯发生皂化反应。

思 考 题

1. 丁醇在硫酸存在下加热到 160℃ 这样高的温度，可能有哪些副反应？

2. 为什么用饱和食盐水洗涤后，不必进行干燥，即可进行蒸去正丁醇的操作？

实验五十五 乙酰氯的制备
Preparation of acetylchloride

【目的与要求】

1. 了解酰卤的一般制备方法。

2. 掌握以乙酸和三氯化磷反应制备乙酰氯的操作。

【基本原理】

酰卤是羧酸的重要衍生物，绝大部分酰卤作为中间体使用，但由于它们的易水解和腐蚀性，多为就地制备就地使用。在酰卤中以酰氯最常用。最常用的制备方法是相应的羧酸与氯化亚砜、三氯化磷、五氯化磷反应。就生成物酰氯的纯度而言，以氯化亚砜较好，因为它不引进另外的杂质（副产物主要为气体），而且不易引起分子中其他基团的副反应，在药物合成中或高碳酰氯的制备多用氯化亚砜，尽管该方法成本较高。使用光气可以得到更高纯度的酰氯，但是由于光气的来源和安全问题，这种方法有时受到限制。制备低碳的酰氯多用三氯化磷、五氯化磷，产物可以通过精馏来提纯，而且成本低。

本实验采用三氯化磷和乙酸反应制备乙酰氯。

反应式：

$$3CH_3COOH + PCl_3 \longrightarrow 3CH_3COCl + H_3PO_3$$

【试剂与规格】

冰醋酸 C. P.　　　　　　　　三氯化磷 C. P.

【物理常数及化学性质】

乙酰氯（acetylchloride）：分子量 78.50，沸点 52℃，d_4^{20} 1.1051，n_D^{20} 1.3896。无色透明发烟液体，有刺激性气味。易溶于乙醚、丙酮、氯仿、醋酸及苯等有机溶剂。遇水、醇可起猛烈反应。本品是一种重要的有机合成中间体，用于生产医药、农药、新型电镀络合剂等。

【操作步骤】

在 150mL 四口瓶上依次安装搅拌装置、滴液漏斗、球型冷凝器和温度计。在反应瓶中加入 16g（0.26mol）冰醋酸，室温下在 15～20min 内滴加 28g（0.2mol）三氯化磷[注1]。缓慢开动搅拌，同时加热，在 40～45℃下反应 45min。冷却后，将反应液移入 250mL 分液漏斗中，分出下层亚磷酸副产物[注2]。上层乙酰氯粗品进行蒸馏[注3]，收集 52～56℃的馏分。产量约 16g，产率 80％。

【附注】

[1] 一般三氯化磷的用量要超过理论量，本实验有较多的氯化氢放出，应在通风柜进行，或有良好的气体吸收装置。

[2] 有时较难分层，需静置一段时间（20～30min）。

[3] 最好加一个分馏头，以免颜色很重的高沸物被带出。

实验五十六　己内酰胺的制备
Preparation of caprolactam

【目的与要求】

1. 学习 Beckmann（贝克曼）重排的反应机理。
2. 掌握减压蒸馏的各步操作。

【基本原理】

脂肪族醛、酮和芳香族醛、酮与氨的衍生物如羟胺作用生成肟，酮肟或醛肟在五氯化磷、硫酸、多聚磷酸、苯磺酰氯等酸性试剂作用下发生分子重排生成酰胺。这种由肟变成酰胺的重排是一个很普遍的反应，叫做 Beckmann（贝克曼）重排。不对称的酮肟或醛肟进行重排时，总是肟羟基反式位置的烃基迁移到 N 原子上，即为反式迁移。在重排过程中，烃基的迁移与羟基的离去是同时发生的同步反应。该反应是立体专一性的。

Beckmann（贝克曼）重排反应通常在醚溶液中进行。

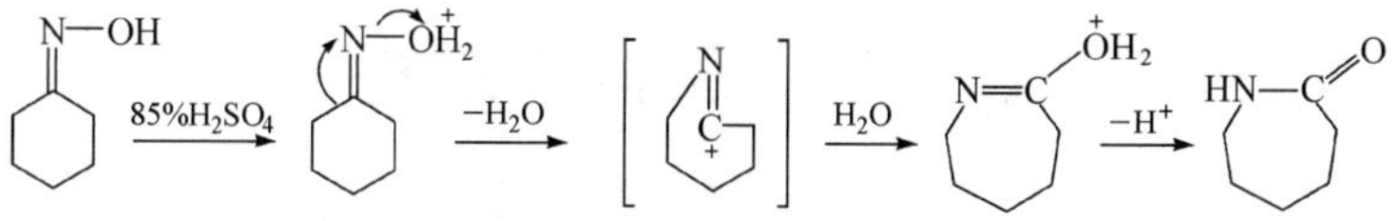

通过 Beckmann 重排反应，鉴定生成的酰胺或酰胺的水解产物，可以知道酮肟的构型，因而可以知道原来酮的结构。应用贝克曼重排可以合成一系列酰胺，尤其是环己酮肟重排为己内酰胺具有重要的工业意义。己内酰胺开环聚合可得到聚己内酰胺树脂（尼龙-6），后者是一种性能优良的高分子材料。

【试剂与规格】

环己酮肟（自制）　　　　　　　　20％氢氧化铵溶液

85％硫酸溶液

【物理常数及化学性质】

环己酮肟（见实验四十四"环己酮肟的制备"）。

己内酰胺（caprolactam）：分子量 113.16，熔点 68～70℃，沸点 216.19℃。白色粉末或结晶固体，有吸湿性，易溶于水，溶于石油烃、乙醇、乙醚和氯代烃等。本品主要用来聚合制备聚己内酰胺树脂，亦称为尼龙-6。可用于制造工程塑料、合成纤维（锦纶）、人造皮革，以及国防、渔业和轻纺工业等，亦可用作溶剂及气相色谱固定液，应用广泛。

【操作步骤】

在 500mL 烧杯[注1]中，加入 10g 环己酮肟和 20mL 85％硫酸，玻璃棒搅拌使反应物混合均匀。在烧杯中放置一支 200℃的温度计，小心慢慢加热烧杯，当开始有气泡时（约120℃），立即移去热源，此时发生强烈的放热反应，温度很快自行上升（可达 160℃），反应在几秒钟内即完成。

稍冷却后，将此溶液倒入 250mL 三口瓶中。三口瓶上分别安装搅拌器、温度计和筒形滴液漏斗，在冰盐浴中冷却。当溶液温度下降至 0～5℃时，不断搅拌下小心滴入 20％氢氧化铵溶液[注2]，控制温度在 20℃以下，以免己内酰胺在温度较高时发生水解，直至溶液恰好对石蕊试纸呈碱性（通常需加约 60mL 20％氨水，约 1h 加完）。

粗产物倒入分液漏斗，分去水层。有机层转入 30mL 克氏蒸馏瓶，进行减压蒸馏，收集127～133℃/0.93kPa，137～140℃/1.6kPa 或 140～144℃/1.87kPa 的馏分。馏出物在接收瓶中固化成无色结晶，熔点 69～70℃，产量 5～6g，产率 50％～60％。己内酰胺易吸潮，应储存在密闭容器中。本实验约需 4～5h。

【附注】

[1] 由于重排反应进行得很激烈，故须用大烧杯以利于散热，使反应缓和。环己酮肟的纯度对反应有影响。

[2] 用氢氧化铵进行中和时，开始要加得很慢，因此时溶液较黏稠，反应发热很厉害，且散热较慢，否则温度突然升高，影响收率。

思　考　题

1. 顺式甲基乙基酮肟（ $CH_3-\overset{\overset{\displaystyle N-OH}{\|}}{C}-C_2H_5$ ）经 Beckmann 重排得到什么产物？

2. 某肟发生 Beckmann 重排得到一化合物（ $C_3H_7-\overset{\overset{\displaystyle O}{\|}}{C}-NHCH_3$ ），试推测该肟的结构。

五、芳胺及其衍生物

苯系芳胺多用作中间体原料，萘系芳胺在染料合成中应用较多。

从芳香族硝基化合物还原是制备芳胺最常用的方法。传统的铁粉/无机酸还原法，由于环境污染的问题，最近，作为严重污染的落后生产工艺已被明文淘汰。硫化钠也常用于硝基化合物的还原，它对某些多硝基化合物显示选择性还原的特点，而且环境污染问题也小于铁粉法。硝基化合物的催化氢化，在成本和清洁生产上均显示出明显优点。常用的催化剂有活性镍、钯、二氧化铂钯-碳等。近几年出现不少新的催化剂，如铑-二氧化硅/四丁基锡，可使催化氢化条件更趋缓和。但实验室合成芳胺，铁粉还原法仍然是一个常用方法。

某些场合下，锌粉、锡或氯化亚锡也用作硝基化合物的还原剂。

实验五十七　苯胺的制备
Preparation of aniline

【目的与要求】

1. 学习硝基还原为氨基的基本原理。

2. 掌握铁粉还原法制备苯胺的实验步骤。

【基本原理】

芳香族硝基化合物在酸性介质中还原，可以得到相应的芳香族伯胺。常用的还原剂有铁-盐酸、铁-醋酸、锡-盐酸等。

工业上苯胺可以用铜作催化剂催化氢化硝基苯来合成：

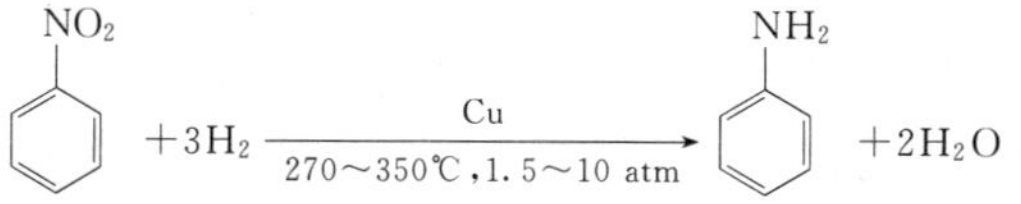

较新的工业制苯胺的方法是用苯酚氨解：

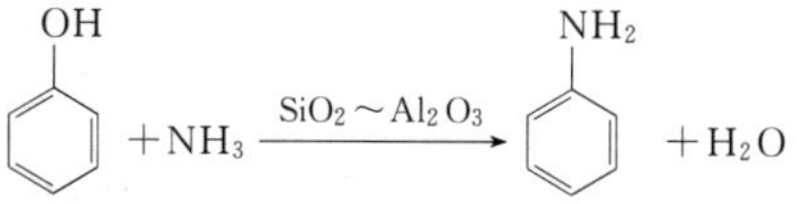

实验室制备一般是用硝基苯还原：

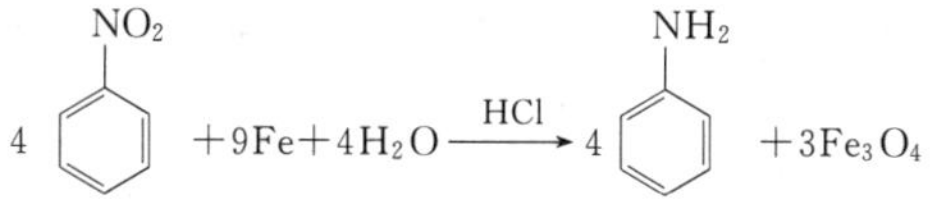

反应分步进行：

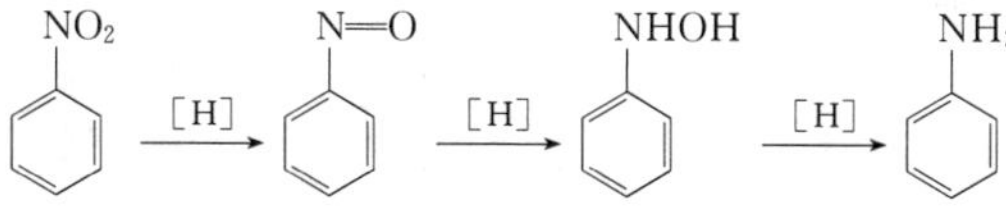

另外还可能发生下列副反应：

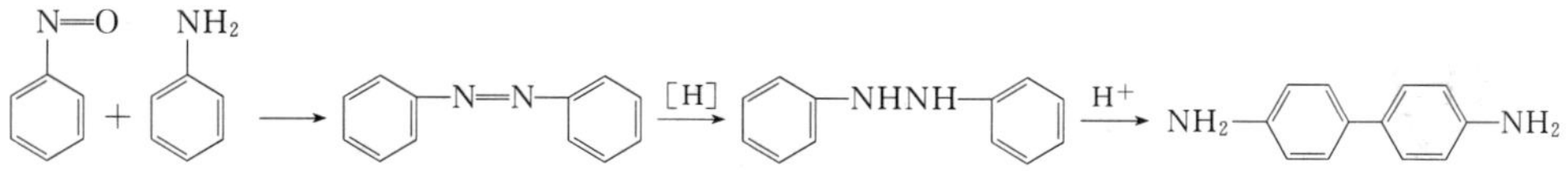

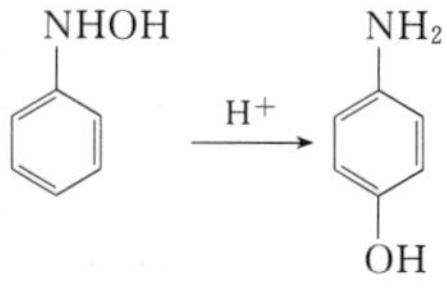

用铁还原硝基苯，盐酸仅为理论量的 1/40，因为这里除产生新生态氢以外，主要由生成的亚铁盐来还原，反应过程中所包括的变化用下列方程式表示。

(1) 铁和酸生成亚铁离子 $\qquad$ $Fe + 2H^+ \longrightarrow Fe^{2+} + 2[H]$

(2) 硝基苯被还原成苯胺

$$\underset{NO_2}{\bigcirc} + 6Fe^{2+} + 6H^+ \longrightarrow \underset{NH_2}{\bigcirc} + 6Fe^{3+} + 2H_2O$$

(3) 铁离子与水作用生成氢离子并生成氧化铁：

$$2Fe^{3+} + 6H_2O \longrightarrow 6H^+ + 2Fe(OH)_3$$

$$2Fe(OH)_3 \longrightarrow Fe_2O_3 + 3H_2O$$

(4) 三氧化二铁与氧化亚铁化合，得四氧化三铁。

$$Fe_2O_3 + FeO \longrightarrow Fe_3O_4$$

【试剂与规格】

硝基苯 C.P.	铁粉 40~100 目
乙酸 C.P.	食盐 C.P.
乙醚 C.P.	氢氧化钠 C.P.

【物理常数和化学性质】

硝基苯（见实验三十三"硝基苯的制备"）。

苯胺（aniline）：分子量 93.13，沸点 184.4℃，92℃/4.4 kPa，熔点 −6.3℃，d_4^{20} 1.0220，n_D^{20} 1.5863。无色或淡黄色透明油状液体，有特殊气味。暴露空气中或见光会逐渐变成棕色，能随水蒸气挥发，能与醇、醚、苯、硝基苯及其他多种有机溶剂混溶。苯胺在水中的溶解度为（25℃）3.5%，（30℃）3.7%。苯胺是重要的有机化工原料，以它为原料能生产较重要的有机化工产品达 300 多种。在涂料、橡胶、染料、医药工业有广泛的用途。

【操作步骤】

在 250mL 圆底烧瓶中，加入 40g 铁粉（0.72mol）、40mL 水和 2mL 乙酸，用力振摇使混合均匀。安装回流冷凝管，缓缓加热微沸 5min[注1]。稍冷，从冷凝管顶端分批加入 25g（21mL，0.2mol）硝基苯，每次加完后要进行振荡，使反应物充分混合。反应强烈放热，足以使溶液沸腾[注2]。加完后，用电热套加热回流 0.5~1h，并不断振摇，以使还原反应完全[注3]。

将反应液转入 500mL 长颈圆底烧瓶中，进行水蒸气蒸馏，直到馏出液澄清[注4]为止。约收集 200mL。分出有机层，水层用（约 40~50g）食盐饱和后，每次用 20mL 乙醚萃取三次。合并有机层[注5]和乙醚萃取液，用固体氢氧化钠干燥。将干燥好的有机溶液进行蒸馏，先蒸出乙醚，再加热收集 180~185℃的馏分[注6]。产量 13~14g，产率 69%~74%。本实验约需 8h。

【附注】

[1] 该步骤主要作用是活化铁。铁与乙酸作用生成乙酸铁，这样做可缩短反应时间。

[2] 若反应放热强烈，引起暴沸，应备好冷水浴随时冷却。

[3] 硝基苯为黄色油状物，如果回流液中黄色油状物消失而转变为乳白色油珠，表明反应已经完成。也可用滴管吸取少量反应液于试管中，加几滴浓盐酸，看是否有黄色油珠下沉。如果回流冷凝器内壁沾有黄色油珠，可用少量水冲下，再继续反应一段时间。还原反应必须完全，否则，残留的硝基苯很难分离。

[4] 馏出液中若有硝基苯必须设法除去。

苯胺的蒸气压/kPa	0.13	1.33	5.33	13.33	101.31
温度/℃	34.8	69.4	96.7	119.9	184.13

[5] 苯胺毒性较大，极需小心处理。它很易透过皮肤被吸收，引起青紫。一旦触及皮肤，先用水冲洗，

再用肥皂和温水洗涤。

［6］新蒸苯胺为无色油状液体，当暴露于空气或受光照射时，颜色变暗。

思 考 题

1. 本实验在水蒸气蒸馏前为何不进行中和？若以盐酸代替醋酸是否需要中和？
2. 本实验为何选择水蒸气蒸馏的方法把苯胺从反应混合物中分离出来？
3. 如果粗产物苯胺中含有硝基苯，应如何分离提纯？
4. 在精制苯胺时，为什么用粒状氢氧化钠作干燥剂而不用硫酸镁或氯化钙？

实验五十八　间硝基苯胺的制备
Preparation of *m*-nitroaniline

【目的与要求】
学习芳香多硝基化合物选择性还原为芳胺基化合物的基本原理。

【基本原理】
在选择性还原剂的作用下，间二硝基苯可还原成间硝基苯胺：

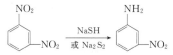

常用的还原剂还有：NH_4SH，$SnCl_2 + HCl$ 等。

用苯胺先与硫酸成盐，然后用硝化的方法也可得间硝基苯胺。

本实验采取的是前一个反应。

【试剂与规格】

结晶硫化钠 C. P.	甲醇 C. P.
间二硝基苯 C. P.	碳酸氢钠 C. P.
75％甲醇水溶液	

【物理常数及化学性质】
甲醇（methanol）：分子量 32.04，沸点 64.7℃，n_D^{20} 1.3285，d_4^{20} 0.7914。无色透明易挥发、易燃液体，具有特殊气味。甲醇与水能以任意比例混合。本品毒性较大，是一种重要的基本有机醇类原料和溶剂。

间二硝基苯（*m*-dinitrobenzene）：分子量 154.12，沸点 291℃/0.1 MPa，167℃/1.87kPa，熔点 90℃。淡黄色结晶，微溶于水，易溶于苯、氯仿、乙酸乙酯，溶于醇。能随水蒸气一同挥发。

间硝基苯胺（*m*-nitroaniline）：分子量 138.11，熔点 114℃，沸点 305.7℃，d_4^{20} 1.4200。黄色针状结晶或粉末，微溶于水，溶于甲醇、乙醇、乙醚，易溶于无机酸溶液，遇明火会发生燃烧，受高热能散发出有毒气体，本品是重要的有机合成原料和染料中间体。

【操作步骤】
将 18g（0.075mol）结晶硫化钠[注1]（$Na_2S \cdot 9H_2O$）溶于盛有 50mL 水的烧杯中，在不断搅拌下，以少量多次的方式加入 6g（0.0714mol）细粉状的碳酸氢钠。当碳酸盐完全溶解后，再加入 50mL 甲醇。将混合物冷却至 20℃以下，抽滤。沉淀[注2]每次用 8mL 甲醇分 3 次洗涤。所得的滤液及洗涤液约含 3.9g 硫氢化钠，此溶液备用。

将 6.7g（0.04mol）间二硝基苯溶于盛有 50mL 热甲醇的 250mL 圆底烧瓶中，在振摇下加入预先制备的硫氢化钠甲醇溶液。装上回流冷凝器，加热至沸，保持回流 20min[注3]。冷却后，改成蒸馏装置，蒸出绝大部分甲醇（约 100～120mL）。搅拌下将瓶内液体残留物注入约 200mL 冷水中，此时有黄色结晶析出[注4]。抽滤，水洗，固体粗产物用 75％甲醇水溶液重结晶，得到间硝基苯胺。产量 3.7g，产率 67％。红外和核磁共振图谱见附录七图 11。本实验约需 6h。

【附注】

［1］结晶硫化钠易潮解，应密封保存。

［2］此时的沉淀为碳酸钠。

$$Na_2S + NaHCO_3 \Longrightarrow NaSH + Na_2CO_3 \downarrow$$

［3］反应终了时可能有无机盐析出，这些无机盐除了是制备硫氢化钠时残存的碳酸钠以外，还有还原反应中所产生的硫代硫酸钠：

$$4m\text{-}C_6H_4(NO_2)_2 + 6NaSH + H_2O \Longrightarrow 4m\text{-}(NO_2)C_6H_4NH_2 + 3Na_2S_2O_3$$

［4］间硝基苯胺在冷水中的溶解度很小，故以黄色结晶析出，夹杂的无机盐则溶在冷水中。

思 考 题

1. 使芳二硝基物只还原一个硝基的还原剂有哪些？并举出具体反应的例子。

2. 选择性还原剂 Na_2S_2、NaSH、NH_4SH 和 $SnCl_2$＋HCl，实质上起还原作用的各是何种元素？你能写出其还原态和氧化态的化合价数吗？

3. 如果间硝基苯胺中夹杂极少量的间二硝基苯杂质，设计一个用化学法将其提纯的方案。

实验五十九 乙酰苯胺的制备
Preparation of acetanilide

【目的与要求】

1. 掌握苯胺乙酰化反应的原理和实验操作。

2. 进一步熟悉固体有机物的提纯的方法——重结晶。

【基本原理】

芳胺的乙酰化在有机合成中有着重要的作用，例如保护氨基。伯芳胺和仲芳胺在合成中通常被转化为它们的乙酰化衍生物，以降低芳胺对氧化剂的敏感性或避免与其他功能基或试剂（如 $RCOCl$，—SO_2Cl，HNO_2 等）之间发生不必要的反应。同时，氨基经酰化后，降低了氨基在亲电取代（特别是卤化）中的活化能力，使其由很强的第 I 类定位基变为中强度的第 I 类定位基，使反应由多元取代变为有用的一元取代；由于乙酰基的空间效应，对位取代产物的比例提高。在合成的最后步骤，氨基很容易通过酰胺在酸碱催化下水解被游离出来。

芳胺可用酰氯、酸酐或冰醋酸来进行酰化，冰醋酸易得，价格便宜，但需要较长的反应时间，适合于规模较大的制备。酸酐一般来说是比酰氯更好的酰化试剂。用游离胺与纯乙酸酐进行酰化，常伴有二乙酰胺 $[ArN(COCH_3)_2]$ 副产物的生成。但如果在醋酸-醋酸钠的缓冲溶液中进行酰化，由于酸酐的水解速度比酰化速度慢得多，可以得到高纯度的产物。但这一方法不适合于硝基苯胺和其他碱性很弱的芳胺的酰化。

本实验是用冰醋酸作乙酰化试剂的。

$$\underset{\text{NH}_2}{\bigcirc} + CH_3COOH \longrightarrow \underset{\text{NHCOCH}_3}{\bigcirc} + H_2O$$

【试剂与规格】

苯胺 C. P. ≥99% 　　　　冰醋酸 C. P. ≥99%

【物理常数及化学性质】

苯胺（见实验五十七"苯胺的制备"）。

冰醋酸（见实验四十三"2,4-二羟基苯乙酮的制备"）。

乙酰苯胺（acetanilide）：分子量 135.17，熔点 114℃，d_4^{20} 1.219。微溶于冷水，易溶于乙醇、乙醚及热水。本品具刺激性。避免皮肤接触或由呼吸和消化系统进入体内。能抑制中枢神经系统和心血管。

【操作步骤】

在 50mL 圆底烧瓶中，加入 10mL（10.2g，0.11mol）苯胺[注1]、15mL（15.7g，0.26mol）冰醋酸及少许锌粉（约 0.1g）[注2]，装韦氏分馏头、温度计、冷凝管、真空接引管和接收瓶[注3]，接收瓶外部用冷水浴冷却。

将圆底烧瓶缓缓加热，使反应物保持微沸约 15min。然后逐渐升高温度，当温度计读数达到 100℃ 左右时，支管即有液体流出。维持温度在 100～110℃ 之间反应约 1.5h，生成的水及大部分醋酸已被蒸出[注4]，此时温度计读数下降，表示反应已经完成。在搅拌下趁热将反应物倒入 200mL 冰水中[注5]，冷却后抽滤析出的固体，用冷水洗涤。粗产物用水重结晶，产量 9～10g，熔点 113～114℃。

【附注】

[1] 久置的苯胺色深有杂质，会影响乙酰苯胺的质量，故最好用新蒸的苯胺。

[2] 加入锌粉的目的，是防止苯胺在反应过程中被氧化，生成有色的杂质。

[3] 因属少量制备，可将真空接引管与分馏头直接相连，接收瓶外部用冷水浴冷却。

[4] 收集醋酸及水的总体积约为 4.5mL。

[5] 反应物冷却后，固体产物立即析出，沾在瓶壁不易处理。故须趁热在搅动下倒入冷水中，以除去过量的醋酸及未作用的苯胺（它可成为苯胺醋酸盐而溶于水）。

思 考 题

1. 假设用 8mL 苯胺和 9mL 乙酸酐制备乙酰苯胺，哪种试剂是过量的？乙酰苯胺的理论产量是多少？

2. 反应时为什么要控制冷凝管上端的温度在 100～110℃？

3. 用苯胺作原料进行苯环上的某些取代反应时，为什么常常先要进行酰化？

六、重氮化反应及其应用

芳香族伯胺在酸性介质中与亚硝酸钠作用生成重氮盐的反应称为重氮化反应。由于芳香族伯胺在结构上的差别，重氮盐形成的难易、溶解性、水解程度都不尽相同。因而重氮化的方法以及发生后续反应的条件也不相同。

苯胺、联苯胺及含有给电子基的芳胺，其无机酸盐稳定又易溶于水，一般采用顺重氮法，即先把一摩尔胺溶于 2.5～3mol 的无机酸，于 0～5℃ 加入亚硝酸钠。

含有吸电子基（—SO₃H、—COOH 等）的芳胺，因本身生成内盐而难溶于无机酸，较难重氮化，一般用逆重氮化法，即先溶于碳酸钠溶液，再加亚硝酸钠，最后加酸，如甲基橙的制备。

含有一个—NO₂、—Cl 等吸电子的芳胺，由于碱性弱，难成无机盐，且铵盐难溶于水，易水解，生成的重氮盐又容易与未反应的胺生成重氮氨基化合物（ArN＝N—NHAr），因此多采用先将胺溶于热的盐酸，冷却后再重氮化的方法。

重氮盐具有很强的化学活性，使得它在有机合成中占有重要地位。重氮基可被—OH、—H、—X、—CN、—NO₂ 等置换，广泛用于芳香族化合物的合成。重氮盐与芳香叔胺或酚类偶联生成染料，还原生成肼类化合物。

脂肪胺的重氮盐即便在低温下，一般稳定性比芳胺的重氮盐差得多，所以很少用于类似的合成，但有时候用于脂肪链上氨基的去除。

实验六十　甲基橙的制备
Preparation of methyl orange

【目的与要求】

1. 学习并掌握重氮化反应和重氮盐偶联反应的理论知识和实验方法。
2. 熟练掌握有机固体化合物的重结晶。

【基本原理】

甲基橙是个很有用的酸碱指示剂，它可通过对氨基苯磺酸的重氮化反应以及重氮盐与 N,N-二甲苯胺的醋酸盐在弱酸性介质中进行偶联来合成。由于对氨基苯磺酸不溶于酸，因此先将对氨基苯磺酸与碱作用，得到溶解度较大的钠盐。重氮化时，由于溶液的酸化（亚硝酸钠加盐酸生成亚硝酸），当对氨基苯磺酸从溶液中以很细的微粒析出时，立即与亚硝酸发生重氮化反应，生成重氮盐微粒（逆重氮化法）。后者与 N,N-二甲基苯胺的醋酸盐发生偶联反应。偶联反应首先得到的是亮红色的酸式甲基橙，称为酸性黄。在碱性条件下，酸性黄转变成橙黄色的钠盐，即甲基橙。

其化学反应过程如下：

$$H_2N-\!\!\!\bigcirc\!\!\!-SO_3H + NaOH \longrightarrow H_2N-\!\!\!\bigcirc\!\!\!-SO_3^-Na^+ + H_2O$$

$$H_2N-\!\!\!\bigcirc\!\!\!-SO_3^-Na^+ \xrightarrow[HCl]{NaNO_2} [HO_3S-\!\!\!\bigcirc\!\!\!-N^+\!\!\equiv\!\!N\ ]Cl^-$$

$$[HO_3S-\!\!\!\bigcirc\!\!\!-N^+\!\!\equiv\!\!N\ ]Cl^- \xrightarrow[HOAc]{C_6H_5N(CH_3)_2} [HO_3S-\!\!\!\bigcirc\!\!\!-N\!\!=\!\!N-\!\!\!\bigcirc\!\!\!-\underset{H}{N}(CH_3)_2]^+OAc^-$$

$$[HO_3S-\!\!\!\bigcirc\!\!\!-N\!\!=\!\!N-\!\!\!\bigcirc\!\!\!-\underset{H}{N}(CH_3)_2\ ]^+OAc^- \xrightarrow{NaOH} NaO_3S-\!\!\!\bigcirc\!\!\!-N\!\!=\!\!N-\!\!\!\bigcirc\!\!\!-N(CH_3)_2 + NaOAc + H_2O$$

【试剂与规格】

亚硝酸钠 C. P.	对氨基苯磺酸 C. P.
浓盐酸 C. P.	N,N-二甲苯胺 C. P.
冰醋酸 C. P.	乙醇 C. P. 含量 95%
乙醚 C. P.	5%氢氧化钠溶液

【物理常数及化学性质】

对氨基苯磺酸（sulfanilic acid）：分子量 173.2，白色或灰白色晶体，在 100℃时失去水分，无水物在 280℃开始分解炭化。微溶于冷水，不溶于乙醇、乙醚和苯，有显著的酸性，能溶于苛性钠溶液和碳酸钠溶液。

N,N-二甲苯胺（N,N-dimethylaniline）：分子量 121.2，沸点 193℃，n_D^{20} 1.5582，d_4^{20} 0.9563。无色至淡黄色油状液体，有刺激性臭味，有毒和麻醉性。在空气或阳光下易氧化使色泽变深。可燃，受高热能分解放出有毒的苯胺气体。不溶于水，溶于乙醇、乙醚、氯仿及芳香族有机溶剂。主要用作染料、农药、医药、炸药等精细化工的生产原料，亦可做溶剂。

甲基橙（methyl orange）：橙色片状结晶，主要用作酸碱指示剂。它的变色范围为 pH3.2～4.4。水溶液为黄色，溶液 pH 小于 3.5 时则转变成红色。

【操作步骤】

（一）经典低温法

1. 重氮盐的制备

在烧杯中加入 10mL（0.013mol）5％的氢氧化钠溶液及 2.1 g（0.01mol）含两个结晶水的对氨基苯磺酸晶体[注1]，温热溶解后，加入 0.8g（0.11mol）亚硝酸钠和 6mL 水配成的溶液，用冰盐浴冷却至 0～5℃。在不断搅拌下，将 3mL 浓盐酸与 10mL 水配成的溶液逐滴加到混合溶液中，控制温度在 5℃以下，对氨基苯磺酸重氮盐的白色针状晶体迅速析出。滴加完毕，用淀粉-碘化钾试纸检验[注2]。在冰盐浴中放置 15 min，以保证反应完全[注3]。

2. 偶合

取一小烧杯加入 1.2g（0.01mol）N,N-二甲基苯胺和 1mL 冰醋酸，混合均匀。在不断搅拌下将此溶液慢慢加入到上述冷却的重氮盐溶液中。加完后，继续搅拌 10 min，然后慢慢加入 25mL 5％氢氧化钠溶液，这时反应液呈碱性，烧杯中的反应物变为橙色，粗制的甲基橙呈细粒状析出[注4]。将烧杯加热 5 min（约 100℃），冷却至室温，再用冰水冷却，使甲基橙晶体完全析出。抽滤，晶体依次用少量的水、乙醇、乙醚洗涤，压紧，抽干。

3. 纯化

每克粗产品用 100℃、25mL 稀氢氧化钠（含 0.1～0.2g）水溶液重结晶。待结晶完全析出后抽滤，沉淀依次用很少量的乙醇、乙醚洗涤[注5]，得到橙色的小叶片状甲基橙结晶。产量约 2.5g，产率 76％。

取少量甲基橙溶于水，加几滴稀盐酸溶液，观察所呈现的颜色。接着用稀氢氧化钠溶液中和，颜色有何变化？本实验约需 4～6h。

（二）常温一步法[注6]

在烧杯中加入 1.8g（0.01mol）无水对氨基苯磺酸、1.2g（1.3mL 0.01mol）N,N-二甲基苯胺和 30mL 水，温热搅拌溶解，待溶液冷至 26℃以下时，在冷水浴下搅拌滴加 $NaNO_2$ 水溶液（0.8g $NaNO_2$ 溶于 6mL 水中），控制反应温度不超过 26℃。滴加完毕，继续搅拌 20min。放置 10min，抽滤，得甲基橙粗品[注7]。粗品用 0.5％ NaOH 水溶液（约 45mL）重结晶。待结晶在冰水中完全析出后抽滤，沉淀依次用少量冷乙醇、乙醚洗涤，得橙色的片状晶体。产量约 2.5g，产率约 76％。

【附注】

[1] 对氨基苯磺酸是两性化合物，酸性比碱性强，以酸性内盐存在，所以它能与碱作用成盐而不与酸作用成盐。

[2] 淀粉-碘化钾试纸若不变蓝，可再补加亚硝酸钠溶液。若过量可加尿素以减少亚硝酸氧化及亚硝化

等副反应。

〔3〕该步往往析出对氨基苯磺酸的重氮盐。这是由于重氮盐在水中可以电离，形成中性内盐（ ^-O_3S—⟨ ⟩—$N^+\equiv N$ ），在低温时难溶于水而形成细小晶体析出。

〔4〕若含有未作用的 N,N-二甲基苯胺醋酸盐，在加入氢氧化钠后，就会有难溶于水的 N,N-二甲基苯胺析出，影响产物纯度。湿甲基橙在空气中受光照后，颜色很快变深，所以粗产物一般是紫红色的。

〔5〕由于产物呈碱性，温度高易变质，颜色变深。用乙醇、乙醚洗涤的目的是使其迅速干燥。甲基橙的变色范围 pH 在 3.2～4.4。

〔6〕本方法是利用原料自身的酸碱性来完成反应，如 N,N-二甲基苯胺呈碱性，可增大对氨基苯磺酸的溶解性；偶合与重氮化反应于同一容器中，生成的重氮盐立即与 N,N-二甲基苯胺偶合，从而减少了重氮盐分解的可能性。

〔7〕参考文献：刘建国，孙笃周. 化学试剂，1997，19（6）：374.

思 考 题

1. 重氮盐与酚类及芳胺类化合物发生偶联反应，在什么条件下进行为宜？为什么说溶液的 pH 值是偶联反应的重要条件？

2. 如何判断重氮化反应的终点？如何除去过量的亚硝酸？

3. 解释甲基橙在酸碱介质中变色的原因，并用反应方程式表示。

七、康尼查罗反应及其应用

芳香醛以及没有 α-H 的脂肪醛，在强碱作用下，进行自身的氧化还原反应，一分子醛氧化成酸（在碱性溶液中为羧酸盐），一分子醛还原成醇，此反应称之为康尼查罗（Cannizzaro）反应。

如同一种醛发生 Cannizzaro 反应，则得到的醇和酸应为等摩尔的；若不同的醛发生 Cannizzaro 反应，所得到的醇和醛就可能不是等摩尔的。还原性强的醛易被氧化成酸，如：

$$\text{⟨ ⟩—CHO} + \text{HCHO} \xrightarrow{\text{浓 NaOH}} \text{⟨ ⟩—CH}_2\text{OH} + \text{HCOOH}$$

用稍过量的甲醛与其他无 α-氢的醛一起反应时，甲醛氧化成甲酸，另一种醛被还原成醇。

实验六十一　呋喃甲醇及呋喃甲酸的制备
Preparation of α-furyl methanol and α-furoic acid

【目的与要求】

1. 了解 Cannizzaro 反应的基本原理。

2. 掌握利用 Cannizzaro 反应制备呋喃甲醇和呋喃甲酸。

【基本原理】

本实验应用 Cannizzaro 反应，以呋喃甲醛作为反应物，在浓氢氧化钠的作用下，制备呋喃甲醇和呋喃甲酸。其反应式如下：

$$\text{⟨ ⟩—CHO} \xrightarrow[\text{2)HCl}]{\text{1)浓 NaOH}} \text{⟨ ⟩—CH}_2\text{OH} + \text{⟨ ⟩—COOH}$$

【试剂与规格】

呋喃甲醛（新蒸）	33％氢氧化钠溶液
乙醚 C. P.	25％盐酸
无水硫酸镁 C. P.	活性炭 C. P.

【物理常数及化学性质】

呋喃甲醛（糠醛，furfural）：分子量 96.09，沸点 161.7℃，n_D^{20} 1.5261，d_4^{20} 1.1596。无色或琥珀色透明油状液体，具有类似杏仁的特殊香味。微溶于水，易溶于乙醇、乙醚、苯、丙酮和四氯化碳，易与蒸气一同挥发，易燃。用于制合成树脂，也用作溶剂，还是医药和多种有机合成的原料。

呋喃甲醇（糠醇，furfurgl alcohol，α-furyl methanol）：分子量 98.1，沸点 171℃，n_D^{20} 1.4865，d_4^{20} 1.1296。无色或淡黄色透明油状液体，溶于水、乙醇和乙醚，暴露于日光和空气中变成棕色或深红色。本品是一种重要的精细化工有机合成原料，广泛用于各种性能的呋喃树脂以及药物、农药等精细化学品的合成。

呋喃甲酸（糠酸，α-furolic acid）：分子量 102.09，熔点 133℃，沸点 230～232℃。无色结晶，升华后呈针状结晶。不溶于冷水，溶于热水、乙醇和乙醚。是一种有机合成原料，可合成糠酸树脂，可作增塑剂、防腐剂等，还可用于香料和医药的合成。

【操作步骤】

在 250mL 烧杯中，加入 19g（16.4mL，0.2mol）新蒸的呋喃甲醛[注1]，将烧杯浸入冰水浴冷至 5℃。在搅拌下，自滴液漏斗慢慢滴入 16mL 33％氢氧化钠溶液，保持反应温度在 8～12℃[注2]。滴加时间约 0.5h，加完后室温再搅拌 0.5h[注3]，有黄色浆状物生成。搅拌下慢慢加入约 16mL 水，使沉淀恰好完全溶解[注4]。把溶液移入分液漏斗中，每次用 15mL 乙醚萃取，共萃取 4 次，合并萃取液（水层保留待用），用无水 MgSO₄ 干燥。将干燥后的溶液进行蒸馏，先低温蒸去乙醚，改用空气冷凝管，蒸呋喃甲醇，收集 169～172℃馏分，产量约 7～8g，产率 71％～82％。

乙醚萃取后的水溶液用 25％盐酸酸化至刚果红试纸变蓝或 pH 为 2～3（约需 18～20mL）。冷却使呋喃甲酸析出完全，抽滤，用 1～2mL 水洗涤固体。粗产物用水重结晶，得白色针状或叶片状结晶。得产品约 8g，产率 71％。本实验约需 10～12h。

【附注】

[1] 呋喃甲醛久置易变成深红褐色，且往往含有水，一般使用前需要重新蒸馏提纯，收集 54～55℃/2.27kPa 或 57～58℃/2.67kPa 或 69～70℃/4.00kPa 馏分，新蒸过的呋喃甲醛为无色或淡黄色液体。

[2] 反应温度高于 12℃时，温度就会迅速升高，难以控制；低于 8℃时，反应很慢，会使未反应的氢氧化钠积聚，一旦反应起来，会过于激烈，温度迅速升高，增加副反应，影响产率及纯度。再者，反应是在两相进行的，故应充分搅拌。也可用反加的方法，把呋喃甲醛滴加到氢氧化钠溶液中，反应较易控制，产量相仿。

[3] 当氢氧化钠溶液滴加完后，如反应液变成黏稠物而无法搅拌时，可不再搅拌使反应往下进行。

[4] 加水过多会损失一部分产品。

思 考 题

1. 在 Cannizzaro 反应中和在羟醛缩合反应中所用醛的结构有何不同？

2. 乙醚萃取后的水溶液用 25％盐酸酸化到中性是否最合适？为什么？

3. 怎样利用 Cannizzaro 反应将呋喃甲醛全部转化成呋喃甲醇？

实验六十二　苯甲醇及苯甲酸的制备
Preparation of benzyl alcohol and benzoic acid

【目的与要求】
1. 学习 Cannizzaro（康尼查罗）的反应原理。
2. 熟练掌握有机实验中的萃取、洗涤等基本操作。

【基本原理】
本实验应用 Cannizzaro 反应，以苯甲醛作为反应物，在浓氢氧化钾的作用下，制备苯甲醇和苯甲酸。其反应式如下：

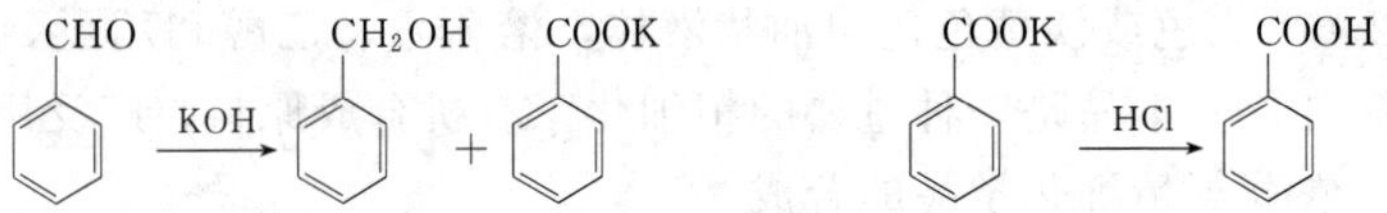

【试剂与规格】

苯甲醛 C. P.	饱和亚硫酸氢钠溶液
10％碳酸钠溶液	乙醚 C. P.

【物理常数及化学性质】
苯甲醛（benzaldehyde）：分子量 106.12，沸点 179℃，n_D^{20} 1.5463，d_4^{15} 1.0500，无色或浅黄色，具有强折射性，为挥发性油状液体，有苦杏仁味，微溶于水，能与乙醇、乙醚等混溶，在空气中易氧化成苯甲酸。是一种重要的化工原料。

苯甲酸（见实验五十三"苯甲酸乙酯的制备"）。

苯甲醇（benzyl alcohol）：分子量 108.12，沸点 205.3℃，n_D^{20} 1.5396，d_4^{20} 1.0419。无色透明或水白色液体，无臭，有芳香气味。微溶于水，能与乙醇、乙醇、氯仿等混溶。遇明火、高热及强氧化剂、酸类能引起燃烧。广泛应用于有机化学工业，主要用作染料、纤维素脂的溶剂，香精的添加剂，油漆的溶剂等，也可用于色谱分析。

【操作步骤】
在 50mL 锥型瓶内加入 6mL（6.24g，58.8mmol）苯甲醛[注1]和 5mL 50％氢氧化钠，塞上塞子，强烈振摇，直至反应混合物变成黏稠的糊状物为止，然后放置过夜。

加入 20～25mL 水，不断振荡以溶解苯甲酸钠。将溶液移入分液漏斗，用 3mL 乙醚淋洗试剂瓶，并将醚液移入漏斗。分出有机层，水层用 5mL 乙醚提取两次。合并有机层和萃取液，依次用等体积的饱和亚硫酸氢钠溶液[注2]、10％碳酸钠溶液[注3]及水各洗涤一次，分液，有机层用适量无水硫酸镁干燥。干燥后的溶液进行蒸馏，先低温蒸出乙醚，后蒸苯甲醇，收集 204～207℃的馏分。产量 2.1～2.5g，产率 66％～75％。

在搅拌下，将乙醚萃取后的水溶液用大约 8mL 浓盐酸酸化至刚果红试纸变蓝，充分冷却使结晶析出完全。抽滤，用少量水洗涤晶体，压紧，抽干，得苯甲酸 2.9～3.5g，熔点为 120.5℃，产率 80％～88％。

【附注】
[1] 苯甲醛中不应含苯甲酸，其纯化方法是：用 10％碳酸钠溶液洗涤，直至不再放出二氧化碳为止，然后用水洗涤，用无水硫酸镁干燥，并加入 0.5g 对苯二酚，减压蒸馏，收集 70～80℃/3.33kPa 的馏分，并往产品中加入 0.05g 对苯二酚。

[2] 用饱和亚硫酸氢钠洗涤的目的是除去未反应的苯甲醛。

[3] 用 10％碳酸钠溶液洗涤的目的是完全除去亚硫酸氢钠。

思 考 题

以本实验的反应为例，写出 Cannizzaro 反应的可能机理。

八、狄尔斯-阿尔德反应及其应用

烯属或炔属烃，通常在其 α、β 位有不饱和吸电子基团时，如羰基、氰基、硝基、苯基等，这样的分子能加到共轭体系（如 1,3-丁二烯）的 1,4 位上，形成具有六元环结构的加成物，这种加成反应称为狄尔斯-阿尔德（Diels-Alder）反应或双烯合成反应，也称为 [4＋2] 环加成反应。例如：

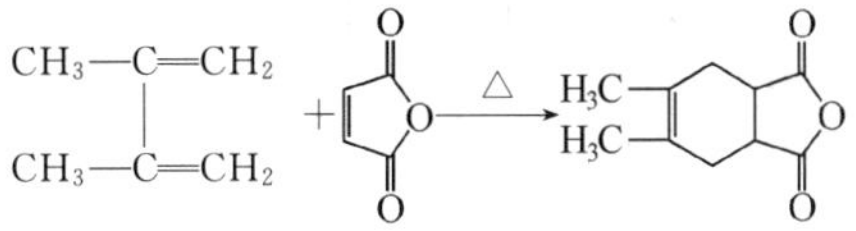

又如，蒽与马来酸酐的环加成和环戊二烯与对苯醌的环加成。

这个反应一般具有下列特点：（1）是可逆的反应；（2）加成时是立体专一性的，无例外的都是顺式加成；（3）双烯合成总是产生内型产物。这类反应较容易进行，通常只需在室温下或在溶剂中加热即可发生反应，其反应速度较快，产率也较高。在有机合成中是合成环状化合物的重要方法之一。

实验六十三 蒽与马来酸酐的环加成
Cycloaddition of anthracene and maleic anhydride

【目的与要求】

1. 学习 Diels-Alder（狄尔斯-阿尔德）反应原理，利用马来酸酐与蒽的环加成合成相应多环化合物。

2. 进一步掌握固体化合物的分离提纯技术。

【基本原理】

本实验采用蒽与马来酸酐进行 Diels-Alder 反应，即：

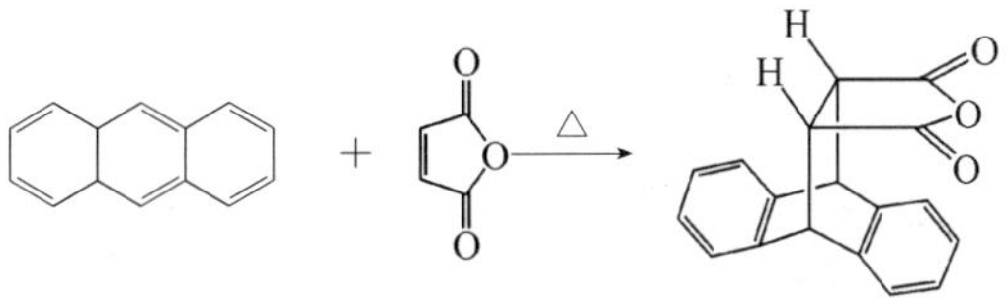

【试剂与规格】

蒽 C. P.   马来酸酐 C. P.

二甲苯 C. P.   活性炭

石蜡

【物理常数及化学性质】

蒽（anthracene）：分子量 178.14，熔点 202℃，沸点 340℃，d_4^{25} 1.2830。无色片状结晶，不溶于水，难溶于乙醇和乙醚，易溶于热苯，易升华。是重要的有机合成原料。

马来酸酐（顺丁烯二酸酐，maleic anhydride）：分子量 98，凝固点 52.8℃，沸点 202℃，d_4^{20} 1.4800。无色结晶性粉末，有强烈刺激性气味，易溶于水及乙醇、乙醚、冰醋酸、丙酮、苯和乙酸乙酯等多种有机溶剂，难溶于石油醚和四氯化碳，易升华。是一种重要的不饱和有机酸酐基本原料。

加成物(9,10-二氢蒽-9,10-α,β-马来酸酐)：分子量 276.14，熔点 262～263℃。白色晶体，有机合成中间体。

【操作步骤】

在 50mL 圆底烧瓶中，放入 2.0g（0.011mol）纯蒽、1.0g（0.01mol）马来酸酐和 25mL 干燥过的二甲苯。装上回流冷凝器，用电热套加热回流 25min，冷却后加入活性炭 0.5g，重新加热 5min，此时反应液颜色变浅。停止加热，趁热过滤，先将滤液冷至室温，再用冰水浴冷却，待晶体完全析出后，抽滤固体[注1]。先在空气中干燥，然后在含有石蜡屑[注2]的真空干燥器中干燥，加成物贮存于密塞瓶中。产量约 2g，产率约为 67％。本实验约需 4～5h。

【附注】

［1］若产物不纯，可进行第二次重结晶。

［2］石蜡屑的作用是吸附二甲苯。

思 考 题

1. 用前线分子轨道理论解释反应在加热条件下进行的原因。

2. 你能举出哪些 Diels-Alder 反应的实例？

实验六十四　环戊二烯与对苯醌的环加成
Cycloaddition of 1,3-cyclopentadiene and benzoquinone

【目的与要求】

1. 学习 Diels-Alder（狄尔斯-阿尔德）反应的机理。

2. 进一步熟练重结晶操作。

【基本原理】

环戊二烯与对苯醌以协同机理进行反应，得到内型（endo）加合物，而不生成外型（exo）加合物。

反应式：

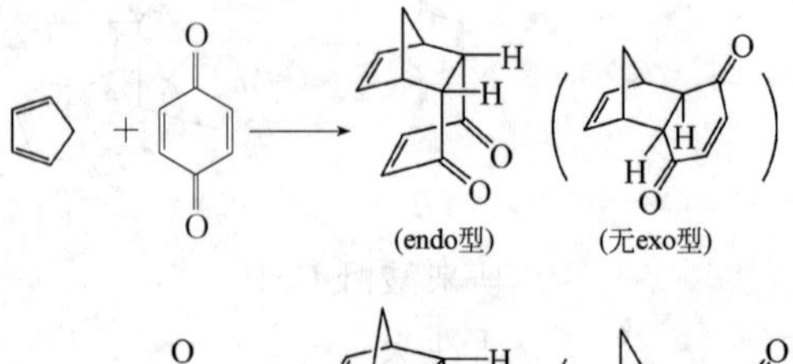

（endo型）　　（无exo型）

同样

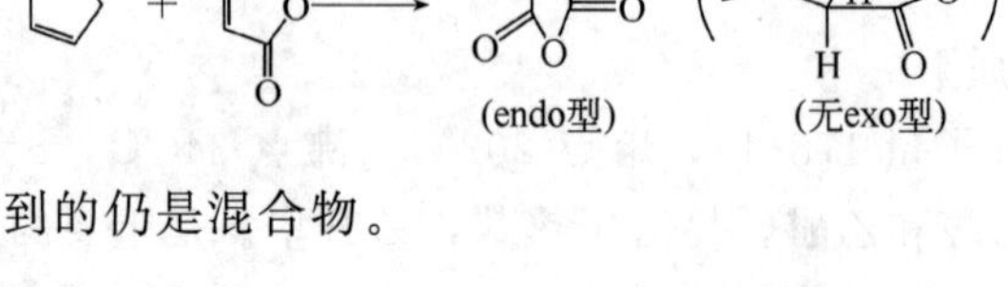

（endo型）　　（无exo型）

但是，有些反应得到的仍是混合物。

Diels-Alder 反应速度快,产率高,副反应少,具有十分广泛的用途。由于该反应在高温度下是可逆的,所以应在尽可能低的温度下进行反应。

【试剂与规格】

对苯醌 C. P.　　　　　　　　　环戊二烯 C. P.

无水乙醇 C. P.　　　　　　　　　丙酮 C. P.

【物理常数及化学性质】

对苯醌 (benzoquinone):分子量 108,熔点 115~117℃,d_4^{20} 1.3180。金黄色棱晶,有类似氯的刺激性气味,溶于乙醇、乙醚和热水。能升华,并能随水蒸气挥发。是一种有机化工原料。

环戊二烯 (1,3-cyclopentadiene):分子量 66,沸点 42.5℃,n_D^{20} 1.4446,d_4^{20} 0.8201。无色流动性的易燃液体,极易挥发,有类似萜烯气味,不溶于水,易溶于乙醇、乙醚、苯、四氯化碳等有机溶剂,本品是一种重要的有机合成原料。

【操作步骤】

在 100mL 锥形瓶中,放入 5.4g (0.05mol) 对苯醌[注1]和 20mL 无水乙醇,摇动,使成悬浮液。冰浴中冷至 0~5℃,迅速加入 3.6g (4.5mL,0.055mol) 冷却的环戊二烯[注2],摇动,在冰浴中保持 20min,室温下再放置 45min。将反应混合物用水泵减压蒸去乙醇,得淡黄色固体。粗产物进行重结晶:先试加最低限量的沸腾丙酮,使固体溶解。再加热至沸腾,混合液开始出现混浊,再加少量丙酮,使溶液澄清。自然冷至室温后,置于冰浴中进一步冷却,使结晶完全。抽滤,干燥,得漂亮的闪光白色针状或片状晶体 4~6g,熔点 157~158℃,产率 60%~70%。本实验约需 5~6h。

【附注】

[1] 实验前先测对苯醌的熔点(熔点:113~115℃),如不合格,可用减压升华法提纯。

[2] 市售环戊二烯为二聚体,将其加热至 170℃以上,即可裂解为环戊二烯单体。可用 20cm 长的韦氏分馏柱慢慢进行分馏,接收瓶用冰水冷却。收集 42~44℃的馏分(环戊二烯沸点 42℃),蒸出的环戊二烯要尽快使用。为防止爆炸,蒸馏瓶内液体不可蒸干。

思 考 题

1. 环戊二烯与对苯醌的加合物,为什么只有内型?

2. 写出对苯醌与反,反-2,4-己二烯反应所得产物结构式。

3. Diels-Alder 反应的主要副反应是什么?

九、杂环化合物的合成

杂环化合物是有机化合物中数目最庞大的一类,约占已知有机化合物的三分之一,在自然界中广泛分布。杂环化合物具有各种各样的生物活性,在生物的生长、发育、新陈代谢过程及遗传过程中都起着关键的作用。绝大多数药物、农药、兽药分子都含有杂环,特别是含氮杂环,因此,对杂环化合物的研究成为有机合成中的重要部分。

杂环化合物的种类很多,最常见的是五元环和六元环,环中含有一个或多个杂原子,其合成方法不尽相同,它涉及众多的反应,本节给出了三个实例。在综合试验部分,给出更多的杂环合成实例。

实验六十五　2,5-二甲基呋喃的制备
Preparation of 2,5-dimethylfuran

【目的与要求】

1. 学习由 1,4-二羰基化合物脱水生成二取代呋喃的方法。
2. 掌握回流反应及水蒸气蒸馏的实验操作方法。

【基本原理】

1,4-二羰基化合物在无水酸性条件下，脱水可合成呋喃及其衍生物。同样，1,4-二羰基化合物与氨或硫化物反应，也可合成吡咯、噻吩及其衍生物。这就是 Paal-Knorr 合成法。这种方法产率不高，而且，反应的后处理也很麻烦。Scott 等曾报道，用离子交换树脂 Ambertyst15 代替无水氯化锌作脱水剂，可以方便、高效地得到 2,5-二甲基呋喃。

反应式：

$$H_3C-\overset{\underset{\displaystyle O}{\|}}{C}-CH_2-CH_2-\overset{\underset{\displaystyle O}{\|}}{C}-CH_3 \xrightarrow[ZnCl_2]{Ac_2O} H_3C-\!\!\diagdown\!\!\diagup\!\!-CH_3 + H_2O$$

【试剂与规格】

无水氯化锌 C. P.　　　　　　　2,5-己二酮 C. P.

氢氧化钠 C. P.　　　　　　　　乙酸酐 C. P.

无水氯化钙 C. P.

【物理常数及化学性质】

乙酸酐（见实验四十二"苯乙酮的制备"）。

2,5-己二酮（2,5-hexanedione）：分子量 114，沸点 194℃/99.31kPa，89℃/3.33kPa，n_D^{20} 1.4421，d_4^{20} 0.9737。无色液体，久置则逐渐变黄，能与水、乙醇、乙醚混溶，易溶于丙酮，溶于苯。

2,5-二甲基呋喃（2,5-dimethylfuran）：分子量 96，沸点 93～94℃，n_D^{20} 1.4363，d_4^{20} 0.8883。无色液体，极微溶于水，能溶于乙醇和乙醚。

【操作步骤】

在 50mL 干燥的圆底烧瓶中，加入 16.8g（15.5mL，0.165mol）乙酸酐，把 0.5g 无水氯化锌溶于其中，再加入 17.1g（17.6mL，0.15mol）重蒸过的 2,5-己二酮。装上回流冷凝器[注1]，其上端装一氯化钙干燥管。小心温热反应混合物，当反应剧烈时，移去热源直至反应平稳，加热缓慢回流 2h。

冷至室温，把暗棕色混合物移入 250mL 圆底烧瓶中，用冰水冷却，维持在 50℃ 以下，用 6mol/L 氢氧化钠溶液中和到碱性（大约 50mL）。混合物用水蒸气蒸馏至无油状物馏出（大约 100mL）。馏出液倒入分液漏斗，分出上层产物，用无水氯化钙干燥。将干燥后的稻草色的粗产物过滤到 25mL 茄形烧瓶中，蒸馏，收集 93～95℃的馏分，得无色 2,5-二甲基呋喃 9g，产率 62%。红外和核磁共振图谱见附录七图 12。本实验约需 6～8h。

【附注】

[1] 所有仪器及试剂必须干燥，否则 2,5-二甲基呋喃水解成 2,5-己二酮，使产率降低。

思　考　题

1. 试写出本实验中的反应机理。

2. 试设计利用 2,5-己二酮制备 2,5-二甲基噻吩的方法。

实验六十六　巴比妥酸的制备
Preparation of barbituric acid

【目的与要求】

1. 学习丙二酸二乙酯与尿素在碱催化下的缩合成环反应。

2. 掌握回流、抽滤、烘干等实验操作方法。

【基本原理】

巴比妥类药物是巴比妥酸的衍生物，具有镇静、催眠作用。但是，巴比妥酸本身无医疗作用，只有活泼亚甲基上的两个氢原子被烃基取代后，才呈现药理活性。

丙二酸二乙酯和乙酰乙酸乙酯相似，具有活泼亚甲基，可以很容易地进行烷基化、卤代等反应。巴比妥酸是由丙二酸二乙酯和尿素反应制得。但这个反应并没有牵涉到活泼亚甲基，而是一个碱催化的消除 2 mol 醇的反应。

反应式：

$$NH_2CONH_2 + CH_2(COOC_2H_5)_2 \xrightarrow{C_2H_5ONa} \begin{matrix} H \\ O=C-N-C=O \\ | \quad\quad | \\ HN-C \\ \| \\ O \end{matrix} + CH_3CH_2OH$$

同样，这个反应也可以推广到应用烷基化的丙二酸酯来制备巴比妥类药物。

【试剂与规格】

金属钠 C. P.	无水乙醇 C. P.
丙二酸二乙酯 C. P.	尿素（干燥）C. P.
浓盐酸 C. P.	

【物理常数及化学性质】

丙二酸二乙酯（diethylmalonate）：分子量 160，沸点 198.8℃，n_D^{20} 1.4150，d_4^{20} 1.0550。本品是一种具有香味的无色液体，不溶于水，易溶于乙醇、乙醚、氯仿和苯等有机溶剂。是重要的有机合成中间体，广泛应用于医药、农药、染料和香料等的合成。

尿素（urea）：分子量 60.06，熔点 132℃，白色结晶固体，能溶于水及乙醇，不溶于乙醚。本品用途广泛，它是高效固体氮肥，可制备脲醛树脂、胶黏剂。也是重要的有机合成原料。

巴比妥酸（barbituric acid）：分子量 128，熔点 248℃（部分分解），沸点 260℃（分解）。白色或粉红色结晶体或结晶性粉末。在空气中易风化，易溶于热水、稀酸，能溶于乙醚、难溶于冷水、乙醇。本品主要作为医药合成中间体，用于苯巴比妥、维生素 B_{12} 等药物的制备。也用于生产聚合催化剂及染料等的原料。

【操作步骤】

在装有回流冷凝器（上口加氯化钙干燥管）的干燥的 250mL 圆底烧瓶中，加入 50mL 无水乙醇[注1]及 2.3g（0.1mol）洁净的金属钠片。待所有金属钠完全反应[注2]后，加入16g（15.2mL，0.1mol）丙二酸二乙酯及预先配好的尿素-乙醇溶液（6g 干燥的尿素溶于 50mL 约70℃的无水乙醇中）。加热[注3]回流反应混合物 2～3h，白色巴比妥酸钠沉淀析出。冷却，过滤，把钠盐溶于 100mL 热水（50℃），在搅拌下，用足够的浓盐酸（约 9mL）酸化。趁热过滤，滤液在冰水中冷却后，抽滤，得二水合巴比妥酸结晶。用 10mL 冷水洗涤，抽干。将结晶置于表面皿上，在 110℃ 下干燥 2h，即脱去结晶水，得巴比妥酸 9g，产率 70％。本实验约需 6～8h。

【附注】

[1] 无水乙醇应是金属钠处理过的，用适量金属钠完全溶解于无水乙醇后，再将乙醇蒸出。

[2] 一定使反应不可过热。

[3] 此时电热套温度维持在 110℃ 为宜。

思 考 题

1. 试写出合成硫代巴比妥酸的反应：

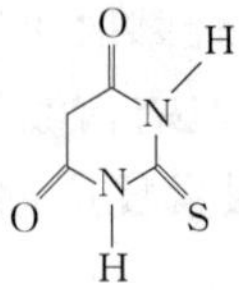

2. 选择适当试剂合成 2,5-二羰基哌嗪：

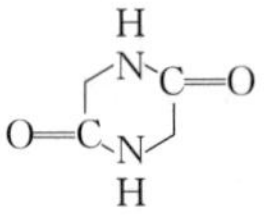

实验六十七　喹啉的制备
Preparation of quinoline

【目的与要求】

1. 学习 Skraup 反应制备喹啉及其衍生物的反应原理及方法。

2. 练习多步合成。

【基本原理】

喹啉及其衍生物可以通过 Skraup 反应制得，即将苯胺或其衍生物与无水甘油、浓硫酸及适当的氧化剂一起加热反应而成。Skraup 反应只有当反应进行激烈时，才能得到较好的产量，但由于反应猛烈，有时较难控制，为避免反应过剧，常加入少量硫酸亚铁或硼酸缓和反应。浓硫酸是脱水剂，也可用磷酸代替。氧化剂常用硝基苯，也可用碘、五氧化二砷、氧化铁等，但不能用强氧化剂。甘油含水多，产率会降低。如用碘作氧化剂，甘油可不必无水。

喹啉及其衍生物的生成过程，可能是由浓硫酸首先使甘油脱水成丙烯醛，苯胺与丙烯醛发生 1,4-共轭加成产生 β-苯氨基丙醛，后者再在酸催化下环化继之脱水，形成 1,2-二氢喹啉，在氧化剂的作用下，1,2-二氢喹啉氧化脱氢得到产物，此反应实际上一步完成，产率很高。其反应过程简示如下：

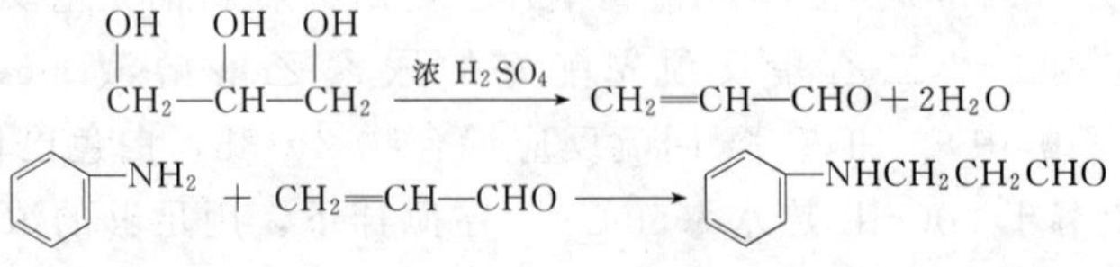

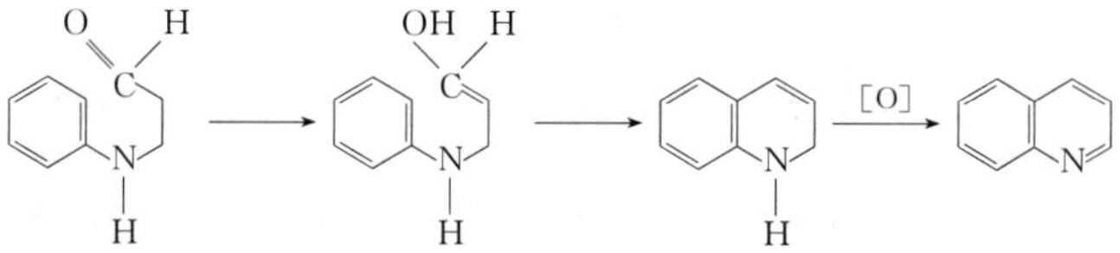

总反应式：

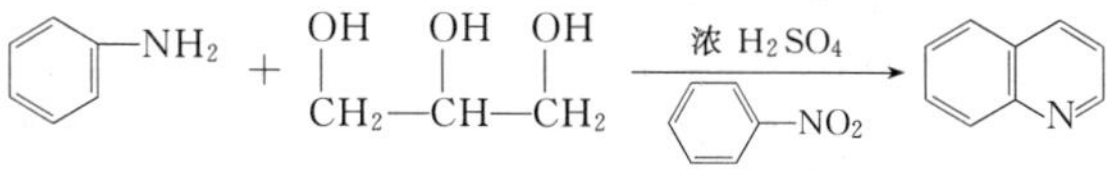

【试剂与规格】

甘油＞97％ C. P.	苯胺 C. P.
硝基苯 C. P.	硫酸亚铁 C. P.
浓硫酸 C. P.	40％氢氧化钠溶液
亚硝酸钠 C. P.	氢氧化钠 C. P.
乙醚 C. P.	淀粉-碘化钾试纸

【物理常数及化学性质】

甘油（丙三醇：glycerol，1,2,3- propanetriol）：分子量 92.09，沸点 290℃，d_4^{20} 1.2636，n_D^{20} 1.4739。无色无臭有甜味的黏稠液体，具有吸湿性。能与水、醇类、酚类、乙二醇、胺类互溶，不溶于烃类。本品是重要的基本有机化工原料和溶剂。

硝基苯（见实验三十三"硝基苯的制备"）。

苯胺（见实验五十七"苯胺的制备"）。

喹啉（quinoline）：分子量129.11，沸点238℃，d_4^{20} 1.0929，n_D^{20} 1.6268。无色或橙色吸湿性油状液体，呈弱酸性，防腐性强，遇光或空气变黄色，有特殊气味，易燃。微溶于水，溶于乙醇、乙醚和氯仿，易与水蒸气一同挥发。本品是一种重要的有机合成原料。喹啉的许多衍生物在医药上具有重要意义。

【操作步骤】

在 100mL 圆底烧瓶中，加入 20g（0.21mol）甘油[注1]，再依次[注2]加入 2g 七水结晶硫酸亚铁，4.8g（4.7mL，0.052mol）苯胺及 4.1g（3.4mL，0.033mol）硝基苯，加入沸石几粒，摇动使反应物混合均匀。在圆底烧瓶上装一 Y 形管，其两口分别装回流冷凝器和滴液漏斗。滴液漏斗中放入 11mL（20.2g，0.21mol）浓硫酸。

开始缓慢加热，不断摇动，使其充分混合[注3]，然后慢慢滴加浓硫酸，使瓶中生成的苯胺硫酸盐完全溶解。控制滴加速度[注4]，以控制反应液微沸，大约需 20min，滴加完毕，继续加热回流微沸 2h。

稍冷，将反应液移到500mL圆底烧瓶中，进行水蒸气蒸馏，除去未反应的硝基苯，直到馏出液不显混浊为止。残液稍冷后，用40％氢氧化钠溶液中和至碱性[注5]，再进行水蒸气蒸馏，蒸出喹啉和未反应的苯胺，直至馏出液变清。

馏出液用浓硫酸酸化，待油状物全部溶解后，置于冰水浴中冷却到0～5℃，慢慢加入由3g亚硝酸钠和12mL水配成的溶液，直至反应液使淀粉-碘化钾试纸变蓝为止。将反应混合物加热煮沸 15min，至无气体放出。冷却，用40％NaOH溶液碱化，再进行水蒸气蒸馏，蒸出喹啉。从馏出液中分出有机层，水层每次用25mL乙醚萃取三次，合并有机层与乙醚萃取液，用固体NaOH干燥。先蒸去乙醚，再去掉冷凝器，直接用接引管收集234～238℃馏分[注6]，产量5.5～6.5g，产率82％～97％[注7]。本实验约需要12h。

【附注】

[1] 甘油含水，产率降低。本实验利用多加适量浓硫酸来吸收化学纯试剂甘油中的水。若甘油中含水超过 3％，还需进一步增加浓硫酸的量。

[2] 按照正确的顺序加入药品至关重要，若硫酸在硫酸亚铁前面加，则反应会很剧烈，不易控制。

[3] 为使硫酸亚铁在溶液中分布均匀，在滴加浓硫酸前适当加热，并不断摇动烧瓶。

[4] 这是实验的关键。若滴加硫酸速度过快，反应会很剧烈，以至于瓶中液体从冷凝器上端冲出；有时则会生成大量焦油状物，这时既难处理，又降低产率。

[5] 每次酸化或碱化，都必须将溶液稍加冷却，用试纸检验要呈明显的酸性或碱性。

[6] 最好在减压下蒸馏，收集 110～114℃/1.87kPa，118～120℃/2.67kPa，130～132℃/5.33kPa 的馏分。

[7] 产率以苯胺计算，未考虑硝基苯转化为苯胺而参与反应的量。

思 考 题

1. 为什么要从粗产物中除去未反应的硝基苯？

2. 你还能用另外的方法从喹啉中除去苯胺吗？

3. 要得到高产率的喹啉，本实验的关键何在？

4. 为分离产物喹啉，进行了若干步处理，请写出相应反应，并说明其中现象和原理。

十、相转移催化剂及其应用

实验六十八　相转移催化剂三乙基苄基氯化铵的制备
Preparation of triethylbenzylammonium choride

【目的与要求】

1. 学习相转移催化反应的基本原理。

2. 了解相转移催化剂的应用及制备方法。

【基本原理】

相转移催化（作用）的实验方法是化学工作者在长期的实践中探索出的一种新兴而效果很好的实验方法。自该方法出现以来在有机合成中的应用日趋广泛。

常见的相转移催化剂有：季铵盐类、三乙基苄基氯化铵（TEBA）、四丁基溴化铵（TB-AB）等；冠醚类，如 18-冠-6、二环己基-18-冠-6 等，其他的相转移催化剂有开链聚醚，如聚乙二醇、聚乙醇醚等。本实验是合成一种用于相转移催化反应实验的相转移催化剂：三乙基苄基氯化铵。

反应式：

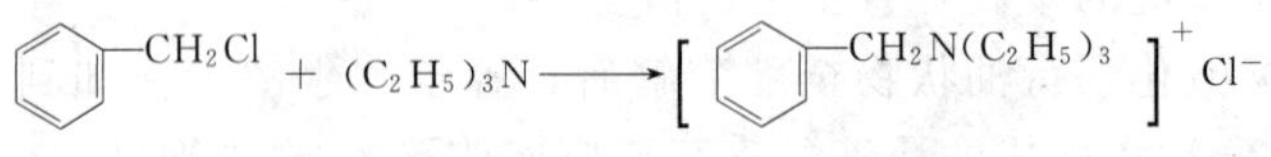

$$\text{C}_6\text{H}_5-\text{CH}_2\text{Cl} + (\text{C}_2\text{H}_5)_3\text{N} \longrightarrow \left[\text{C}_6\text{H}_5-\text{CH}_2\text{N}(\text{C}_2\text{H}_5)_3\right]^+ \text{Cl}^-$$

一般的合成多采用氯仿、乙醇、苯等作溶剂，反应时间长，收率低，本实验用强极性非质子溶剂 DMF（N,N-二甲基甲酰胺）作溶剂，缩短了反应时间，并提高了收率。

【试剂与规格】

氯化苄 C.P.　　　　　　　　三乙胺 C.P.

【物理常数和化学性质】

氯化苄（benzyl chloride）分子量：126.58，沸点：179.3℃，99℃/8.23kPa，66℃/1.47kPa，n_D^{20} 1.5391，d_4^{20} 1.1002。无色透明可燃液体，具有强烈刺激气味。不溶于水，溶于乙醇、乙醚、氯仿等有机溶剂，能随水蒸气挥发。本品有毒，对黏膜有强烈刺激作用和催泪作用。本品是一种重要的有机合成中间体，广泛应用于农药、医药、香料和各种表面活性剂生产。

三乙胺（triethylamine）：分子量101.19，沸点89.7℃，n_D^{20} 1.4003，d_4^{20} 0.7230。无色油状液体，具有强烈的氨味，易燃，遇高热、明火、强氧化剂有引起爆炸的危险。稍溶于水，溶于乙醇、乙醚等有机溶剂。本品是一种有机合成原料，可用于制备食品防腐剂、乳化剂，也是制造染料、农药的原料。

三乙基苄基氯化铵（TEBA）：分子量227.77，熔点：180～191℃，易溶于水，在芳烃及石油醚中溶解度较小。本品为白色结晶，是一种有机合成相转移催化剂，可用于烷基化反应、卡宾反应、环化反应，以及制备金属有机化合物等。

【操作步骤】

方法一

在100 mL三口瓶中，装电动搅拌器和回流冷凝器。称取6.3g（5.5 mL）氯化苄和5g（7mL）三乙胺放入三口瓶中，加入19mL1,2-二氯乙烷，加热搅拌回流1h，将反应液冷却，析出结晶，待晶体全部析出后，抽滤，并用少量的1,2-二氯乙烷洗涤1次，取出烘干。将烘干后的产品保存在干燥器中，以免在空气中潮解。产物产量约5g。

方法二

在250 mL三口瓶上分别安装搅拌器、温度计、回流冷凝管，将12.6mL（0.09mol）三乙胺、10mL氯化苄（0.087mol）、6.66mL DMF（N,N-二甲基甲酰胺）和2mL乙酸乙酯加入三口瓶中，用电热套加热，开动搅拌，控制温度在104℃左右反应1h，然后冷却至80℃时，在搅拌下缓缓加入8g苯，使铵盐沉淀，抽滤，用冷的苯洗涤数次，然后在红外灯下干燥，得产品17.2g，产率87.14%，熔点为185～187℃。红外和核磁共振图谱见附录七图14。

实验六十九　7,7-二氯双环[4.1.0]庚烷的制备
Preparation of 7,7-dichloro-bicyclo[4.1.0]heptane

【目的与要求】

1. 学习相转移催化（作用）的基本原理。
2. 掌握利用相转移催化制备化合物。

【基本原理】

相转移催化（作用）是指一种催化剂能加速或者能使分别处于互不相溶的两种溶剂（液-液两相体系或固-液两相体系）中的物质发生反应。反应时，催化剂把一种实际参加反应的实体（如负离子）从一相转移到另一相中，以便使它与底物相遇而发生反应。

相转移催化的方法使有机合成在某些场合摆脱了经典的技巧，而代之以新的方法。原理虽简单，但它的实际应用价值却很高。例如使用传统的方法难以实现或不能发生的反应，采用此方法就能顺利地进行，而且反应条件温和、操作简便、时间短、反应选择性高、副反应少，并可避免使用价格高昂的试剂或溶剂，不论在实验室或工业上都很适用。

本实验利用三乙基苄基氯化铵作为相转移催化剂，使水相中的氢氧负离子转移到氯仿有

机相中,与氯仿进行相转移催化反应,在浓氢氧化钠溶液中,氯仿进行 α-消除反应,生成二氯卡宾。二氯卡宾是一个二价碳高活性中间体,在碳的周围有 6 个价电子,它是电中性的亲电试剂,因此,它可与烯发生反应,制得产物。其反应式如下。

(1) 相转移过程与二氯卡宾的产生:

$$[(C_2H_5)_3N^+CH_2C_6H_5]Cl^- + OH^- \Longleftrightarrow [(C_2H_5)_3N^+CH_2C_6H_5]OH^- + Cl^-$$
进入有机相

$$[(C_2H_5)_3N^+CH_2C_6H_5]OH^- + CHCl_3 \Longleftrightarrow [(C_2H_5)_3N^+CH_2C_6H_5]CCl_3^- + H_2O$$

$$[(C_2H_5)_3N^+CH_2C_6H_5]CCl_3^- \Longleftrightarrow [(C_2H_5)_3N^+CH_2C_6H_5]Cl^- + :CCl_2$$
进入油相

(2) 二氯卡宾与环己烯的反应:

【试剂与规格】

环己烯 C.P.	氯仿 C.P.
石油醚 C.P.	盐酸 C.P.
无水硫酸镁 C.P.	

【物理常数和化学性质】

环己烯(见实验二十六"环己烯的制备")。

氯仿〔见实验四十"水杨醛(邻羟基苯甲醛)的制备"〕。

7,7-二氯双环[4.1.0]庚烷(7,7-dichloro-bicyclo[4.1.0]heptane):分子量 163.06,沸点 198℃,n_D^{20} 1.5012。无色液体,是一种有机合成中间体。

【操作步骤】

在 150mL 四口瓶上,安装搅拌器、回流冷凝器、筒型滴液漏斗和温度计。加入 8.2g(10.1mL 0.1mol)环己烯、36g(24mL 0.3mol)氯仿和 0.4g 三乙基苄基氯化铵[注1],用电热套加热至 40~45℃,开动搅拌,开始滴加 32g 50% 的氢氧化钠水溶液,并停止加热,反应混合物自动升温并形成乳浊液,并于 20 min 内自行升温至 50~55℃,继续搅拌,使温度保持在 50~55℃[注2],约 0.5h 加完,当温度自然下降至 35℃ 时,加入 50mL 水稀释,将反应液倒入分液漏斗中,静置分液。碱液水层用 15mL 石油醚(60~90℃)或乙醚萃取 2 次,将醚层与有机层合并,再用 25mL(2mol/L)盐酸洗涤一次,每次用 25mL 水洗涤 2 次至中性,用无水硫酸镁干燥约 0.5~1h,直到液体清亮为止。

将干燥后的混合液滤入 50mL 圆底烧瓶中,先在低温下蒸出石油醚、氯仿及未反应的环己烯,再进行减压蒸馏,收集 89~91℃/2.27kPa,95~97℃/4.65kPa 的馏分。产量 8~10g,产率约 48%~60%。

【附注】

[1] 本实验属于卡宾反应,应用相转移催化反应来合成目标分子。

[2] 反应温度必须控制在 50~55℃,低于 50℃ 则反应不完全,高于 60℃ 反应液颜色加深,黏稠,产率低,原料或中间体卡宾均能挥发损失。

思 考 题

1. 为什么本实验在水存在下,二氯碳烯可以和烯烃发生加成反应?

2. 相转移催化的原理是什么?

第四部分 非常规条件下的有机合成方法

所谓非常规条件下的有机合成方法（暂且这样称呼），是指不同于通常使用的合成手段的那些方法。这些方法多数是近期发现的；有些虽然早已发现，但是仅在近几十年才得到发展，所以有时候称为近代有机合成方法。它们具有鲜明的、不同于传统方法的特点，显示出在有机合成中的特殊作用。

1. 光化学合成（photochemical synthesis）

光化学合成指在光的作用下引发的合成化学反应，光化学合成在自然界代表了一个最基本的生产过程，到达地球表面的阳光能量中有1%由光化学过程转变为能量。人们熟知的光合作用即是通过叶绿素等酶的催化，在阳光作用下将二氧化碳和水转变为碳水化合物、蛋白质和脂肪等有机物，同时放出氧气的光化学合成过程。现在已经发现在该过程中还存在着非常重要的磁场和电场的弱相互作用。光合成反应中心蛋白质的高层次结构已得到解析，它们接收光量子的效率几乎达到100%。引发电荷分离并生成高能量的电子，对这些电子的转移途径也开始阐明研究。此外，人们还发现了在厌氧条件下，进行光合作用的光合细菌，调节生物生长发育的光敏素，参与光能吸收、传递和引发初级光化学反应的各种光合色素及只收集光能的光合辅助色素和光动力作用、光呼吸作用等物质和现象。人们正利用光合作用原理进行人工模拟直到人工合成粮食。

近代量子化学指出，一般的化学反应是分子中的电子处于基态时的反应，在对应于200～700nm的紫外及可见光作用下，许多分子将吸收光辐射能而使电子处于较高的能级，开始所谓激发态的反应。这些反应在热反应中是不能或难以发生的。20世纪60年代以来光化学的理论和实验手段都取得了长足的进展。新技术如顺磁共振光谱、化学诱导动态核极化、能量高且单色性能好的短脉冲激光、低温基体分离技术、双自由基和较高激发态的光诱导引发等的进展和应用，使通过光化学合成手段可以产生以前从未想到过的特殊分子结构。有些以往被认为是过渡态的物质，现在也可从实验上加以识别，甚至制备。利用光化学进行工业生产的范围已日益扩大。光催化、光聚合、光致变色、光电转换等光化学过程可以在分子内或分子间进行，从而产生高度的化学、位置和立体选择性效果。80年代光化学已开始从小分子向超分子进展。对光化学合成过程中环境影响的研究开辟了光化学合成的新领域，如在微观不均相和有限空间领域和界面体系内的光化学合成反应。对多光子光化学的磁电效应也已开始了研究。涉及生物、化学和物理、材料等各领域的近代光化学合成在天然产物及具有特殊结构和特殊性能的化合物制备中已越来越成熟。

自然界中的某些光化学合成过程对人类活动也有其不利的一面。如光作用下地球表面的氮氧化物和烃类等污染物相互作用形成光化学烟雾。当今人类活动中大量使用的氟氯烃在高空受到阳光中紫外光作用后，分解产生的自由基会破坏地球表面的臭氧层，形成所谓臭氧空洞，使到达地球表面的紫外光增多，这些因素都会危害健康，影响生物体系正常的代谢活动。

光化学合成处理的问题正日趋复杂，开发有效的光辐射源，提高辐射通量，减少激发时间仍然是光化学合成中重要的问题。

2. 电有机合成（electroorganic synthesis）

电有机合成方法是在有机化学发展初期就已被应用的一种技术，如著名的 Kilbe 反应。19 世纪末及 20 世纪初电化学合成曾用于工业生产蒽醌、联苯胺等染料中间体。此后，当有机化学迅速发展时，电有机合成化学却不能同时相应得到发展，可能是由于当时传统的电化学理论和其他学科基础难以解释电极表面复杂的不可逆过程，以及受当时各种实验技术的限制。这些困难在以后由于双电层理论的产生，有关学科的发展及有机化学分离鉴定技术的进步而得以解决，尤其 20 世纪 60 年代初四乙基铅和乙二腈两个大吨位产品用电化学方法工业生产后，大大促进了对电有机合成的研究热情。

电有机合成方法有不少优点：可以精确控制电位以达到选择性反应，即相当于一个从氧化反应到还原反应的连续"试剂"；不需要用加热来克服能障，它的驱动力是电位差，因此可应用于热不稳定的化合物；很多氧化或还原剂可以在电解槽中进行再生，因此只需要用催化量的试剂，既节约资源又可避免环境污染；从电流可以知道反应速率，控制电量可以防止反应过头，反应可随时启动或停止；电化学合成可实现某些化学方法难以实现的反应。电有机合成方法的不足之处是：由于电流密度的限制，反应时间较长；能溶解于非水溶剂电解质的品种不多，因而选择余地相对较小；有机溶剂在电合成中常会发生次级反应，导致溶剂损失，电极污染，所以电有机合成方法是一般有机合成方法的补充，在某些高附加值的精细有机化学产品的合成中有应用价值。

电有机合成研究已涉及到诸多方面，如电有机化学反应机理，化学动力学及活泼中间体的研究，在电极表面的光催化电荷转移对化学反应速率及选择性的影响，金属有机化合物的电荷转移反应，碳-碳键的形成，各种氧化还原反应，电化学催化反应，手性合成，保护基团的去除，电解产生酸及碱的催化反应等。有不少保护基可用电化学方法去除，其优点是反应条件温和，选择性好，并可以做到一次同时除去几种不同的保护基。电解产生的裸酸用于催化羰基和羟基的保护、合环反应等；电解产生的碱可使通常酯化条件下不安定的化合物及一些立体障碍大的酸发生酯化反应，这些反应的条件均极温和而产率极佳。

3. 超声有机合成（ultrasonic organic synthesis）

将有机反应置于超声辐射下进行，这一方法在 20 世纪 80 年代初取得实质进展，并得到了迅速发展。它是以加快反应速度，提高反应产率和改善反应条件为主要特色。不少有机反应在施加超声辐射以后可在数十分钟乃至数分钟之内完成，副反应减少，产率有明显提高。一些反应施加超声辐射后可不再需要高温、压力或催化剂，有的甚至不再需要无水无氧等苛刻的反应条件，操作简便。该方法集"快（反应速度快）、高（产率高）、易（操作容易）"等优点于一身，是继相转移催化反应之后，有机合成中出现的又一个很有实用价值的实验手段。人们把在超声辐射下的化学反应及有关工作统称为声化学（sonochemistry）。

在众多的有机反应中，超声辐射对非均相反应比较有效，其中以对有金属参与的反应尤为成功。因此，研究最多、效果最为突出的声化学反应是用烷基锂、Grignard 试剂等进行的 Barbier 型反应。它利用在超声辐射下锂、镁、锌等金属很容易与卤代烷反应并生成相应的有机金属试剂的特点，将卤代烷、金属和亲电反应物混合后，在超声波作用之下，边生成有机金属试剂，边与底物反应。该方法不需严格无水无氧条件，反应速度快，操作十分方便，已有大量成功的报道。类似的反应是用金属与偕二卤化合物在超声辐射下产生卡宾，如在 Simmons-Smith 反应、小环卡宾和不饱和卡宾等反应中，均取得良好的结果。

超声辐射与相转移催化方法结合是声化学反应的又一重要方面，有时甚至取代相转移催化剂。如对二卤卡宾反应施加超声辐射，可大大减少催化剂用量，产率几乎定量。对于亲核取代、烷基化和酯化等其他一些相转移催化反应，超声辐射同样相当有效。此外。超声辐射也可用于高锰酸钾氧化、催化氢化等氧化还原反应和其他一些反应。在部分均相反应中也有作用。除加快反应速度外，超声辐射有时还能改变反应方向，如对碱性条件下醛的缩合反应施加超声辐射后，主要得到 Cannizzaro 反应产物。

作为一种机械波，超声波还不足以改变化合物的结构或使化学键活化。目前普遍认为，它的声化作用产生瞬时的高温高压区是促进有机反应的主要原因。也有人认为超声辐射与固体，特别是金属的晶格振动有关，因而对固-液相反应特别有效。超声辐射促进有机反应作用的机理研究有待深入。对有机反应施加超声辐射主要有两种方法：一种是将反应器置于超声波清洗器中，设备和操作都比较简单，但超声波需通过清洗槽中介质的传递方能作用于反应物，功率损耗大，且介质的用量，反应器的大小及其在清洗槽中的位置等因素稍有变化都会影响反应结果，重复性欠佳。另一种方法是用超声波探头作为超声辐射源，将其直接插入反应器中使用，可避免超声波清洗器的缺点，效果较好。

超声有机合成有明显的应用前景。提高产率，缩短时间，简化操作等特点在工业生产中均会产生显著的效益。特别是声化学反应速度快，有可能在工业上实现管道化连续生产，改变某些传统的化工生产工艺。

4. 微波有机合成（microwave organic synthesis）

微波是一种普遍存在的波长在 12cm 左右电磁波。通常，微波由一块磁铁产生，微波炉内产生的微波被炉壁反射，并被放在炉内的极性化合物所吸收。极性化合物在与微波相互作用的过程中，将取向于与电场的方向一致，当发生变化时（从正到负，或从负到正），极性化合物则发生转向以满足取向的需要。通常使用的声辐射频率为 2450 MHz，方向变化是 $2.45 \times 10^9/s$。由于分子在此条件下来回转动滞后于电场变化，产生了扭曲效应，从而使化合物温度升高达到加热的目的。微波作热源的特点是使化合物温度升高达到加热的目的。升温速度能在很大范围内变动。早期微波辐射主要用于湿度分析、地质材料的溶解、活性炭的制备以及污水的处理等。自 1986 年吉第儿（Gedye）发现微波可显著加快一些有机反应，首次将商用微波炉用于有机合成以来，发现微波用于有机合成可使常规的反应速度加快数百倍甚至上千倍，并能明显提高产率。近年来微波在有机合成中的应用已越来越受到人们的重视。

目前微波技术主要用于优化一些已知的反应。例如 Finkelstein 反应是由氯代烷或溴代烷制备碘代烷的经典反应。在微波作用下，可使反应速度增加 4～8 倍，并能提高产率。溴代正十二烷进行 Finkelstein 反应，常规条件下转化率极低，反应 1h 产率仅 17%，但在微波作用下，反应 15 min，产率可达 93%，又如蒽和丁烯二酸二甲酯的 Diels-Alder 反应，微波下反应 10 min，产率为 87%。在常规条件下欲达到这一产率，需反应 72h。新近报道，在微波作用下，稳定的膦叶立德和芳醛进行 Wittig 反应，在数分钟内反应即可完成，产率可达 82%～96%。

微波还被广泛用于 O-烃化及 O-酰化反应、醇醛缩合反应、Reformastky 反应、硅烷反应、Ene 反应、Claisen 重排反应、频哪醇重排反应、炔醇重排反应以及多种形成杂环的反应。

影响微波反应的因素较多。载体种类对反应产率影响较大，例如由苯亚磺酸钠与苄氯合成苯基苄基砜，氧化铝作载体产率为 96%，高岭土作载体产率仅为 5%，不用载体则不能进行反应（参见实验七十"微波辐射下苯基苄基砜的合成"）。微波辐射能对反应产率亦有明显影响，溴代正辛烷与醋酸钾以硅胶为载体进行酯化反应，用 300 W 微波炉时产率为 30%，用 450W 微波炉时产率增至 90% 以上。有时反应容器对产率也有影响，例如上述酯化反应以氧化铝为载体在 Pyrex 器皿中反应产率为 91%，改用 Teflon 器皿产率降至 8% 左右。

由于微波可使反应底物在极短时间内迅速加热，这种加热方式可使一些常规回流条件下不能活化而难以进行或无法进行的反应得以发生，并能明显地缩短反应时间，这些特点为微波在有机合成中的应用显示了广阔的应用前景。

5. 固态有机合成（organic synthesis in the solid state）

近年来，在晶体或固体状态下进行有机合成反应已成为非常热门的研究课题。研究发现，固态合成不同于气、液态合成反应，有其特殊反应性能。在复杂的体系中能呈现出极高的立体选择性、专一性；它兼具有液态和生物体内化学反应的特点。某些固态合成反应比液态反应时间短、产率高。还有些反应只有在固态下才能进行；固态化学合成还避免了有机溶剂的毒害、致癌、火灾、大气污染。

固态反应物周围分子的堆积性质比分子自身的反应性能更重要。反应物性能依赖于立体堆积因素和电子性质两者之间的平衡，而不像液体状态分子反应那样，主要依赖于反应物的电子性质。Cohen 提出了在晶体中反应的原子和分子移动最小的局部化学原理，并引入在主体晶格中反应空腔的概念。所谓反应空腔是指直接参与反应的分子在晶体中占有的空间。Schmidt 提出利用某些取代基和分子间的非键作用来改变分子立体堆积形式和控制晶胞轴长短的晶体工程理论。

固态光化学合成近年来发展异常迅速，为合成化学开辟了多种新合成方法，如香豆素在晶体状态下很难进行光化学反应，但在某些晶格控制物质存在下，则能有选择地进行光二聚反应。在不含有重原子的晶格控制物质存在下，得到头对头的顺式香豆素二聚体，而在含有重原子晶格控制物质存在下，得到头对头的反式香豆素二聚体。利用固态光化学合成方法，不用拆分，光照直接得到光学活性化合物是重要的发现之一。如利用光学活性的(R,R)-反式-4,5-双（羟基二苯甲基）-2,2-二甲基-1,3-二氧杂环戊烷和香豆素从某些溶剂中形成的晶体络合物在光照下直接得到 97% ee 值的头对头反式香豆素二聚体。利用光学活性的酸或碱与反应物形成的晶体盐，光照可直接得到光学活性产物。更有兴趣的是，利用某些主体化合物和客体化合物形成的手性晶体，光照也可得到光学活性产物。如 9,10-二氢 9,10-乙烯基蒽-11,12-双（二苯基膦氧化物）同乙醇形成手性晶体，光照得到 87% ee 值的光学活性产物。

某些固态光化学合成反应有很高的选择性和专一性。如吲哚同菲形成的混晶，固态光照得到光加成产物，而在溶液中不进行这种反应。1,3-二甲基-6-氰基尿嘧啶同菲形成的混晶，光照下得到约 100% 产率的顺式加成产物，而在溶液中光照，则得到产率比较低的光加成产物和取代产物。氢抽取光化学反应，在溶液中都是在异种分子间或分子内进行的，而照射 4,4'-二甲基二苯酮晶体，发生了相同分子间的氢抽取光化学反应，得到一种新型的光化学产物。

固态热化学合成不仅对羟醛缩合反应、重排反应、偶联反应、氧化还原反应、酯化反应等一般的有机合成反应得到满意的结果，而且固态合成也广泛应用于多肽、寡聚核苷酸和蛋白质酶等的化学合成以及高分子材料、树脂载体联接等方面。在生物化学、生命科学的研究中，固态合成也越来越引起人们的兴趣。

实验七十　微波辐射下苯基苄基砜的合成
Synthesis of phenyl benzyl sulfone on microwave

【目的与要求】

了解微波辐射下有机合成的原理及方法；掌握微波辐射下砜的合成。

【基本原理】

砜是重要的有机合成中间体，砜基作为活化官能团，能在温和的条件下引入和除去；砜基可以活化 α 碳原子；砜基的存在还有助于化合物的晶体形成而有利于中间体的纯化。砜的合成可以从硫醚的氧化得到，也可以从亚磺酸钠与卤代烷的 S-烷基化得到，但反应温度较高，时间长，产率中等。在相转移条件下，虽使收率有所提高，但反应时间仍较长。例如将苄基氯与苯亚磺酸钠以 1∶1 的比例混合，在相转移催化剂三辛基氯化铵存在下，60℃ 反应 24h，可得到产率较高的苯基苄基砜。但是将苯亚磺酸钠和三氧化二铝通过浸渍、干燥的方法混合，在微波辐射下，与苄基氯反应，仅需几分钟即可获得理想的收率。

反应方程式如下：

$$C_6H_5CH_2Cl + C_6H_5SO_2Na \xrightarrow[\text{微波}]{Al_2O_3} C_6H_5CH_2SO_2C_6H_5 + NaCl$$

【试剂与规格】

二水苯亚磺酸钠 C.P.　　　　　氯化苄 C.P.

【物理常数与化学性质】

二水苯亚磺酸钠，$C_6H_5SO_2Na \cdot 2H_2O$（sodium benzene sulfinate）：分子量 200.19，白色或浅黄色鳞片状结晶，溶于水（20℃ 时，3.58g / 100g 水），其溶液呈碱性。

氯化苄（见实验六十八"相转移催化剂三乙基苄基氯化铵的制备"）。

苯基苄基砜（phenyl benzyl sulfone）：分子量 232.22，白色针状结晶，熔点 148℃，不溶于水，稍溶于乙醇。

【操作步骤】

圆底烧瓶中加入 4g（0.002mol）二水苯亚磺酸钠，加入尽可能少的水（5～6mL）使其溶解，然后再加入 10g 中性 Al_2O_3[注1]，混匀，用旋转蒸发仪（或减压蒸馏装置）蒸去绝大部分水，在烘箱中于 110℃ 下烘 2.5h。冷却，研细[注2]，置于 50mL 烧杯中，加入 1.3g（0.001mol）氯化苄。搅拌均匀，置于 750W 家用微波炉中，用 50％×750 W[注3] 的功率辐射 7min，反应即可完成。用 15mL CH_2Cl_2 浸泡数小时，过滤，并用 CH_2Cl_2 将吸附于 Al_2O_3 上的产物洗下，洗液合并于有机相，用冷水洗涤 3 次（25mL×3），无水硫酸钠干燥。蒸除溶剂即得苯基苄基砜。用乙醇重结晶，得到白色针状结晶 2～2.1g，收率 90％～92％。

【附注】

［1］如无 Al_2O_3 载体，则反应不能发生。

［2］如将苯亚磺酸钠简单与无机载体（本实验中的 Al_2O_3）拌和，而不是浸渍、干燥，反应效果要差得多。

［3］辐射功率过大，时间过长，会使副产物增加。

实验七十一　氢化肉桂酸的电化学合成
Electrochemical synthesis of hydrocinnamic acid

【目的与要求】

了解有机电化学合成的一般原理及方法。掌握利用电化学还原方法从肉桂酸合成氢化肉桂酸。

【基本原理】

氢化肉桂酸可以方便和经济地从肉桂酸还原得到，肉桂酸则很容易从苯甲醛和乙酐缩合获得。还原剂可以是化学还原剂，如：钠汞齐、氢碘酸、磷和氢碘酸；也可以催化氢化。本实验是在碱性溶液中用电化学方法在铅或汞阴极上还原。反应式如下：

$$C_6H_5CH = CHCO_2Na \xrightarrow{2H,电解} C_6H_5CH_2CH_2COONa \xrightarrow{H_2SO_4} C_6H_5CH_2CH_2COOH$$

【试剂与规格】

肉桂酸 C.P.　　　　　　　　　　硫酸 C.P.

氢氧化钠 C.P.

【物理常数与化学性质】

肉桂酸（见实验四十七"肉桂酸的制备"）。

氢化肉桂酸（β-苯丙酸）（β-phenylpropionic acid，β-phenylpropanoic acid，hydrocinnamic acid）：分子量 150.18，白色结晶粉末，熔点 47~48℃，沸点 280℃，易溶于热水、醇、苯、氯仿、醚、冰乙酸、石油醚和二硫化碳，微溶于冷水（约 0.6%）。

【仪器】

取一个适当大小的圆形玻璃缸（或 1000mL 烧杯），底部加入水银做电池的阴极，水银的量恰好可盖住缸底。取一个素烧杯，将它支持在玻璃缸中，使素烧杯底部几乎与水银面接触。将厚铅片弯成螺旋状作阳极[注1]，悬在素烧杯中。用一根铜线把阴极与电路连接，铜线一端有约 0.3cm 除去塑料包皮裸露出来，插入水银。阴极电解液用搅拌器搅拌。所用电流来自 30V 的蓄电池，中间通过变阻器和安培计（各能通过 5~10A 的电流）。圆形玻璃缸外套一个盛有冷水的适当容器作冷却浴。

【操作步骤】

在玻璃缸中放入约 500mL 7%~8% 的硫酸钠溶液[注2]，在素烧杯中放入同样的溶液，并使它们的液面在同一高度。开动搅拌，将 50g（0.34mol）品质优良的肉桂酸悬浮于阴极电解液[注3]，然后滴加 25%NaOH 35g（0.22mol），滴加的速度以不使生成的肉桂酸钠结块为宜[注4]。通入电流，并调节变阻器，使通过的电流稳定在 2~3 A[注5]，以后的还原作用一般比较平稳。随着反应的进行，悬浮的肉桂酸钠和肉桂酸会逐渐溶解。粘在电池壁上的固体物应当刮到溶液中，最后用洗瓶洗下。大约每隔 0.5h 应当往素烧杯中加入很浓的 NaOH 溶液，使其中的液体保持碱性[注5]。共需要约 28g（0.67mol）NaOH，还原作用大约需要 20A 时[注6]，还原快要结束时，会有大量氢气放出，温度不需要特意控制[注7]。

还原结束后[注6]，用虹吸法或倾析法将阴极液与水银分开，滤去微量的固体物，滤液再用过量的 50% 硫酸酸化。产物氢化肉桂酸呈油状物分出，并在充分冷却时凝固。粗产物含有水和其他杂质，产量 45~50g。可减压蒸馏提纯，收集 194~197℃/10 kPa 或 145~147℃/2.4 kPa 的馏分。产物无色，得量 40~45g，熔点 47.5~48.0℃，产率 80%~90%（与所用肉桂酸的品质有关）。

【附注】

[1] 阳极铅片的表面积应与阴极差不多。所用素烧杯大小约 400mL，其高度只要使里面的液体高度与阴极液面能保持大致相同即可。用陶瓷材料来支持素烧杯很方便。

[2] 凡是硫酸钠的稀溶液都可使用。

[3] 所用肉桂酸的品质很重要。例如使用熔点为 132.5~133.0℃ 的化学纯肉桂酸，产率为 86%~90%，用熔点为 131.5~133.0℃ 的肉桂酸，产率为 81%~83%，使用工业纯肉桂酸，产率为 60% 以下，而且反应混合物中产生大量泡沫，减压蒸馏时会留有大量高沸点物。

[4] 还原过程中，在阴极产生 2mol 的 NaOH，而在阳极产生 0.5mol H₂SO₄。往素烧杯中加入很浓的 NaOH 溶液时，不要一次加得太多，以防电解液变得太稠。

　　[5] 电流可能略有改变，特别是在阴极电解液变得太淡或酸性太高时。加入阳极电解液中的 NaOH 应当是很浓的，使常常发生的渗透作用不至于过分冲淡阴极电解液。高安培的电流可以使反应时间缩短，但不会促使发热。

　　[6] 理论电流量为 18A 时，应当多通 1～2A 时的电流以保证还原作用完全。检查还原反应的终点，可以取少量阴极电解液，用过量 H_2SO_4 酸化，出现油状物而不是固体时，即达到反应终点。

　　[7] 适当的略高温度对反应有利，但要防止过热现象，这可通过降低安培数或在冷浴中加入冷水来调节。

实验七十二　碘仿的制备
Preparation of iodoform

【目的与要求】

　　了解有机电解合成的基本原理，初步掌握电化学合成的基本方法，学习半微量重结晶技术。

【基本原理】

　　碘仿（iodoform），其物态呈黄色有光泽片状结晶，又称黄碘，在医药和生物化学中作防腐剂和消毒剂。碘仿可以由乙醇或丙酮与碘的碱溶液反应制得，也可用电解法制备。本实验以石墨棒作电极，直接在丙酮-碘化钾溶液中进行电解反应，十分方便地制取碘仿。

阴极　　　　　　　　　　　　$2H^+ + 2e \longrightarrow 2H_2$

阳极　　　　　　　　　　　　$2I^- - 2e \longrightarrow I_2$

　　　　　　　　　　$I_2 + 2OH^- \Longleftrightarrow IO^- + I^- + H_2O$

$$CH_3\overset{\overset{\displaystyle O}{\|}}{C}CH_3 + 3IO^- \longrightarrow CH_3COO^- + CHI_3\downarrow + 2OH^-$$

副反应：　　　　　　　　　$3IO^- \longrightarrow IO_3^- + 2I^-$

【试剂与规格】

碘化钾 C. P. 含量 98%　　　　　　　　丙酮 C. P. 含量 99%

【物理常数及化学性质】

　　碘化钾（potassiam iodide）：分子量 166.01，熔点 680℃。溶于水、乙醇、丙酮和甘油，不溶于乙醚。医疗上用以防治甲状腺肿大。应避免与眼睛及皮肤接触。

　　丙酮（acetone）：分子量 58.08，沸点 56.5℃，d_4^{20} 0.79，n_D^{20} 1.359，与水、乙醇、乙醚和氯仿混溶，高度易燃。

　　碘仿（iodoform）：分子量 393.73，沸点 210℃（分解），熔点 121℃。难溶于水，溶于乙醇和乙醚，易溶于乙醇、乙醚和丙酮，能升华，用作消毒剂和防腐剂。

【仪器】

　　用 150mL 烧杯作电解槽，以两根石墨棒作电极[注1]，垂直地固定在安放于烧杯杯口上端的有机玻璃板上（见图 2-43）。两电极间的距离约为 3mm 左右[注2]。

　　注意，两电极靠得太近易发生短路现象。

　　电极下端距烧杯底约 1～1.5cm，以便磁力搅拌器搅拌。电极上端经过可变电阻、电流换向器及安培计与直流电源（电流≥1A，可调电压 0～12V）相连接（见图 2-44）。

【操作步骤】

　　向电解槽中加入 100mL 蒸馏水、3.3g（0.02mol）碘化钾，经充分搅拌后使固体溶解，然后加入 1mL（0.8g，0.014mol）丙酮。打开磁力搅拌器[注3]，接通电解电源，将电流调至 1 A，在电解过程中，电极表面会逐渐蒙上一层不溶性产物，使电解电流降低，这时可通过换向器改变电流方向，使电流保持恒定[注4]。电解液 pH 值逐渐增大至 pH 为 8～10。反应过程中，电解温度维持在 20～30℃。电解 1h，切断电源，停止反应。电解液经过滤，收集碘仿晶体。黏附在烧杯壁上和电极上的碘仿可用水洗入漏斗滤干，再用水洗一次，即得粗产物。

粗产物可用乙醇作溶剂进行重结晶。产物干燥后，称量，测熔点并计算产率。本实验约需 4～5h。

【附注】

[1] 从旧电池中拆出石墨棒作电极，其中以选用 1 号电池的石墨棒为宜，电极表面积越大，反应速度越快。

[2] 为了减少电流通过介质的损失，两电极应尽可能地靠近。

[3] 也可以采用人工搅拌，但要小心，不要触动电极。

[4] 如果没有配置换向器，可以暂时切断电源，用清水洗净电极表面后再接通电源继续电解。

思 考 题

1. 从本实验电极反应式可知，每产生 1mol 碘仿分子，需 6mol 电子参与反应，亦即理论上需要通过电解槽的电量为 6×96.5 kC。如果本实验电解反应 1h，电流为 1 A，则通过的电量 $Q = 1 \times 60 \times 60$ C。电解合成一定量的产物，理论上所需电量（Q_t）与实际消耗电量（Q_p）之比称为电流效率（η_i），试根据电解条件和实验结果计算电流效率 $\left[\eta_i = (Q_t/Q_p) \times 100\%\right]$。

2. 本电解实验过程中，为什么电解液的 pH 值会逐渐增大？

【附图】

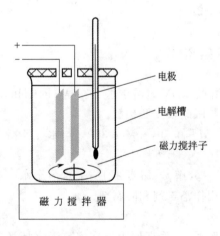

图 2-43 电解槽示意图

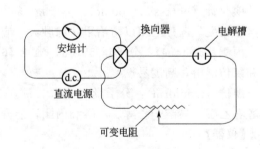

图 2-44 电解反应线路图

实验七十三 对硝基苯酚的制备
Preparation of *p*-nitrophenol

【目的与要求】

学习高压反应原理，初步了解高压反应的实验操作技术。

【基本原理】

增加反应体系的压力，不仅有助于以气态分子作原料的可逆反应，而且也适用于那些活化能较高的反应。以氯苯水解为例，由于氯原子与苯环之间存在 p-π 共轭，C—Cl 键能较高，在水解反应过程中，需要较高的活化能，在通常条件下不易发生水解，而在高温高压下，用铜作催化剂，可以使氯苯在氢氧化钠水溶液中水解成酚钠。酚钠经酸化后即得苯酚。这也是由芳卤衍生物制取其他酚类化合物的一种重要途径。例如，以邻或对硝基氯苯作原料，经水解可制成相应的硝基酚。值得注意的是，由于硝基吸电子效应的影响，硝基氯苯分子中的氯原子要比氯苯分子中的氯原子活泼，因而水解反应比氯苯容易。例如，氯苯水解要在 370℃ 左右的高温、20MPa（200 大气压）的条件下进行，而邻或对硝基氯苯只需在 160℃ 左右、0.8MPa（8 大气压）即可。

反应式：

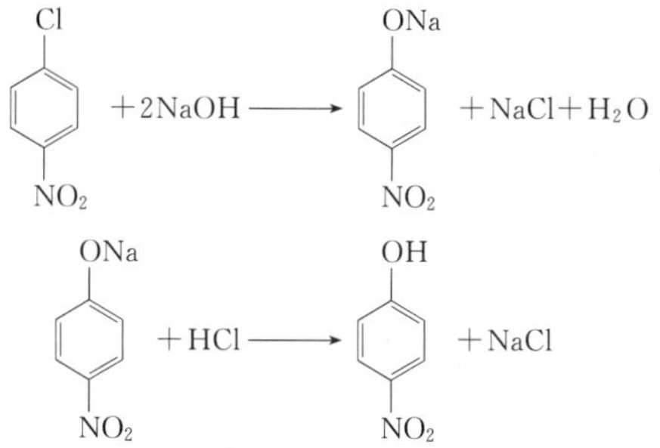

工业上也可由苯酚与醋酸和硝酸作用，硝化而制得对硝基苯酚。

【试剂与规格】

对硝基氯苯 C. P. 含量 98%

【物理常数及化学性质】

对硝基氯苯（p-nitrochlorobenzene）：分子量 157.56，沸点 242℃，熔点 83℃，d_4^{20} 1.298，n_D^{20} 1.5376。不溶于水，溶于乙醇、乙醚和苯。本品剧毒，能通过人的呼吸系统和皮肤中毒。

对硝基苯酚（p-nitrophenol）：分子量 139.11，沸点 279℃，熔点 114℃，d_4^{20} 1.27，稍溶于水，易溶于乙醇和乙醚。本品有毒，对皮肤有刺激作用。

【操作步骤】

依次将 15.8g（0.1mol）对硝基氯苯和 140mL 5% 氢氧化钠水溶液装入 500mL 的高压釜中。擦净高压釜口并盖严。加热并搅拌，1h 内使温度升至 160℃，釜内压力约 0.8 MPa[注1]。在搅拌下保温 3h。

停止反应，待釜内温度降至 60℃，打开高压釜，将反应液倒入 400mL 烧杯中，反应液冷至室温，有晶体析出。晶体经饱和食盐水洗涤后再溶入 150mL 热水中，经水蒸气蒸馏，蒸除未反应完全的对硝基氯苯。蒸馏瓶中的剩余液经过滤后趁热用浓盐酸酸化至 pH 为 3。酸化液冷却至室温即得对硝基苯酚的淡黄色晶体，经过滤，水洗后晾干。产量约 12g，产率 86.3%。熔点 112～113℃。

【附注】

[1] 加热升温至 150℃ 时，停止加热，由于釜体余热传导，反应温度不久会升至 160℃ 左右。

思 考 题

1. 试比较氯苯和对硝基氯苯水解反应的难易程度，并指出它们在水解反应中的条件差异。

2. 本实验是采用提高封闭体系中的温度使溶剂蒸气压增大的方式增加反应体系的压力，单靠这种方式所产生的压力是有限的，试问在一定温度下如何进一步提高釜内的压力？

3. 在实验后处理中，为了除去产物中剩余的对硝基氯苯，除了用水蒸气蒸馏的方法外，还可采用其他什么方法？试自拟一个纯化对硝基苯酚（含少量对硝基氯苯）的实验方案。

实验七十四　光化异构化及顺反偶氮苯的分离
Photoisomerization and separation of *cis/trans* azobenzene

【目的与要求】
学习光化学合成基本原理，初步掌握光化学合成实验技术。

【基本原理】
由光的作用所引起的化学反应近年来已日益受到人们的重视，光合作用就是最重要的光化学反应。研究激发态分子化学行为的光化学已成为有机化学的一个重要分支。光不仅可以引起多种多样的化学反应，合成各种前所未有的奇妙分子，而且与人们的日常生活及生命现象有着密切的联系。本节列举了一个简单的光化学反应实验，以引起学生在这方面的兴趣。

偶氮苯最常见的形式是反式异构体。反式偶氮苯在光的照射下能吸收紫外光形成活化分子，活化分子失去过量的能量会回到顺式或反式基态。

生成的混合物的组成与所使用的光的波长有关。当用波长 365nm 的紫外光照射偶氮苯的苯溶液时，生成 90% 以上热力学不稳定的顺式异构体；若在阳光照射下则顺式异构体仅稍多于反式异构体。

【试剂与规格】
偶氮苯 C.P. 含量 96%　　　　　　　　环己烷 C.P. 含量 98%

苯 A.R. 含量 99.5%

【物理常数及化学性质】
苯（见实验三十"溴苯的制备"）。

环己烷（见实验五十三"苯甲酸乙酯的制备"）。

偶氮苯（azobenzene）：分子量 182.22，沸点 293℃，熔点 68～69℃，d_4^{20} 1.2。微溶于水，溶于乙醇、乙醚、和苯。本品有毒，能损伤肝脏。

【操作步骤】
1. 光化异构化

取 0.1g 反式偶氮苯溶于 5mL 无水苯中，将此溶液分放于两个小试管中，置一个试管于太阳光下照射 1h，或用波长为 365nm 的紫外光照射 0.5h。另一试管用黑纸包好，避免阳光照射，以便与光照后的溶液进行对比。

2. 异构体的分离——薄层色谱

将薄层板置于烘箱中，渐渐升温至 105～110℃，并在此温度恒温 0.5h。再将薄层板自烘箱中取出，放在干燥器中冷却备用。

取管口平整的毛细管吸取光照后的偶氮苯溶液，在离薄层板边沿约 0.7cm 的起点线上点样。再用另一毛细管吸取未经光照的反式偶氮苯溶液点样，两点之间的间距为 1cm。待苯挥发后，将点好样品的薄层板放入内衬滤纸的展开槽中。展开槽中已放置 3 体积环己烷和 1 体积苯组成的展开剂[注1]。薄层板应与水平成 45°～60°角，点样端在下方，浸入展开剂的深度为 0.5cm。待展开剂前沿上升到离板的上端约 1cm 处，取出色谱板，立即用铅笔在展开剂上升的前沿处划一记号，置于空气中晾干。可观察到色谱板上经光照后的偶氮苯溶液点样处上端有两个黄色斑点（哪一个斑点是顺式的？哪一个斑点是反式的？）。计算异构体的 R_f 值。

本实验约需 2h。

【附注】

[1] 也可用 1,2-二氯乙烷作展开剂。

思　考　题

1. 在薄层色谱实验中，为什么点样的样品斑点不可浸入展开剂的溶液中？

2. 当用混合物进行薄层色谱时，如何判断各组分在薄层上的位置？

实验七十五　苯频哪醇的制备
Preparation of benzopinacol

【目的与要求】

学习光化学合成基本原理，了解光化学还原制备苯频哪醇的原理和方法。

【基本原理】

二苯酮的光化学还原是研究得较清楚的光化学反应之一。若将二苯酮溶于一种"质子给予体"的溶剂中，如异丙醇，当用 300～350nm 紫外光照射时，会形成不溶性的苯频哪醇。

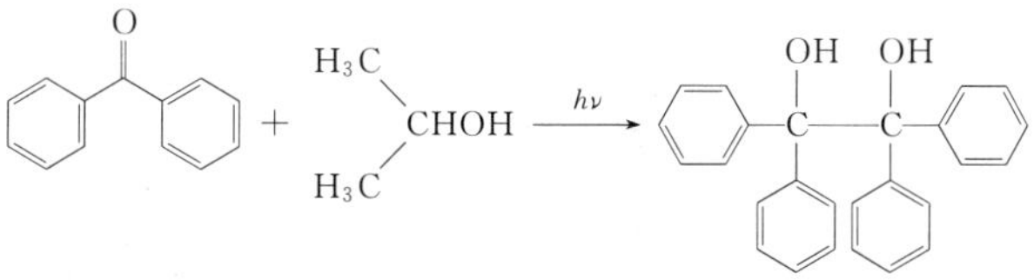

还原过程是一个包含自由基中间体的单电子反应：

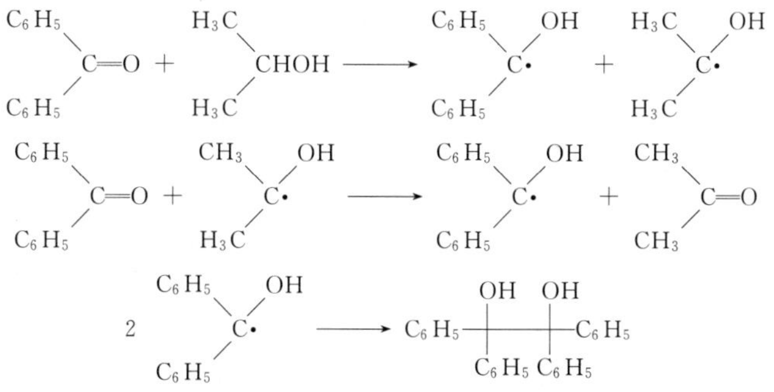

苯频哪醇也可由二苯酮在镁汞齐或金属镁与碘的混合物（二碘化镁）作用下发生双还原反应制备。

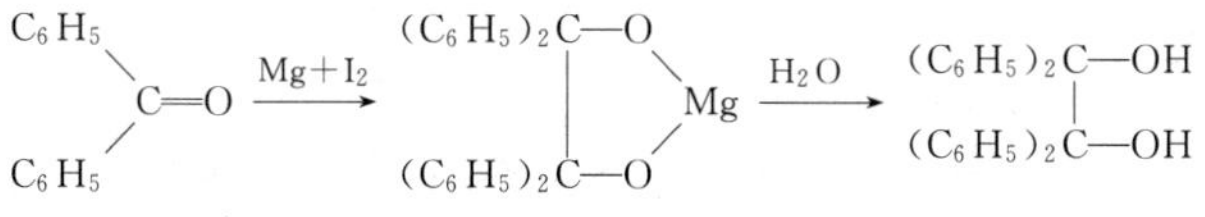

【试剂与规格】

二苯酮 C.P. 熔点范围 47~49℃

【物理常数及化学性质】

二苯酮（见实验三十九"二苯甲醇的制备"）。

苯频哪醇（benzpinacol）：分子量 366.46，熔点 189℃。易溶于沸腾冰乙酸，溶于沸苯，在乙醚、二硫化碳、氯仿中溶解度极大。

【操作步骤】

在 25mL 圆底烧瓶[注1]（或大试管）中加入 2.8g（0.015mol）二苯酮和 20mL 异丙醇，在水浴上温热使二苯酮溶解。向溶液中加入 1 滴冰醋酸[注2]，再用异丙醇将烧瓶充满，用磨口塞或干净的橡皮塞将瓶塞紧，尽可能排除瓶内的空气[注3]，必要时可补充少量异丙醇，并用细棉绳将塞子系在瓶颈上扎牢或用橡皮带将塞子套在瓶底上。将烧瓶倒置在烧杯中，写上自己的姓名，放在向阳的窗台或平台上，光照 1~2 周[注4]。由于反应生成的苯频哪醇在溶剂中溶解度很小，随着反应的进行，苯频哪醇晶体从溶液中析出。待反应完成后，在冰浴中冷却使结晶完全。真空抽滤，并用少量异丙醇洗涤结晶。干燥后得到漂亮的小的无色结晶，产量 2~2.5g，产率 36%~45%，熔点 187~189℃。

本实验约需 2~3h（不包括照射时间）。

【附注】

[1] 光化学反应一般需在石英器皿中进行，因为需要透过比普通波长更短的紫外光的照射。而二苯酮激发的 n-π* 跃迁所需要的照射约为 350nm，这是易透过普通玻璃的波长。

[2] 加入冰醋酸的目的，是为了中和普通玻璃器皿中微量的碱。碱催化下苯频哪醇易裂解生成二苯甲酮和二苯甲醇，对反应不利。

[3] 二苯甲酮在发生光化学反应时有自由基产生，而空气中的氧会消耗自由基，使反应速度减慢。

[4] 反应进行的程度取决于光照情况。如阳光充足直射下 4 天即可完成反应；如天气阴冷，则需一周或更长的时间，但时间长短并不影响反应的最终结果。如用日光灯照射，反应时间可明显缩短，3~4 天即可完成。

思 考 题

1. 二苯酮和二苯甲醇的混合物在紫外光照射下能否生成苯频哪醇？写出其反应机理。

2. 试写出在氢氧化钠存在下，苯频哪醇分解为二苯酮和二苯甲醇的反应机理。

3. 反应前，如果没有滴加冰醋酸，这会对实验结果有何影响？试写出有关反应式。

第五部分　微量与半微量实验

前面几部分中所涉及的实验基本为常量实验，在这一部分中将给出三个微量与半微量实验，使学生对微量与半微量实验有所了解，同时学习微量与半微量实验操作技巧。

实验七十六　3,5-二苯基异噁唑啉的制备[注1]
The preparation of 3,5-diphenylisoxazoline

【目的与要求】

1. 了解 1,3-偶极环加成反应的反应原理。
2. 掌握微型实验的基本操作。
3. 学习微量产物的结构鉴定。

【基本原理】

1,3-偶极环加成反应是一类重要的加成反应。在本实验中，亲双体苯乙烯与由顺苯甲醛肟和次氯酸形成的 1,3-偶极体苯氧化腈反应，可能生成两种不同区域选择的环加成产物，即 3,5-二苯基异噁唑啉与 3,4-二苯基异噁唑啉。实验方法验证了反应的区域选择性。反应式如下：

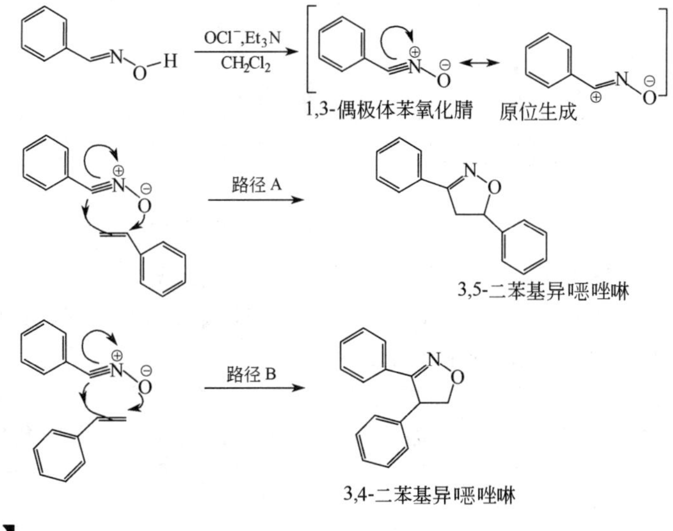

【试剂与规格】

苯乙烯 C. P.	三乙胺 C. P.
顺苯甲醛肟 C. P.	二氯甲烷 C. P.
10％次氯酸	Na₂SO₄ C. P.

【物理常数及化学性质】

苯乙烯（styrene）：分子量 104.15，沸点 145～146℃，d_4^{20} 0.909，n_D^{20} 1.5470，无色液体，重要的化工原料。

三乙胺（triethylamine）：分子量 101.19，沸点 88.8℃，d_4^{20} 0.726，n_D^{20} 1.4000，无色液体，重要的化工原料。

顺苯甲醛肟 (*syn*-benzaldehyde oxime)：分子量约 121.14，熔点 34～36℃，沸点 104℃/6mm，n_D^{20} 1.5910，白色固体。

3,5-二苯基异噁唑啉 (3,5-diphenylisoxazoline)：分子量约 223，熔点 73～75℃，白色晶体，易溶于氯仿等有机溶剂。

【操作步骤】

将 1200μL 二氯甲烷，232μL 苯乙烯，24μL 三乙胺，2000μL 约 10％ 次氯酸加入到 10mL 烧瓶中，冰浴上冷却下搅拌，用滴管逐渐加入 196mg 顺苯甲醛肟与 250μL 二氯甲烷形成的溶液，继续冷却并搅拌 35～40min；静置分层，水层用少量二氯甲烷萃取[注2]，合并有机相，用无水 Na$_2$SO$_4$ 干燥，蒸出溶剂，得粗产品，用 95％ 乙醇重结晶，得白色晶体，TLC 检测产物，只有一个化合物，产量 264～321mg，产率 74％～90％，m. p. 73～75℃。

【实验结果分析】

^{1}H NMR（CDCl$_3$，TMS）δ：3.35（dd，1H），3.75（dd，1H），5.7（dd，1H）；7.02～7.70（m，10H）.

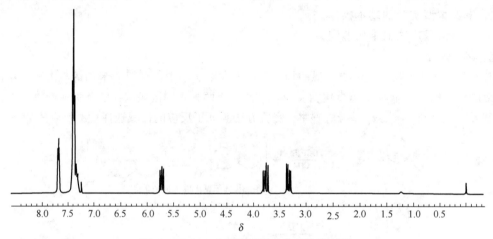

图 2-45　3,5-二苯基异噁唑啉的核磁谱图

从 ^{1}H NMR 谱图（图 2-45）可以看出，产物为 3,5-二苯异噁唑啉，3.35（dd，1H）和 3.75（dd，1H）为 4 位两个氢的峰（这两个氢为不等性氢）；5.7（dd，1H）为 5 位一个氢的峰；7.20～7.70（m，10H）为两个苯环上氢的峰。

如果是 3,4-二苯基异噁唑啉，则 4 位的一个氢的 dd 峰会出现在 3.5 左右，而 5 位的两个氢的一对 dd 峰会出现在 5.5～6.0 左右。^{1}H NMR 谱图可以明确地判断出产物的结构。

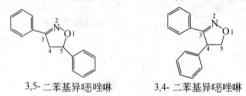

3,5- 二苯基异噁唑啉　　　　3,4- 二苯基异噁唑啉

【附注】

[1] 本实验摘自 Journal of Chemical Education：Vol 79. 2002：225～227. 实验操作和结果分析部分根据我们的实验结果略有改动。

[2] 萃取时可用滴管吸取上层溶液。

思 考 题

1. 简述 1,3-偶极反应的反应原理。

2. 为什么本实验只得到一种产物?

3. 微量实验操作应注意的事项有哪些?

实验七十七　2-甲基苯并咪唑的制备[注1]
The preparation of 2-methylbenzimidazole

【目的与要求】

1. 学习微波辐射合成 2-甲基苯并咪唑的原理和方法。

2. 掌握微波加热技术的原理和基本操作技能。

【基本原理】

咪唑类杂环化合物是一类重要的有机化合物,通过咪唑类的还原水解及其甲基碘盐与 Grignard 试剂的加成反应得到醛、酮、大环酮以及乙二胺衍生物等,为这类化合物的合成提供了新的合成方法。通常苯并咪唑类化合物是由邻苯二胺和羧酸为原料,加热回流得到。将微波技术应用于邻苯二胺和乙酸的缩合反应,提供了 2-甲基苯并咪唑的快速合成方法,反应时间比传统反应速率提高 4~10 倍,产率也有较大的提高。

反应式:

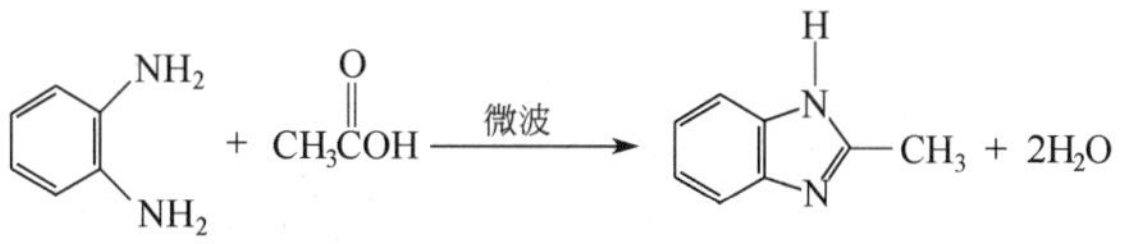

【试剂与规格】

邻苯二胺 C. P.　　　　　　　　10％氢氧化钠溶液

乙酸 C. P.

【物理常数及化学性质】

邻苯二胺 (o-diaminotenzene):分子量 100.16,熔点 103~104℃,沸点 256~258℃。微溶于冷水,溶于热水,易溶于乙醇、乙醚、氯仿等有机溶剂。空气中易变色。本品有毒。

2-甲基苯并咪唑 (2-methylbenzimidazole):分子量 132.17,熔点 176~177℃。无色晶体。

【操作步骤】

在 25mL 圆底烧瓶中加入 1g (约 0.009mol) 邻苯二胺和 1mL 乙酸,充分振荡混合均匀后,置于微波炉中心(其下面垫一个倒置的 200mL 烧杯或表面皿),烧瓶上口接一个空气冷凝管从上方通到微波炉外,其上口再接一支球型冷凝管。使用低火档 (126W)[注2]微波辐射 8min。反应完毕得到淡黄色黏稠液,冷至室温,用 10％氢氧化钠溶液调节至碱性[注3],有大量沉淀析出,冰水冷却使析出完全。抽滤、冷水洗涤,用水重结晶,干燥后得无色晶体 1.0g,产率约 85％,熔点 176~177℃。本实验约需 40min。

【附注】

[1] 本实验摘自:李霁良. 微型半微型有机化学实验. 北京:高等教育出版社,2003.

[2] 辐射功率不宜过高,一般以 126W 为宜,反应时间 6~8min 为佳。

[3] 反应液的碱性一般调节至 pH8~9,碱性不宜过强。

思　考　题

1. 为什么制备 2-甲基苯并咪唑温度不宜过高?

2. 微波辐射合成有机化合物的优点是什么?

3. 咪唑杂环化合物是一类重要的有机化合物，它们能合成哪些化合物？

实验七十八　*β*-萘甲醚的制备
The preparation of *β*-naphthyl methyl ether

【目的与要求】
1. 了解微波加热在有机合成中的应用。
2. 掌握脱水制醚的反应原理和方法。
3. 掌握微型蒸馏、吸滤、重结晶的基本操作。

【基本原理】
微波加热具有三个特点：①在大量离子存在时能快速加热；②快速到达反应温度；③分子水平意义上的搅拌，耗时短、能耗低而效率高。

β-萘甲醚，又名橙花醚，为白色鳞片状结晶，有橙花味。主要用于香皂中香料，合成炔诺孕酮和米非可酮等药物的中间体。工业上用*β*-萘酚在硫酸催化下与过量甲醇反应，或由甲醇与*β*-萘酚在加压下作用，或用硫酸二甲酯将*β*-萘酚甲基化，或用相转移催化剂法合成，耗时在3～6h。本实验采用结晶氯化铁作催化剂，微波加热快速简单地合成*β*-萘甲醚。反应式为：

$$\text{（}\beta\text{-萘酚）}\ \text{OH} + CH_3OH \xrightarrow[\text{微波}]{FeCl_3 \cdot 6H_2O} \text{（}\beta\text{-萘甲醚）}\ OCH_3 + H_2O$$

【试剂与规格】
β-萘酚 A.R. 含量 99.5%　　　　无水甲醇 C.P. 含量 99.5%
结晶三氯化铁 C.P. 含量 98%

【物理常数及化学性质】
β-萘酚 (*β*-naphthol)：分子量 144.18，沸点 286℃，熔点 122℃，d_4^{20} 1.217，不溶于冷水，溶于热水、乙醇、乙醚和氯仿，能升华。

无水甲醇 (absolute methyl alcohol)：分子量 32.04，沸点 64.9℃，d_4^{20} 0.7915，n_D^{20} 1.3292，能与水、乙醇和乙醚混溶，毒性很强，对人体的神经系统和血液系统影响最大，其蒸气能损害人的呼吸道黏膜和视力。

结晶三氯化铁 (Ferric trichloride crystal)：分子量 270.30，沸点 280℃，熔点 37℃，溶于水、乙醇、乙醚和丙酮，具有腐蚀性，能引起烧伤。

β-萘甲醚 (*β*-naphthyl methyl ether)：分子量 158.20，沸点 274℃，熔点 72℃，几乎不溶于水，微溶于醇，溶于氯仿。

【操作步骤】
将 0.70g (5mmol) *β*-萘酚与 1.10g (4mmol) 无水甲醇放入聚四氟乙烯反应釜中，加入 0.15g (0.55mmol) 三氯化铁，旋紧釜盖充分振荡使之完全溶解，放入微波炉中，用 280W 微波辐射 10min[注1]，将反应釜取出冷却至室温，开釜加入 5mL 水，用 10mL 无水乙醚分两次萃取，醚层分别用 10%NaOH 溶液[注2]和 5mL 水洗涤[注3]。醚层以无水氯化钙干燥后在水浴上蒸去乙醚。冷却析出浅黄色晶体，再用 5mL 热无水乙醇重结晶，得白色鳞片状晶体 0.47～0.55g，产率 62%～72%。测定产品熔点（文献值为 72℃）。本实验约需 4～5h。

【附注】
[1] 该反应的可能机理是：

$$CH_3OH + FeCl_3 \Longrightarrow CH_3^+ + FeCl_3(OH)^-$$

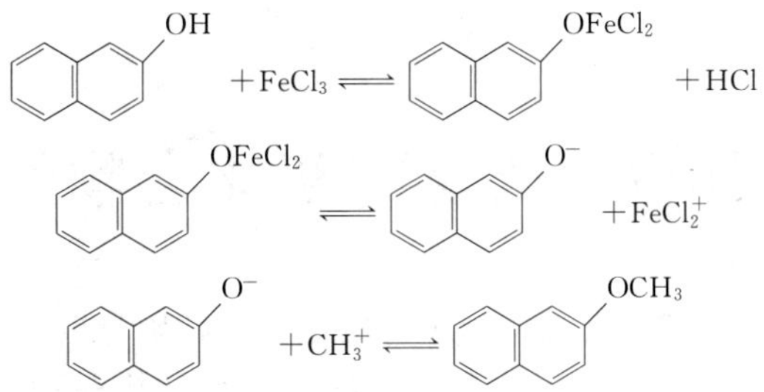

［2］NaOH 洗涤液可酸化后回收 β-萘酚。

［3］萃取后的水层可回收三氯化铁。

思　考　题

1. 微波加热功率的大小对产率是否有影响？

2. 萃取后的醚层为何要用 10％NaOH 溶液洗涤？

第六部分　天然有机化合物的提取

天然有机化学在化学领域占有越来越重要的地位，特别是近几十年，发展相当迅速。有些天然有机化合物可直接作为药物、香料，有些则为新结构药物、农药的研究提供模型化合物。

分离、纯化、鉴别，最后得到纯品，一直是天然有机化学的重要课题。因为任何天然物质都是由很多复杂的有机物组成的，从这一复杂的混合物中得到所要求的纯品，自然需要化学工作者进行很多的研究。近代分离，特别是仪器分析、鉴别技术，使这一研究工作得到了长足发展。分离天然有机化合物的方法一般是将植物切碎研磨成均匀的细颗粒，然后用溶剂或混合溶剂萃取。如为挥发性天然有机化合物，可用气相色谱进行检定及分离，然而大多数天然有机化合物是难挥发的，常常在除去溶剂后，进一步处理以使混合物分离成各种纯的组分。有些天然有机化合物的纯品为结晶，除去部分溶剂后，结晶即从溶剂中析出，但这种情况较少。通常在萃取天然有机化合物时，除去溶剂后的残留液往往是油状或胶状物，可用酸或碱处理，使酸性或碱性组分从中性物质中分离出来。稍能挥发的化合物，则可将残液用水蒸气蒸馏使其与非挥发性物质分开。

纯化天然有机化合物目前较为有效的方法之一是各种色谱法。纸色谱与柱色谱对天然有机化合物具有很重要的作用。薄层色谱，制备性薄层色谱，液-液色谱以及气-液色谱等技术已越来越多地用来纯化天然有机化合物。

研究天然有机化合物的下一步工作，就是如何测定所分离出纯品的结构。经典的方法仍具有一定的重要性，如对各种官能团的定性试验，以及将此未知物化合降解成已知物质。近年来，质谱、红外、核磁共振、紫外光谱等方法已使结构的测定大为方便。分离、纯化天然有机化合物的方法，根据对象的不同，选择不同的个体方法。下面实验里介绍的几种，只是做些基本的训练。

实验七十九　从茶叶中提取咖啡碱
Extraction of the caffeine from tea

【目的与要求】

1. 学习索氏提取器的操作。
2. 认识咖啡碱的结构和提取方法。

【基本原理】

咖啡碱（又称咖啡因，caffeine）具有刺激心脏，兴奋大脑神经和利尿等作用。主要用作中枢神经兴奋药。它也是复方阿司匹林等药物的组分之一。现代制药工业多用合成方法来制得咖啡碱。

茶叶中含有多种生物碱，其中咖啡碱含量约 1％～5％，丹宁酸（或称鞣酸）约占 11％～12％，色素、纤维素、蛋白质等约占 0.6％。咖啡碱是弱碱性化合物，易溶于氯仿（12.5％）、水（2％）、乙醇（2％）、热苯（5％）等。丹宁酸易溶于水和乙醇，但不溶于苯。

咖啡碱为嘌呤的衍生物，化学名称是三甲基二氧嘌呤，其结构式：

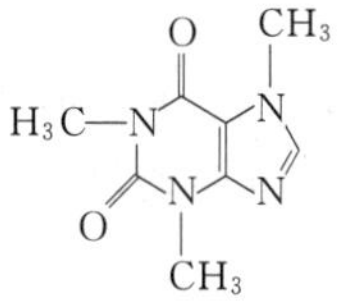

H₃C、三甲基二氧嘌呤结构式

含结晶水的咖啡碱为白色针状结晶粉末，味苦。能溶于水、乙醇、丙酮、氯仿等。微溶于石油醚，在100℃时失去结晶水开始升华，120℃时升华相当显著，170℃以上升华加快。无水咖啡碱的熔点为238℃。

从茶叶中提取咖啡碱，是用适当的溶剂（氯仿、乙醇、苯等）在脂肪提取器中连续抽提，然后浓缩而得到粗咖啡碱。粗咖啡碱中还含有一些其他的生物碱和杂质，可利用升华进一步提纯。

【试剂与规格】

茶叶（市售）　　　　　　乙醇（95%）C. P.
生石灰粉 C. P.　　　　　盐酸 C. P.
氯仿 C. P.　　　　　　　氨水 C. P.

【操作步骤】

方法一　连续萃取法

称取茶叶末10g，装入脂肪提取器的滤纸套筒内[注1]，在烧瓶中加入120mL 95%的乙醇，用电热套加热。连续提取2～3h[注2]，待冷凝液刚刚虹吸下去时，立即停止加热。将提取液转入250mL蒸馏瓶内，蒸馏回收大部分乙醇。然后把残液倾入蒸发皿中，加入3～4g生石灰粉[注3]，在电热套上蒸干。最后焙炒片刻，使水分全部除去[注4]，冷却后，擦去沾在边上的粉末，以免升华时污染产物。

取一只合适的玻璃漏斗，罩在覆盖着刺有许多小孔的滤纸的蒸发皿上，用电热套小心加热升华[注5]。当纸上出现白色针状结晶时，要适当控制电压或暂时关闭电源，尽可能使升华速度放慢，提高结晶纯度，如发现有棕色烟雾时，即升华完毕，停止加热。冷却后，揭开漏斗和滤纸，仔细地把附在纸上及器皿周围的咖啡碱结晶用小刀刮下，残渣经拌和后，再加热升华一次。合并两次升华收集的咖啡因，测定熔点。如产品中带有颜色和含有杂质，也可用热水重结晶提纯。产品约45～65mg。实测熔点236～238℃（文献值238℃）。

方法二　浸取法

在250mL烧杯中加入100mL水和粉末碳酸钙3～4g。称取10g茶叶，用纱布包好后放入烧杯中煮沸30min，取出茶叶，压干，趁热抽滤，滤液冷却后用15mL氯仿分两次萃取，萃取液合并（萃取液若混浊，色较浅，则加少量蒸馏水洗涤至澄清），留作升华用。

用方法二得到的提取液在通风橱内进行蒸发、升华实验，其步骤同方法一。

（1）提取液的定性检验　取样品液滴于干燥的白色磁板（或白色点滴板）上，喷上酸性碘-碘化钾试剂，可见到棕色、红紫色、蓝紫色化合物生成。棕色表示有咖啡因存在，红紫色表示有茶碱存在，蓝紫色表示有可可豆碱存在。

（2）咖啡因的定性检验　取上述任一样品液2～4mL置于瓷坩埚中，加热蒸去溶剂，加盐酸1mL溶解，加入0.1g KClO₃，在通风橱内加热蒸发，待干，冷却后滴加氨水数滴，残渣即变为紫色。

本实验约需 5h。

【附注】

[1] 滤纸套大小既要紧贴器壁又要能方便放置，其高度不得超过虹吸管，滤纸包茶叶末时要严防漏出而堵塞虹吸管，纸套上面盖一层滤纸，以保证回流液均匀浸透被萃取物。

[2] 若提取液颜色很淡，即可停止提取。

[3] 生石灰起中和作用，以除去部分杂质。

[4] 如留有少量水分，会在下一步升华开始时带来一些烟雾。

[5] 升华操作是实验成功的关键，升华过程中始终都应严格控制加热温度，温度太高，会发生炭化，从而将一些有色物带入产品。再升华时，也要严格控制加热温度。

实验八十　银杏叶中黄酮类有效成分的提取
Extraction of the flavonoid from leaf of ging′ko

【目的与要求】

1. 了解银杏叶的主要有效成分，掌握黄酮类有效成分的提取。

2. 进一步熟悉索氏提取器的使用。

【基本原理】

银杏的果、叶、皮等具有很高的药用和保健价值。银杏叶的提取物对于治疗心脑血管和周边血管疾病、神经系统障碍、头晕、耳鸣、记忆损失有显著效果。

银杏叶中的化学成分很多，主要有黄酮类、萜内酯类、聚戊烯醇类，此外还有酚类、生物碱和多糖等药用成分。目前银杏叶的开发主要提取银杏内酯和黄酮类等药用成分。黄酮类化合物由黄酮醇及其苷、双黄酮、儿茶素三类组成，它们具有广泛的生理活性。黄酮类化合物的结构较复杂，其中黄酮醇及其苷的结构表示如下：

R＝H　　茨非醇
R＝OH　　戊羟黄酮
R＝OCH₃　异鼠李亭衍生物

目前提取银杏叶有效成分的方法主要有水蒸气蒸馏法、有机溶剂萃取法和超临界流体萃取法。本实验采取的是溶剂萃取法。

【试剂与规格】

银杏叶	乙醇 C. P. 含量 95%
二氯甲烷 C. P.	硫酸钠（无水）C. P.

【操作步骤】

（1）粗提取物　称取干燥的银杏叶粉末 25g，放进索氏提取器的滤纸袋，圆底烧瓶中加入 130mL 60% 的乙醇，连续提取 3h，待银杏叶颜色变浅，停止提取。将提取物转入蒸馏装置，减压蒸去溶剂（回收再用）得膏状粗提取物。

（2）精制[注1]　将粗提取物加 120mL 水搅拌，转入分液漏斗，用二氯甲烷萃取（60mL×3），萃取液用无水硫酸钠干燥，蒸去二氯甲烷，残留物干燥，称量，计算收率。

【附注】

[1] 粗提取物的精制方法很多，如用 D101 树脂和聚酰胺树脂 1：1 混合装柱，吸附，然后用 70% 乙醇洗脱，经浓缩得到精制品。

实验八十一 从黄连中提取黄连素
Extraction of berberine from coptis

【目的与要求】

认识黄连素的结构，学习黄连素的提取方法。

【基本原理】

黄连为我国名产药材之一，抗菌力很强，对急性结膜炎、口疮、急性细菌性痢疾、急性肠胃炎等均有很好的疗效。黄连中含有多种生物碱。除以黄连素（俗称小檗碱 Berberine）为主要有效成分外，尚含有黄连碱、甲基黄连碱、棕榈碱和非洲防己碱等。随野生和栽培及产地的不同，黄连中黄连素的含量约在 4％～10％之间。含黄连素的植物很多，如黄柏、三颗针、伏牛花、白屈菜、南天竹等均可作为提取黄连素的原料，但以黄连和黄柏含量为高。

黄连素[注1]是黄色针状体，微溶于水和乙醇，较易溶于热水和热乙醇中，几乎不溶于乙醚，黄连素存在下列三种互变异构体：

（醇式）　　　　　　（醛式）　　　　　　（季铵碱式）

但自然界多以季铵碱的形式存在。黄连素的盐酸盐、氢碘酸盐、硫酸盐、硝酸盐均难溶于冷水，易溶于热水，其各种盐的纯化都比较容易。

【试剂与规格】

黄连（中药店有售）　　　　　乙醇 C.P. 含量 95％

浓盐酸 C.P.　　　　　　　　 1％醋酸

【操作步骤】

称取中药黄连 10g，切碎、磨烂，放入圆底烧瓶中，加入乙醇 100mL，装上回流冷凝管，加热回流 0.5h，静置浸泡 1h，抽滤，滤渣重复上述操作处理两次[注2]，合并三次所得滤液，在水泵减压下蒸出乙醇（回收），直到残留物呈棕红色糖浆状。再加入 1％醋酸（约 30～40mL），加热溶解，抽滤，以除去不溶物，然后向溶液中滴加浓盐酸，至溶液混浊为止（约需 10mL），放置冷却[注3]，即有黄色针状体的黄连素盐酸盐析出[注4]，抽滤、结晶用冰水洗涤两次，再用丙酮洗涤一次，烘干后重约 1g，约在 200℃左右熔化[注5]。

本实验约需 8h。

【附注】

[1] 得到纯净的黄连素晶体比较困难。将黄连素盐酸盐加热水至刚好溶解，煮沸，用石灰乳调节 pH 为 8.5～9.8，冷却后滤去杂质，滤液继续冷却到室温以下，即有游离的黄连素（针状体）析出，抽滤，将结晶在 50～60℃下干燥，熔点 145℃。

[2] 后两次提取可适当减少乙醇用量和缩短浸泡时间。用 Soxhlet 提取器连续提取最好。

[3] 最好用冰水浴冷却。

[4] 如晶形不好，可用水重结晶一次。

[5] 本实验采用显微测熔仪测定其熔化温度，据文献报道，如采用曾广方氏的方法测定，加热至 220℃左右时分解为盐酸小檗红碱，至 278～280℃时完全熔融。

思 考 题

1. 黄连素为何种生物碱类的化合物？
2. 为何要用石灰乳来调节 pH 值，用强碱氢氧化钾（钠）可以吗？为什么？

实验八十二　从黑胡椒中提取胡椒碱
Extraction of piperine from black pepper

【目的与要求】

认识胡椒碱的结构，学习胡椒碱的提取原理与方法。

【基本原理】

黑胡椒具有香味和辛辣味，是菜肴调料中的佳品。黑胡椒中含有大约 10% 的胡椒碱和少量胡椒碱的几何异构体佳味碱（Chavicin）。黑胡椒的其他成分为淀粉（20%～40%）、挥发油（1%～3%）、水（8%～12%）。胡椒碱为 1,4-二取代丁二烯结构：

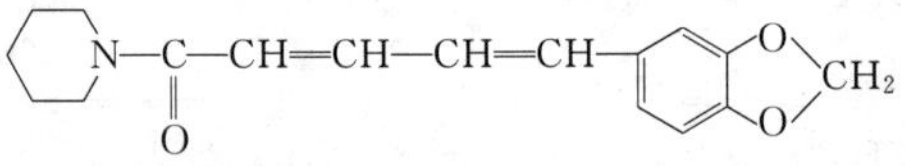

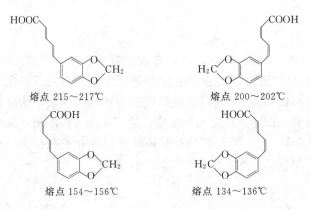

将磨碎的黑胡椒用乙醇加热回流，可以方便地萃取胡椒碱。在乙醇的粗萃取液中，除了含有胡椒碱和佳味碱外，还有酸性树脂类物质。为了防止这些杂质与胡椒碱一起析出，把稀的氢氧化钾醇溶液加至浓缩的萃取液中使酸性物质成为钾盐而留在溶液中，以避免胡椒碱与酸性物质一起析出，而达到提纯胡椒碱的目的。

酸性物质主要是胡椒酸，它是下面四个异构体中的一个，只要测定水解所得胡椒酸的熔点，就可说明其立体结构。

熔点 215～217℃　　　　　熔点 200～202℃

熔点 154～156℃　　　　　熔点 134～136℃

【试剂与规格】

黑胡椒（市售）　　　　　　　　　乙醇 C.P. 含量 95%
2mol/L 氢氧化钾乙醇溶液　　　　 丙酮 C.P.

【操作步骤】

将磨碎的黑胡椒 15g 和 95% 乙醇 150～180mL 放在圆底烧瓶中（用 Soxhlet 提取器效果最好，所需溶剂量较少），装上回流冷凝管，缓缓加热回流 3h（由于沸腾混合物中有大量的黑胡椒碎粒，因此应小心加热，以免暴沸），稍冷后抽滤。滤液在水浴上加热浓缩（采用蒸馏装置，以回收乙醇），至残留物为 10～15mL。然后加入 15mL 温热的 2mol/L 氢氧化钾乙醇溶液，充分搅拌，过滤除去不溶物质。将滤液转移到另一烧杯，置于热水浴中，慢慢滴加 $10\sim15mL$ 水，溶液出现混浊并有黄色结晶析出。经冰水浴冷却，过滤分离析出的胡椒碱沉淀，经干燥后重约1g，为黄色。粗产品用丙酮重结晶，得浅黄色针状体结晶，熔点 $129\sim130℃$，文献值 $129\sim131℃$。

本实验约需 8h。

思 考 题

1. 胡椒碱应归入哪一类天然化合物？
2. 实验得到的胡椒碱是否具有旋光性？为什么？

实验八十三 薄层色谱法分离鉴定菠菜叶色素

【目的与要求】

学习、掌握天然产物的提取并用薄层色谱法分离、鉴定的原理与基本操作。

【基本原理】

绿色植物如菠菜叶中含有叶绿素、胡萝卜素和叶黄素等多种天然色素。

叶绿素存在两种结构相似的形式，即叶绿素 a（chlorophyll a，$C_{55}H_{72}N_4O_5Mg$）和叶绿素 b（chlorophyll b，$C_{55}H_{70}O_6N_4Mg$），都是卟啉（取代环四吡咯-卟吩衍生物）类化合物与金属镁的络合物，是植物光合作用所必需的催化剂。叶绿素 a 和叶绿素 b 都易溶于乙醇、乙醚、丙酮、氯仿等有机溶剂，由于含有大的烃基结构，也易溶于醚、石油醚等非极性有机溶剂。叶绿素 a 是蓝黑色结晶，熔点 $150\sim153℃$，其乙醇溶液呈蓝绿色，并有深红色荧光。叶绿素 b 是深绿色粉末，熔点 $120\sim130℃$，乙醇溶液呈绿或黄绿色，有红色荧光，都有旋光活性。叶绿素可用作食品、化妆品及医药的无毒着色剂。

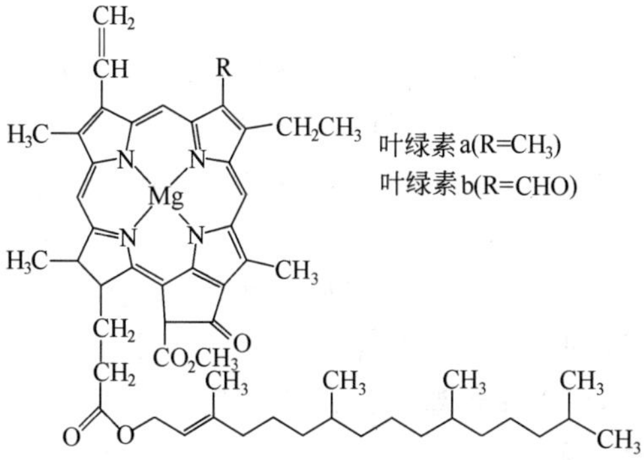

叶绿素a(R=CH₃)
叶绿素b(R=CHO)

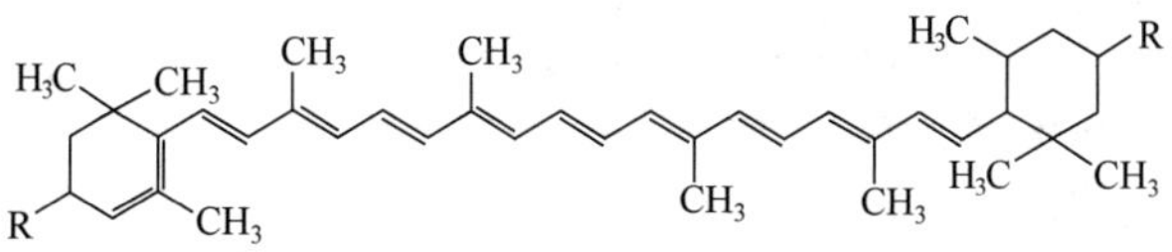

α-胡萝卜素(R=H)　叶黄素(R=OH)

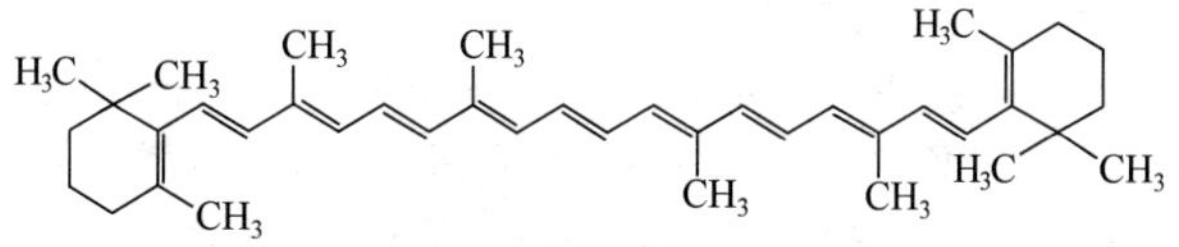

β-胡萝卜素

上图为叶绿素 a、叶绿素 b、α-胡萝卜素、叶黄素和 β-胡萝卜素的结构式。

胡萝卜素（carotenes，$C_{40}H_{56}$）是具有长链结构的共轭多烯（四萜），有三种异构体，即 α-、β 和 γ-胡萝卜素，其中 β-异构体含量最多，也最重要。生长期较长的绿色植物中，异构体中 β-体的含量高达 90％。β-体具有维生素 A 的生理活性，在生物体内，β-体受酶催化氧化即形成维生素 A。目前 β-体可工业生产，作为维生素 A 使用，也可用作食品色素。

叶黄素（lutein，$C_{40}H_{56}O_2$）是胡萝卜素的含氧衍生物（醇），在绿叶中的含量通常是胡萝卜素的两倍。与胡萝卜素相比，叶黄素更易溶于醇而在石油醚中的溶解度较小。

薄层色谱（Thin-Layer Chromatography，TLC）是分离鉴定混合物、检测化合物纯度、跟踪反应的重要而有效的方法。

本实验从菠菜叶中提取上述几种色素，并通过薄层色谱法进行分离、鉴定。

【操作步骤】

1. 色素提取

在研钵中放入几片新鲜的菠菜叶（切或剪碎），研磨。加 15mL 石油醚和丙酮混合液 [3∶2 （V/V）][注1]，搅拌。将提取液用吸管移至分液漏斗中（必要时可以抽滤），加入等体积水，振摇，静置。分去水层，有机层用水洗两次，然后将有机层用无水硫酸钠干燥。将干燥好的提取液移至另一容器中。如溶液颜色较浅，可适当蒸发浓缩（至 1～2mL）。

2. 点样

向一干燥的层析缸加入展开剂 [石油醚-乙酸乙酯 5∶4 （V/V）]，盖好缸盖，摇动使其为溶剂蒸气所饱和。

取薄层硅胶板一块（10×2.5cm），在一端距边约 1cm 处用铅笔轻划一横线，作为点样线（起始线），另一端距边适当距离（如 2cm）处用铅笔轻划另一横线作为展开前沿（终点线）[注2]。

用毛细点样管[注3]吸取提取液，在点样线上轻轻点样（触点）[注4]，如一次点样的斑点颜色较淡，待溶剂挥发后，可重复点样，但斑点尽量要小。

3. 展开

待点样溶剂挥发后，将该薄层板以点样端向下置入层析缸中（浸入展开剂液面下约 0.5cm）[注5]。盖好缸盖，静置即行展开。注意观察展开过程，当展开剂前沿上移至上端终点线时，立即取出[注6]。

4. 鉴定

稍待溶剂挥发，仔细观察并用铅笔圈画出每个斑点，量取并记下每个斑点展开的距离（量至斑点中心）。分别计算其 R_f 值。根据各斑点的颜色和 R_f 值，尽可能多地鉴定出菠菜叶色素的各组分[注7]。

图 2-46　菠菜叶色素 TLC 分离展开图
（石油醚-乙酸乙酯 5∶4 V/V，GF254 硅胶板）

【附注】

[1] 用石油醚和乙醇混合液提取亦可。

[2] 此线不划亦可，见附注 6。

[3] 毛细点样管的管口要平整。

[4] 点样时不可损坏硅胶层，以免影响展开。

[5] 点样点不可浸入展开剂液面以下。

[6] 若不划终点线，应在展开效果最好的时候取出，划下展开前沿。

[7] 菠菜叶色素的 TLC 分离，一般可以显示四种颜色的 7 个斑点，分别是胡萝卜素（橙黄色）、脱镁叶绿素（灰色）、叶绿素 a 和叶绿素 b（蓝绿色和黄绿色，2 个点）以及叶黄素（黄色，3 个点）。也有观察到 8、9 甚至 10 个斑点的情况（见图 2-46）。

菠菜叶 TLC 分离得到的各种色素的 R_f 值参考数据

[展开剂：石油醚-乙酸乙酯 5∶4 (V/V)，GF 硅胶板]

化 合 物	颜 色	R_f	化 合 物	颜 色	R_f
胡萝卜素	橙或黄色	0.97～0.99	叶绿素 b'	黄绿色	0.59～0.61
脱镁叶绿素	灰色	0.85～0.87	叶黄素及其他黄色素	黄色	0.49～0.52
叶绿素 a	蓝绿色	0.77～0.79		黄色	0.28～0.29
叶绿素 a'	蓝绿色	0.72～0.75		黄色	0.21～0.24
叶绿素 b	绿色	0.66～0.69		黄色	0.09～0.12

思 考 题

1. 点样薄层板展开时，点样点为什么不可浸入展开剂液面以下？

2. 比较叶绿素、叶黄素和胡萝卜素三种色素的极性，为什么胡萝卜素移动最快、R_f 值最大？

第三篇 综合与应用实验

实验八十四 对二叔丁基苯的合成
Synthesis of p-di-t-butyl benzene

（一）叔丁基氯的制备
Preparation of t-butyl chloride

【目的与要求】

学习以叔丁醇为原料在浓盐酸作用下制备叔丁基氯的实验原理和过程。

【基本原理】

反应式：

$$(CH_3)_3COH + HCl(浓) \longrightarrow (CH_3)_3CCl + H_2O$$

【试剂与规格】

叔丁醇　C.P. 含量≥99%　　　　　　　浓盐酸　A.R. 36%～38%

【物理常数及化学性质】

叔丁醇（t-butyl alcohol）：分子量 74.12，沸点 82.5℃，熔点 25℃，d_4^{20} 0.7867，n_D^{20} 1.3846。尚溶于水，能与乙醇、乙醚混溶。

叔丁基氯（t-butyl chloride）：分子量 92.57，沸点 50.7℃，d_4^{20} 0.847，n_D^{20} 1.3877。难溶于水，能与醇、醚混溶。

【操作步骤】

在 100mL 圆底烧瓶中放置 6.2g（8mL，0.08mol）叔丁醇[注1]和 21mL 浓盐酸，不断振荡 10～15min 后，转入分液漏斗中，静置，待明显分层后，分出水层。有机层分别用水、5%碳酸氢钠溶液、水各 5mL 洗涤[注2]。产品用无水氯化钙干燥后转入蒸馏烧瓶中，加入沸石，接收瓶置于冰水浴中。在水浴上蒸馏，收集 50～51℃馏分，产量 5～6g（产率约 70%）。

【附注】

[1] 叔丁醇凝固点为 25℃，温度较低时呈固态，需在温热水中熔化后取用。

[2] 用 5%碳酸氢钠溶液洗涤时，只需轻轻振荡几下，并注意及时放气。

思 考 题

1. 洗涤粗产物时，如果碳酸氢钠溶液浓度过高、洗涤时间过长有什么不好？

2. 本实验未反应的叔丁醇如何除去？

（二）对二叔丁基苯的制备
Preparation of p-di-t-butyl benzene

【目的与要求】

学习利用 Friedel-Crafts 烷基化反应制备烷基苯的原理和方法。

【基本原理】

Friedel-Crafts 烷基化反应是向芳环引入烃基最重要的方法之一，实验室通常用芳烃和卤代烷在无水三氯化铝等 Lewis 酸催化下进行反应：

$$
\text{\normalsize benzene} + 2(CH_3)_3CCl \xrightarrow{\text{无水 AlCl}_3} \underset{\substack{\\ C(CH_3)_3}}{\overset{C(CH_3)_3}{\text{\normalsize ring}}} + 2HCl
$$

工业上通常用烯烃作烃化剂，三氯化铝-氯化氢-烃的配合物、磷酸、无水氟化氢及浓硫酸等作催化剂。利用分子内的 Friedel-Crafts 反应可以制备环状化合物。

【试剂与规格】

叔丁基氯（自制）   无水苯 A. R.（用前纯化）

无水三氯化铝   A. R. 含量≥97%

【物理常数及化学性质】

苯（见实验三十一"乙苯的制备"）。

对二叔丁基苯（*p*-di-*t*-butyl benzene）：分子量 190.23，熔点 78℃。难溶于水，易溶于醚及热的乙醇。

【操作步骤】

向装有温度计、机械搅拌和回流冷凝管（上端通过一氯化钙干燥管与氯化氢气体吸收装置相连[注1]）的 100mL 三颈烧瓶中加入 3mL（0.034mol）无水、无噻吩的苯[注2]、10mL（0.09mol）叔丁基氯，将烧瓶用冰水浴冷却至 5℃ 以下，迅速称取并加入 0.8g（0.006mol）无水三氯化铝[注3]，在冰水浴下冷却搅拌，使反应液充分混合。诱导期之后开始反应冒泡，放出氯化氢气体[注4]，注意控制反应温度在 5~10℃，待无明显的氯化氢气体放出时去掉冰水浴，使反应温度逐渐升高到室温，加入 8mL 冰水分解生成物，冷却后用 20mL 乙醚分两次萃取反应物，合并醚萃取液，用饱和食盐水溶液洗涤后用无水硫酸镁干燥。将干燥后的溶液滤入一锥形瓶，在水浴上蒸去乙醚，用 10mL 甲醇溶解粗产物，然后置于冰水浴让其自然冷却，可得到漂亮的针状或片状结晶，减压过滤，用少量冷甲醇洗涤产物，干燥后得对二叔丁基苯 2~3g，对二叔丁基苯的红外和核磁共振图谱参见附录七图 13，熔点 77~78℃。

【附注】

[1] 气体吸收装置的玻璃漏斗应略为倾斜，使漏斗口一半在水面上，以防气体逸出和水被倒吸到反应瓶中。

[2] 本实验所用仪器试剂均须干燥无水；噻吩具有芳香性，易与叔丁基烷发生烷基化，因此要除去噻吩。

[3] 无水三氯化铝应呈小颗粒或粗粉状，暴露在湿空气中水解冒烟。

[4] 烃基化反应是放热反应，但它有一个诱导期，且易发生多取代和重排等副反应。

思 考 题

1. 本实验的烃基化反应为什么要控制在 5~10℃ 进行？温度过高有什么不好？

2. 叔丁基是邻对位定位基，可本实验为何只得到对二叔丁基苯一种产物？如果苯过量较多，即苯/叔丁基氯摩尔比为 4:1，则产物为叔丁基苯。试解释之。

实验八十五 N,N'-二环己基碳酰亚胺（DCC）的合成
Synthesis of the N,N'-Dicyclohexylcarbodiimide

【目的与要求】

了解反应型脱水剂 DCC 的制备方法和在有机合成中的应用。

【基本原理】

二环己基脲在强脱水剂（如苯磺酰氯）的作用下脱水生成。

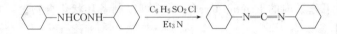

这种脱水过程是通过羰基烯醇化完成的。

【应用与发展】

DCC 作为脱水剂，可以在常温下经短时间完成脱水，反应后产物为二环己基脲，本品可用于肽、核酸的合成：它可以在室温下很容易由游离羧基和游离氨基合成肽，且产率很高。因为本品很难溶于水，因而即使是在水溶液中反应仍可以进行。本品还可以用于谷胱甘肽脱水剂，也用于酸、酐、醛、酮等的合成。DCC 与酸酐、酰氯、三氯氧磷同属于反应型脱水剂，但它可溶于多数有机溶剂是其最大的优点，而且它不产生强酸，一般不对反应底物或产物造成破坏。DCC 作为脱水剂的应用范围在不断扩大。

【试剂与规格】

二环己基脲 C.P. 含量98％   苯磺酰氯 C.P. 含量99％   三乙胺 C.P. 含量98％

【物理常数及化学性质】

二环己基脲（N,N'-dicyclohexylurea）：分子量 224.35，熔点 232～233℃。

苯磺酰氯（benzene sulfochloride, benzenesulfonyl chloride）：分子量 176.62，常温下为无色透明油状液体，熔点 14.5℃，沸点 251～252℃，不溶于冷水（热水中水解为苯磺酸和盐酸），能溶于醇和醚类。

二环己基碳酰亚胺（N,N'-dicyclohexylcarbodiimide，简称 DCC）：分子量 206.33，白色结晶，熔点 34～35℃，沸点 98～100℃/66.7Pa，122～124℃/800Pa，154～156℃/1400Pa，不溶于水，溶于苯、乙醇、乙醚。

【操作步骤】

100mL 干燥的四口瓶配有温度计、回流冷凝器、机械搅拌和滴液漏斗，依次投入二环己基脲 10g（0.044mol），三乙胺 25mL，搅拌下由滴液漏斗缓缓滴加苯磺酰氯 14.9g（0.084mol），约 20min 滴加完，然后于 65～70℃下搅拌反应 1.5h。冷至室温，将反应物倾入 50mL 冰水中，用乙醚萃取（5mL×4），萃取液以冷水洗涤，然后以无水 MgSO₄ 干燥，蒸去乙醚，残液减压蒸馏，收集 156～159℃/2kPa 的馏分，得到 DCC 8.2～8.4g，产率 91％～93％。二环己基碳酰亚胺的红外图谱参见附录七 图 15。本实验约需5～6h。

实验八十六   安息香缩合及安息香的转化
Condensation and conversion of benzoin

芳香醛在氰化钠（钾）作用下，分子间发生缩合生成 α-羟酮，称为安息香缩合反应。

氰离子几乎是专一的催化剂。反应共同使用的溶剂是醇的水溶液。使用氰化四丁基铵作催化剂，则反应可在水中顺利进行。安息香缩合最典型、最简单的例子是苯甲醛的缩合反应。

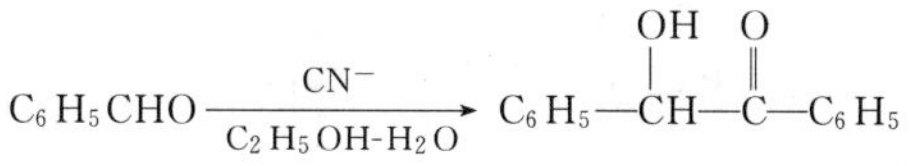

$$C_6H_5CHO \xrightarrow[\text{C}_2\text{H}_5\text{OH-H}_2\text{O}]{\text{CN}^-} C_6H_5-\underset{\text{OH}}{\text{CH}}-\underset{\text{O}}{\text{C}}-C_6H_5$$

这是一个碳负离子对羰基的亲核加成反应，氰化钠（钾）是反应的催化剂，其机理如下：

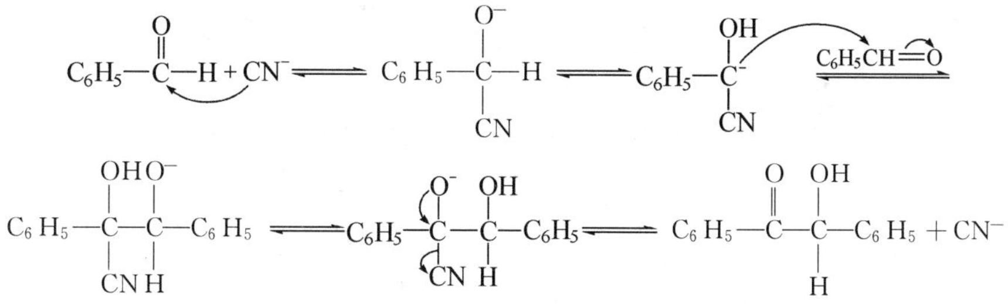

其他取代芳醛（如对甲基苯甲醛、对甲氧基苯甲醛和呋喃甲醛等）也可以发生类似的缩合，生成相应的对称性二芳基羟乙酮。

从反应机理可知，当苯环上带有强的供电子基（如对二甲胺基苯甲醛）或强的吸电子基（如对硝基苯甲醛）时，均很难发生安息香缩合反应。因为供电子基降低了羰基的正电性，不利于亲核加成反应；而吸电子基则降低了碳负离子的亲核性，同样不利于与羰基发生亲核加成反应。但分别带有供电子基和吸电子基的两种不同的芳醛之间，则可以顺利发生混合的安息香缩合并得到一种主要产物，即羟基连在含有活泼羰基芳香醛一端，例如：

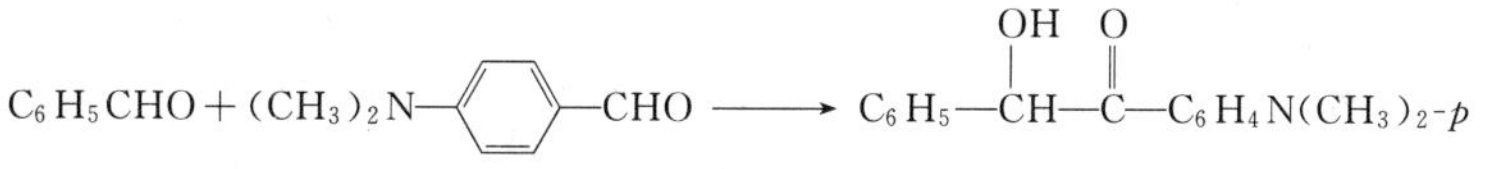

$$C_6H_5CHO+(CH_3)_2N-\!\!\!\!\bigcirc\!\!\!\!-CHO \longrightarrow C_6H_5-\underset{\text{OH}}{\text{CH}}-\underset{\text{O}}{\text{C}}-C_6H_4N(CH_3)_2\text{-}p$$

除氰离子外，噻唑生成的季铵盐也可对安息香缩合起催化作用，如用有生物活性的维生素 B_1 的盐酸盐代替氰化物催化安息香缩合反应，反应条件温和、无毒且产率高。

维生素 B_1 又称硫胺素或噻胺（Thiamine），它是一种辅酶，作为生物化学反应的催化剂，在生命过程中起着重要作用，其结构如下：

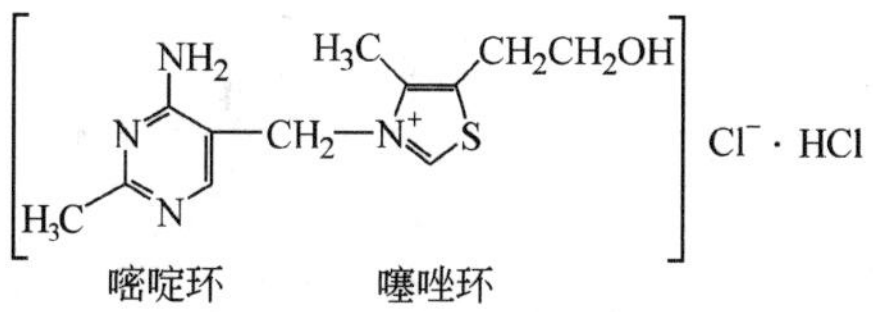

绝大多数生化过程都是在特殊条件下进行的化学反应，酶的参与可以使反应更巧妙、更有效并且在更温和的条件下进行。硫胺素在生化过程中主要是对 α-酮酸脱羧和形成偶姻（α-羟基酮）等三种酶促反应发挥辅酶的作用。从化学角度来看，硫胺素分子中最主要的部分是噻唑环。噻唑环 C-2 上的质子由于受氮和硫原子的影响，具有明显的酸性，在碱的作用下质子容易被除去，产生的负碳作为催化反应中心，形成苯偶姻。其机理如下（为简便起见，以下反应只写噻唑环的变化，其余部分相应用 R 和 R′ 代表）。

（1）在碱的作用下，产生的碳负离子和邻位带正电荷的氮原子形成稳定的两性离子——内盐或称叶立德（ylide）。

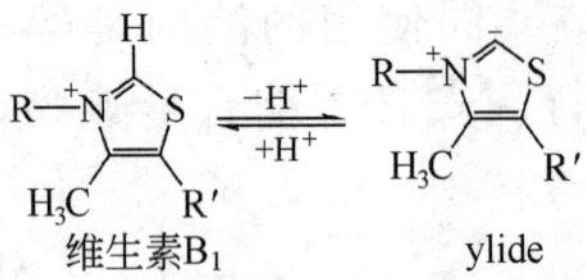

（2）噻唑环上的碳负离子与苯甲醛的羰基发生亲核加成，形成烯醇加合物，环上带正电荷的氮原子起到调节电荷的作用。

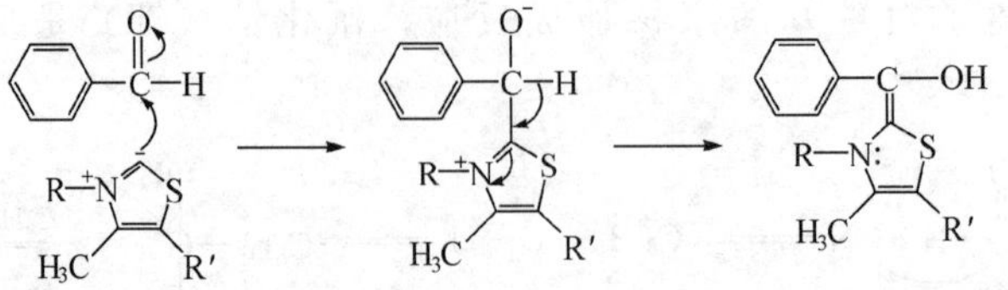

（3）烯醇加合物再与苯甲醛作用，形成一个新的辅酶加合物。

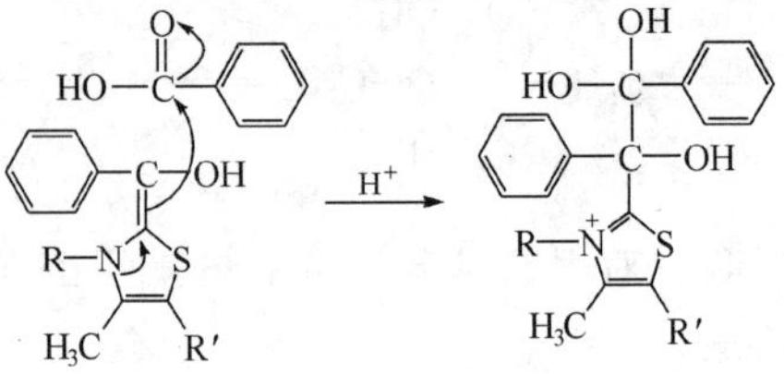

（4）辅酶加合物离解成安息香，辅酶还原。

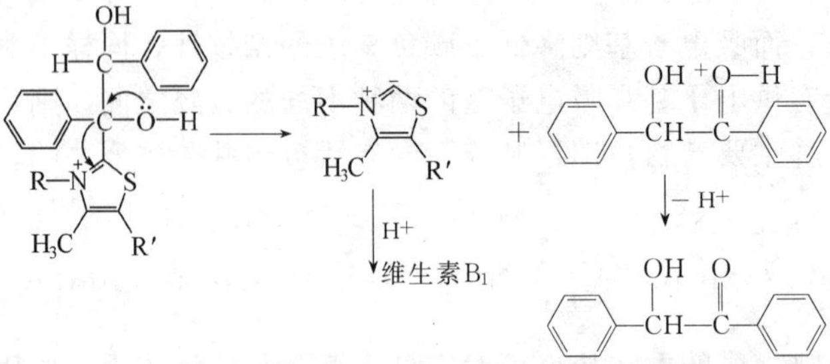

二苯羟乙酮（安息香）在有机合成中常被用作中间体。它既可以氧化成 α-二酮，又可以在各种条件下还原成二醇、烯、酮等各种类型的产物。作为双官能团化合物可以发生许多反应。本节将在制备安息香的基础上，进一步利用铜盐或三氯化铁将安息香氧化为二苯乙二酮，后者用浓碱处理，发生重排反应，生成二苯羟乙酸。

$$C_6H_5\underset{OH}{CH}-\underset{O}{C}C_6H_5 \xrightarrow{[O]} C_6H_5\underset{O}{C}-\underset{O}{C}C_6H_5 \xrightarrow{OH^-} (C_6H_5)_2\underset{OH}{C}-CO_2H$$

（一）安息香的辅酶法合成

Synthesis of benzoin in presence of coenzyme

【目的与要求】

学习安息香缩合反应的原理和应用维生素 B_1 为催化剂合成安息香的实验方法。

【基本原理】

反应式：

$$2C_6H_5CHO \xrightarrow{\text{维生素 } B_1} C_6H_5\underset{OH}{CH}-\underset{O}{C}C_6H_5$$

【试剂与规格】

苯甲醛 A. R. $\geqslant$98.5（新蒸）[注1]　　　　维生素 B$_1$（盐酸硫胺素）C.P. $\geqslant$98％

【物理常数及化学性质】

苯甲醛（见实验六十二"苯甲醇及苯甲酸的制备"）。

安息香（benzoin）：分子量 212.25，熔点 135～137℃。微溶于水和乙醚，易溶于热的乙醇和丙酮，制药工业用作防腐剂。

【操作步骤】

在 100mL 圆底烧瓶中，加入 1.8g 维生素 B$_1$[注2]、5mL 蒸馏水和 15mL 乙醇，将烧瓶置于冰浴中冷却。同时取 5mL 10％氢氧化钠溶液于一支试管中，也置于冰浴中冷却[注3]。然后将冷却的氢氧化钠溶液在 10min 中内滴加至硫胺素溶液中，并不断摇荡，调节溶液 pH 为 9～10，此时溶液呈黄色。去掉冰水浴，加入 10mL（10.4g，0.1mol）新蒸的苯甲醛，装上回流冷凝管，加几粒沸石，将混合物置于水浴上温热 1.5h，并使反应液 pH 保持在 9～10。水浴温度保持在 60～75℃，切勿将混合物加热至剧烈沸腾。此时反应混合物呈橘黄或橘红色均相溶液。将反应混合物冷却至室温，析出浅黄色结晶。将烧瓶置于冰浴中冷却使结晶完全。若产物呈油状物析出，应重新加热使成均相，再慢慢冷却重新结晶。必要时可用玻璃棒摩擦瓶壁或投入晶种。抽滤，用 50mL 冷水分两次洗涤结晶。粗产品用 95％乙醇重结晶[注4]。若产物成黄色，可加入少量活性炭脱色。纯安息香为白色针状结晶，产量约 5g。熔点 134～136℃。

【附注】

[1] 苯甲醛中不能含有苯甲酸，用前最好经 5％碳酸氢钠溶液洗涤，而后减压蒸馏并避光保存。

[2] 本实验也可用氰化钠（钾）代替维生素 B$_1$ 作催化剂进行合成。操作步骤如下。

在 100mL 圆底烧瓶中溶解 1g（0.02mol）氰化钠于 10mL 水中，加入 20mL 95％乙醇、10mL（10.3g，0.1mol）新蒸的苯甲醛和几粒沸石，装上回流冷凝管，在水浴上回流 0.5h。

冷却促使结晶，必要时可用玻璃棒摩擦瓶壁或投入晶种，并将烧瓶置于冰浴中，使结晶完全。抽滤，每次用 15mL 冷乙醇洗涤结晶两次，接着用少量水洗涤几次，压干，在空气中干燥。粗产品约 7～8g，进一步纯化可用 95％乙醇重结晶。

注意！氰化钠（钾）为剧毒药品，使用时必须极为小心，并在指导教师在场的情况下使用。用后必须用肥皂反复洗手。如手有伤口时，不能操作氰化钠，不能酸化含氰化钠的溶液。含氰化钠的滤液应导入水槽并加以冲洗，所用仪器应用水彻底清洗。

[3] 维生素 B$_1$ 在酸性条件下是稳定的，但易吸水，在水溶液中易被氧化失效，光及铜、铁、锰等金属离子均可加速其氧化；在氢氧化钠溶液中噻唑环易开环失效。因此，反应前维生素 B$_1$ 溶液及氢氧化钠溶液必须用冰水冷透。

[4] 安息香在沸腾的 95％乙醇中，其溶解度为 12～14g/100mL。

思 考 题

1. 安息香缩合、羟醛缩合、歧化反应有何不同？

2. 为什么加入苯甲醛后，反应混合物的 pH 要保持 9～10？溶液 pH 过低有什么不好？

（二）二苯乙二酮的制备
Preparation of benzil

【目的与要求】

学习以温和的氧化试剂（醋酸铜、三氯化铁等）氧化安息香制备 α-二酮的实验原理及方法。

【基本原理】

反应式：

$$C_6H_5\overset{OH}{\underset{}{CH}}-\overset{O}{\underset{}{C}}C_6H_5 \xrightarrow[HAc]{FeCl_3} C_6H_5\overset{O}{\underset{}{C}}-\overset{O}{\underset{}{C}}C_6H_5$$

【应用背景】

本品用于有机合成和杀虫剂的制备。它对紫外光敏化的范围在 480nm 以下，可在很宽的波长区敏化，因此可用于厚膜树脂的固化，而且固化后无色无味。故适于制作食品包装用的印刷油墨等。

【试剂与规格】

安息香（自制）　　　　　　　$FeCl_3 \cdot 6H_2O$ C. P. ≥82%

【物理常数及化学性质】

二苯乙二酮（benzil）：分子量 210.23，熔点 94～95℃。不溶于水，易溶于乙醇、乙醚、氯仿和乙酸乙酯，本品具有刺激性。

【操作步骤】

在 100mL 圆底烧瓶中加入 2.12g（0.01mol）安息香，10mL 冰醋酸、5mL H_2O 及 9g $FeCl_3 \cdot 6H_2O$，装上回流冷凝器，加热并摇荡，当反应物溶解后，继续回流 45～60min，加入 40mL 水，煮沸，冷却[注1]，析出黄色沉淀，抽滤，用冷水洗涤。再用 10～15mL 95% 乙醇重结晶，得 1.9～2.0g 产品，产率为 90%～95%。

【附注】

[1] 冷却时，应用玻璃棒搅动，防止结成大块，以免包进杂质。

思　考　题

加 40mL 水的目的是什么？

（三）二苯乙醇酸的制备
Preparation of benzilic acid

【目的与要求】

学习二苯乙二酮在氢氧化钾溶液中重排，生成二苯乙醇酸的实验原理及方法。

【基本原理】

二苯乙二酮与氢氧化钾溶液回流，生成二苯乙醇酸盐，称为二苯乙醇酸重排。反应过程如下：

$$C_6H_5-\overset{O}{\underset{}{C}}-\overset{O}{\underset{}{C}}-C_6H_5 \rightleftharpoons C_6H_5-\overset{O}{\underset{C_6H_5}{C}}-\overset{O}{\underset{}{C}}-OH \rightarrow C_6H_5-\overset{O^-}{\underset{C_6H_5}{C}}-\overset{O}{\underset{}{C}}-OH \rightarrow C_6H_5-\overset{OH}{\underset{C_6H_5}{C}}-\overset{O}{\underset{}{C}}-O^-$$

形成稳定的羧酸盐是反应的推动力。一旦形成羧酸盐，经酸化后即产生二苯乙醇酸。这一重排反应可普遍用于将芳香 α-二酮转化为 α-羟基酸，某些脂肪族 α-二酮也可发生类似的反应。

二苯乙醇酸也可直接由安息香与碱性溴酸钾溶液一步反应来制备，得到高纯度的产物。

$$C_6H_5\overset{O}{\underset{}{C}}-\overset{OH}{\underset{}{CH}}-C_6H_5 \xrightarrow[C_2H_5OH\text{-}H_2O]{KBrO_3} (C_6H_5)_2\overset{}{\underset{OH}{C}}-CO_2K \xrightarrow{H^+} (C_6H_5)_2\overset{}{\underset{OH}{C}}-CO_2H$$

【试剂与规格】

二苯乙二酮（自制）　　　　　　　　氢氧化钾 A.R. 含量≥82%

【物理常数及化学性质】

二苯乙醇酸（benzilic acid）：分子量 228.25，熔点 148～149℃。微溶于水，易溶于乙醇、乙醚及热水。

【操作步骤】

在 50mL 圆底烧瓶中溶解 2.5g（0.037mol）氢氧化钾于 5mL 水中，然后加入 7.5mL 95%乙醇，混匀后加入 2.5g（0.012mol）二苯乙二酮并振荡。溶液呈深紫色，待固体溶解后，装上回流冷凝管，在水浴上回流 15min。然后将反应混合物转移到小烧杯中，在冰水浴中放置约 1h[注1]，直至析出二苯乙醇酸钾盐的晶体。抽滤，并用少量冷乙醇洗涤晶体。

将过滤出的钾盐溶于 70mL 水中，用滴管加入 2 滴浓盐酸，少量未反应的二苯乙二酮成胶状悬浮物，加入少量活性炭并搅拌几分钟，然后用折叠滤纸过滤。滤液用 5% 的盐酸酸化至刚果红试纸变蓝（约需 25mL），即有二苯乙醇酸的晶体析出，在冰水浴中冷却使结晶完全。抽滤，用冷水洗涤几次以除去晶体中的无机盐。粗产物干燥后约 1.5～2g，熔点 147～149℃。进一步纯化可用水重结晶[注2]，并加少量活性炭脱色。二苯乙醇酸产量约 1.5g。二苯乙醇酸的红外和核磁共振图谱参见附录七图 16。

【附注】

[1] 也可将反应混合物用表面皿盖住，放至下一次实验，二苯乙醇酸钾盐将在此段时间内结晶。

[2] 粗产物也可用苯重结晶，每克粗产物约需 6mL 苯。

思　考　题

1. 如果二苯乙二酮用甲醇钠在甲醇溶液中处理，经酸化后应得到什么产物？写出产物的结构式和反应机理。

2. 如何由相应的原料经二苯乙醇酸重排合成下列化合物？

① $\left(\underset{}{\bigcirc}\right)_2\overset{OH}{\underset{}{C}}-CO_2H$　　　② $(CH_3O-\underset{}{\bigcirc}-)_2\overset{OH}{\underset{}{C}}-CO_2H$

③ $\overset{HO\quad CO_2H}{\underset{}{\bigcirc\bigcirc}}$　　　④ $(HOOCCH_2)_2\overset{}{\underset{OH}{C}}-CO_2H$　（柠檬酸）

实验八十七　葡萄糖酸锌的制备
Preparation of zinc gluconate

【目的与要求】

通过本实验，使学生了解由葡萄糖酸和氧化锌制备葡萄糖酸锌的方法。

【基本原理】

葡萄糖酸锌由葡萄糖酸直接与锌的氧化物或盐制得。

方法一　葡萄糖酸钙与硫酸锌直接反应：

$$[CH_2OH(CHOH)_4CO_2]_2Ca + ZnSO_4 \longrightarrow [CH_2OH(CHOH)_4COO]_2Zn + CaSO_4$$

方法二　葡萄糖酸和氧化锌反应：

$$2CH_2OH(CHOH)_4COOH + ZnO \longrightarrow [CH_2OH(CHOH)_4COO]_2Zn + H_2O$$

方法三　葡萄糖酸钙用酸处理，再与氧化锌作用得葡萄糖酸锌。本实验采取此种方法。

【试剂与规格】

葡萄糖酸钙（1 结晶水）工业品　　　　　　氧化锌 C. P. 含量 99%。

【物理常数及化学性质】

葡萄糖酸钙（calcium gluconate）（1 结晶水）：分子量 448.40，白色结晶或颗粒性粉末，无臭，无味，易溶于热水，略溶于冷水，不溶于乙醇、氯仿或乙醚。

氧化锌（zinc oxide）：分子量 81.38，白色无定型粉末，几乎不溶于水、乙醇，易从空气中吸收 CO_2 成碳酸锌。

葡萄糖酸锌（zinc gluconate）：分子式为 $C_{12}H_{22}O_{14}Zn$，分子量 455.68，为无水物或含 3 分子的结晶水，白色或近白色粗粉或结晶性粉末，易溶于水，极难溶于乙醇。锌强化剂，用作营养增补剂。

【操作步骤】

100mL 四口瓶配有温度计、回流冷凝器和搅拌器，将 8% 的硫酸 77.5g(0.063mol) 加入，水浴加热，在 90℃于不断搅拌下，分次加入葡萄糖酸钙粉 25g（0.056mol），反应 1h，趁热抽滤，滤饼用少量去离子水洗涤，滤液与洗液合并，依次过 732H 型阳离子交换树脂柱（20g）和 717OH 型阴离子交换树脂柱（20g），得纯葡萄糖酸溶液。分次加入化学纯氧化锌 4.5g(0.055mol)，加完后 pH6.0～6.2。趁热通过活性炭层脱色，得澄清溶液。经蒸发少量水分后即析出结晶。离心，于 75℃干燥脱水，得产品 22～22.5g，产率 86%～93%。这样得到的产品可以符合国家标准 GB 8820—88[注1]。

【附注】

[1] 指标名称	GB 8820—88	FCC(美国食品质量法典)1981
含量(无水物计,%)	97.0～102.0	97.0～102.0
砷(以 As 计,%)	≤0.0003	≤0.0003
镉(以 Cd 计,%)	≤0.0005	≤0.0005
氯化物(以 Cl 计,%)	≤0.05	≤0.05
铅(以 Pb 计,%)	≤0.001	≤0.001
还原物质(以 $C_6H_{12}O_6$ 计,%)	≤1.0	≤1.0
硫酸盐(以 SO_4 计,%)	≤0.05	≤0.05
含水量(%)	≤11.6	—
三水合物(%)	—	≤11.6

【参考文献】

韩长日，宋小平．药物制造技术．北京：科学技术文献出版社．2000.

实验八十八 乙酰水杨酸（阿司匹林）的制备
Preparation of acetylic salicylic acid

【目的与要求】

学习阿司匹林制备的实验方法及其实验原理。

【基本原理】

乙酰水杨酸，通常称为阿司匹林（Aspirin），是由水杨酸（邻羟基苯甲酸）和乙酸酐合成的。早在18世纪，人们就从柳树皮中提取了水杨酸，并注意到它可以用作止痛、退热和抗炎药，不过对肠胃刺激作用较大。19世纪末，人们终于合成了可以代替水杨酸的有效药物——乙酰水杨酸。直到目前，阿司匹林仍然是一个广泛使用的具有解热止痛作用、用于治疗感冒的药物。

水杨酸是一个具有酚羟基和羧基的双官能团化合物，能进行两种不同的酯化反应。当与乙酸酐反应时，可以得到乙酰水杨酸，即阿司匹林；如与过量的甲醇反应，生成水杨酸甲酯。后者是第一个作为冬青树的香味成分被发现的，因此通称为冬青油。本实验将进行前一个反应的试验。

反应式：

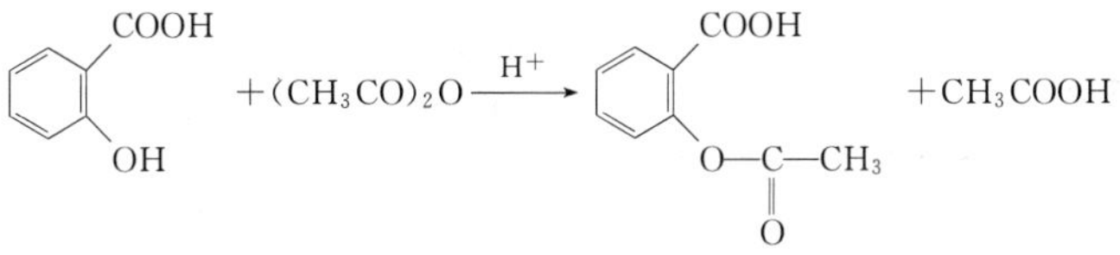

在生成乙酰水杨酸的同时，水杨酸分子之间可以发生缩合反应，生成少量聚合物：

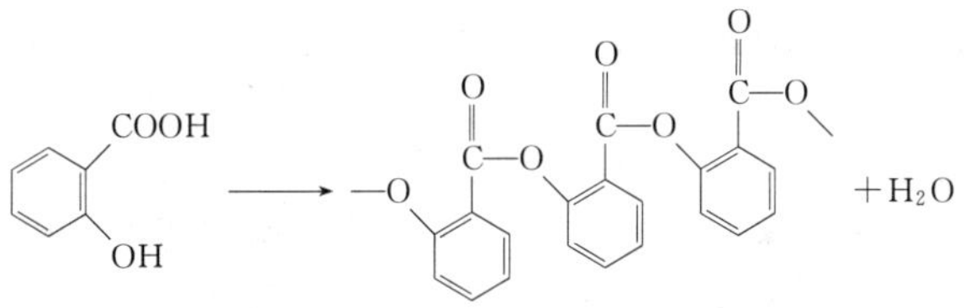

乙酰水杨酸能与碳酸氢钠反应生成水溶性钠盐，而副产的聚合物不能溶于碳酸氢钠，这种性质上的差别可用于阿司匹林的纯化。

可能存在于最终产物中的杂质是水杨酸本身，这是由于乙酰化反应不完全或由于产物在分离步骤中发生水解造成的。它可以在各步纯化过程和产物的重结晶过程中被除去。与大多数酚类化合物一样，水杨酸可与三氯化铁形成深色络合物；阿司匹林因酚羟基已被酰化，不再与三氯化铁发生颜色反应，因此杂质很容易被检出。

【试剂与规格】

水杨酸 C.P. 含量≥99% 　　　乙酸酐 C.P. 含量≥96% 　　　磷酸 C.P. 85%

【物理常数及化学性质】

水杨酸（salicylic acid）：分子量138.12，熔点159℃（易升华）。微溶于冷水，易溶于乙醇、乙醚等有机溶剂。有一定的毒性，长期接触水杨酸粉末，易引起咽喉和支气管疾患。

乙酰水杨酸（acetylic salicylic acid）：分子量180.15，熔点135~136℃。微溶于水，易溶于乙醇和乙醚。

【操作步骤】

在干燥的50mL烧瓶中加入3g(0.022mol)干燥的水杨酸、4.5g(0.04mol)乙酸酐[注1]

和5滴磷酸，充分摇动，使水杨酸全部溶解，加上冷凝管后在水浴上加热15min，控制浴温80～85℃，并时时振摇。稍冷，在不断搅拌下将反应物倒入50mL水中，并用冷水冷却。抽滤，用适量冷水洗涤。将抽滤后的粗产物转入100mL烧杯中，在搅拌下加入38mL饱和碳酸氢钠水溶液，加完后继续搅拌几分钟，直至无二氧化碳产生。抽滤，滤出副产的聚合物，并用5～10mL水冲洗漏斗，合并滤液，倒入预先盛有7mL浓盐酸和15mL水的烧杯中，搅拌均匀，即有乙酰水杨酸晶体析出，将烧杯用冷水冷却，使结晶完全。抽滤，用冷水洗涤结晶。将结晶转移至表面皿，干燥后称重约2.5～2.8g，产率63%～71%，熔点134～136℃[注2]。取几粒结晶加入盛有5mL水的试管中溶解，加入1～2滴1%三氯化铁溶液，观察有无颜色变化，从而判断产物中有无未反应的水杨酸。

为了得到更纯的产品，可用乙酸乙酯进行重结晶。乙酰水杨酸的红外和核磁共振图谱参见附录七 图17。

本实验约需4h。

【附注】

[1] 乙酸酐应是新蒸的。

[2] 乙酰水杨酸受热易分解，因此熔点不很明显，它的分解点为128～135℃，测定熔点时，应先将载体加热至120℃左右，然后加入样品测定。

思 考 题

1. 浓硫酸在反应中起什么作用？
2. 怎样用水杨酸制备冬青油水杨酸甲酯？

实验八十九 局部麻醉剂——对氨基苯甲酸乙酯的制备

Preparation of ethyl-*p*-aminobenzoate

最早的局部麻醉药是从南美洲生长的古柯植物中提取的古柯碱，或称可卡因，它具有容易成瘾和毒性大等缺点。化学家们在搞清了古柯碱的结构和药理作用之后，充分显示了他们的才能，已合成和实验了数百种局部麻醉剂，多为羧酸酯类。这种合成品作用更强，副作用较小且较为安全。苯佐卡因和普鲁卡因是1904年前后发现的两种。已经发现的、有活性的这类药物均有如下共同的结构特征：分子的一端是芳环，另一端则是仲胺或叔胺，两个结构单元之间相隔1～4个原子连接的中间链。苯环部分通常为芳香酸酯，它与麻醉剂在人体内的解毒有着密切的关系；而氨基则有助于使此类化合物形成溶于水的盐酸盐，以制成注射液。羧酸酯类局麻剂的通式可表示如下：

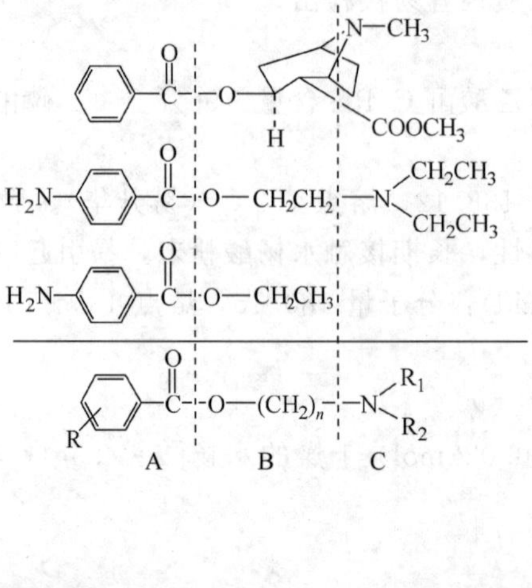

可卡因

普鲁卡因

苯佐卡因

羧酸酯类局麻剂的通式

本实验阐述了局部麻醉剂苯佐卡因的制备，它是一种白色的晶体粉末，制成散剂或软膏用于疮面溃疡的止痛。苯佐卡因通常是由对硝基甲苯先氧化成对硝基苯甲酸，再经乙酯化后还原而得。

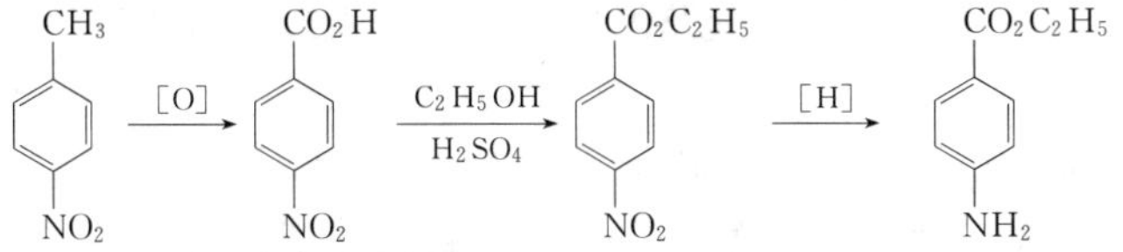

这是一条比较经济合理的路线。本实验采用对甲苯胺为原料，经酰化、氧化、水解、酯化一系列反应合成苯佐卡因。

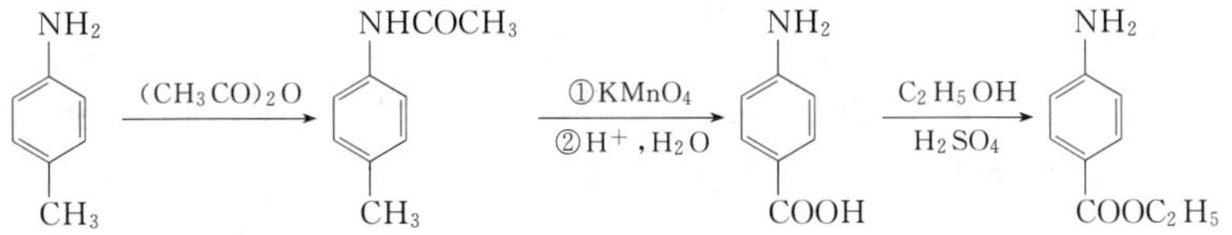

此路线虽比前述对硝基甲苯为原料的长一些，但原料易得，操作方便，适合于实验室小量制备。

（一）对氨基苯甲酸的制备
Preparation of *p*-aminobenzoic acid

【目的与要求】

学习以对甲苯胺为原料，经乙酰化、氧化和酸性水解，制取对氨基苯甲酸的原理和方法。

【基本原理】

对氨基苯甲酸是一种与维生素 B 有关的化合物（又称 PABA），它是维生素 B_c（叶酸）的组成部分。细菌把 PABA 作为组分之一合成叶酸，磺胺药则具有抑制这种合成的作用。

对氨基苯甲酸的合成涉及三个反应：

第一个反应是将对甲苯胺用乙酸酐处理转变为相应的酰胺，这是一个制备酰胺的标准方法，其目的是在第二步高锰酸钾氧化反应中保护氨基，避免氨基被氧化，形成的酰胺在所用氧化条件下是稳定的。

第二个反应是对甲基乙酰苯胺中的甲基被高锰酸钾氧化为相应的羧基。氧化过程中，紫色的高锰酸盐被还原成棕色的二氧化锰沉淀。鉴于溶液中有氢氧根离子生成，故要加入少量的硫酸镁作为缓冲剂，使溶液碱性不致变得太强而使酰胺基发生水解。反应产物是羧酸盐，经酸化后可使生成的羧酸从溶液中析出。

最后一步反应是酰胺的水解，除去起保护作用的乙酰基，此反应在稀酸溶液中很容易进行。反应式：

$$p\text{-}CH_3C_6H_4NH_2 \xrightarrow[CH_3CO_2Na]{(CH_3CO)_2O} p\text{-}CH_3C_6H_4NHCOCH_3 + CH_3CO_2H$$

$$p\text{-}CH_3C_6H_4NHCOCH_3 + 2KMnO_4 \longrightarrow p\text{-}CH_3CONHC_6H_4CO_2K + 2MnO_2 + H_2O + KOH$$

$$p\text{-}CH_3CONHC_6H_4CO_2K + H^+ \longrightarrow p\text{-}CH_3CONHC_6H_4CO_2H$$

$$p\text{-}CH_3CONHC_6H_4CO_2H + H_2O \xrightarrow{H^+} p\text{-}NH_2C_6H_4CO_2H + CH_3CO_2H$$

【试剂与规格】

对甲苯胺 C.P. ≥99%　　　　　乙酸酐 A.R. ≥98.5%

高锰酸钾 C.P. ≥99%

【物理常数及化学性质】

对甲苯胺（p-toluidine）：分子量 107.16，沸点 200℃，熔点 44～45℃，d_4^{20} 1.046，n_D^{20} 1.5463。微溶于水，易溶于乙醇、乙醚及丙酮。本品吸入或接触皮肤时有毒，并有蓄积性危害，应避光保存。

对氨基苯甲酸（p-aminobenzoic acid）：分子量 137.14，熔点 186～187℃，难溶于冷水，易溶于乙醇、乙醚、乙酸乙酯和冰乙酸，在空气中或见光变浅黄色。本品对眼睛、呼吸系统和皮肤有刺激性。

【操作步骤】

1. 对甲基乙酰苯胺

在 500mL 烧杯中，加入 7.5g(0.07mol) 对甲苯胺，175mL 水和 7.5mL 浓盐酸，必要时在水浴上温热搅拌以促使溶解。若溶液颜色较深，可加适量的活性炭脱色过滤。同时配制 12g 三水合醋酸钠溶于 20mL 水的溶液，必要时温热至所有的固体溶解。将脱色后的盐酸对甲苯胺加热至 50℃，加入 8mL（8.7g，0.085mol）乙酸酐，并立即加入预先制备好的乙酸钠溶液，充分搅拌后将混合物置于冰浴冷却，此时应析出对甲基乙酰苯胺的白色固体。抽滤，用少量冷水洗涤，干燥后称重，产量约 7.2g。纯的对甲基乙酰苯胺的熔点为 154℃。

2. 对乙酰氨基苯甲酸

在 600mL 烧杯中，加入上述制得的约 7.5g 对甲基乙酰苯胺、20g 七水合结晶硫酸镁和 350mL 水，将混合物在水浴上加热到约 85℃。同时制备 20.5g(0.13mol) 高锰酸钾溶于 70mL 沸水的溶液。在充分搅拌下，将热的高锰酸钾溶液在 30min 内分批加到对甲基乙酰苯胺的混合物中，以免氧化剂局部浓度过高破坏产物。加完后，继续在 85℃搅拌15min。混合物变成深棕色，趁热用两层滤纸抽滤除去二氧化锰沉淀，并用少量热水洗涤二氧化锰沉淀。若滤液成紫色，可加入 2～3mL 乙醇煮沸直至紫色消失，将滤液再用折叠滤纸过滤一次。冷却无色滤液，加 20％硫酸酸化至溶液呈酸性，此时应生成白色固体，抽滤，压干，干燥后对乙酰氨基苯甲酸产量约 5～6g。纯化合物的熔点为 250～252℃。湿产品可直接进行下一步合成。

3. 对氨基苯甲酸

称量上步得到的对乙酰氨基苯甲酸，将每克湿产品用 5mL 18％的盐酸进行水解。将反应物置于 250mL 圆底烧瓶中，加热缓缓回流 30min。待反应物冷却后，加入 30mL 冷水，然后用 10％氨水中和，使反应混合物对石蕊试纸恰成碱性，切勿使氨水过量。每 30mL 最终溶液加 1mL 冰醋酸，充分摇振后置于冰浴中骤冷以引发结晶，必要时用玻璃棒摩擦瓶壁或放入晶种引发结晶。抽滤收集产物，干燥后以对甲苯胺为标准计算累计产率，测定产物的熔点。纯对氨基苯甲酸的熔点为 186～187℃。实验得到的熔点略低一些[注1]。

本实验约需 6～8h。

【附注】

[1] 对氨基苯甲酸不必重结晶，对产物重结晶的各种尝试均未获得满意的结果，产物可直接用于合成苯佐卡因。

思 考 题

1. 对甲苯胺用乙酐酰化反应中加入乙酸钠的目的何在？

2. 对甲乙酰苯胺用高锰酸钾氧化时，为何要加入硫酸镁结晶？

3. 在氧化步骤中，若滤液有色，需加入少量乙醇煮沸，发生什么反应？

4. 在最后水解步骤中，可以用氢氧化钠溶液代替氨水中和吗？中和后加入乙酸的目的何在？

（二）对氨基苯甲酸乙酯的制备
Preparation of ethyl-*p*-aminobenzoate

【目的与要求】

学习以对氨基苯甲酸和乙醇，在浓 H_2SO_4 催化下，制备对氨基苯甲酸乙酯的实验方法。

【基本原理】

反应式：

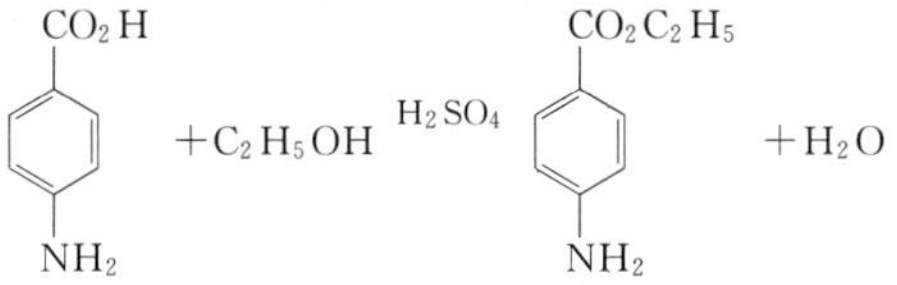

【试剂与规格】

对氨基苯甲酸（自制）　　　　　95％乙醇 A. R.

浓硫酸 A. R. 95％～99％

【物理常数及化学性质】

对氨基苯甲酸乙酯（ethyl-*p*-aminobenzoate）：分子量 165.19，熔点 91～92℃，不溶于水，易溶于乙醇、乙醚和稀酸。

【操作步骤】

在 100mL 圆底烧瓶中，加入 2g(0.0145mol) 对氨基苯甲酸和 25mL 95％乙醇，旋摇烧瓶使大部分固体溶解。将烧瓶置于冰水浴中冷却，加入 2mL 浓硫酸，立即产生大量沉淀（在接下来的回流中沉淀将逐渐溶解），将反应混合物在水浴上回流 1h，并时加摇荡。

将反应混合物转入烧杯中，冷却后分批加入 10％碳酸钠溶液中和（约需 12mL），可观察到有气体逸出，并产生泡沫（发生了什么反应？），直至加入碳酸钠溶液后无明显气体释放。反应混合物接近中性时，检查溶液 pH，再加入少量碳酸钠溶液至 pH 为 9 左右。在中和过程中产生少量固体沉淀（生成什么物质？）。将溶液转入分液漏斗中，并用少量乙醚洗涤固体后并入分液漏斗。向分液漏斗中加入 40mL 乙醚，振荡萃取。经无水硫酸镁干燥后蒸去乙醚和大部分乙醇，至残余油状物约 2mL 为止。残余液加入乙醇和水混合液，得到结晶，产量约 1g，测定其熔点。对氨基苯甲酸乙酯的红外和核磁共振图谱参见附录七 图 18。

思　考　题

1. 本实验中加入浓硫酸的量远多于催化量，为什么？加入浓硫酸时产生的沉淀是什么物质？试解释之。

2. 酯化反应结束后，为什么要用碳酸钠溶液而不用氢氧化钠进行中和？为什么不中和至 pH 为 7 而要使溶液 pH 为 9 左右？

3. 如何由对氨基苯甲酸为原料合成局部麻醉剂普鲁卡因（Procaine）？

实验九十　对氨基苯磺酰胺的制备
Preparation of sulfanilamide

【目的与要求】

1. 学习对氨基苯磺酰胺的制备方法。
2. 通过对氨基苯磺酰胺的制备，掌握酰氯的氨解和乙酰氨基衍生物的水解。

【基本原理】

磺胺药物是含磺胺基团合成抗菌药的总称，能抑制多种细菌和少数病毒的生长和繁殖，用于防治多种病菌感染。磺胺药曾在保障人类生命健康方面发挥过重要作用，在抗生素问世后，虽然失去了先前作为普遍使用的抗菌剂的重要性，但在某些治疗中仍然应用。磺胺药的一般结构为：

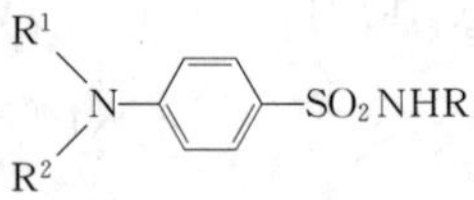

$$\text{R}^1\text{R}^2\text{N}\!-\!\!\!\bigcirc\!\!\!-\!\text{SO}_2\text{NHR}$$

由于磺胺基上的氮原子的取代基不同而形成不同的磺胺药物。虽然合成的磺胺衍生物多达1000种以上，但真正用于临床的只有为数不多的十多种，而且大多数磺胺药物 R^1 和 R^2 为 H。

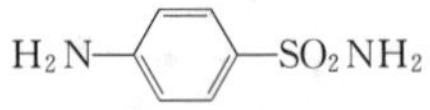

磺胺（SN） 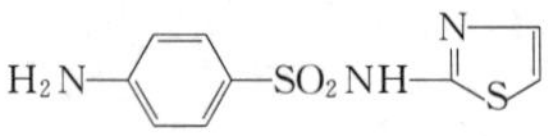　　　　磺胺噻唑（ST） 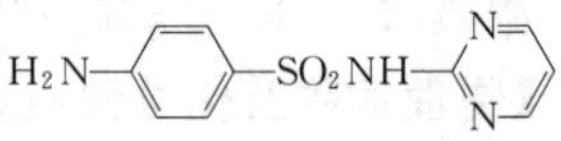　　　　磺胺嘧啶（SD）

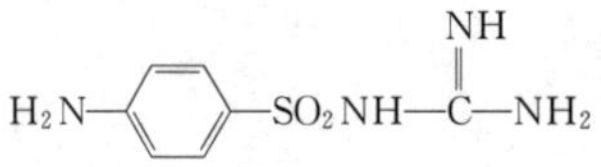

磺胺胍（SG） 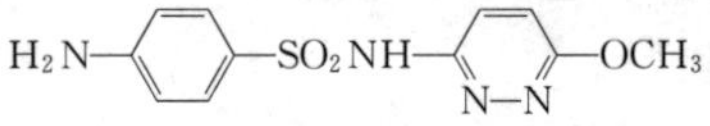　　　　长效磺胺（SMP）

磺胺类药物的制备可从苯胺和简单的脂肪族化合物开始，其中包括许多中间体，这些中间体有的需要分离提纯出来，有的不需要精制就可直接用于下一步的合成。

典型的合成路线：

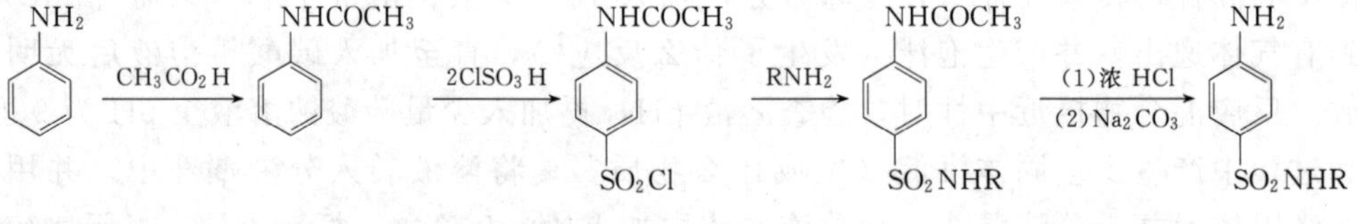

$$\text{NH}_2 \xrightarrow{\text{CH}_3\text{CO}_2\text{H}} \text{NHCOCH}_3 \xrightarrow{2\text{ClSO}_3\text{H}} \text{NHCOCH}_3,\text{SO}_2\text{Cl} \xrightarrow{\text{RNH}_2} \text{NHCOCH}_3,\text{SO}_2\text{NHR} \xrightarrow[\text{(2)Na}_2\text{CO}_3]{\text{(1)浓 HCl}} \text{NH}_2,\text{SO}_2\text{NHR}$$

当 R 为 H 时，合成得到最简单的磺胺。

【试剂与规格】

乙酰苯胺（自制）　　　　氯磺酸[注1] C. P. ≥99％

【物理常数及化学性质】

冰醋酸（见实验四十三"2,4-二羟基苯乙酮的制备"）

对氨基苯磺酰胺（sulfanilamide）：分子量 172.21，熔点 163～164℃。易溶于沸水、丙酮及乙醇，难溶于乙醚及氯仿。

【操作步骤】

1. 对乙酰氨基苯磺酰氯

在 100mL 干燥的锥形瓶中，加入 5g（0.037mol）干燥的乙酰苯胺，用小火加热熔化[注2]。瓶壁上若有少量水汽凝结，应用干净的滤纸吸去。冷却，使熔化物凝结成块。将锥形瓶置于冰水浴中冷却后，迅速倒入 12.5mL（22.5g，0.19mol）氯磺酸，立即塞上带有氯化氢导气管的塞子。反应很快发生，若反应过于剧烈，可用冰水浴冷却。待反应缓和后，旋摇锥形瓶使固体全溶，然后再在温水浴中加热 10min 使反应完全[注3]。将反应瓶在冰水浴中完全冷却后，于通风橱中充分搅拌下，将反应液慢慢倒入盛有 75g 碎冰的烧杯中[注4]，用少量冷水洗涤反应瓶，洗涤液倒入烧杯中。搅拌数分钟，并尽量将大块固体粉碎[注5]，使成颗粒小而均匀的白色固体。抽滤收集，用少量冷水洗涤，压干，立即进行下一步反应[注6]。

2. 对乙酰氨基苯磺酰胺

将上述粗产物移入烧杯中，在不断搅拌下慢慢加入 17.5mL 浓氨水（在通风橱内），立即发生放热反应并产生白色糊状物。加完后，继续搅拌 15min，使反应完全。然后加入 10mL 水缓缓加热 10min，并不断搅拌，以除去多余的氨。得到的混合物可直接用于下一步的合成[注7]。

3. 对氨基苯磺酰胺（磺胺）

将上述反应物放入圆底烧瓶中，加入 3.5mL 浓盐酸，加热回流 0.5h。冷却后，应得一几乎澄清的溶液，若有固体析出[注8]，应继续加热，使反应完全。如溶液呈黄色，并有极少量固体存在时，需加入少量活性炭煮沸 10min，过滤。将滤液转入大烧杯中，在搅拌下小心加入碳酸钠[注9]至碱性（约 4g）。在冰水浴中冷却，抽滤收集固体，用少量冰水洗涤，压干。粗产物用水重结晶（每克产物约需 12mL 水），产量 3~4g，熔点 161~162℃。

【附注】

[1] 氯磺酸对皮肤和衣服有强烈的腐蚀性，暴露在空气中会冒出大量氯化氢气体，遇水会发生猛烈的放热反应，甚至爆炸，故取用时需多加小心。反应中所用仪器及药品皆需十分干燥，含有氯磺酸的废液不可倒入废液缸中。工业氯磺酸常呈棕黑色，使用前宜用磨口仪器蒸馏纯化，收集 148~150℃的馏分。

[2] 氯磺酸与乙酰苯胺的反应相当激烈，将乙酰苯胺凝结成块状，可使反应缓和进行，当反应过于剧烈时，应适当冷却。

[3] 在氯磺化过程中，将有大量氯化氢气体放出，为避免污染室内空气，装置应严密，导气管的末端要与接收器内的水面接近，但不能插入水中，否则可能倒吸而引发严重事故！

[4] 加入速度必须缓慢，并充分搅拌，以免局部过热而使对乙酰氨基苯磺酰氯水解。这是实验成功的关键。

[5] 尽量洗去固体所夹杂和吸附的盐酸，否则产物在酸性介质中放置过久，会很快水解，因此在洗涤后，应尽量压干，且在 1~2h 内将它转变为磺胺类化合物。

[6] 粗制的对乙酰氨基苯磺酰氯久置容易分解，甚至干燥后也不可避免，若要得到纯品，可将粗产物溶于温热的氯仿中，然后迅速转移到事先温热的分液漏斗中，分出氯仿层，在冰水浴中冷却后即可析出结晶。纯粹对氨基苯磺酰氯的熔点为 149℃。

[7] 为了节省时间，这一步的粗产物可不必分出。若要得到产品，可在冰水浴中冷却，抽滤，用冰水洗涤，干燥即得。粗品用水重结晶，纯品熔点为 219~220℃。

[8] 对乙酰氨基苯磺酰胺在稀酸中水解成磺胺，后者又与过量的盐酸形成可溶性的盐酸盐，所以水解完成后，反应液冷却时应无晶体析出。由于水解前后溶液中氨的含量不同，加 3.5mL 盐酸有时不够，因此，在回流至固体完全消失前，应测一下溶液的酸碱性，若碱性不够，应补加盐酸继续回流一段时间。

[9] 用碳酸钠中和滤液中的盐酸时，有二氧化碳伴生，故应控制加入速度并不断搅拌使其逸出。

磺胺是一两性化合物，在过量的碱溶液中也易变成盐类而溶解。故中和操作必须仔细进行，以免降低产量。

思 考 题

1. 为什么在氯磺化反应完成以后处理反应混合物时，必须移到通风橱中，且在充分搅拌下缓缓倒入碎冰中？若在倒完前冰就化完了，是否应补加冰块？为什么？

2. 为什么苯胺要乙酰化后再氯磺化？直接氯磺化行吗？

3. 如何理解对氨基苯磺酰胺是两性物质？试用反应式表示磺胺与稀酸和稀碱的作用。

实验九十一　硝苯地平的合成
Synthesis of the Nifedipine

【目的与要求】

1. 熟悉二氢吡啶类化合物的合成，了解 Hantzsch 反应在二氢吡啶类心血管药物合成中的应用。

2. 学习薄层层析等色谱法跟踪反应的操作方法。

【基本原理】　硝苯地平是由邻硝基苯甲醛、乙酰乙酸甲酯和氨水通过 Hantzsch 二氢吡啶合成反应缩合得到：

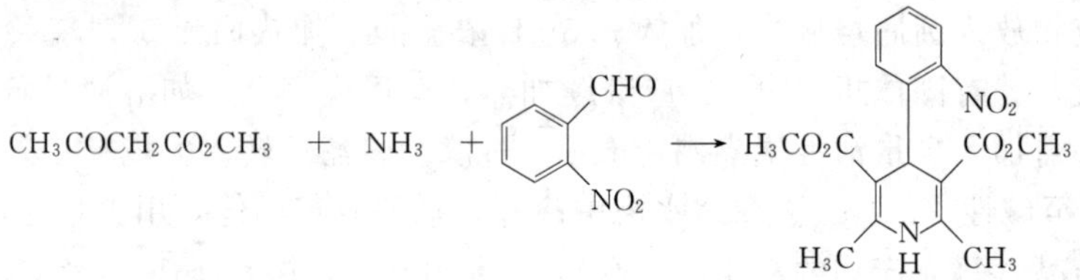

$$CH_3COCH_2CO_2CH_3 \; + \; NH_3 \; + \; \text{(o-nitrobenzaldehyde, CHO/NO}_2\text{)} \longrightarrow \text{(nifedipine)}$$

Hantzsch 反应由 2 分子 β-酮酸酯、1 分子醛和 1 分子氨缩合环化得到。其反应机理如下：

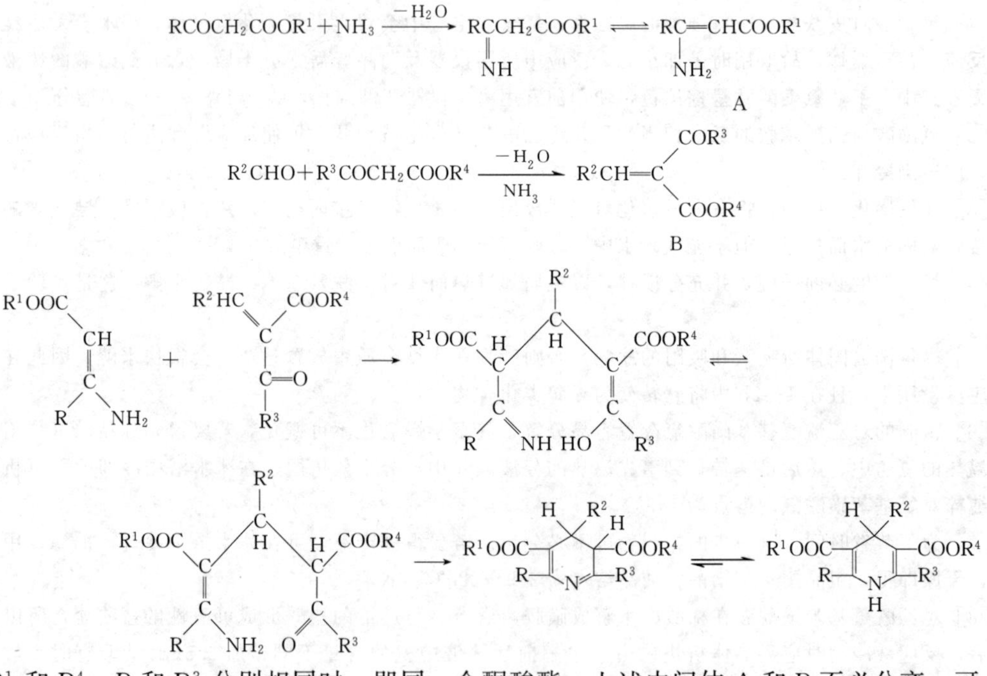

$$RCOCH_2COOR^1 + NH_3 \xrightarrow{-H_2O} \underset{\underset{NH}{\|}}{RCCH_2COOR^1} \rightleftharpoons \underset{\underset{NH_2}{\|}}{RC\!=\!CHCOOR^1}$$

$$\text{A}$$

$$R^2CHO + R^3COCH_2COOR^4 \xrightarrow[NH_3]{-H_2O} R^2CH\!=\!C\!\!\begin{array}{l}COR^3\\COOR^4\end{array}$$

$$\text{B}$$

当 R^1 和 R^4，R 和 R^3 分别相同时，即同一个酮酸酯，上述中间体 A 和 B 不必分离，可"一锅法"合成得到目的物。但当 R^1 和 R^4，或 R 和 R^3 有一对不同，或两对都不相同时，中间体 A 和 B 要分别制备，最后缩合。本过程中的副反应较多，如乙酰乙酸甲酯的分解、中间体（含烯链）的缩合等。

【应用及发展】

硝苯地平是 20 世纪 80 年代末出现的第一个二氢吡啶类抗心绞痛药物，还兼有很好的治疗高血压功能，是目前仍在广泛使用的抗心绞痛和降血压药物。

【试剂与规格】

邻硝基苯甲醛 工业品≥98%　　　　乙酰乙酸甲酯 C. P. 97%

氨水 C. P. 25%，d 0.90　　　　　　无水乙醇 A. R.

石油醚（60～90℃）A. R.　　　　乙酸乙酯 A. R.

【物理常数及化学性质】

邻硝基苯甲醛（2-nitrobenzaldehyde）：分子量 151.12，浅黄色针状结晶，熔点 44～46℃，沸点 153℃/3.06kPa，微溶于水，溶于醇、醚和苯。

乙酰乙酸甲酯（methyl acetoacetate）：分子量 116.11，无色透明液体，沸点 169～171℃，n_D^{20} 1.418，d_4^{20} 1.0785，无色透明液体，具芳香味，微溶于水，易溶于有机溶剂。常压蒸馏时会有部分分解为脱氧乙酸。

硝苯地平（nifedipin）：$C_{17}H_{18}N_2O_6$，分子量 346.34，化学名称 2,6-二甲基-3,5-二甲氧羰基-4-(2-硝基苯基)-1,4-二氢吡啶。黄色针状结晶或结晶性粉末，熔点 171～175℃，无嗅，无味。几乎不溶于水，易溶于丙酮、氯仿，略溶于乙醇。

【操作步骤】

向装有搅拌磁子、回流冷凝器和温度计的三口反应瓶（50mL）中，分别加入邻硝基苯甲醛 2.4g（16mmol）、乙酰乙酸甲酯 3.8g（32.8mmol）、乙醇 10mL 和氨水 2.0mL（26.4mmol），搅拌下加热至回流。用薄层层析法（TLC）跟踪反应，3h 后原料邻硝基苯甲醛基本消失，新点（反应主产物）显著，$R_f=0.44$［石油醚-乙酸乙酯，1:1（V/V）］。停止反应后冷却反应混合物，析出黄色固体，抽滤，用乙醇重结晶，得到淡黄色晶体 3.3～3.5g，产率 60%～63%，熔点 172～174 ℃。

【波谱鉴定】 ^{1}H NMR(300MHz,CDCl$_3$)δ_H：7.70(d,1H)，7.52(t,1H)，7.48(d,1H)，7.28(t,1H)，5.83(s,1H)，5.74(s,1H)，3.61(s,6H)；2.35(s,6H)；IR ν_{max}(KBr)：3331cm^{-1}(s)，3101cm^{-1}(w)，2953cm^{-1}(m)，1680cm^{-1}(s)，1530cm^{-1}(s)，1350cm^{-1}(s)，1227cm^{-1}(s)。

氢谱中（如图 3-1 所示），δ_H 7.70～7.28 归属于苯环上的四个氢，5.83（s，1H）和 5.74（s，1H）分别归属于 N—H 和二氢吡啶环上的 4-H，3.61（6H）和 2.35（6H）两个单峰分别归属于酯基的甲氧基和二氢吡啶上 2,6-位的甲基。红外谱中（图 3-2），3331cm^{-1} 归属于 N—H

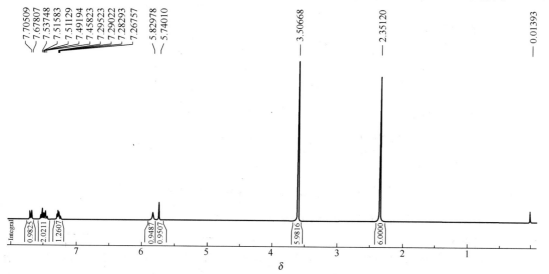

图 3-1　硝苯地平的^{1}H NMR 谱

伸缩振动吸收，$3101cm^{-1}$是苯环 C—H 的伸缩振动吸收，$1680cm^{-1}$强带归属于酯羰基 C═O 的伸缩振动吸收，$1530cm^{-1}$ 和 $1350cm^{-1}$ 强吸收归属于硝基的反对称和对称伸缩振动吸收，$1227cm^{-1}$（s）是 C—O 的弯曲振动吸收。

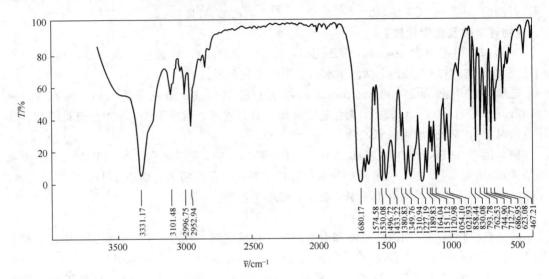

图 3-2 硝苯地平的 IR 谱

实验九十二 妥拉唑啉的合成
Synthesis of the Tolazoline

【目的与要求】

通过本实验，学习唑啉杂环的合成方法。初步了解含唑啉杂环的药物。

【基本原理】

妥拉唑啉分子中的唑啉环最方便的方法是通过氰基和二胺的环缩合来合成：

$$\bigcirc\!\!\!-CH_2CN + NH_2CH_2CH_2NH_2 \longrightarrow \cdots \xrightarrow{HCl} \cdots \cdot HCl$$

其主要副产物为二苯乙酰乙二胺：

$$\bigcirc\!\!\!-CH_2CN \xrightarrow{水解} \bigcirc\!\!\!-CH_2CONH_2 \xrightarrow{NH_2CH_2CH_2NH_2}$$

$$\bigcirc\!\!\!-CH_2CONHCH_2CH_2NHOCCH_2\!\!-\!\!\bigcirc$$

妥拉唑啉也可以通过苯乙酰氯和乙二胺加热环缩合得到，

$$C_6H_5CH_2COCl + NH_2CH_2CH_2NH_2 \longrightarrow C_6H_5\!-\!CH_2\cdots$$

或通过苯乙酰二缩二乙醇和乙二胺缩合得到：

$$C_6H_5CH_2CH(OC_2H_5)_2 + NH_2CH_2CH_2NH_2 \longrightarrow C_6H_5\!-\!CH_2\cdots$$

但后面两种方法均不如第一种方法经济。

【应用背景】

妥拉唑啉，属**抗休克**的血管活性药物，通过选择性阻断 α 受体，即对抗儿茶酚胺的收缩血管作用，使周围血管扩张，用于治疗外周血管痉挛性疾病、闭塞性脉管炎以及因静滴去甲肾上腺素漏出血管所致的局部缺血。也用于改善微循环。本品口服吸收完全，自肾排泄迅速，故作用时间短。妥拉唑啉本身在水中溶解度很小，所以临床上应用它的盐酸盐，口服或肌注。

【试剂与规格】

苯乙腈 C.P.　98%　　　　乙二胺 C.P.　99%

乙醇 C.P.　95%　　　　乙酸乙酯 C.P.

无水乙醇

【物理常数及化学性质】

苯乙腈（phenylacetonitrile，benzyl cyanide）：$C_6H_5CH_2CN$，分子量 117.15，沸点 234℃，n_D^{20} 1.5230，d_4^{20} 1.016，不溶于水，能与醇及醚混溶，本品有毒。

乙二胺（ethylenediamine）：$H_2NCH_2CH_2NH_2$，分子量 60.11，沸点 118.0℃，n_D^{20} 1.4568，d_4^{20} 0.8995，无色黏稠液体，类似氨的味道，溶于水和乙醇，不溶于苯和乙醚。

妥拉唑啉盐酸盐（Tolazoline hydrochloride）：$C_{10}H_{12}N_2 \cdot HCl$，分子量 196.68，熔点 174℃，白色或乳白色结晶粉末，味苦，有微香，易溶于水，溶于氯仿或乙醇，不溶于乙醚。

【操作步骤】

1. 缩合

250mL 干燥的三口瓶配有温度计、回流冷凝器，将苯乙腈 60mL（0.51mol）和无水乙二胺 50mL（0.75mol）加于三口瓶中，加热回流，回流冷凝管上接一无水氯化钙干燥管，为检验反应的终点，取约 2mL 反应液，至冷却时应全部结成固体。反应完毕，改为减压蒸馏装置，在水浴上用水泵减压回收乙二胺，然后在油浴上用油泵减压蒸馏，收集 175～190℃/1.333kPa 的馏分。流出物放冷即析出淡黄色游离的妥拉唑啉。残留在瓶内的固体即为副产品二苯乙酰乙二胺，粗产率 93%。产品用 95% 的乙醇重结晶 2～3 次，可得白色絮状纯品，熔点为 202℃。

2. 成盐

将上述重结晶后产物溶于 4 倍的乙酸乙酯中，在冷却条件下通入氯化氢气体至 pH=3 左右，冷却析出固体盐酸盐，过滤，干燥。将此盐酸盐加热溶于 2 倍的无水乙醇中，必要时过滤，加入 5 倍乙醇的乙酸乙酯，在冰箱中放置即析出结晶，过滤，干燥，得到妥拉唑啉。熔点 172～176℃。产率 92%～93%。

产品符合中华人民共和国药典（1995 年版）。

【参考资料】

韩长日，宋小平. 药物制造技术. 北京：科学技术文献出版社. 2000. 133.

实验九十三　1,2,4-三唑的制备
Preparation of 1*H*-1,2,4-triazole

【目的与要求】

了解无取代三唑环的合成和应用，并评价其不同制备方法。

【基本原理】

1,2,4-三唑环中有两个相邻的氮原子，在合成上可以由 NH_2NH_2 来提供，通过和其他带有活性基团的化合物如甲酰胺或甲酸铵缩合而成。甲酸铵法是目前工业上生产 1,2,4-三唑常用的方法。另一类方法是通过 1mol 的甲酰肼和 1mol 甲酰胺环缩合而成。但用这种方法，甲酰肼尚需要由甲酸甲酯肼解来制备，路线较长，成本较前类方法为高。用肼的衍生物（如酰肼）代替肼，可用类似的方法合成取代的三唑化合物。

【应用与发展】

由于三唑环上的 1 位 H 具有较强的活性，可与许多亲电试剂发生反应。含三唑环的化合物（以下简称"三唑"）广泛用于农药、医药、助剂合成的中间体。

农药工业：用于生产高效、内吸、广谱性三唑类杀菌剂，如三唑酮（商品名粉锈宁）、三唑醇（又名多效唑，植物生长调节剂和广谱杀菌剂）、特效唑（又名烯效唑）、Baytan 以及氯甲唑等；还可合成 N 取代的烷基三唑（植物生长调节的中间体）、双三唑基二苯基甲烷植物生长调节剂；合成杀虫剂（如拟除虫菊酯、氨基甲酸酯等）的增效剂等。助剂方面：可用于合成 1-β-羟乙基-1,2,4-三唑。后者可用作高分子材料的抗静电剂和环氧树脂的固化剂；用作涂料的添加剂制造防腐涂料；用作合成金属钝化剂于一些功能油、液中，如润滑油、液压系统用液体、金属加工液、变压器及开关油等；还可用作合成纤维质材料的上胶剂或防水剂以及用于造纸和纺织行业。医药方面：三唑与芳基磺酰氯反应可合成 1-芳基磺酰-1,2,4-三唑，它具有抑制中枢神经及降低血糖的药效，可用于防治人体皮肤癣症，疗效很好。三唑环与乙炔加压反应可合成乙烯基三唑，用于合成高分子化合物。三唑还可配制铜或铜合金的化学抛光剂，用于装饰品、电气用品和照相机零件的抛光。三唑亦可用作热塑性塑料的添加剂、金属腐蚀抑制剂及催化剂等。

【试剂与规格】

水合肼 C.P. 80% 或工业品	甲酰胺 C.P. 99.5% 或工业品
甲酸 C.P. 或工业品 85%	NH$_3$（气体）工业品

【物理常数及化学性质】

肼（hydrazine）：NH_2NH_2，分子量 32.05，熔点 1.4℃，沸点 113.5℃，n_D^{20} 1.4700，d_4^{20} 1.021。与水混溶，商品形式有无水肼，80% 水合肼，50% 水合肼等。

甲酰胺（formamide）：$HCONH_2$，分子量 45.04，无色无臭有酸味的黏性液体，有吸湿性，熔点 2.55℃，沸点 210℃（于 180℃ 开始分解为 CO 和 NH_3）。d_4^{20} 1.1339，n_D^{20} 1.4475，溶于水、甲醇、乙醇、丙酮、乙酸及有机溶剂。本品低毒。

1H-1,2,4-三唑（1H-1,2,4-triazole）：分子量 69.04，熔点 120～121℃。易溶于水，微溶于丙酮、乙酸乙酯，不溶于氯仿、苯。

方法一　甲酰胺法

反应式：

$$3HCONH_2 + NH_2NH_2 \cdot H_2O \longrightarrow HN\underset{}{\overset{N}{\diagdown}}\text{三唑} + 2H_2O + HCOOH + 2NH_3$$

【操作步骤】

100mL 四口瓶配有温度计、回流冷凝器、机械搅拌和滴液漏斗，加入甲酰胺 23g（0.5mol），搅拌加热至 180℃，立即边搅拌边滴加 14.5g 80% 水合肼（0.23mol），约 4h 滴加完，逸出的氨气和甲酸引入吸收瓶（内盛 20%～30% H_2SO_4）吸收。滴加完毕，再于 180～185℃下继续反应 30min，然后冷至 130～140℃，倾倒于烧杯或表面皿中，用玻璃棒搅拌冷却凝结为固体，得粗产品三唑，用 70% 的乙醇重结晶得白色结晶，产量约 9.2g。产率（按甲酰胺计）80%。熔点 118～121℃。

该操作约需 6h。

方法二　甲酸铵法

反应式：

$$HCOOH + NH_3 \longrightarrow HCOONH_4$$

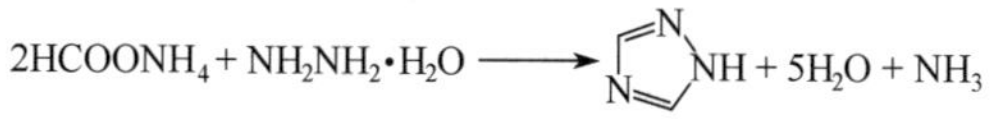

$$2HCOONH_4 + NH_2NH_2 \cdot H_2O \longrightarrow \text{（三唑环）}NH + 5H_2O + NH_3$$

【操作步骤】

250mL 四口瓶配有温度计、回流冷凝器、机械搅拌和导气管（导气管应浸入液面以下），放入 54g（1mol）85％甲酸，搅拌下于室温由导气管通入气体 NH_3，未吸收的氨由冷凝器导入吸收塔（内装 30％左右的 H_2SO_4），至通入的 NH_3 不再吸收为止，除去导气管，换上滴液漏斗，并改为搅拌蒸馏装置，加热升温至 160℃，搅拌下由滴液漏斗滴加 35.5g（0.57mol）80％水合肼，滴液漏斗末端应伸至液面下，滴加时间为约 4～5h，反应过程中不断有氨气蒸出。滴完后于 160℃保温 3h。然后冷至 130～140℃，倾入烧杯或结晶皿中，搅拌降温，冷凝为固体的三唑粗品，经 70％乙醇重结晶，得精品三唑27.6～27.9g，产率80％～81％。熔点 118～121℃。1,2,4-三唑的红外和核磁共振图谱参见附录七图 20。

该操作约需 11～12h。

思　考　题

1. 如有可能，实验可分两组进行，各按照上述方法一和方法二制备三唑，并以实验结果、操作难易、成本和"三废"情况来评价这两种方法的优缺点及工业化难易；并同甲酰肼方法相比较。

2. 在方法一中（甲酰胺法）生成氨和甲酸，如何充分利用这些副产物？就这一点，该方法同甲酸铵法相比，有何不足之处？

3. 就甲酸铵法而言，在实际生产中为了提高原材料利用率，减少"三废"产生，就气体氨的应用，请你设计出循环使用方案，以简图或语言描述。

实验九十四　对溴苯胺的合成
Synthesis of *p*-Bromoaniline

【目的与要求】

1. 学习对溴苯胺的合成原理和方法。
2. 掌握氨基保护基乙酰基的脱除方法。

【基本原理】

工业上对溴苯胺是由对硝基溴苯还原制备，实验室中常以苯胺为原料合成。但苯胺与溴易发生三溴代反应，难得到一溴代产物。若苯胺乙酰化成乙酰苯胺，则亲电取代反应活性降低，溴代可停留在单取代阶段，得一溴代物。当溴代反应在乙酸中进行时，对溴乙酰苯胺为主要产物。重结晶纯化后，再水解除去乙酰基，则生成对溴苯胺。

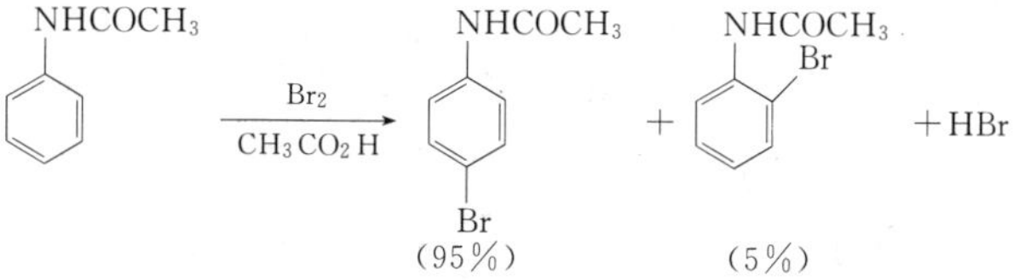

$$\underset{\text{NHCOCH}_3}{\text{Br}}\ \xrightarrow{\text{H}_3\text{O}^+}\ \underset{\text{NH}_2}{\text{Br}}\ +\text{CH}_3\text{CO}_2\text{H}$$

【试剂与规格】

乙酰苯胺 C. P.　　　　　　　　溴 C. P.

冰醋酸 A. R.　　　　　　　　　95%乙醇 A. R.

亚硫酸氢钠 A. R.　　　　　　　浓盐酸 A. R.

20%氢氧化钠溶液

【物理常数及化学性质】

乙酰苯胺（见实验五十九"乙酰苯胺的制备"）。

对溴乙酰苯胺（p-bromoacetaniline）：分子量 214.07，白色晶体熔点 171～172 ℃，d_4^{20} 1.2190。不溶于水、乙醇和乙醚。

对溴苯胺（p-bromoaniline）：分子量 172.03，白色晶体熔点 66.4℃，d_4^{100} 1.4970。易溶于乙醇、乙醚，不溶于水。主要用于偶氮染料制造及有机合成。

【实验步骤】

1. 对溴乙酰苯胺的制备

在 150mL 三口瓶上配置电动搅拌器[注1]、温度计、恒压滴液漏斗，并在恒压滴液漏斗上连接气体吸收装置，以吸收反应中产生的溴化氢。向三口瓶中加入 6.8g（0.05mol）乙酰苯胺和 15mL 冰醋酸，稍稍加热使乙酰苯胺溶解，然后在 45 ℃水浴温度条件下，边搅拌边滴加 8.0g（2.5mL，0.05mol）溴[注2]和 3mL 冰醋酸配成的溶液，滴加速度以棕红色的溴色较快退去为宜。滴加完毕，在 45℃浴温下，继续搅拌反应 1h，然后将浴温提高至 60℃，再搅拌一段时间，直到反应混合物液面不再有红棕色蒸气溢出为止。

将反应混合物倾入盛有 100mL 冷水的烧杯中[注3]，用玻璃棒搅拌 10min，放在冰水中彻底冷却后，抽滤，并用冷水洗涤滤饼并抽干，放在空气中自然晾干后，用 95%乙醇重结晶，得到白色针状晶体。

2. 对溴苯胺的制备

在 100mL 三口烧瓶上，装回流冷凝管和恒压滴液漏斗，加入上步制备的对溴乙酰苯胺、15mL 95% 乙醇和几粒沸石，加热至沸，自滴液漏斗慢慢滴加 9.0mL 浓盐酸。加毕，回流 30min，加入 25mL 水使反应混合物稀释。将回流装置改为蒸馏装置，加热蒸馏。

将残余物对溴苯胺盐酸盐倒入盛有 50mL 冰水的烧杯中，在搅拌下滴加 20%氢氧化钠溶液，使之刚好呈碱性。抽滤，水洗，抽干后，用 95%乙醇重结晶。自然晾干[注4]，得白色晶体 6.0g，熔点 66.0～67.0℃，产率 70%。

【附注】

[1] 搅拌器与三口瓶连接处的密封要好，以防溴化氢从瓶口处逸出。

[2] 溴具有强腐蚀性和刺激性，必须在通风橱中量取，操作时应带上防护手套。

[3] 如果产物带有棕红色，可加入亚硫酸钠使溶液黄色恰好退去。

[4] 对溴苯胺易氧化，不能烘干。

思 考 题

1. 如何合成间溴苯胺？写出合成路线。

2. 在溴化反应中，反应温度的高低对反应结果有何影响？

实验九十五　2,4-二氯苯氧乙酸丁酯
n-butyl 2,4-dichlorophenoxy acetate

【目的与要求】

1. 进一步了解酚钠和氯代酸的缩合反应原理。
2. 熟悉以反应试剂为共沸带水剂进行酯化反应的原理及操作。
3. 初步熟悉苯氧羧酸类除草剂。
4. 熟练多步操作反应以及中间产物质量控制的意义。

【基本原理】

2,4-二氯苯氧乙酸（通用名 2,4-D）的合成，有工业价值的方法是通过苯酚液相氯代生成 2,4-二氯苯酚，再与氯乙酸在碱性条件下缩合、酸化而得到。2,4-二氯苯氧乙酸丁酯是由二氯苯氧乙酸和正丁醇在酸催化下酯化得到[注1]。本实验以二氯苯酚为起始原料，合成2,4-二氯苯氧乙酸和它的正丁酯。

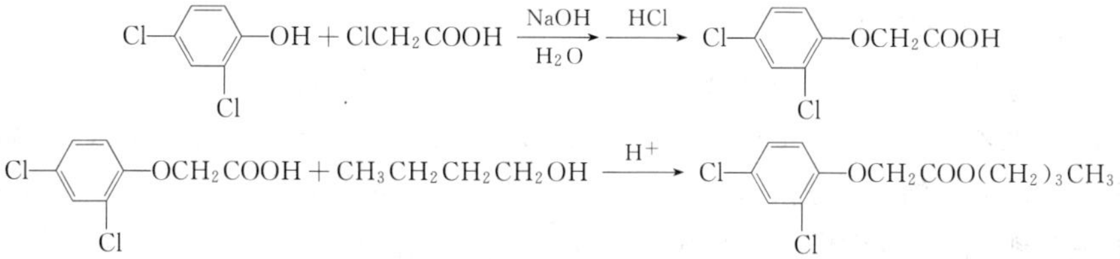

在上述缩合反应中，实际上是苯氧负离子对氯乙酸钠分子中 α-碳（显正电性）的亲核反应。

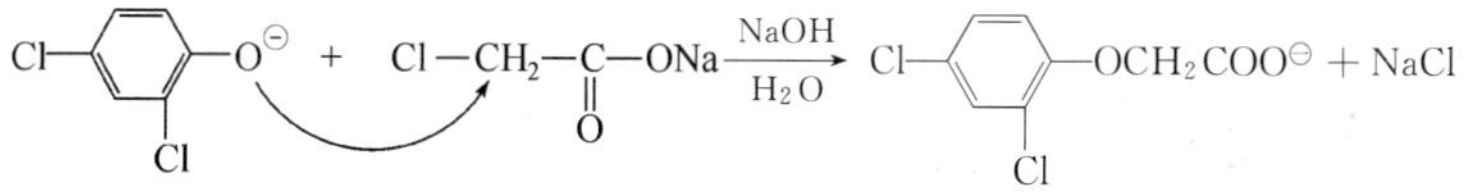

2,4-二氯苯酚与氯乙酸在碱性水溶液中缩合，主要副反应为氯乙酸的水解：

$$ClCH_2COONa + NaOH \longrightarrow HOCH_2COONa + NaCl$$

在上述反应中，影响苯氧负离子活性的主要因素有如下两个。

（1）pH 值　只有在适当的碱性条件下，苯氧负离子才有足够的浓度（对酚而言），但是二氯苯酚又是比氯乙酸弱得多的弱酸，换言之，使酚基本以苯氧负离子形式存在首先要使氯乙酸全部转变为钠盐，这样的碱性条件又适合氯乙酸钠的水解。

（2）温度　苯氧负离子只有在一定温度下才具有足够的亲核活性与氯乙酸钠发生反应。另一方面，较高的温度，又极有利于本过程中的主要副反应的发生，因为氯乙酸钠的水解，在 pH≥9、室温下就会明显发生（水解消耗碱，使 pH 值降低）。

较高的温度和碱性，既有利于主反应，又有利于副反应。它是一对矛盾，因而控制适当的 pH 值和温度则是本反应的关键。由于二氯苯酚钠和氯乙酸钠均溶于水，因而水是较理想的反应介质。

2,4-二氯苯氧乙酸丁酯的合成[注2]是一个较为典型的酯化反应。由于正丁醇和水可形成共沸物，所以利用过量正丁醇作为带水剂，将反应生成的水不断带出，在分水器中正丁醇和水分离后返回反应器，使酯化反应向着产物方向移动。实验证明，催化量的硫酸即可使反应正常进行。在工业化和实验室里，还可以使用其他催化剂，如强酸性阳离子交换树脂和杂多酸等，可催化酯化反应，又不会在产物中遗留下游离强酸，而且便于分离。

【应用背景】

2,4-二氯苯氧乙酸是 1942 年美国作为第一个正式在田间应用的选择性**除草剂**。以后则主要由它的酯 2,4-二氯苯氧乙酸丁酯（通用名 2,4-D 丁酯）所取代，2,4-D 是苯氧羧酸类除草剂的典型代表，也是使用历史最长的除草剂。近十几年出现了许多用量以克/亩计的高效除草剂，但由于 2,4-D 丁酯廉价、安全和除草性能稳定，因而在国内外仍然是使用量较大的除草剂之一。2,4-D 目前作为某些除草剂、保鲜剂的配方成分，也可作为植物生长调节剂。

【试剂及规格】

二氯苯酚 C. P. 或工业品 98%　　　　　氯乙酸 C. P. 或工业品 ≥96%

正丁醇 C. P. 或工业品 97%　　　　　　氢氧化钠 C. P. 或工业品 ≥96%

【物理常数及化学性质】

2,4-二氯苯酚 (2,4-dichlorophenol)：分子量 163.00，纯品为白色针状结晶，熔点 45℃。触及皮肤能引起灼烧，刺激眼睛及呼吸道。

氯乙酸 (chloroacetic acid)：分子量 94.50，有三种结晶体（α、β、γ 型），其相应熔点为：α 型 63.02℃；β 型 56.2℃；γ 型 52.5℃。沸点 187.85℃。溶于水和乙醇。触及皮肤能引起灼烧，刺激眼睛及呼吸道。

正丁醇 (n-butyl alcohol)：（见实验二十九"正溴丁烷的制备"）。

2,4-二氯苯氧乙酸 (2,4-dichlorophenoxy acetic acid)：分子量 221.04，纯品为白色结晶，熔点 141℃，水中溶解度极小，25℃时为 0.089%，易溶于苯、乙醇、丙酮等有机溶剂。二氯苯氧乙酸的钠盐，可溶于水，但其钙、镁、铁盐难溶于水。

2,4-二氯苯氧乙酸正丁酯 (n-butyl 2,4-dichlorophenoxy acetate)：分子量 271.45，纯品为无色油状液体，沸点 157℃/266Pa，146℃/133Pa，工业品呈黄棕色，有酚臭味，不溶于水，易溶于有机溶剂。

【操作步骤】

1. 2,4-二氯苯氧乙酸的合成

氯乙酸钠的配制：烧杯中加入氯乙酸 21.2 g(0.22mol)，搅拌下，缓慢加入 20% Na_2CO_3 水溶液 50 g(0.09mol)，有大量 CO_2 放出，温度可维持在室温，pH 值 5～6[注1]，最好现用现配，不宜久置。

四口瓶配有机械搅拌、温度计、滴液漏斗、回流冷凝器。瓶内先投入二氯苯酚 33.2 g(0.2mol)，稍加热至 40～45℃，搅拌下加入 28% 的 NaOH 水溶液 34.3 g(0.24mol)，然后将配制好的氯乙酸钠一次加入，检查 pH 值应在 10～11，并快速升温至微回流。开始的反应液为均相带褐色的溶液，不久会有白色絮状沉淀出现，并逐步增加。此时适当调节加热，保持微回流（约 105℃），并且隔 2～3min 检查一次 pH 值（因氯乙酸钠的水解会使 pH 值降低），并每次补充少量碱（0.2～0.3mL），以维持 pH 值在 10～11[注2]。约 1h 后 pH 值降低趋势变得缓慢，表明反应体系内氯乙酸钠的量已经很少了。然后于 105～110℃ 间反应 2～3h。

将反应液冷至约 65℃（如太黏稠，不好搅拌，可加入适量水），缓慢加入 20% 盐酸约 36～40mL，至 pH 值 1～2，待完全酸化后[注3]冷至室温，过滤生成的沉淀。尽可能将水抽干，并以冷水在漏斗中洗涤 2～3 次，以洗去夹带的盐和游离的二氯苯酚。最后抽滤时，尽可能把水抽净，湿的产物含水 12%～18%，按干基重，含量约 91%～94%，粗产物产率约 80%。往湿产物中加入 3 倍重的苯，进行重结晶，真空干燥或晾干，产量 34～36g，精制品产率约 70%。熔点一般可在 136～140℃，含量约 97%～99%。

本步约需 5h。

2. 2,4-二氯苯氧乙酸丁酯的合成

100mL 三口瓶配有温度计和分水器。加入上步合成的二氯苯氧乙酸 11.5g(0.05mol)，加入正丁醇 7.4～11g(0.1～0.15mol) （分水器预先加满正丁醇），滴入浓 H_2SO_4 0.2～0.3g，摇匀[注4]，装上分水器及冷凝器，加热，固体 2,4-D 逐步溶解。约在 98～101℃沸腾，正丁醇和水的共沸物蒸出并在分水器中分层，正丁醇返回瓶内，水不断从分水器中分出。反应后期，分水不明显，液温自然逐渐升高，当液温基本恒定后，约 128～135℃ （因瓶内正丁醇量不同而异），再反应 1h，酯化反应结束。

然后先常压蒸馏，回收大部分过量正丁醇，注意液温不可超过 150℃[注5]，最后减压蒸出残留的正丁醇，同样应使液温不超过 150℃，残留液为带褐色的透明液体（可能有少量悬浮物，沉降后即可澄清），产量 13～13.5g，产率 90%～95%，含量 94%～95%。这样的纯度即可以满足农业上作除草剂使用。如果得到较纯的丁酯，可以在高真空度下蒸馏，得到无色透明液体。

本步约需 5h。

【附注】

[1] 因为氯乙酸钠在水溶液中易发生水解，为抑制这种水解，Na_2CO_3 的加入量仅为理论量的 80%，以控制溶液在弱酸状态，碱不足可在下步补足。即便在弱酸下，最好也不要久置。

[2] 多次少量补碱是为了体系的 pH 值不至于波动太大，有利于反应正常进行（详见基本原理部分）。

[3] 酸加得过快或搅拌时间过短，都有可能造成完全酸化的假象，即水溶液层的 pH 值已到 1，但实际上未完全酸化，仍有被包结在颗粒内的 2,4-D 钠盐存在。为避免这一现象，可以充分搅拌、浸渍后，再补加酸，或在以苯重结晶时补加少量酸。

[4] 一般来讲，硫酸的加入量为 2,4-D 量的 0.5%～1% 即可。在 2,4-D 钠中和一步，往往由于中和不完全，需要的硫酸量要稍多一些，但不可过多，以免使产品丁酯的游离酸值超标，同时也会在蒸出过量正丁醇时，液温升高会使丁酯发生炭化。

[5] 控制液温不要太高，是为避免硫酸使产物部分炭化而影响产品外观颜色。因为硫酸量不太大，残留于丁酯中不会影响应用，一般工业生产中省去洗涤硫酸一步。

【参考资料】

[1] 李吉海，孙昌俊，谢新记. 2,4-D 及其酯生产中的溶剂热萃取工艺. 农药. 1986，2.

[2] 吕红，陈艳月. 2,4-D 的合成新研究. 农药. 1989，2：10—11.

实验九十六 香豆素的合成
Synthesis of the coumarin

【目的与要求】

1. 认识和掌握苯并吡喃酮类香料的合成。

2. 熟悉 Perkin 反应及其应用。

【基本原理】

方法一 水杨醛-乙酸酐法 水杨醛和乙酸酐在乙酸钠（或钾）存在下缩合，生成邻羟基肉桂酸（Perkin 反应），进而在乙酸存在下发生分子内酯化，得到香豆素。国内工业化生产多采用此法。

方法二　水杨醛-氰乙酸法　氰乙酸的 α-H 具有较高的活性，在碱性条件下，形成的负碳离子很容易和水杨醛中的醛基加成，然后环合得到氰基香豆素。在上述条件下，同时发生氰基水解为羧基的反应，酸化后脱羧得到香豆素。

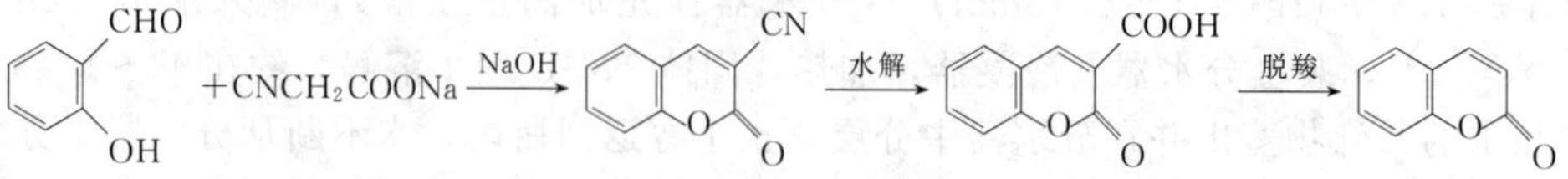

国内工业化生产很少采用水杨醛-氰乙酸法。

本实验采用水杨醛-乙酸酐法。

【应用背景】本品用于配制日用化学品用香精；也用作橡胶、塑料制品的增香剂；还可用于食品、烟和酒等作香精；也可用作金属表面加工的打磨剂和增光剂；在制药工业中用作中间体和药物。

【试剂与规格】

水杨醛 C.P. 95%或工业品 60%　　　　醋酐 C.P. 或工业品

醋酸钠 C.P. 或工业品　　　　　　　　95%乙醇 C.P. 或工业品

氯化钴（6 结晶水）C.P.　　　　　　　盐酸 C.P. 36%或工业品

氢氧化钠 C.P. 95%或工业品

【物理常数及化学性质】

水杨醛〔见实验四十"水杨醛（邻羟基苯甲醛）的制备"〕。

醋酐（见实验四十二"苯乙酮的制备"）。

香豆素，又名苯并吡喃酮（coumarin, 1,2-benzopyrone）：是一种香料和药物中间体，分子量 146，无色片状或粉状结晶，带有甘草香味。熔点 69～71℃，沸点 290～301℃，燃点 151℃，微溶于水，易溶于醇、乙醚、氯仿和氢氧化钠溶液。本品有毒。大鼠经口，LD_{50} 为 293mg/kg，小鼠经口，LD_{50} 为 196mg/kg；小鼠腹腔注射，LD_{50} 为 220mg/kg。质量指标（GB 8798—88）为：白色结晶，似黑豆香气。溶解度为：100mL 95%乙醇中溶解 6.7g，熔点 ≥69.0℃。

【操作步骤】

500mL 三口瓶配有温度计、机械搅拌和分水器。依次投入 37g（化学纯，0.3mol）水杨醛[注1]，62g（0.6mol）醋酐，49g（0.6mol）无水乙酸钠，1.28g 六结晶水氯化亚钴。搅拌加热至 150℃，同温下保温反应 2h。反应过程中不断有乙酸和醋酐的混合物蒸出（共约 44g），随着乙酸和醋酐的蒸出，反应温度逐渐升高至 180℃，并于 180～195℃保温反应 3h，冷却混合物至 115℃，加入 250mL 热水将反应物稀释，搅拌 15min，转入分液漏斗，趁热分出下层（油层），水层以 70mL 苯萃取。合并有机层，常压蒸除并回收苯。剩余物经减压蒸馏，收集 130～180℃/5.3kPa 馏分，馏出物经冷凝结晶、抽滤得到香豆素粗品，将粗品以 95%乙醇重结晶并以活性炭脱色，得到香豆素，熔点 67～70℃，产量 28g，产率 64%。香豆素的红外和核磁共振图谱参见附录七图 21。

本实验约需 7～8h。

【附注】

[1] 合成香豆素中使用的水杨醛除使用纯度较高的试剂外，在工业生产中已证明使用纯度为 60%的工业品（以苯酚、氯仿法生产）仍可得到较满意的产率。因为工业品水杨醛中的主要杂质为苯酚，它可以在反应中与乙酐（或乙酸钠）转变为乙酸苯酯，后者在香豆素蒸馏时可被分离去。因此在使用含苯酚较多的工业品水杨醛时，只要适当增加醋酐的用量即可。

【参考资料】

[1] 徐克勋. 精细有机化工原料及中间体手册. 北京：化学工业出版社. 1998, 4～53.

[2] 蔡干，曾汉维，钟振声. 有机精细化学品实验. 北京：化学工业出版社. 1997.

实验九十七　D-葡萄糖酸-δ-内酯的制备
Preparation of D-glucono-δ-lactone

【目的与要求】

了解葡萄糖酸内酯的制备、性质和用途，掌握减压浓缩和细粒结晶的过滤操作。

【基本原理】

葡萄糖酸内酯可以由葡萄糖酸钙和硫酸反应制得。本实验以市售的葡萄糖酸钙为原料，用草酸脱钙生成葡萄糖酸，葡萄糖酸在加热浓缩时发生分子内酯化得到葡萄糖酸内酯：

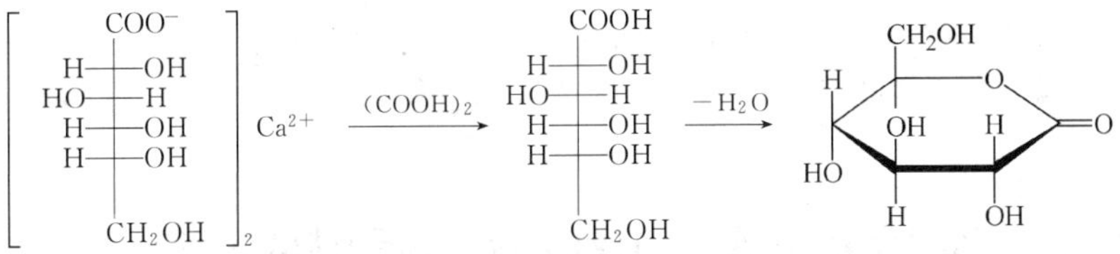

【应用背景】

葡萄糖酸内酯是以葡萄糖酸为原料合成的多功能**食品添加剂**，无毒，使用安全，主要用作牛奶蛋白和大豆蛋白的凝固剂。例如，用它制作的豆腐保水性好，细腻、滑嫩、可口。加入鱼、禽、畜的肉中作保鲜剂，可使其外观保持光泽和肉质保持弹性。它又是色素稳定剂，使午餐肉和香肠等肉制品色泽鲜艳。它还可以作为疏松剂用于糕点、面包，改善质感和风味。此外还可作酸味剂。

【试剂及规格】

葡萄糖酸钙　C. P. 或工业品≥95％	二水合草酸 C. P.
硅藻土	乙醇　C. P. 或工业品 95％

【物理常数及化学性质】

葡萄糖酸钙（见实验八十七"葡萄糖酸锌的制备"）。

葡萄糖酸内酯（D-glucono-δ-lactone）：分子量 178.14，无色结晶，有甜味，熔点153℃（分解），比旋光度为＋61.7°（$c=1$，水中），水中溶解度为 59g/100mL，乙醇中为1，不溶于醚，新配制的 1％水溶液 pH 为 3.6，2h 内为 2.5。有潮解性，可被水分解为葡萄糖酸。

二水合草酸（oxalic acid, ethanedioic acid），HOOCCOOH・$2H_2O$：分子量126.09，熔点 101～102℃，熔化时失水并开始升华。二元强酸，$K_1 = 5.36×10^{-2}$，$K_2 = 5.30×10^{-5}$。从冰醋酸中解析为无水草酸，其熔点 189.5℃（分解），约 157℃升华。溶于水、乙醇、乙醚，不溶于苯和氯仿，不能形成酸酐，具有还原性。有毒，对皮肤、黏膜有刺激性。

【操作步骤】

先将葡萄糖酸钙 15g(0.035mol) 和二水合草酸 4.5g(0.036mol) 混合均匀。烧杯中加入 18mL 水，加热至 60℃ 左右，搅拌下慢慢加入上述混合物。并于 60℃ 搅拌保温反应2h。加入 1.5g 硅藻土搅拌[注1]，趁热抽滤，滤渣用 5～6mL、60℃ 热水洗涤 2 次，抽滤，合并滤液和洗涤液。

将以上滤液移入减压蒸馏装置的烧瓶中，在不超过 45℃ 下减压浓缩[注2]，直至剩余约 8mL 时停止浓缩。加入约 1g 葡萄糖酸内酯晶种，继续减压浓缩至瓶内出现大量细小晶粒为止，物料在 20～40℃ 下静置结晶[注3]。抽滤，用 10mL 95％的乙醇洗涤结晶，抽干。真空干燥（40℃ 以下）。结晶后的母液仍含有内酯，按上述方法重复操作，得到第二批产物，共约 8～9g，产率 65％～73％。熔点 150～152℃。葡萄糖酸内酯的红外图谱参见附录七图 22。本实验约需 6h。

【附注】

[1] 因草酸钙结晶较细，难过滤，加入硅藻土以助滤。

[2] 减压浓缩也是葡萄糖酸脱水成为内酯的过程，但高的浓缩温度会使产品颜色加重。

[3] 葡萄糖酸内酯结晶较困难，如时间允许，最好加入晶种后静置过夜，使结晶颗粒较大。

【参考资料】

[1] 蔡干，曾汉维，钟振声. 有机精细化学品实验. 北京：化学工业出版社. 1997.

[2] 赵迪麟主编. 化工产品应用手册：合成材料助剂，食品添加剂. 上海：上海科学技术出版社. 1989：511—512.

实验九十八 丁基羟基茴香醚的制备
Preparation of butyl hydroxyl anisole

【目的与要求】

1. 了解和掌握丁基羟基茴香醚的制备、性质和用途。

2. 掌握在相转移催化条件的醚化反应和 Friedel-Crafts 反应。

【基本原理】

丁基羟基茴香醚（简称 BHA）的最方便的合成路线是：以对苯二酚为原料，先与硫酸二甲酯在相转移催化剂聚乙二醇存在下甲基化生成对羟基苯甲醚；将对羟基苯甲醚在磷酸催化下与叔丁醇发生 Friedel-Crafts 反应，生成 3-叔丁基-4-羟基茴香醚（3-BHA，主产物）和 2-叔丁基-4-羟基茴香醚（2-BHA）的混合物：

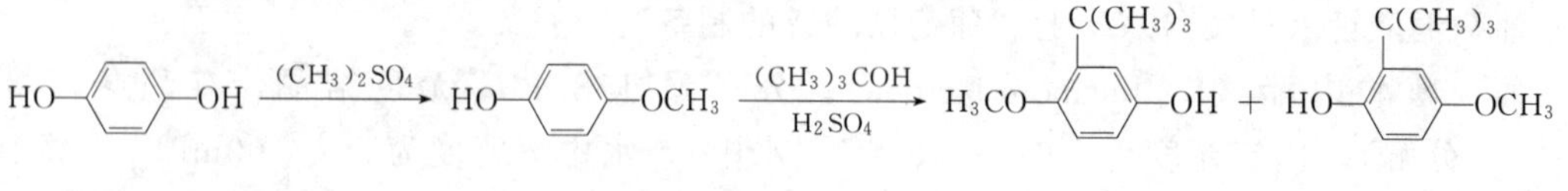

【应用背景】

丁基羟基茴香醚，是油溶性**食品抗氧化剂**之一，主要用于防止油脂及富含油脂食品的氧化变质。本品是 3-BHA 和 2-BHA 的混合物。商品中 3-BHA 约占 90％，是无色或浅黄色蜡状固体，略有特殊气味，熔程 48～63℃。

【试剂及规格】

对苯二酚 C.P. 或工业品≥98％　　　　硫酸二甲酯 C.P. 或工业品≥98％

甲苯 C.P. 或工业品≥98％　　　　　　聚乙二醇-400

叔丁醇　C.P. 或工业品≥98％

【物理常数及化学性质】

对苯二酚（1,4-benzenediol；hydroquinone）：分子量 110.11，白色针状结晶，熔点 170～171℃，沸点 285℃。空气中见光易变色。易溶于醇和醚，溶于水，微溶于苯。工业品含量≥99％。

硫酸二甲酯（dimethyl sulfate）：分子量 126.13，沸点 188℃（分解），d_4^{20} 1.3322，n_D^{20} 1.3874 易溶于醇、丙酮和醚，剧毒。对呼吸系统、皮肤及黏膜有强烈刺激及腐蚀作用。工业品含量≥98％。

叔丁醇［见实验八十四（二）"对二叔丁基苯的制备"］。

对羟基茴香醚（4-hydroxyl anisole，4-methoxylphenol）：分子量 124.13 熔点 52～55℃，沸点 242～245℃。

3-叔丁基-4-羟基茴香醚（3-butyl-4-hydroxyl anisole，2-*tert*-butyl-4-methoxyphenol）：分子量 180.25，白色或粉红色粉末，溶于石油醚、油脂类和 70％的乙醇，熔点 48～62℃。

【操作步骤】

1. 对羟基苯甲醚的制备

250mL 四口瓶配有温度计、机械搅拌、回流冷凝管和一个 Y 形管，Y 形管上接 2 个滴液漏斗；依次往瓶内加入 25mL 蒸馏水、22g（0.2mol）对苯二酚、10g 聚乙二醇。室温下搅拌使所有固体物溶解。升温至 30℃，由 2 个滴液漏斗分别同时滴加 28g（0.22mol）硫酸二甲酯[注1]和 44g（0.22mol）20％NaOH 水溶液，在 1.5h 内滴加完，在滴加期间使反应液的 pH 值保持在 8～10.5。然后在 31～34℃之间反应 2h，再于 91～94℃反应 1h。将反应液冷至室温。加入盐酸酸化，使 pH 值在 2～3 之间，静置分层，分出有机层，水层用氯仿萃取 2 次（13mL×2）。合并有机层，冷水洗 2 次，以无水硫酸钠干燥。常压蒸除溶剂，残液减压蒸馏，收集 120～122℃/2kPa 的馏分，馏出物冷凝，固化为白色至淡褐色结晶。得到对羟基苯甲醚约 16g，产率 64％～67％。

本步实验约需 5～6h。

2. 丁基羟基茴香醚的制备

在四口瓶上装置搅拌器、温度计、回流冷凝管和滴液漏斗。在回流冷凝管上端加一无水氯化钙干燥管。加入 12.5mL 磷酸和 14mL 甲苯，搅拌均匀后加入上步得到的对羟基苯甲醚 12.8g（0.1mol）。加热搅拌至回流，缓慢滴加由 9.0g（0.12mol）叔丁醇和 5mL 甲苯组成的溶液，30min 内滴完。再于 90～98℃反应 3.5h。冷至室温，转入分液漏斗，静置分层，分出有机层，用 10％碳酸氢钠溶液洗涤有机层至 pH 值为 5～6，再以冷水洗 2 次，用无水硫酸钠干燥。常压蒸去大部分甲苯后再减压蒸净甲苯，残留液减压蒸馏，收集 132～136℃/2kPa 馏分，得到产品 10～12g，产率 60％～62％。丁基羟基茴香醚的红外图谱参见附录七图 23。

该步实验需 5～6h。

【附注】

[1] 同时滴加硫酸二甲酯和 NaOH 水溶液可更好地维持反应液的 pH。由于硫酸二甲酯有剧毒，必须在良好的通风橱中进行。

【参考资料】

[1] 蔡干，曾汉维，钟振声. 有机精细化学品实验. 北京：化学工业出版社，1997.

[2] 李述文，范如霖编译. 实用有机化学手册. 上海：上海科学技术出版社. 1986，159—163.

[3] 韩广甸，赵树纬，李述文编译. 有机制备化学手册：上卷. 北京：化学工业出版社. 1980，257，264—266.

实验九十九　巯基乙酸铵的制备
Preparation of ammonium mereaptoacetate

【目的与要求】

1. 学习以氯乙酸、硫脲法制备巯基乙酸铵。
2. 了解冷烫剂的应用。

【基本原理】

一般巯基化合物的制备，以相应卤代烃与硫氢化钠，或硫代硫酸钠，或硫脲反应制备：

$$RX + NaSH \longrightarrow RSH + NaX \tag{1}$$

$$RX + NaOSO_2SNa \longrightarrow RSO_2SONa \xrightarrow{H_2O} RSH \tag{2}$$

$$RX + SC(NH_2)_2 \longrightarrow \underset{NH_2}{RSC=NH} \cdot HX \xrightarrow{KOH} RSH + \underset{NH-CN}{RSC=NH} \tag{3}$$

前两种方法的主要缺点是有硫醚生成。方法（3）没有硫醚生成，操作简单（甚至以醇、氢溴酸、硫脲等为原料也可只经一步反应操作得到硫醇），产率高，是制取脂肪族巯基化合物最常用的方法。由硫氢化钠和氯乙酸制备巯基乙酸，仍然是工业上常用的方法，因为原料易得，成本低。本实验选用方法（4），以氯乙酸、硫脲为原料，制取巯基乙酸铵水溶液，直接作为还原剂配制冷烫卷发剂。

$$ClCH_2COOH \xrightarrow{NaOH} ClCH_2COONa \xrightarrow{SC(NH_2)_2} \underset{NH_2}{HN=CSCH_2COOH}$$

$$\underset{NH_2}{HN=CSCH_2COOH} \xrightarrow{Ba(OH)_2} Ba\underset{SCH_2COO}{\overset{SCH_2COO}{\diagup\diagdown}}Ba + CO(NH_2)_2$$

$$Ba\underset{SCH_2COO}{\overset{SCH_2COO}{\diagup\diagdown}}Ba + 2NH_4HCO_3 \longrightarrow 2HSCH_2COONH_4 + 2BaCO_3 \tag{4}$$

在反应过程中生成的羧甲基异硫脲和巯基乙酸钡都是难溶于水的固体，可通过水洗与水溶性杂质分离。最后用碳酸氢铵水溶液分解巯基乙酸钡，经过滤除去碳酸钡等不溶性杂质，得到巯基乙酸铵水溶液。

【应用背景】

巯基乙酸用作医药芬那露的中间体；也用作生化试剂、抗氧剂、催化剂，聚氯乙烯加工的无毒稳定剂。巯基乙酸的钙盐、钡盐用作脱毛剂。巯基乙酸的铵盐，除用于石油钻井液中的缓蚀剂外，还广泛地用作**冷烫卷发剂**（简称冷烫剂）。多数由含巯基乙酸铵的还原剂（第一剂）和氧化剂（第二剂）配套组成。还原剂能切断头发角蛋白中的—S—S—键，使头发软化以利于卷曲。氧化剂能将卷好的头发中的巯基氧化，使它与邻近的巯基偶联成新的—S—S—键而把头发的形状固定下来。

【试剂及规格】

氯乙酸 C.P. 或工业品≥96%　　　　　　硫脲 C.P. 或工业品≥99%

20%碳酸氢铵溶液　　　　　　　　　　饱和碳酸钠溶液

【物理常数及化学性质】

氯乙酸（见实验九十五 2,4-二氯苯氧乙酸丁酯）。

硫脲（thiourea）：分子量 76.12，白色有光泽或结晶性粉末，味苦，熔点 176～178℃，溶于冷水、乙醇，微溶于乙醚。

巯基乙酸（mereaptoacetic acid）：分子量 92.11，无色液体，有强烈不愉快的气味。置空气中迅速氧化，n_D^{20} 1.325，沸点 123℃/3.87kPa，能溶于水、乙醇、乙醚、氯仿等有机溶剂。一般工业品含量在 70%～90%，Fe 含量要在 0.05% 以下，因铁加速它的氧化。

巯基乙酸铵（ammonium mereaptoactate）：分子量 109.14。一般工业品以水溶液的形式提供。空气中易氧化，铁可加速它的氧化。

【操作步骤】

在烧杯中，将 9.8g(0.1mol) 氯乙酸[注1]溶于 16mL 水。小心加入 20% 碳酸钠溶液 22g 至 pH 为 5～6[注2]。

在另一个烧杯中，加入 40mL 水和 9.2 g(0.12mol) 硫脲，加热至 50～55℃ 使溶解，然后把上述氯乙酸钠溶液加入其中，补加 7g 20% 碳酸钠溶液，加热至 60℃，在此温度下反应 0.5h，进行间歇搅拌。趁热过滤生成的沉淀。滤饼用 50℃ 水洗涤一次，抽干，得 S-羧甲基异硫脲粗品。

在烧杯中，把 35g(0.112mol) 氢氧化钡（含 8 结晶水）溶于 80mL 约 85℃ 的水中，再加入上步制得的羧甲基异硫脲粗品。于 60～70℃ 搅拌（或间歇搅拌）反应 1h，使沉淀物完全转化为巯基乙酸钡。将混合物冷却到室温，抽滤生成的巯基乙酸钡沉淀，用清水洗两次，抽滤压干。

将 50g 20% 碳酸氢铵溶液加入另一个烧杯中，再把上述钡盐加入，搅拌 10min 后过滤。滤饼再用 50g 20% 碳酸氢铵溶液重复处理一次。将两次滤液合并，得到的巯基乙酸铵溶液，浓度约 10%，呈浅红色[注3]。

在制得的巯基乙酸铵溶液中，添加 28% 的浓氨水 4g，加水至总量 200g，调节 pH 在 9 左右，作为冷烫剂第一剂，可用于以下的应用试验[注4]。

第二剂可由 5% 的溴酸钠[注5]、4% 磷酸氢二铵和 91% 的蒸馏水配制而成。

实验时间约 4h。

【应用实例】

取一缕头发样品用洗衣皂洗净，把它在试管或玻璃载片上卷曲和扎紧，然后用配好的冷烫剂第一剂充分润湿。置入烘箱 80℃ 加热 6～7min，然后用清水洗净。用冷烫剂第二剂润湿，放置一段时间后，冲洗干净，观察卷曲的效果。

【附注】

[1] 氯乙酸的腐蚀性很强，皮肤沾上后即感到瘙痒和刺痛。使用时应戴上橡胶手套。氯乙酸又容易吸湿潮解，取用后应立即把试剂瓶封好。

[2] 氯乙酸在碱性条件下易水解为乙醇酸，因此，制备氯乙酸水溶液时，最后的 pH 值不宜超过 6，所以该步加入的碳酸钠仅为理论量的 80%，其余在下步补加。另外，在中和过程中，应注意避免加料太快，以免二氧化碳释放过于猛烈而溢出。

[3] 巯基乙酸及其金属盐很容易被空气氧化而失效。当溶液中含铁等过渡金属离子时，氧化可大大加速，因此，制成的第一剂中铁离子含量一般要求少于 2mg/L，最多不得高于 5mg/L。制备时水中的铁离子含量不能高于此值，不要使用铁质反应器或容器。制品中一般加入约 0.2% 的 EDTA 来掩蔽有催化活性的金属离子。

[4] 在市售商品冷烫剂中，一般还加入 0.2% EDTA、油性成分（例如 0.5% 左右的水溶性羊毛脂和 0.5% 左右的白油）和乳化剂（例如 1% 司盘与 2% 吐温-80 并用）等，实用效果更好。

[5] 欧美的白种人喜欢用稀的过氧化氢水溶液作为第二剂的氧化剂。但过氧化氢应用于亚洲黄种人的

头发时，可能使头发变成红色或白色，因此日本国内禁用。用溴酸钠作氧化剂则无此弊端。

【参考资料】

[1] 蔡干，曾汉维，钟振声．有机精细化学品实验．北京：化学工业出版社．1997.

[2] 徐克勋．精细有机化工原料及中间体手册．北京，化学工业出版社．1998.

实验一〇〇　双酚 A 的合成
Synthesis of bisphenol A

【目的与要求】

掌握抗氧剂双酚 A 的合成原理和合成方法。

【基本原理】

工业上双酚 A 的合成路线几乎全部采用苯酚与丙酮在酸性催化剂存在下缩合的方法，根据所用催化剂不同又分为硫酸法、氯化氢法和离子交换树脂法。本实验采用的是硫酸法，即苯酚与过量丙酮在硫酸的催化下缩合脱水，生成双酚 A：

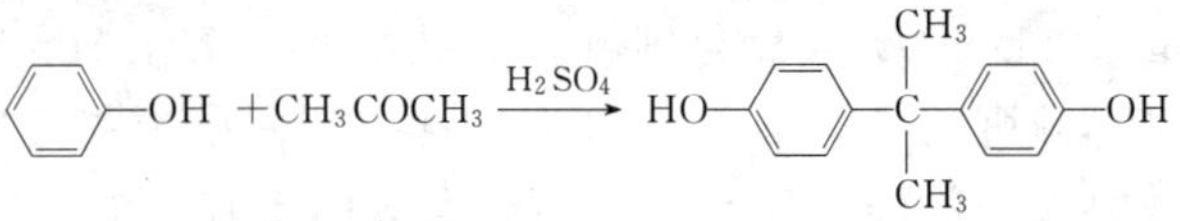

【应用背景】

抗氧剂双酚 A 可作为塑料和油漆用**抗氧剂**，是聚氯乙烯的热稳定剂，大量用于热固性树脂环氧树脂的制造，也是聚碳酸酯、聚砜、聚苯醚、聚芳酯等树脂和阻燃剂四溴双酚 A 的合成原料。

【试剂及规格】

苯酚 C. P. 或工业品≥98％	丙酮 C. P. 或工业品≥99％
甲苯 C. P. 或工业品	硫酸 C. P. 98％
二甲苯 C. P. 或工业品	巯基乙酸 C. P. 或工业品≥95％

【物理常数及化学性质】

苯酚［见实验四十"水杨醛（邻羟基苯甲醛）的制备"］。

巯基乙酸（见实验九十九"巯基乙酸铵的制备"）。

双酚 A(bisphenol A)，化学名称，二对羟基苯基丙烷 [2,2-bis(4-hydroxyphenyl) propane]：分子量 228.20。本品为无色结晶粉末，熔点 155～158℃，溶于甲醇、乙醇、异丙醇、丁醇、乙酸、丙酮及二乙醚，微溶于水。易被硝化、卤代、硫化、烃化等。

【操作步骤】

250mL 四口瓶配有温度计、回流冷凝器、机械搅拌和滴液漏斗。依次加入苯酚 19g（0.2mol），甲苯 45mL，25℃搅拌下，滴加 80％硫酸 26g，并维持在 28℃以下。在搅拌下加入助催化剂巯基乙酸 0.2g。然后搅拌下滴加丙酮 7g(0.12mol)，控制滴加温度在 30～35℃，不得超过 40℃，约在 0.5h 内滴加完，同温下反应 2～2.5h。物料移入分液漏斗，用 38～42℃的热水洗涤三次[注1]，第一次用水量为 30mL，第二、三次均为 50mL。每次水洗时，边摇动边加水。静止分层，分出有机层移至烧杯中，用冷水冷却，并不时搅拌，析出结晶。冷至 20～25℃，抽滤，用冷水洗涤滤饼，尽可能抽滤干，得粗双酚 A 约 23g。滤液仍含有少部分产品，可再浓缩结晶。

双酚 A 可用重结晶法精制，按粗双酚 A∶水∶二甲苯＝1∶1∶6（质量比），搅拌下加热回流 20～30min。趁热将物料移入分液漏斗中静置分层，有机层转入锥型瓶冷却结晶，冷至 35℃以下，抽滤或离心分出二甲苯母液（回收），结晶烘干后称重 20～20.5g，产率 88％～90％。双酚 A 的红外和核磁共振图谱参见附录七图 24。

【附注】

〔1〕洗涤反应液时切勿剧烈振荡，容易发生乳化现象。

思 考 题

1. 滴加丙酮时为什么控制温度？
2. 水洗的目的和水温的控制依据是什么？

【参考资料】

〔1〕徐克勋. 精细有机化工原料及中间体手册. 北京：化学工业出版社. 1998.
〔2〕强亮生，王慎敏. 精细化工实验. 哈尔滨：哈尔滨工业大学出版社. 1997.

实验一〇一　四溴双酚 A 的合成
Synthesis of the tetrabromo bisphenol A

【目的与要求】

了解四溴双酚 A 的性质和用途；掌握四溴双酚 A 的合成原理和方法。

【基本原理】

工业和实验室制备四溴双酚 A 都是采用以双酚 A 进行溴化的路线，多采用乙醇或甲醇作溶剂。为充分利用溴，经济的方法是：加入理论量 1/2 的溴，生成的溴化氢（溶在乙醇中）被后期通入的氯气氧化为溴再参与反应。本实验将双酚 A 溶于乙醇，在室温下以理论量的溴进行溴代，反应式如下：

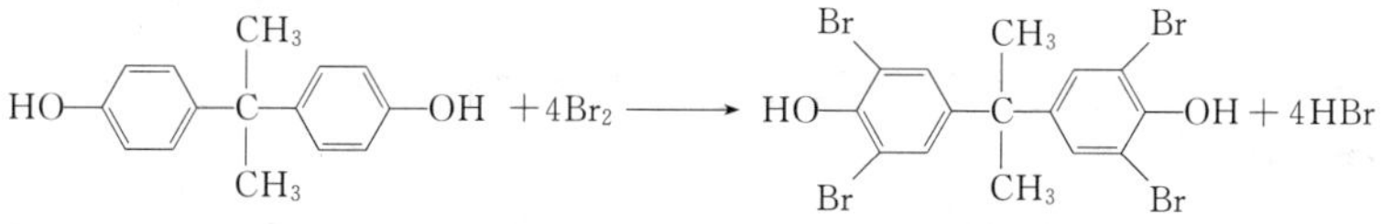

【应用背景】

四溴双酚 A 是具有多种用途的**阻燃剂**，可作为反应型阻燃剂（即利用四溴双酚 A 的二羟基，通过化学反应或通过嵌段聚合将四溴双酚 A 同高聚物结合），亦可作为添加型阻燃剂。作为添加型阻燃剂可用于抗冲击聚苯乙烯、ABS 树脂、AS 树脂及酚醛树脂等。添加本品在加工成型时需避免超过加工温度范围。一般加工温度范围是 210～220℃。加工温度过高会引起四溴双酚 A 的分解。

【试剂及规格】

双酚 A C.P. 或工业品≥96％（或由实验一〇〇"双酚 A 的合成"制备）

【物理常数及化学性质】

双酚 A（见实验一〇〇"双酚 A 的合成"）。

液溴（见实验三十"溴苯的制备"）。

四溴双酚 A（tetrabromo bisphenol A）：分子量 543.88，白色粉末，熔点 179～181℃。理论溴含量为 58.8％。开始分解温度 240℃，当温度为 295℃时迅速分解。四溴双酚 A 可溶于甲醇、乙醇、冰醋酸、丙酮、苯等有机溶剂中，可溶于氢氧化钠水溶液，但不溶于水。本品无毒。

【操作步骤】

100mL 四口瓶配有温度计、回流冷凝器、机械搅拌和滴液漏斗，滴液漏斗的下端最好浸入液面以下[注1]。依次加入 11.8g(0.05mol) 双酚 A、45mL 95％乙醇，搅拌使其溶解，在 24～26℃，搅拌下滴加 36.5g(0.203mol) 液溴[注1]，约 1h 加完。继续 24～26℃搅拌反应 1.5h，将反应产生的溴化氢用稀碱液吸收。若反应液中留有红棕色的溴时，可加入适量饱和亚硫酸氢钠溶液使之脱色。冷却结晶，抽滤，滤饼用少量冷水冲洗两次。将滤饼于 80℃干燥，恒重后，得产品 20～21g，产率约 80％。熔点 178～181℃。

实验时间约 3.5h。

【附注】

[1] 为避免溴蒸气随生成的溴化氢气体逸出，滴液漏斗的下端最好浸入液面以下，同时在滴加溴时应控制滴加速度。

思 考 题

1. 产品中含有什么杂质？请你设计一个适当的精制方法。

2. 采用加入理论量二分之一的溴，生成的溴化氢（溶在乙醇中）除用通入氯气的方法以外，还可选其他方便的氧化剂。

【参考资料】

[1] 蔡干，曾汉维，钟振声. 有机精细化学品实验. 北京：化学工业出版社. 1997.

[2] 吕世光. 塑料助剂手册. 北京：轻工业出版社. 1986.

实验一〇二　活性艳红 X-3B 的合成
Synthesis of the reactive red X-3B

【目的与要求】

学习 X 型活性染料的合成方法；了解活性染料的染色原理。

【基本原理】

活性艳红 X-3B 为二氯三氮苯型（即 X 型）活性染料，母体染料的合成方法按一般酸性染料的合成方法进行，活性基团的引进一般可先合成母体染料，然后和三聚氯氰缩合。若氨基萘酚磺酸作为偶合组分，为了避免发生副反应，一般先将氨基萘酚磺酸和三聚氯氰缩合，这样偶合反应可完全发生在羟基邻位。其反应方程式如下：

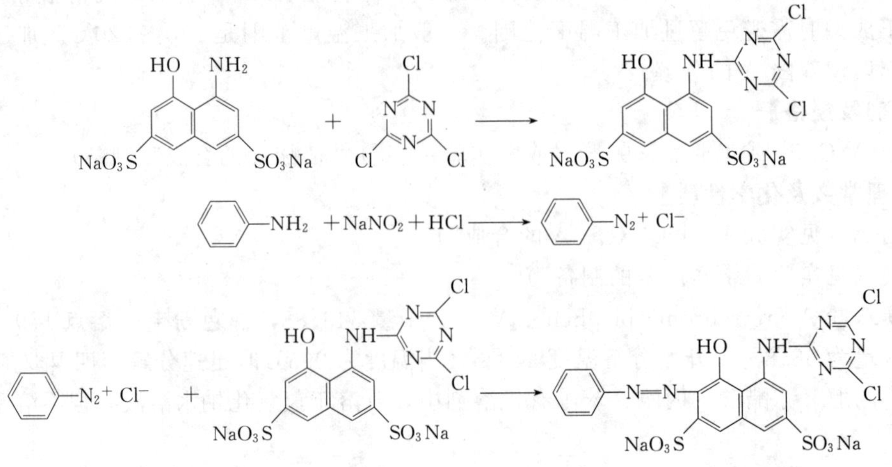

【应用背景】

活性染料又称反应性染料，其分子中含有能和纤维素纤维发生反应的活性基团，在染色时和纤维素以共价键结合，生成"染料-纤维"化合物，因此这类染料的水洗牢度较高。活性染料分子的结构包括母体染料和活性基团两个部分。活性基团往往通过某些联结基与母体染料相连。根据母体染料的结构，活性染料可分为偶氮型、蒽醌型、酞菁型等；按活性基团可分为 X 型、K 型、KD 型、KN 型、M 型、P 型、E 型、T 型等。

活性艳红 X-3B 可用于棉、麻、黏胶纤维、蚕丝、羊毛、绵纶的染色，还可用于丝绸印花，并可与直接染料、酸性染料同印。它与活性金黄 X-G、活性蓝 X-R 组成三原色可拼染各种中、深色泽。

【试剂与规格】

H 酸 C. P. ≥92％或工业品≥85％	磷酸三钠 C. P. 或工业品
苯胺 C. P. 98％或工业品	磷酸二氢钠 C. P. 或工业品
三聚氯氰 C. P. 或工业品 99％	尿素 C. P. 或工业品
盐酸	精盐

【物理常数及化学性质】

H 酸（H-acid，1-amino-8-naphthol-3，6-disulfonic acid）：分子量 319.20，白色结晶或灰色粉末，微溶于水、醇和醚，能溶于碱溶液。工业品多以单钠盐的形式，有膏状（含量 40％～44％）和粉状（含量≥85％）两种。

苯胺（见实验五十七"苯胺的制备"）。

三聚氯氰（cyanuric chlriide；tricyanogen chloride）：分子量 184.41，白色结晶，熔点 146℃，沸点 194℃/99.5kPa。溶于醇、苯、氯仿、四氯化碳和热的醚类，微溶于水。一级工业品含量 99％。

活性艳红 X-3B（Reactive red X-3B）：分子量 615.11，枣红色粉末，溶于水呈蓝光红色。遇铁对色光无影响，遇铜色光稍暗。

【操作步骤】

三口烧瓶装有电动搅拌器、滴液漏斗和温度计，先加入 53g 碎冰，搅拌下分批加入 9.3g（0.05mol）三聚氯氰，维持在 0℃搅拌 30min，然后在 0～5℃滴加由 17.2g（0.05mol）H 酸和 2.6 g（0.025mol）碳酸钠溶解在 112mL 水中形成的 H 酸钠溶液（或相当摩尔量的 H 酸单钠盐和相应量的碳酸钠所形成的水溶液），45min 内加完。然后在 5～8℃搅拌 1.5h。过滤去不溶物，得到黄棕色澄清缩合液，于 5～8℃保存待用[注1]。

在烧杯中加入 75g 碎冰、12mL 30％盐酸、4.8 g（0.05mol）苯胺，搅拌下，在 0～5℃于20min 内滴加 11.7g 30％亚硝酸钠溶液（0.05mol），然后再于 0～5℃搅拌 15min，得淡黄色澄清重氮液[注2]，于 0～5℃保存待用。

在烧杯中加入上述缩合液和 32g 碎冰，在 0℃，一次加入上述重氮液，用 20％磷酸三钠溶液调节 pH 到 4.8～5.1[注2]。在 4～6℃，搅拌 1h。加入 3g 尿素，并用 15％碳酸钠溶液调节 pH 到 6.8～7.0。加完后再反应 2.5～3h。溶液总体积约 500mL，加入 125g 食盐，搅拌使食盐溶解，盐析使结晶析出，过滤。称量滤饼，在滤饼中加入滤饼重量 2％的磷酸氢二钠和 1％的磷酸二氢钠，混合均匀，在 85℃以下干燥，产品 16～20g，产率 55％～65％。

【附注】

[1] 三聚氯氰遇水极容易水解，和 H 酸的反应要在较低温度下进行，另外称量要迅速。

[2] 像其他的重氮化反应一样，重氮化温度需严格控制，控制偶合时的 pH 值是偶合反应的关键。

思 考 题

盐析后加入磷酸氢二钠和磷酸二氢钠的目的是什么？

【参考资料】

强亮生，王慎敏. 精细化工实验. 哈尔滨：哈尔滨工业大学出版社. 1997.

实验一○三　热致变色材料四氯合铜二乙基铵盐的合成与热致变色实验

Synthesis of the copper tetrachloride etheneamine salt, the thermochromic material, and its thermochromic test

【目的与要求】

1. 学习热致变色材料四氯合铜二乙铵盐的合成。

2. 了解热致变色的机理及影响因素，观察热致变色材料随温度改变而发生颜色的变化。

【基本原理】

在高于或低于某个特定区间会发生颜色变化的材料叫做热致变色（thermochromic）材料。颜色随温度连续变化的现象称为连续热致变色，而只在某一特定温度下发生颜色变化的现象称为不连续热致变色。能随温度升降，反复发生颜色变化的称为可逆热致变色，而随温度变化只能发生一次颜色变化的称为不可逆热致变色。热致变材料已在工业和高新技术领域得到广泛应用。例如，利用可逆热致变色对仪器或反应器的温度变化发出警告色，制造变色茶杯和玩具。

热致变色的原理很复杂，其中无机氧化物的热致变色多与晶体结构有关；无机络合物则与配位结构或水合程度有关；有机分子的异构化也可以引起热致变色。

四氯合铜二乙基铵盐在温度较低时，由于氯离子与二乙基铵离子中氢之间的氢键较强和晶体场稳定作用，处于扭曲的平面正方形结构。随温度升高，分子内振动加剧，其结构就从扭曲的平面正方形结构转变为扭曲的正四面体结构，其颜色就相应地由亮绿色转变为黄色。

胆甾型液晶具有螺旋结构，随着温度的变化，其干涉光的波长随之变化，也就引起反射光波长变化，导致热致变色现象。

四氯合铜二乙基铵盐由盐酸二乙基胺和氯化铜在分子筛存在下制备：

$$CuCl_2 \cdot 2H_2O + 2[(C_2H_5)_2NH \cdot HCl] \xrightarrow[\text{异丙醇}]{\text{分子筛}} [(C_2H_5)_2NH_2]_2CuCl_4 + 2H_2O$$

【试剂与规格】

二乙基胺盐酸盐 C.P. 99%　　　　氯化铜（二结晶水）C.P.

异丙醇 C.P.　　　　　　　　　　3A 分子筛 C.P.

无水乙醇 C.P

【物理常数及化学性质】

氯化铜 [Copper（Ⅱ）Chloride hydrate]：$CuCl_2 \cdot 2H_2O$，分子量 170.45。

二乙基胺盐酸盐（diethylamine hydrochloride）：分子量 109.60，熔点 227～230℃，溶于水和醇。

【操作步骤】

1. **热致变色材料四氯合铜二乙基铵盐的制备**

取 50mL 三角瓶，称取 5.5g(0.05mol) 二乙基胺盐酸盐，用 24mL 异丙醇溶解。另取一个三角瓶，称取 2.8 g(0.017mol) 二结晶水氯化铜，加入 5mL 无水乙醇稍加热使溶解。然后将二者混合，并加入 6 粒 3A 分子筛[注1]，将三角瓶在冰盐水中冷却，逐渐析出亮绿色针状结晶。迅速抽滤，并用少量异丙醇洗涤，将产物放入干燥器保存[注2]。

2．热致变色现象的观察

（1）取上述样品 1～2g 装入一端封口的玻璃毛细管中并蹾实[注3]，将毛细管口用凡士林堵住，以防吸潮。将此毛细管用橡皮筋固定在温度计上，并使样品部位和温度计水银球齐平。放到盛水的烧杯里（注意水平面不要超过毛细管口），缓慢加热，当温度升到 40～55℃时，注意观察变色现象，并记录变色温度。然后取出温度计，室温下观察随温度的降低颜色的变化，并记录变色温度。

（2）取一粒结晶，观察其颜色，小心用吹风机的热风加热 1～2min，观察随温度升降颜色反复发生变化的可逆热致变色现象。

【附注】

［1］分子筛应在 110～120℃烘箱活化 2h。

［2］因产物易吸潮自溶，操作要快，干燥保存。

［3］毛细管 6～8cm，用微量法测熔点的毛细管即可，蹾实的方法也一样，即在一个 100cm 左右长的玻璃管中自由落体。

【参考资料】

［1］殷学锋. 新编大学化学实验. 北京：高等教育出版社. 2002：292.

［2］朱传方，徐汉红. 可逆热色性化合物的研究进展. 化学进展. 2001，13（4）：261—267.

实验一○四 鲁米诺的合成与化学发光
Synthesis of luminol and Chemiluminescence

【目的与要求】

1. 学习鲁米诺（luminol）的制备原理和实验方法。

2. 了解鲁米诺化学发光的原理。

【基本原理】

鲁米诺化学名为 3-氨基邻苯二甲酰肼，具有化学发光性质。合成路线为：

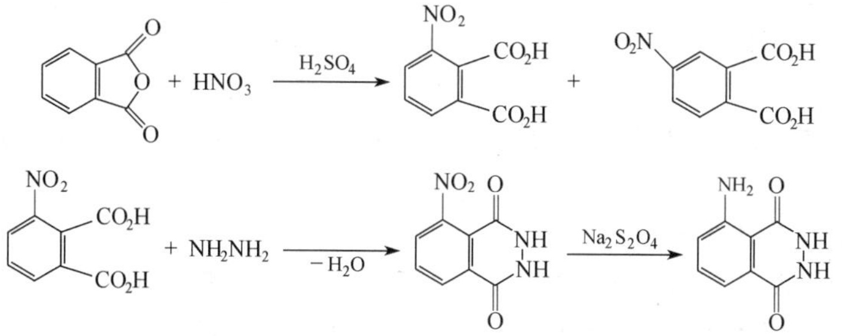

鲁米诺在中性溶液中以偶极离子形式存在，它本身见光后显出弱的蓝色荧光，但在碱性溶液中它转变成二价负离子，后者可以被分子氧氧化成化学发光中间体。发光机理如下：

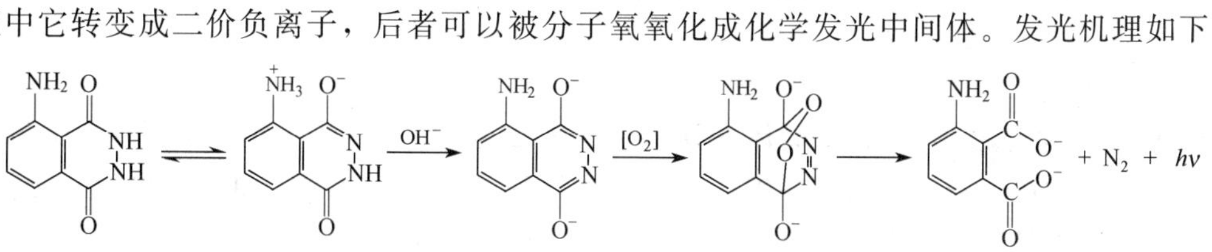

生成的过氧化物不稳定,分解放出氮气,生成 3-氨基邻苯二甲酸二价负离子,其电子处于激发三线态(T_1)。激发三线态二价负离子经系间交叉作用转变成激发单线态(S_1),回到基态(S_0)时发射光子产生荧光。如果在鲁米诺中加入不同荧光染料,可发出不同颜色的荧光。如加入曙红,荧光颜色为橘红色;加入罗丹明 B,则为绿色荧光。

【试剂与规格】

邻苯二甲酸酐	C. P. ≥99%	浓硝酸	A. R. 36%~38%
浓硫酸	A. R. 98%	10%水合肼	
二缩三乙二醇	A. R.	10%氢氧化钠溶液	
连二硫酸钠	A. R.	冰醋酸	A. R.
氢氧化钾	A. R.	二甲亚砜	C. P.

【物理常数及化学性质】

邻苯二甲酸酐(见实验五十四"邻苯二甲酸二丁酯的制备")。

3-硝基邻苯二甲酸(3-Nitrophthalic acid):分子量 211.13,熔点 213~216℃,d_4^{20} 0.847,n_D^{20} 1.3877。难溶于水,能与醇、醚混溶。

3-氨基邻苯二甲酰肼(luminol;3-aminophthalic hydrazide):分子量 177.16,黄色针状结晶,熔点 319~320℃。不溶于水。在碱性溶液中,以过氧过氢、臭氧、次氯酸盐等进行氧化时,即发光。具有 460nm 左右峰值的带状光谱,肉眼可观察到鲜明的紫蓝色。用作过氧化氢及氰离子的定量分析试剂,以及血迹鉴别试剂等。

【操作步骤】

1. 3-硝基邻苯二甲酸

在 50mL 三口瓶上装回流冷凝管和滴液漏斗,加入 5.0mL 浓硝酸和 5.0g(0.034mL)邻苯二甲酸酐,搅拌下滴加 5.6mL 浓硫酸。搅拌 10min,加热回流 1h,液体渐渐混浊,停止加热。稍冷后,加入 12mL 水,抽滤收集固体得粗产物[注1]。用水重结晶得白色 3-硝基邻苯二甲酸约 2.2g,熔点 216~218℃(文献值为 218℃)。

2. 3-硝基邻苯二甲酰肼

在 50mL 茄形瓶中加入 2.1g(0.01mol)3-硝基邻苯二甲酸和 3.2mL(0.01mol)10%水合肼溶液,加热溶解。再加入 6mL 二缩三乙二醇及几粒沸石,装上蒸馏头、插入温度计、接真空接引管和圆底烧瓶。水泵减压下,继续加热升温使溶液沸腾,蒸出水分。使反应温度快速升至 200℃以上,在 215~220℃反应约 3min,溶液变为橙红色。关水泵,停止加热。[注2]当反应温度降至 100℃时,趁热将反应瓶内的物料转移至 100mL 烧杯中,加入 30mL 热水,搅匀。静置冷却结晶,过滤,收集亮黄色晶体 3-硝基邻苯二甲酰肼。

3. 3-氨基邻苯二甲酰肼

在 50mL 反应瓶中加入上步得到的 3-硝基邻苯二甲酰肼,用 11mL 10%NaOH 溶液溶解,再加入 6g 连二硫酸钠($Na_2S_2O_4 \cdot 2H_2O$)。搅拌下加热沸腾 5min,再加入 2.6mL 冰醋酸。混合均匀后冷却结晶,抽滤分离,晶体用水洗涤 2~3 次,干燥得产物 3-氨基邻苯二甲酰肼 1.2g。熔点 319~320℃。

4. 化学发光试验

在 100mL 锥形瓶中加入 3g 固体 KOH、20mL 二甲亚砜和 0.2g 湿的 3-氨基邻苯二甲酰肼,盖上瓶塞。在暗室内用力振摇锥形瓶,使空气与溶液充分接触,可观测到蓝白色荧光。不断振摇,并不时打开塞子让新鲜空气进入瓶中,观察发光现象。

【附注】

　　[1] 4-硝基邻苯二甲酸易溶于冷水，可从母液中回收。

　　[2] 关水泵和停止加热时，一定要先打开安全瓶上的活塞，使反应体系与大气连通，否则容易发生倒吸。

思　考　题

　　1. 常用的化学发光材料除氨基苯二甲酰肼类外，还有哪些类型的化合物？

　　2. 在做鲁米诺发光试验时，为什么要不时打开瓶盖剧烈振摇？

第四篇 设 计 实 验

设计实验就是让学生根据参考资料，自行设计，独立完成实验。这种实验教学方式可以培养学生查阅中外文献能力、独立分析解决问题能力、实验动手能力、观察能力，为以后从事科学研究打下基础。

本章列出了 12 个实验。实验一至实验八是简单目标化合物的合成设计，一般只需一、两步反应，同时给出合成提示。实验九至实验十二中的目标化合物比较复杂，设计合成路线都从简单试剂开始，结合本书前几章的实验，经过多步反应完成。

一、甘氨酰甘氨酸
Glycylglycine

甘氨酰甘氨酸是一种生化试剂，用于医药生物研究中。

【合成提示】

甘氨酸在乙二胺中加热进行缩合，生成 2,5-二羰基哌嗪（参考实验六十六"巴比妥酸的制备"），再经水解得到甘氨酰甘氨酸。

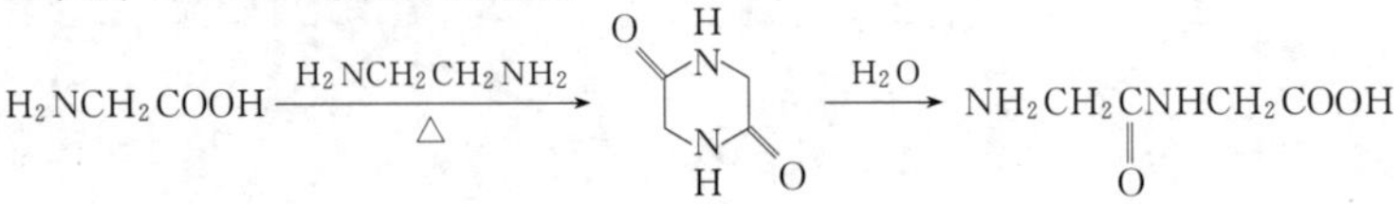

$$H_2NCH_2COOH \xrightarrow[\triangle]{H_2NCH_2CH_2NH_2} \text{（2,5-二羰基哌嗪）} \xrightarrow{H_2O} NH_2CH_2CNHCH_2COOH$$

【参考资料】

[1] Beil., 4, 371; 4 (4), 2459.

[2] 实用精细化学品手册：有机卷，下册. 化学工业出版社：1427.

二、5-氨基-1-苯基-4-氰基吡唑
5-Amino-1-phenyl-4-pyrazolecarbonitrile

【合成提示】

5-氨基-1-苯基-4-氰基吡唑是合成药物的中间体，可由苯肼与乙氧次甲基丙二氰在弱碱性条件下缩合成环制得。

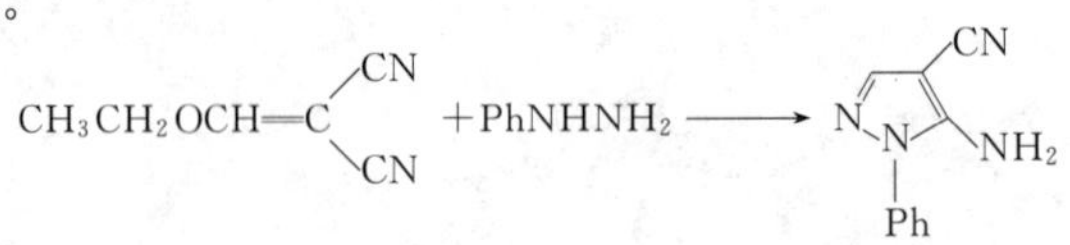

$$CH_3CH_2OCH=C\begin{smallmatrix}CN\\CN\end{smallmatrix} + PhNHNH_2 \longrightarrow \text{（产物）}$$

【参考资料】

Marsico Joseph et al. US, 3760084. 1975.

三、吲哚-3-甲醛
Indole-3-carboxaldehyde

【合成提示】

本反应属于 Vilsmeier 反应。二甲基甲酰胺与三氯氧磷反应生成配合物，再亲电进攻吲

哚 3 位，生成吲哚-3-甲醛。

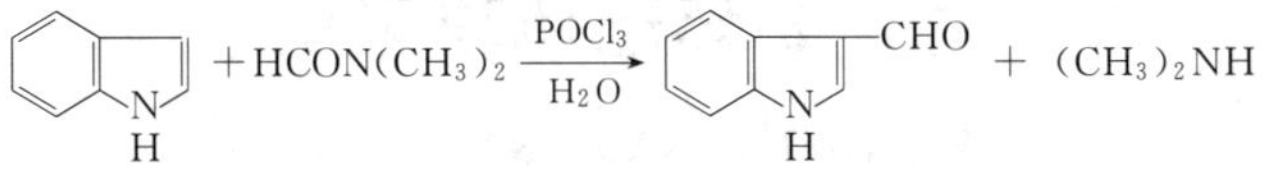

【参考资料】

Norman Rabjohn. Organic Syntheses：Coll，Vol Ⅳ：539.

四、4-氨基-3-甲基苯磺酸
o-Toluidinesulfonic acid

【合成提示】

苯环上氨基对位磺酸化。

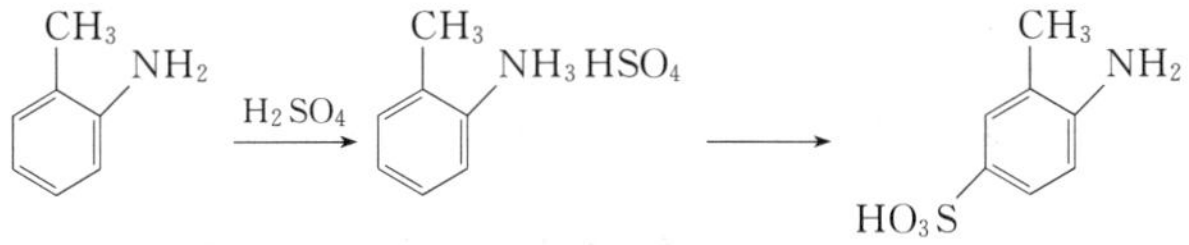

【参考资料】

E. C. 霍宁主编. 有机合成：第三集. 北京：科学出版社：508.

五、9-硝基蒽
9-Nitroanthracene

【合成提示】

蒽在硝酸和盐酸存在下进行硝化。

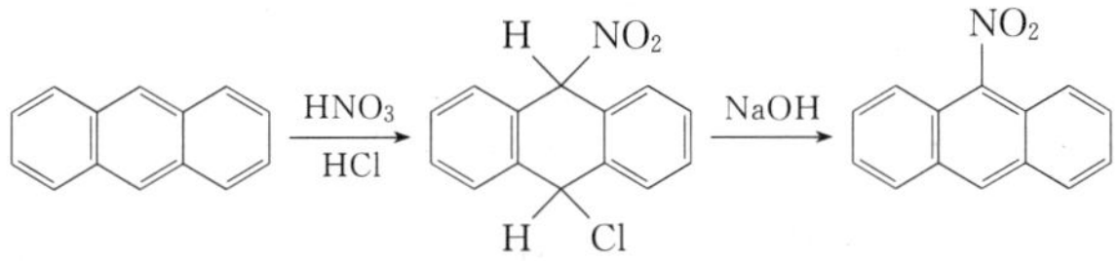

【参考资料】

Organic Syntheses：Coll，Vol Ⅲ：711.

六、顺丁烯二酰苯胺
Maleinanil

【合成提示】

　　以乙醚作溶剂，顺丁烯二酸酐与苯胺（见实验五十七"苯胺的制备"）进行酰胺化反应，乙酸酐帮助脱水后，再进一步酰胺化得到顺丁烯二酰苯胺。顺丁烯二酰苯胺是有机合成中间体。

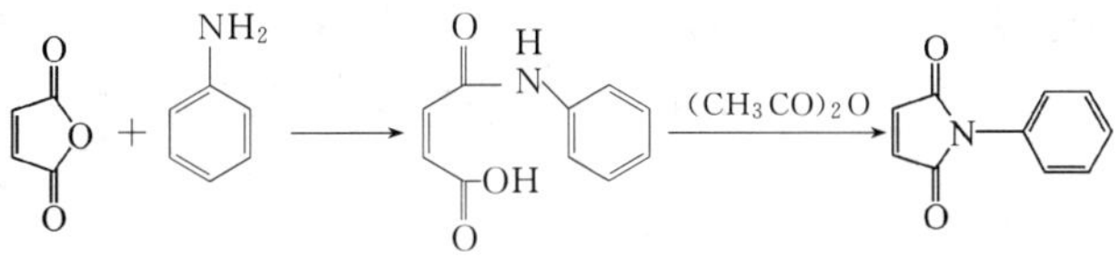

【参考资料】

Henry E. Organic Syntheses：Coll，Vol Ⅴ：944.

七、2-环己氧基乙醇
2-Cyclohexyloxyethanol

【合成路线】

环己醇氧化得到环己酮（见实验四十一"环己酮的制备"），环己酮在酸性条件下与乙二醇反应形成缩酮，再还原生成 2-环己氧基乙醇。

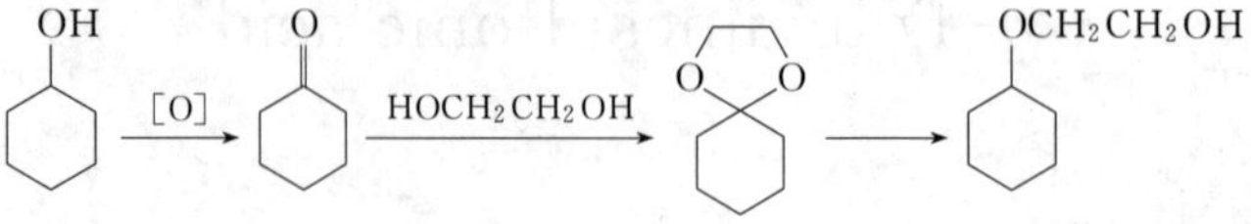

【参考资料】

[1] M. Mousseron et al. Bull. Soc. Chim. 1952，19：1042.

[2] J. W. Powell et al. Tetrahedron. 1959，7：305.

八、邻肼基苯甲酸盐酸盐
o-Hydrazinobenzoic acid hydrochloride

【合成路线】

邻氨基苯甲酸（见实验四十九"邻氨基苯甲酸的制备"）先进行重氮化（见实验六十"甲基橙的制备"），然后与亚硫酸钠作用生成盐，再用金属锌还原得到肼，最后用浓盐酸酸化制得邻肼基苯甲酸盐酸盐。

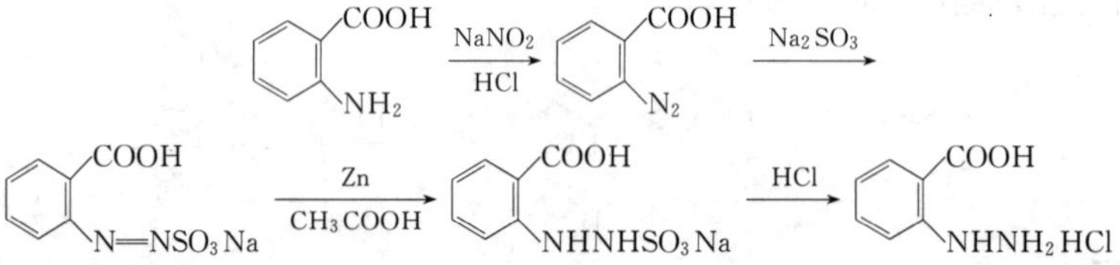

【参考资料】

Beil.，15：624.

九、聚己内酰胺
Polycaprolactam

聚己内酰胺又称尼龙-6 是一种人工合成纤维，具有很好的强度和耐磨性。

【合成路线】

合成经四步完成，先由环己醇氧化得到环己酮（见实验四十一"环己酮的制备"），然后环己酮与羟胺进行亲核反应生成环己酮肟（见实验四十四"环己酮肟的制备"），在酸作用下环己酮肟发生贝克曼重排，得到ε-己内酰胺（见实验五十六"己内酰胺的制备"），再经开环聚合得到目标化合物。

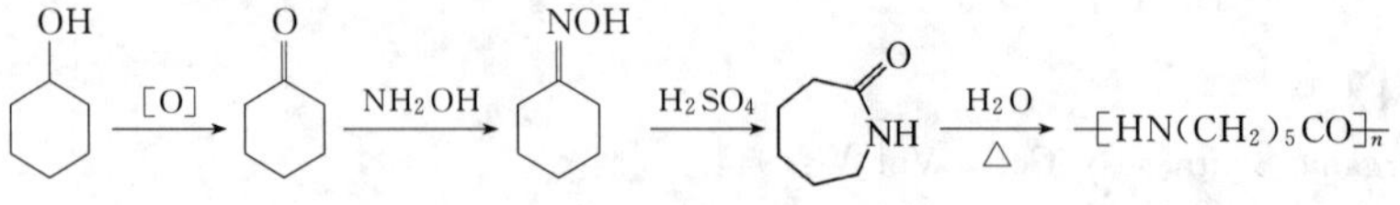

【参考资料】

北京大学化学院有机化学研究所. 有机化学实验. 第2版. 北京：北京大学出版社，2002.

十、苯巴比妥
Phenobarbital

苯巴比妥是巴比妥类药物，具有镇静催眠的作用。

【合成路线】

苯乙酸乙酯为原料，在乙醇钠的催化下与草酸二乙酯进行克莱森缩合（参见实验五十二"乙酰乙酸乙酯的制备"），加热脱除一氧化碳，得到2-苯基丙二酸二乙酯，再引入乙基，最后与尿素缩合制得苯巴比妥。

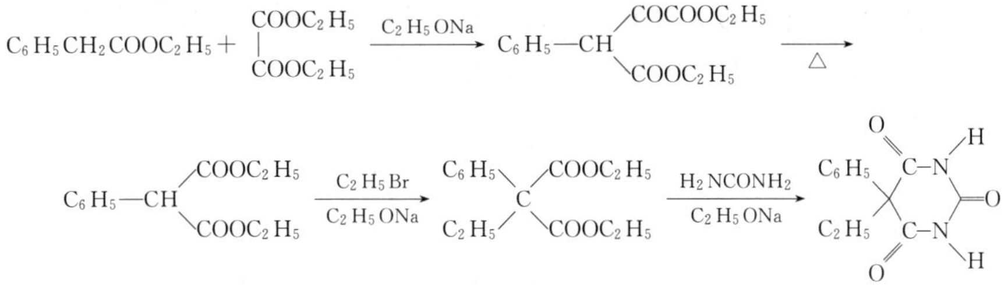

$$C_6H_5CH_2COOC_2H_5 + \begin{array}{c} COOC_2H_5 \\ | \\ COOC_2H_5 \end{array} \xrightarrow{C_2H_5ONa} C_6H_5{-}CH\begin{array}{c} COCOOC_2H_5 \\ \\ COOC_2H_5 \end{array} \xrightarrow{\triangle}$$

$$C_6H_5{-}CH\begin{array}{c} COOC_2H_5 \\ \\ COOC_2H_5 \end{array} \xrightarrow[C_2H_5ONa]{C_2H_5Br} \begin{array}{c} C_6H_5 \\ C \\ C_2H_5 \end{array}\begin{array}{c} COOC_2H_5 \\ \\ COOC_2H_5 \end{array} \xrightarrow[C_2H_5ONa]{H_2NCONH_2} 苯巴比妥$$

【参考资料】

李正化. 药物化学. 第3版. 北京：人民卫生出版社. 1990：179.

十一、2-庚酮
2-Heptanone

2-庚酮是一种蜜蜂警戒信息素。

【合成路线】

乙酸乙酯在乙醇钠催化下缩合生成乙酰乙酸乙酯（见实验五十二"乙酰乙酸乙酯的制备"），乙酰乙酸乙酯与乙醇钠形成钠代乙酰乙酸乙酯，此负碳离子与正溴丁烷（见实验二十九"正溴丁烷的制备"）进行作用，得到的正丁基乙酰乙酸乙酯经氢氧化钠水解后，再在硫酸作用下脱掉羧基生成2-庚酮。

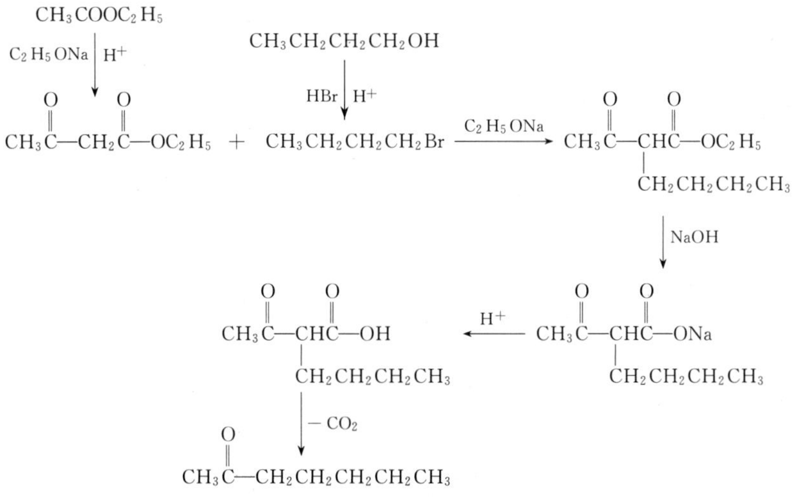

【参考资料】

张毓凡. 有机化学实验. 天津：南开大学出版社，1990.

十二、氨基苯甲酸肉桂酯
Cinnamyl anthranilate

氨基苯甲酸肉桂酯是一种食用香料，具有水果香气。

【合成路线】

氨基苯甲酸与肉桂醇进行酯化，生成氨基苯甲酸肉桂酯（见实验五十三"苯甲酸乙酯的制备"）。氨基苯甲酸可先由邻苯二甲酸酐与氨水共热，脱水形成邻苯二甲酸亚胺（见参考资料1），然后邻苯二甲酸亚胺在次溴酸钠和氢氧化钠作用下，通过霍夫曼酰胺重排反应转化得到（见实验四十九"邻氨基苯甲酸的制备"）。肉桂醇则通过苯甲醛与乙醛在氢氧化钠作用下，缩合成肉桂醛（见参考资料2），再经还原得到。

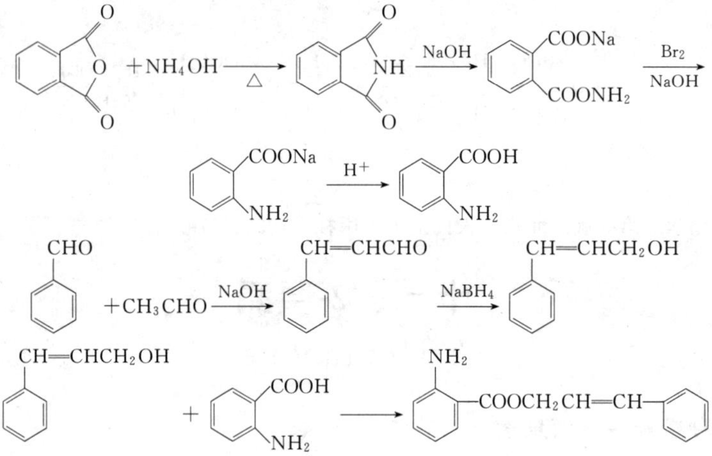

【参考资料】

［1］张毓凡. 有机化学实验. 天津：南开大学出版社，1990：154.

［2］北京大学化学院有机化学研究所. 有机化学实验. 第2版. 北京：北京大学出版社，2002：167.

附　　录

附录一　常见元素的相对原子质量

元素名称		相对原子质量	元素名称		相对原子质量	元素名称		相对原子质量
银	Ag	107.87	氟	F	18.998	磷	P	30.974
铝	Al	26.982	铁	Fe	55.845	铅	Pb	207.2
氩	Ar	39.948	氢	H	1.0079	钯	Pd	106.42
砷	As	74.922	氦	He	4.0026	铂	Pt	195.08
金	Au	196.97	汞	Hg	200.59	硫	S	32.066
硼	B	10.811	碘	I	126.90	锑	Sb	121.76
钡	Ba	137.33	钾	K	39.098	硒	Se	78.96
溴	Br	79.904	锂	Li	6.941	硅	Si	28.086
碳	C	12.011	镁	Mg	24.305	锡	Sn	118.71
钙	Ca	40.078	锰	Mn	54.938	钛	Ti	47.867
镉	Cd	112.41	钼	Mo	95.94	铀	U	238.03
氯	Cl	35.453	氮	N	14.007	钒	V	50.942
钴	Co	58.933	钠	Na	22.990	钨	W	183.84
铬	Cr	51.996	镍	Ni	58.693	锌	Zn	65.39
铜	Cu	63.546	氧	O	15.999			

附录二　SI 基本单位、导出单位及单位换算

国际单位制（SI）基本单位

基本物理量	量的符号	单位名称	符号	
			中　文	国　际
长度	l	米	米	m
质量	m	千克（公斤）	千克（公斤）	kg
时间	t	秒	秒	s
电流	I	安培	安	A
热力学温度	T	开尔文	开	K
物质的量	n	摩尔	摩	mol
发光强度	I_v	坎德拉	坎	cd

国际单位制中具有专门名称的一些导出单位

物　理　量	单位名称	单位符号		定　义
		中　文	国　际	
频率	赫兹	赫	Hz	s^{-1}
力;重力	牛顿	牛	N	$kg \cdot m \cdot s^{-2}$
压力,压强,应力	帕斯卡	帕	Pa	$kg \cdot m^{-1} \cdot s^{-2}$
能量;功;热	焦耳	焦	J	$kg \cdot m^2 \cdot s^{-2}$
功率	瓦特	瓦	W	$kg \cdot m^2 \cdot s^{-3}$
电荷	库仑	库	C	$s \cdot A$
电位;电压;电动势	伏特	伏	V	$kg \cdot m^2 \cdot s^{-3} \cdot A^{-1}$
电阻	欧姆	欧	Ω	$kg \cdot m^2 \cdot s^{-3} \cdot A^{-2}$
电容	法拉第	法	F	$kg^{-1} \cdot m^{-2} \cdot s^4 \cdot A^2$

几种单位换算

物理量	换 算 关 系
长度	1 米(m)＝100 厘米(cm)＝10^3 毫米(mm)＝10^6 微米(μm)＝10^9 纳米(nm)＝10^{10} 埃
压强	1 大气压(atm)＝1.013×10^5 帕(Pa)＝760 毫米汞柱(mmHg)＝1033.26 厘米水柱(cmH$_2$O)
摩尔浓度	1 M(mol/L)＝10^3 mol·m^{-3}

附录三 核磁共振中 CH$_3$、CH$_2$、CH 基的质子化学位移

不同类型有机化合物的质子其化学位移值 δ 列表如下。按氢原子类型划分为：(a) 甲基，(b) 亚甲基，(c) 次甲基。粗体 **H** 为产生吸收的质子。

化 合 物	δ	化 合 物	δ	化 合 物	δ
(a) 甲基氢质子		C$_6$H$_5$CH$_2$CH$_3$	1.2	环戊烷	1.5
CH$_3$NO$_2$	4.3	CH$_3$CH$_2$OH	1.2	环己烷	1.4
CH$_3$F	4.3	(CH$_3$CH$_2$)$_2$O	1.2	CH$_3$(CH$_2$)$_4$CH$_3$	1.4
(CH$_3$)$_2$SO$_4$	3.9	CH$_3$(CH$_2$)$_3$Cl(Br,I)	1.0	环丙烷	0.2
C$_6$H$_5$COOCH$_3$	3.9	CH$_3$(CH$_2$)$_4$CH$_3$	0.9	(c) 次甲基氢质子	
C$_6$H$_5$-O-CH$_3$	3.7	(CH$_3$)$_3$CH	0.9	C$_6$H$_5$CHO	10.0
CH$_3$COOCH$_3$	3.6	(b)亚甲基氢质子		4-ClC$_6$H$_4$CHO	9.9
CH$_3$OH	3.4	EtOCOC(CH$_3$)＝CH$_2$	5.5	4-CH$_3$OC$_6$H$_4$CHO	9.8
(CH$_3$)$_2$O	3.2	CH$_2$Cl$_2$	5.3	CH$_3$CHO	9.7
CH$_3$Cl	3.0	CH$_2$Br$_2$	4.9	吡啶(α-H)	8.5
C$_6$H$_5$N(CH$_3$)$_2$	2.9	(CH$_3$)$_2$C＝CH$_2$	4.6	1,4-C$_6$H$_4$(NO$_2$)$_2$	8.4
(CH$_3$)$_2$NCHO	2.8	CH$_3$COO(CH$_3$)C＝CH$_2$	4.6	C$_6$H$_5$CH＝CHCOCH$_3$	7.9
CH$_3$Br	2.7	C$_6$H$_5$CH$_2$Cl	4.5	C$_6$H$_5$CHO	7.6
CH$_3$COCl	2.7	(CH$_3$O)$_2$CH$_2$	4.5	呋喃(α-H)	7.4
CH$_3$SCN	2.6	C$_6$H$_5$CH$_2$OH	4.4	萘(β-H)	7.4
C$_6$H$_5$COCH$_3$	2.6	CF$_3$COCH$_2$C$_3$H$_7$	4.3	1,4-C$_6$H$_4$I$_2$	7.4
(CH$_3$)$_2$SO	2.5	Et$_2$C(COOCH$_2$CH$_3$)$_2$	4.1	1,4-C$_6$H$_4$Br$_2$	7.3
C$_6$H$_5$CH＝CHCOCH$_3$	2.3	HC≡CCH$_2$Cl	4.1	1,4-C$_6$H$_4$Cl$_2$	7.2
C$_6$H$_5$CH$_3$	2.3	CH$_3$COOCH$_2$CH$_3$	4.0	C$_6$H$_6$	7.3
(CH$_3$CO)$_2$O	2.2	CH$_2$＝CHCH$_2$Br	3.8	C$_6$H$_5$Br	7.3
C$_6$H$_5$OCOCH$_3$	2.2	HC≡CCH$_2$Br	3.8	C$_6$H$_5$Cl	7.2
C$_6$H$_5$CH$_2$N(CH$_3$)$_2$	2.2	BrCH$_2$COOCH$_3$	3.7	CHCl$_3$	7.2
CH$_3$CHO	2.2	CH$_3$CH$_2$NCS	3.6	CHBr$_3$	6.8
CH$_3$I	2.2	CH$_3$CH$_2$OH	3.6	对苯醌	6.8
(CH$_3$)$_3$N	2.1	CH$_3$CH$_2$CH$_2$Cl	3.5	C$_6$H$_5$NH$_2$	6.6
CH$_3$CON(CH$_3$)$_2$	2.1	(CH$_3$CH$_2$)$_4$N$^+$I$^-$	3.4	呋喃(βH)	6.3
(CH$_3$)$_2$S	2.1	CH$_3$CH$_2$Br	3.4	CH$_3$CH＝CHCOCH$_3$	5.8
CH$_2$＝C(CN)CH$_3$	2.0	C$_6$H$_5$CH$_2$N(CH$_3$)$_2$	3.3	环己烯(烯 H)	5.6
CH$_3$COOCH$_3$	2.0	CH$_3$CH$_2$SO$_2$F	3.3	(CH$_3$)$_2$C＝CHCH$_3$	5.2
CH$_3$CN	2.0	CH$_3$CH$_2$I	3.1	(CH$_3$)$_2$CHNO$_2$	4.4
CH$_3$CH$_2$I	1.9	C$_6$H$_5$CH$_2$CH$_3$	2.6	环戊基溴(C$_1$-H)	4.4
CH$_2$＝CHC(CH$_3$)＝CH$_2$	1.8	CH$_3$CH$_2$SH	2.4	(CH$_3$)$_2$CHBr	4.2
(CH$_3$)$_2$C＝CH$_2$	1.7	(CH$_3$CH$_2$)$_3$N	2.4	(CH$_3$)$_2$CHCl	4.1
CH$_3$CH$_2$Br	1.7	(CH$_3$CH$_2$)$_2$CO	2.4	C$_6$H$_5$C≡CH	2.9
C$_6$H$_5$C(CH$_3$)$_3$	1.3	BrCH$_2$CH$_2$CH$_2$Br	2.4	(CH$_3$)$_3$CH	1.6
C$_6$H$_5$CH(CH$_3$)$_2$	1.2	环戊酮(α-CH$_2$)	2.0		
(CH$_3$)$_3$COH	1.2	环己酮(α-CH$_2$)	2.0		

附录四 部分二元及三元共沸混合物的性质

二元共沸混合物

混合物的组分	101.325kPa 时的沸点/℃		质 量 分 数	
	纯组分	共沸物	第一组分/%	第二组分/%
水①	100			
甲苯	110.8	84.1	19.6	80.4
苯	80.2	69.3	8.9	91.1
乙酸乙酯	77.1	70.4	8.2	91.8
正丁酸丁酯	125	90.2	26.7	73.3
异丁酸丁酯	117.2	87.5	19.5	80.5
苯甲酸乙酯	212.4	99.4	84.0	16.0
2-戊酮	102.25	82.9	13.5	86.5
乙醇	78.4	78.1	4.5	95.5
正丁醇	117.8	92.4	38	62
异丁醇	108.0	90.0	33.2	66.8
仲丁醇	99.5	88.5	32.1	67.9
叔丁醇	82.8	79.9	11.7	88.3
苄醇	205.2	99.9	91	9
烯丙醇	97.0	88.2	27.1	72.9
甲酸	100.8	107.3(最高)	22.5	77.5
硝酸	86.0	120.5(最高)	32	68
氢碘酸	−34	127(最高)	43	57
氢溴酸	−67	126(最高)	52.5	47.5
氢氯酸	−84	110(最高)	79.76	20.24
乙醚	34.5	34.2	1.3	98.7
丁醛	75.7	68	6	94
三聚乙醛	115	91.4	30	70
乙酸乙酯	77.1			
二硫化碳	46.3	46.1	7.3	92.7
己烷	69			
苯	80.2	68.8	95	5
氯仿	61.2	60.8	28	72
丙酮	56.5			
二硫化碳	46.3	39.2	34	66
异丙醚	69.0	54.2	61	39
氯仿	61.2	65.5	20	80
四氯化碳	76.8			
乙酸乙酯	77.1	74.8	57	43
环己烷	80.8			
苯	80.2	77.8	45	55

① 有"～"符号者为第一组分。

三元共沸混合物

第 一 组 分		第 二 组 分		第 三 组 分		沸点/℃
名 称	质量分数/%	名 称	质量分数/%	名 称	质量分数/%	
水	7.8	乙醇	9.0	乙酸乙酯	83.2	70.0
水	4.3	乙醇	9.7	四氯化碳	86.0	61.8
水	7.4	乙醇	18.5	苯	74.1	64.9
水	7	乙醇	17	环己烷	76	62.1
水	3.5	乙醇	4.0	氯仿	92.5	55.5
水	7.5	异丙醇	18.7	苯	73.8	66.5
水	0.81	二硫化碳	75.21	丙酮	23.98	38.04

附录五　常用有机溶剂的沸点、密度表

名　称	沸点/℃	密度(d_4^{20})	名　称	沸点/℃	密度(d_4^{20})
甲醇	64.96	0.7914	正丁醇	117.2	0.8098
乙醇	78.5	0.7893	二氯甲烷	40.0	1.3266
乙醚	34.6	0.7138	甲酸甲酯	31.5	0.9742
丙酮	56.2	0.7899	1,2-二氯乙烷	83.5	1.2351
二硫化碳	46.25	1.2632	甲苯	110.6	0.8669
乙酸	117.9	1.0492	硝基乙烷	115.0	1.0448
乙酐	139.5	1.0820	四氯化碳	76.5	1.5940
二氧六环	101.7	1.0337	氯仿	61.7	1.4832

附录六　常用有机溶剂的纯化

1. 无水乙醇 CH_3CH_2OH

沸点 78.5℃，n_D^{20} 为 1.3616，d_4^{20} 为 0.7893。

含水乙醇经过精馏得到乙醇和水的共沸混合物，含有 96.5％的乙醇和 4.4％的水（体积比为 95％），通常称为 95％乙醇，它再也不能用一般分馏法除去水分。进一步除去水分需要特殊方法。常以生石灰为脱水剂，这是因为：第一，生石灰来源方便；第二，生石灰或由它生成的氢氧化钙皆不溶于乙醇。

操作方法：将 600mL 95％乙醇置于 1000mL 圆底烧瓶内，加入 100g 左右新煅烧的生石灰，放置过夜，然后在水浴中回流 5～6h，再将乙醇蒸出。如此所得乙醇相当于市售无水乙醇，质量分数约为 99.5％。若需要绝对无水乙醇还必须选择下述方法进行处理。

(1) 取 1000mL 圆底烧瓶安装回流冷凝器，在冷凝管上端附加一只氯化钙干燥管，瓶内放置 2～3g 干燥洁净的镁条与 0.3g 碘，加入 30mL 99.5％的乙醇，在水浴内加热至碘粒完全消失（如果不起反应，可再加入几小粒碘），然后继续加热，待镁完全溶解后，将 500mL 99.5％的乙醇加入，继续加热回流 1h，蒸出乙醇，弃去先蒸出的 10mL，其后蒸出的收集于干燥洁净的瓶内储存。如此所得乙醇纯度可超过 99.95％。

由于无水乙醇具有非常强的吸湿性，故在操作过程中必须防止吸入水汽，所用仪器需事先置于烘箱内干燥。

此方法脱水是按下列反应进行的：

$$Mg + 2C_2H_5OH \longrightarrow H_2 + Mg(OC_2H_5)_2$$
$$Mg(OC_2H_5)_2 + 2H_2O \longrightarrow Mg(OH)_2 + 2C_2H_5OH$$

(2) 可采用金属钠除去乙醇中含有的微量水分。金属钠与金属镁的作用是相似的。但是单用金属钠并不能达到完全除去乙醇中含有的水分的目的。因为这一反应有如下的平衡：

$$C_2H_5ONa + H_2O \rightleftharpoons C_2H_5OH + NaOH$$

若要使平衡向右移动，可以加过量的金属钠，增加乙醇钠的生成量。但这样做，造成了乙醇的浪费。因此，通常的办法是加入高沸点的酯，如邻苯二甲酸乙酯或琥珀酸乙酯，以消除反应中生成的氢氧化钠。这样制得的乙醇，只要能严格防潮，含水量可以低于 0.01％。

操作方法：取 500mL 99.5％的乙醇盛入 1000mL 圆底烧瓶内，安装回流冷凝器和干燥管，加入 3.5g 金属钠，待其完全作用后，再加入 12.5g 琥珀酸乙酯或 14g 邻苯二甲酸乙酯，

回流 2h，然后蒸出乙醇，先蒸出的 10mL 弃去，其后的收集于干燥洁净的瓶内储存。

测定乙醇中含有的微量水分，可加入乙醇铝的苯溶液，若有大量的白色沉淀生成，证明乙醇中含有的水的质量分数超过 0.05%。此法还可测定甲醇中含 0.1%、乙醚中含 0.005% 及醋酸乙酯中含 0.1% 的水分。

2. 无水乙醚 $C_2H_5OC_2H_5$

沸点 34.6℃，n_D^{20} 为 1.3527，d_4^{15} 为 0.7193。

工业乙醚中，常含有水和乙醇。若储存不当，还可能产生过氧化物。这些杂质的存在，对于一些要求用无水乙醚作溶剂的实验是不适合的，特别是有过氧化物存在时，还有发生爆炸的危险。

纯化乙醚可选择下述方法。

(1) 500mL 的普通乙醚，置于 1000mL 的分液漏斗内，加入 50mL 10% 的刚刚配制的亚硫酸氢钠溶液，或加入 10mL 硫酸亚铁溶液和 100mL 水充分振摇（若乙醚中不含过氧化物，则可省去这步操作）。然后分出醚层，用饱和食盐水洗涤两次，再用无水氯化钙干燥数天，过滤，蒸馏。将蒸出的乙醚放在干燥的磨口试剂瓶中，压入金属钠丝干燥。如果乙醚干燥不够，当压入钠丝时，即会产生大量气泡。遇到这种情况，暂时先用装有氯化钙干燥管软木塞塞住，放置 24h 后，过滤到另一干燥试剂瓶中，再压入钠丝，至不再产生气泡，钠丝表面保持光泽，即可盖上磨口玻璃塞备用。

硫酸亚铁溶液的制备：取 100mL 水，慢慢加入 6mL 浓硫酸，再加入 60g 硫酸亚铁溶液。

(2) 经无水氯化钙干燥后的乙醚，也可用 4Å 型分子筛干燥，所得绝对无水乙醚能直接用于格氏反应。

为了防止乙醚在储存过程中生成过氧化物，除尽量避免与光和空气接触外，可于乙醚内加入少许铁屑，或铜丝、铜屑，或干燥固体氢氧化钾，盛于棕色瓶内，储存于阴凉处。

为了防止发生事故，对在一般条件下保存的或存储过久的乙醚，除已鉴定不含过氧化物的以外，蒸馏时，都不要全部蒸干。

3. 甲醇

沸点 64.96℃，n_D^{20} 为 1.3288，d_4^{20} 为 0.7914。

通常所用的甲醇均由合成而来，含水质量分数不超过 0.5%~1%。由于甲醇和水不能形成共沸混合物，因此可通过高效的精馏柱将少量水除去。精制甲醇含有 0.02% 的丙酮和 0.1% 的水，一般已可应用。如要制无水甲醇，可用金属镁（方法见"无水乙醇"）。甲醇有毒，处理时应避免吸入其蒸气。

4. 无水无噻吩苯

沸点 80.1℃，n_D^{20} 为 1.5011，d_4^{20} 为 0.87865。

普通苯含有少量水（可达 0.02%），由煤焦油加工得来的苯还含有少量噻吩（沸点 84℃），不能用分馏或分步结晶等方法分离除去。为制得无水无噻吩的苯可采用下列方法：

在分液漏斗内将普通苯及相当于苯体积 15% 的浓硫酸一起振荡，振荡后，将混合物静置，弃去底层的酸液，再加入新的浓硫酸，这样重复操作直至酸层呈现无色或淡黄色，且检验无噻吩为止。分去酸层，苯层依次用水、10% 碳酸钠溶液和水洗涤，用氯化钙干燥，蒸馏收集 80℃ 的馏分。若要高度干燥可加入钠丝（方法见"无水乙醚"）进一步去水。

噻吩的检验：取 5 滴苯于小试管中，加入 5 滴浓硫酸及 1~2 滴 1% 的 α,β 吲哚醌-浓硫酸溶液，振荡片刻。如呈墨绿色或蓝色，表示有噻吩存在。

5. 丙酮

沸点 56.2℃，n_D^{20} 为 1.3588，d_4^{20} 为 0.7899。

普通丙酮中往往含有少量水及甲醇、乙醛等还原性杂质，可用下列方法精制：

(1) 于 1000mL 丙酮中加入 5g 高锰酸钾回流，以除去还原性杂质。若高锰酸钾紫色很快消失，需要加入少量高锰酸钾继续回流，直至紫色不再消失为止。蒸出丙酮，用无水碳酸钾或无水硫酸钙干燥后，过滤，蒸馏收集 55～56.5℃的馏分。

(2) 于 1000mL 丙酮中加入 40mL 10%硝酸银溶液及 35mL 0.1mol/L 氢氧化钠溶液，振荡 10min，除去还原性杂质。过滤，滤液用无水硫酸钙干燥后，蒸馏收集 55～56.5℃的馏分。

6. 乙酸乙酯

沸点 77.06℃，n_D^{20} 为 1.3723，d_4^{20} 为 0.9003。

乙酸乙酯沸点在 76～77℃部分的质量分数达 99%时，已可应用。普通乙酸乙酯含量为 95%～98%，含有少量水、乙醇及醋酸，可用下列方法精制：

于 1000mL 乙酸乙酯中加入 100mL 醋酸酐、10 滴浓硫酸，加热回流 4h，除去乙醇及水等杂质，然后进行分馏。馏液用 20～30g 无水碳酸钾振荡，再蒸馏。最后产物的沸点为 77℃，纯度达 99.7%。

7. 二硫化碳

沸点 46.25℃，n_D^{20} 为 1.6319，d_4^{20} 为 1.2632。

二硫化碳是有毒的化合物（有使血液和神经组织中毒的作用），又具有高度挥发性和易燃性，所以在使用时必须注意，避免接触其蒸气。一般有机合成实验中对二硫化碳要求不高，在普通二硫化碳中加入少量磨碎的无水氯化钙，干燥数小时，然后在水浴上（温度55～56℃）蒸馏。

如需要制备较纯的二硫化碳，则需将试剂级的二硫化碳用质量分数为 0.5%高锰酸钾水溶液洗涤 3 次，除去硫化氢，再用汞不断振荡除硫。最后用 2.5%硫酸汞溶液洗涤，除去所有恶臭（剩余 H_2S），再经氯化钙干燥，蒸馏收集。其纯化过程的反应式如下：

$$3H_2S + 2KMnO_4 \longrightarrow 2MnO_2 \downarrow + 3S \downarrow + 2H_2O + 2KOH$$

$$Hg + S \longrightarrow HgS$$

$$HgSO_4 + H_2S \longrightarrow H_2SO_4 + HgS$$

8. 氯仿

沸点 61.7℃，n_D^{20} 为 1.4459，d_4^{20} 为 1.4832。

普通用的氯仿含有质量分数为 1%的乙醇，这是为了防止氯仿分解为有毒的光气，作为稳定剂加进去。为了除去乙醇，可以将氯仿用其体积一半的水振荡数次，然后分出下层氯仿，用无水氯化钙干燥数小时后蒸馏。

另一种精制方法是将氯仿与少量浓硫酸一起振荡两三次。每 1000mL 氯仿，用浓硫酸 50mL。分去酸层以后的氯仿用水洗涤，干燥，然后蒸馏。除去乙醇的无水氯仿应保存于棕色瓶子里，并且不要见光，以免分解。

9. 石油醚

石油醚为轻质石油产品，是低分子质量的烃类（主要是戊烷和己烷）的混合物。其沸程为 30～150℃，收集的温度区间一般为 30℃左右，如有 30～60℃、60～90℃、90～120℃等沸程规格的石油醚。石油醚中含有少量不饱和烃，沸点与烷烃相近，用蒸馏法无法分离，必要时可用浓硫酸和高锰酸钾把它除去。通常将石油醚用其体积 1/10 的浓硫酸洗涤两三次，再用 10% 的浓硫酸加入高锰酸钾配成的饱和溶液洗涤，直至水层中的紫色不再消失为止。然后再用水洗，经无水氯化钙干燥后蒸馏。如要绝对干燥的石油醚则压入钠丝（方法见"无水乙醚"）除水。

10. 吡啶

沸点 115.5℃，n_D^{20} 为 1.5095，d_4^{20} 为 0.9819。

分析纯的吡啶含有少量水分，但已可供一般应用。如要制得无水吡啶，可与粒状氢氧化钾或氢氧化钠一同回流，然后隔绝潮气蒸出备用。干燥的吡啶吸水性很强，保存时应将容器口用石蜡封好。

11. N,N-二甲基甲酰胺

沸点 149～156℃，n_D^{20} 为 1.4305，d_4^{20} 为 0.9487。

N,N-二甲基甲酰胺含有少量水分。在常压分馏时有些分解，产生二甲胺与一氧化碳。若有酸或碱存在，分解加快，所以在加入固体氢氧化钾或氢氧化钠在室温放置数小时后，即有部分分解。因此，最好用硫酸钙、硫酸镁、氧化钡、硅胶或分子筛干燥，然后减压蒸馏，收集 76℃/4.8kPa 的馏分。当其中含水较多时，可加入 1/10 的苯，在常压及 80℃ 以下蒸去水和苯，然后用硫酸镁或氢氧化钡干燥，再进行减压蒸馏。

N,N-二甲基甲酰胺中如有游离胺存在，可用 2,4-二硝基氟苯产生颜色来检查。

12. 四氢呋喃

沸点 67℃（64.5℃），n_D^{20} 为 1.4050，d_4^{20} 为 0.8892。

四氢呋喃是具有乙醚气味的无色透明液体，市售的四氢呋喃常含有少量水分及过氧化物。如要制得无水四氢呋喃可与氢化锂铝在隔绝潮气下回流（通常 1000mL 约需 2～4g 氢化锂铝）除去其中的水和过氧化物，然后在常压下蒸馏，收集 66℃ 馏分。精制后的液体应在氮气氛中保存，如需较久放置，应加质量分数为 0.025% 的 2,6-二叔丁基-4-甲基苯酚作为抗氧化剂。处理四氢呋喃时，应先用少量进行试验，以确定只有少量水和过氧化物，作用不过于猛烈时，方可进行。四氢呋喃中的过氧化物可用酸化的碘化钾溶液来检验。如过氧化物很多，应另行处理。

附录七　若干有机化合物波谱图

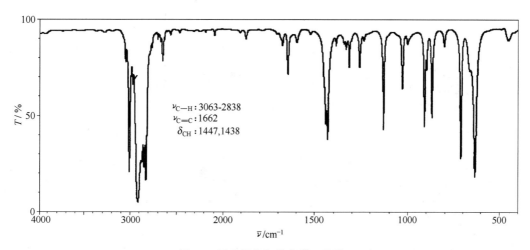

图 1a　环己烯的红外光谱（液膜）

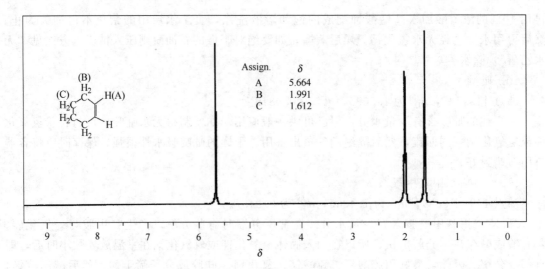

图 1b　环己烯的^{1}H NMR（400MHz，CDCl$_3$，TMS）

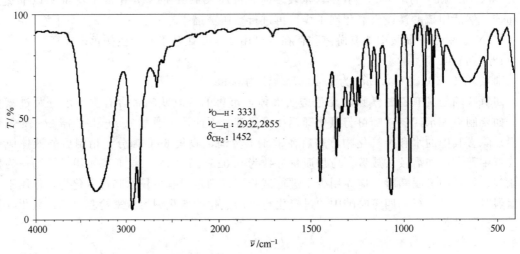

图 2a　环己醇的红外谱图（液膜）

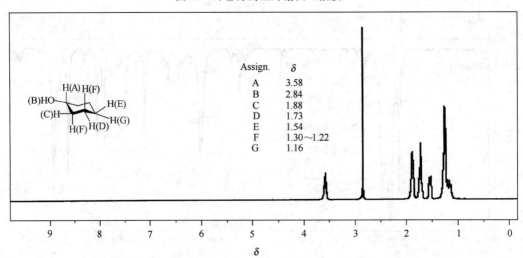

图 2b　环己醇的^{1}H NMR（400MHz，CDCl$_3$，TMS）谱图

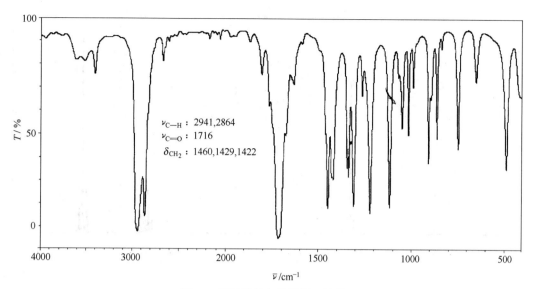

图 3a　环己酮的红外谱图（液膜）

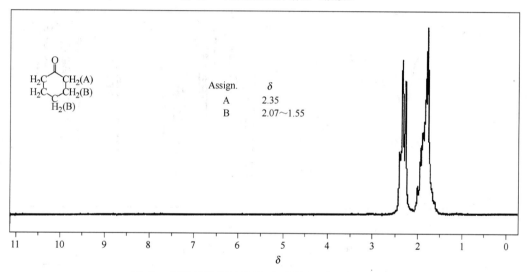

图 3b　环己酮的 ^{1}H NMR（90MHz，CDCl$_3$，TMS）

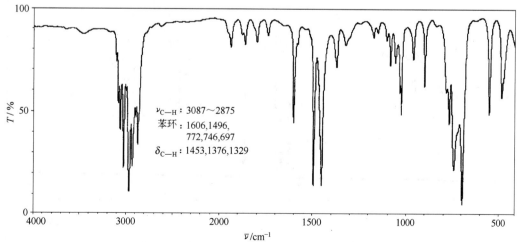

图 4a　乙苯的红外光谱（液膜）

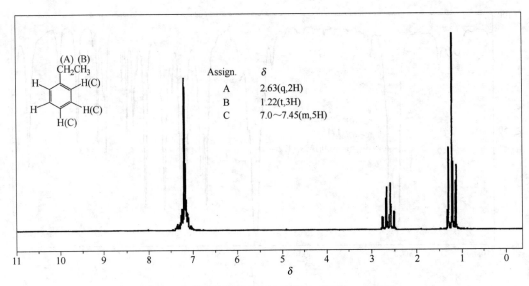

图 4b 乙苯的¹H NMR（90MHz，CDCl₃，TMS）

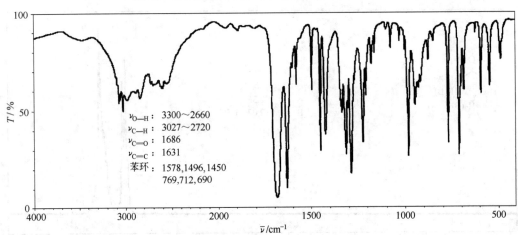

图 5a 肉桂酸红外光谱（KBr 压片）

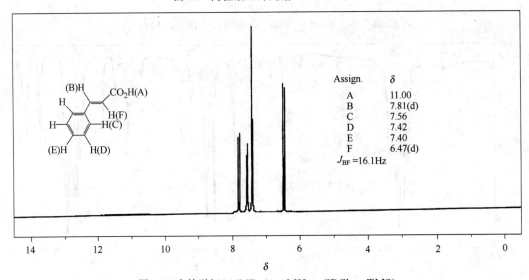

图 5b 肉桂酸¹H NMR（400MHz，CDCl₃，TMS）

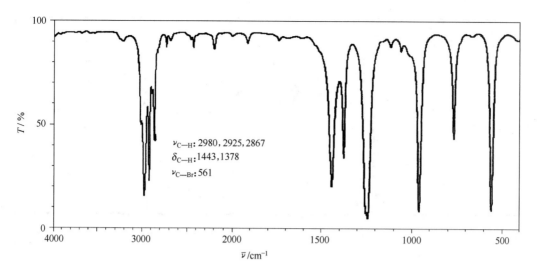

图 6a　溴乙烷的红外光谱图（液膜）

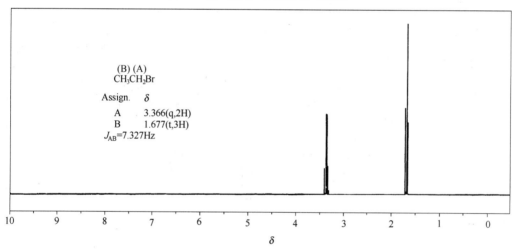

图 6b　溴乙烷的 ¹H NMR（300MHz，CCl₄，TMS）

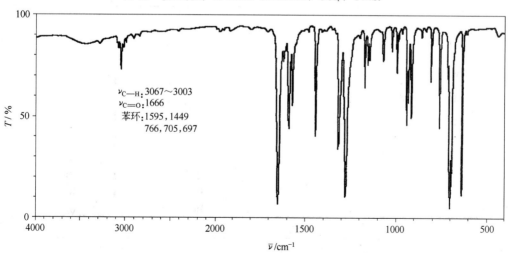

图 7a　二苯甲酮的红外光谱（KBr 压片）

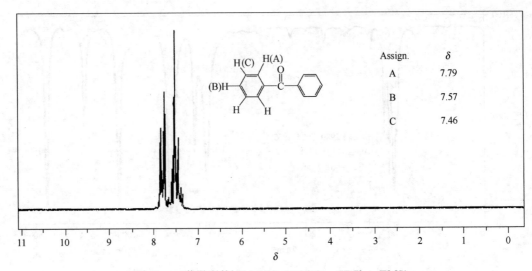

图 7b 二苯甲酮的^{1}H NMR (90MHz，CDCl$_3$，TMS)

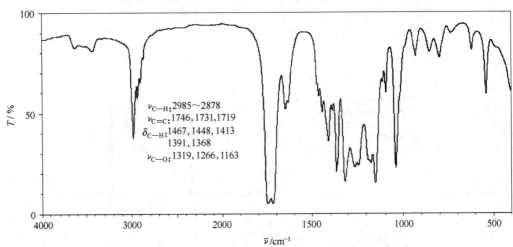

图 8a 乙酰乙酸乙酯的红外光谱 (液膜)

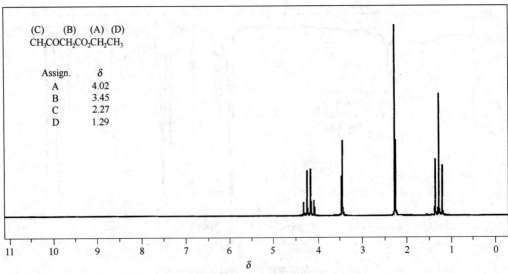

图 8b 乙酰乙酸乙酯的^{1}H NMR (90MHz，CDCl$_3$，TMS)

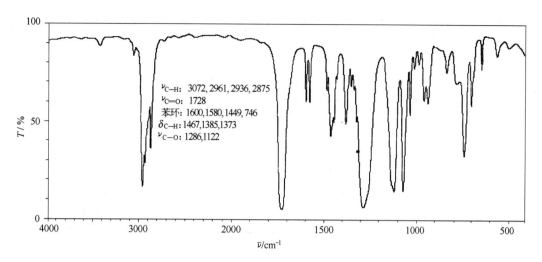

图 9a　邻苯二甲酸二丁酯的红外光谱（液膜）

ν_{C-H}: 3072, 2961, 2936, 2875
$\nu_{C=O}$: 1728
苯环: 1600, 1580, 1449, 746
δ_{C-H}: 1467, 1385, 1373
ν_{C-O}: 1286, 1122

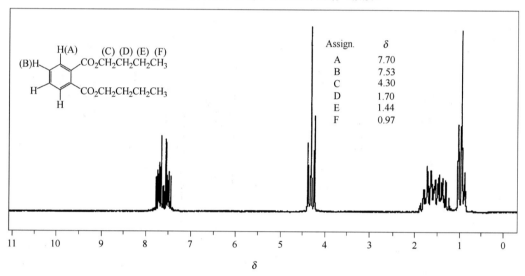

Assign.	δ
A	7.70
B	7.53
C	4.30
D	1.70
E	1.44
F	0.97

图 9b　邻苯二甲酸二丁酯的 ^{1}H NMR（90MHz，CDCl$_3$，TMS）

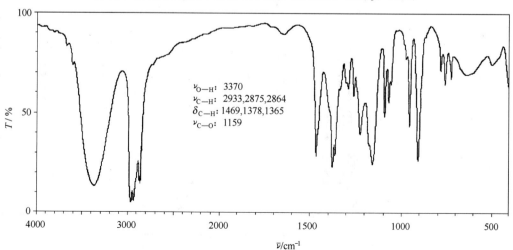

ν_{O-H}: 3370
ν_{C-H}: 2933, 2875, 2864
δ_{C-H}: 1469, 1378, 1365
ν_{C-O}: 1159

图 10a　2-甲基-2-己醇的红外光谱（液膜）

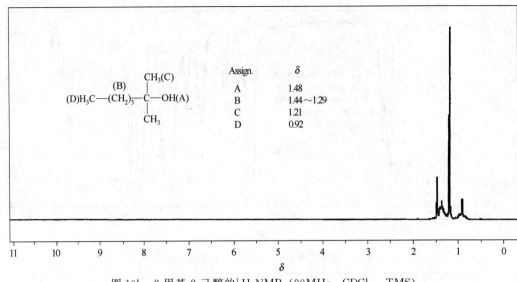

图 10b 2-甲基-2-己醇的^{1}H NMR（90MHz，CDCl$_3$，TMS）

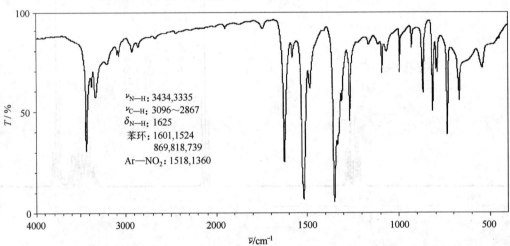

图 11a 间硝基苯胺的红外光谱（KBr 压片）

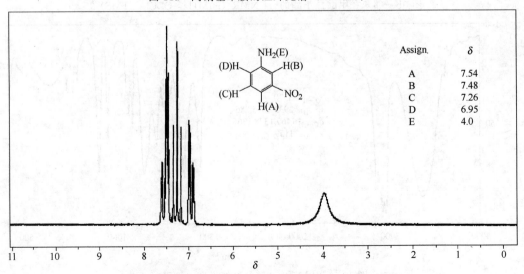

图 11b 间硝基苯胺的^{1}H NMR（90MHz，CDCl$_3$，TMS）

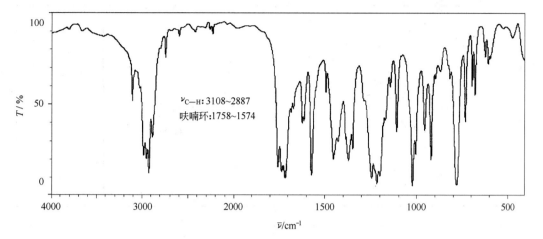

图 12a　2,5-二甲基呋喃的红外光谱（液膜）

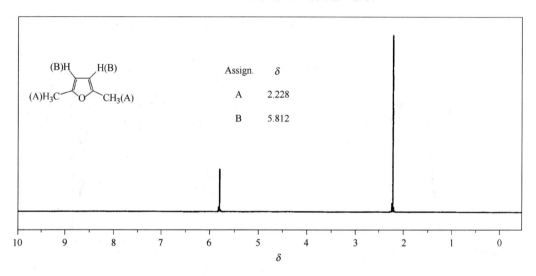

图 12b　2,5-二甲基呋喃的 ^{1}H NMR（300MHz，CDCl$_3$，TMS）

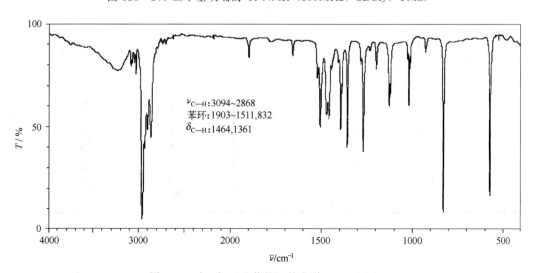

图 13a　对二叔丁基苯的红外光谱（KBr 压片）

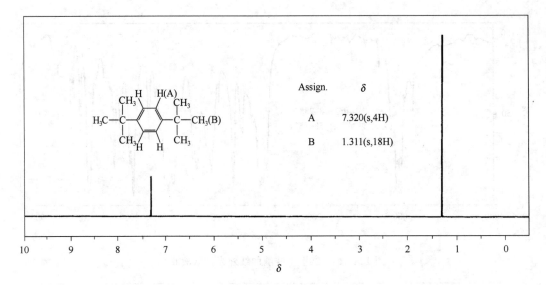

图 13b 对二叔丁基苯的 ^{1}H NMR（300MHz，CDCl$_3$，TMS）

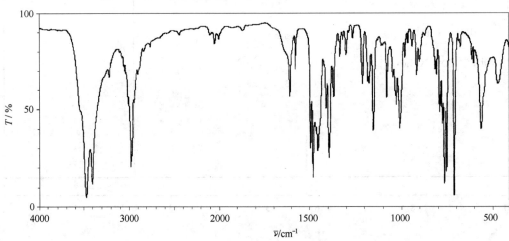

图 14a 三乙基苄基氯化铵的红外光谱（KBr 压片）

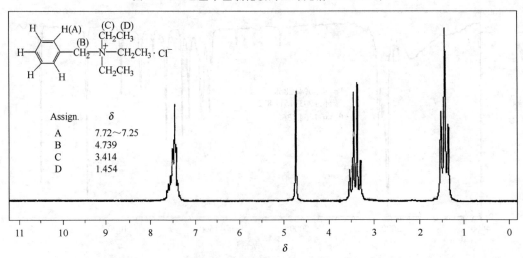

图 14b 三乙基苄基氯化铵的 ^{1}H NMR（90MHz，CDCl$_3$）

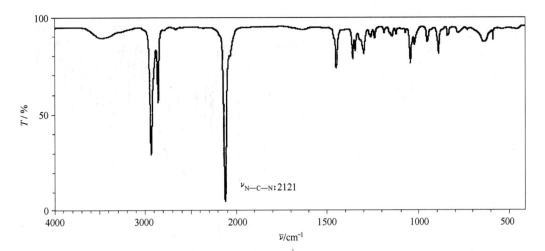

$\nu_{N—C—N}:2121$

图 15　二环己基碳酰亚胺的红外光谱（KBr 压片）

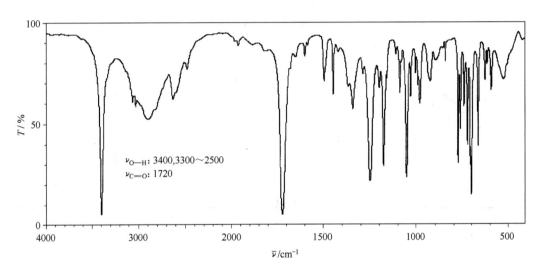

$\nu_{O—H}:3400,3300\sim2500$
$\nu_{C=O}:1720$

图 16a　二苯乙醇酸的红外光谱（KBr 压片）

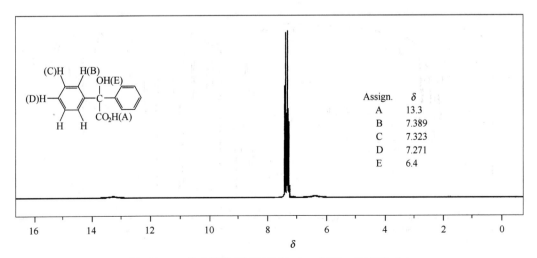

Assign.	δ
A	13.3
B	7.389
C	7.323
D	7.271
E	6.4

图 16b　二苯乙醇酸的 ^{1}H NMR（400MHz，DMSO-d_6）

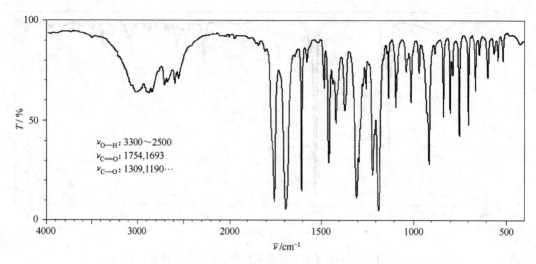

ν_{O-H}: 3300~2500
$\nu_{C=O}$: 1754,1693
ν_{C-O}: 1309,1190…

图 17a 乙酰水杨酸的红外光谱（KBr 压片）

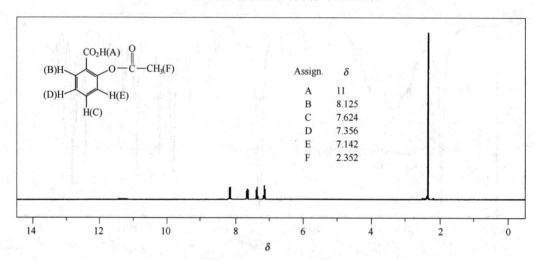

Assign.	δ
A	11
B	8.125
C	7.624
D	7.356
E	7.142
F	2.352

图 17b 乙酰水杨酸的 ^{1}H NMR（400MHz，CDCl$_3$）

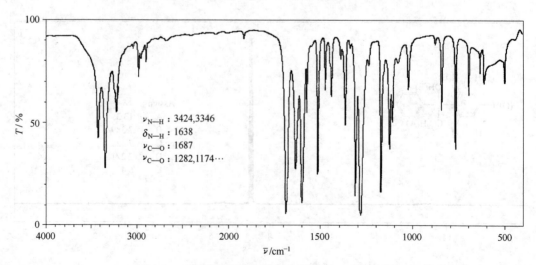

ν_{N-H} : 3424,3346
δ_{N-H} : 1638
ν_{C-O} : 1687
ν_{C-O} : 1282,1174…

图 18a 对氨基苯甲酸乙酯的红外光谱（KBr 压片）

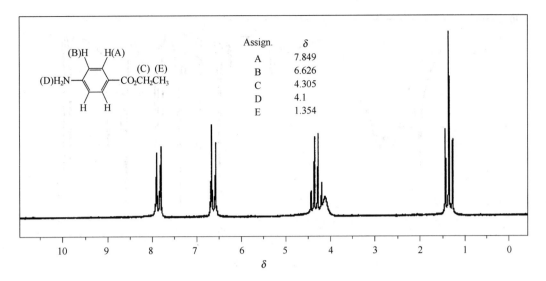

图 18b　对氨基苯甲酸乙酯的 ^{1}H NMR（90MHz，CDCl₃）

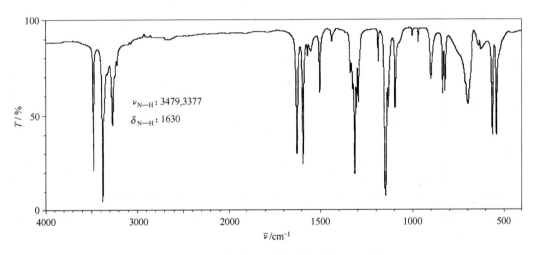

图 19a　对氨基苯磺酰胺的红外光谱（KBr 压片）

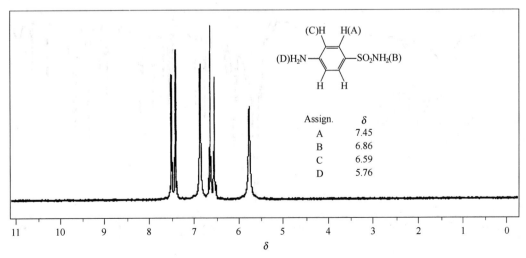

图 19b　对氨基苯磺酰胺的 ^{1}H NMR（90MHz，DMSO-d₆）

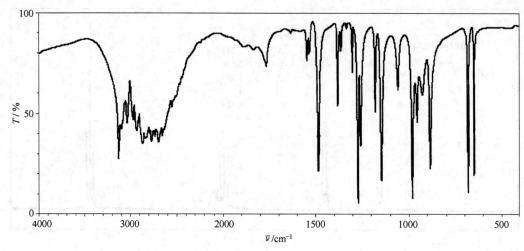

图 20a 1,2,4-三唑的红外光谱（KBr 压片）

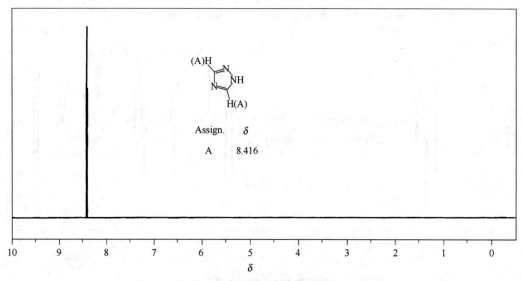

图 20b 1,2,4-三唑的 ^{1}H NMR（300MHz，D_2O）

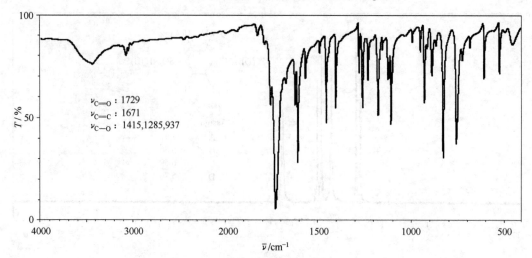

图 21a 香豆素的红外光谱（KBr 压片）

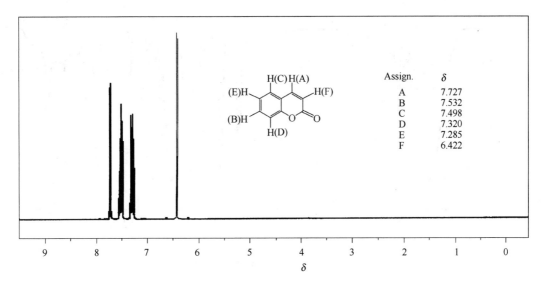

图 21b 香豆素的 ^{1}H NMR（400 MHz，CDCl₃）

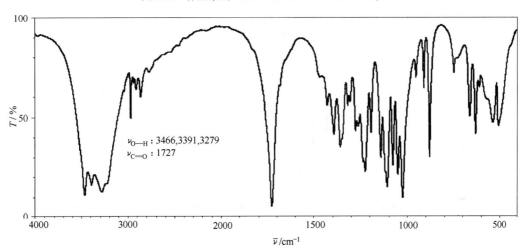

图 22 D-葡萄糖酸-δ-内酯的红外光谱（KBr 压片）

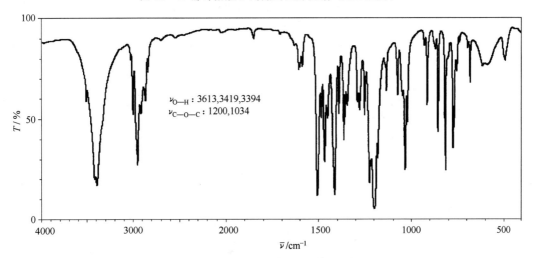

图 23 丁基羟基茴香醚的红外光谱（KBr 压片）

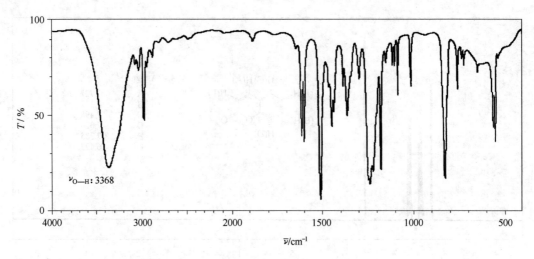

图 24a　双酚 A 的红外光谱（KBr 压片）

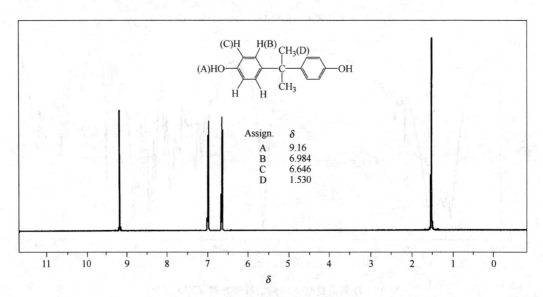

图 24b　双酚 A 的 ^{1}H NMR （400MHz，DMSO-d$_6$）

参 考 文 献

[1] 山东大学等，有机化学实验. 济南：山东大学出版社，1988.

[2] 兰州大学，复旦大学. 有机化学实验. 北京：高等教育出版社，1994.

[3] 华南师范大学等. 有机化学实验. 北京：高等教育出版社，2000.

[4] 张毓凡等. 有机化学实验. 天津：南开大学出版社，2001.

[5] 刘玉英，马晨. 微型有机化学实验. 济南：山东大学出版社，1997.

[6] 李兆陇，阴金香，林天舒. 有机化学实验. 北京：清华大学出版社，2001.

[7] 焦家俊. 有机化学实验. 上海：上海交通大学出版社，2000.

[8] 樊能廷. 有机合成事典. 北京：北京理工大学出版社，1992.

[9] 北京大学化学系. 有机化学实验. 北京：北京大学出版社，1990.

[10] 北京大学化学院有机化学研究所. 有机化学实验. 北京：北京大学出版社，2002.

[11] 徐克勋. 精细有机化工原料及中间体手册. 北京：化学工业出版社，1998.

[12] 北京化学试剂公司. 化学试剂·精细化学品产品目录. 北京：化学工业出版社，1999.

[13] 周宁怀，王德琳. 微型有机化学实验. 北京：科学出版社，1999.

[14] 周光照. 当代化学前沿. 北京：中国致公出版社，1997.

[15] 殷学锋. 新编大学化学实验. 北京：高等教育出版社，2002.

[16] E. C. 霍宁. 有机合成：第三集. 北京：科学出版社，1981，250—251.

[17] 曾昭琼. 有机化学实验. 北京：人民教育出版社，1981.

[18] 黄涛. 有机化学实验. 北京：高等教育出版社，1983.

[19] 王汝龙，原正平. 化工产品手册：药物. 北京：化学工业出版社，1999.

[20] 蔡干，曾汉维，钟振声. 有机精细化学品实验. 北京：化学工业出版社. 1997.